バイオとナノの融合
I
新生命科学の基礎

北海道大学COE研究成果編集委員会 編

北海道大学出版会

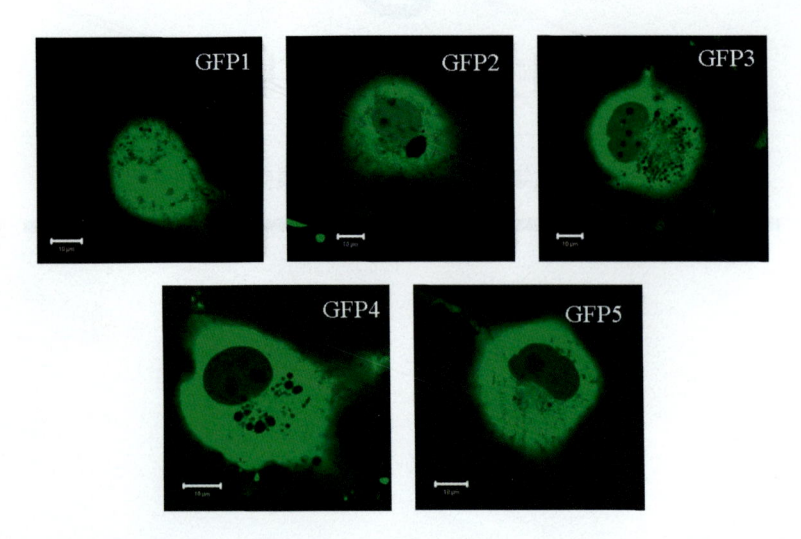

蛍光性タンパク質（GFP）を利用した分子ものさしを細胞中（Cos7）に発現させた（白 燦基・金城政孝 撮影）。分子ものさしの大きさにしたがって，細胞質と細胞核のなかにおける分布が異なる。細胞核のなかにはいることが大きさによって異なり，核膜を通過するときに大きさのバリアーが存在することがわかる。
詳しくは第Ⅲ部第6章参照。スケールバー：$10\mu m$

口　絵　i

口絵 1　紫，赤，橙などの色を示すハロロドプシン hR の大腸菌発現系。20 種類のアミノ酸変異体タンパク質の機能を吸収波長で一度に識別することができる。第 11 章参照

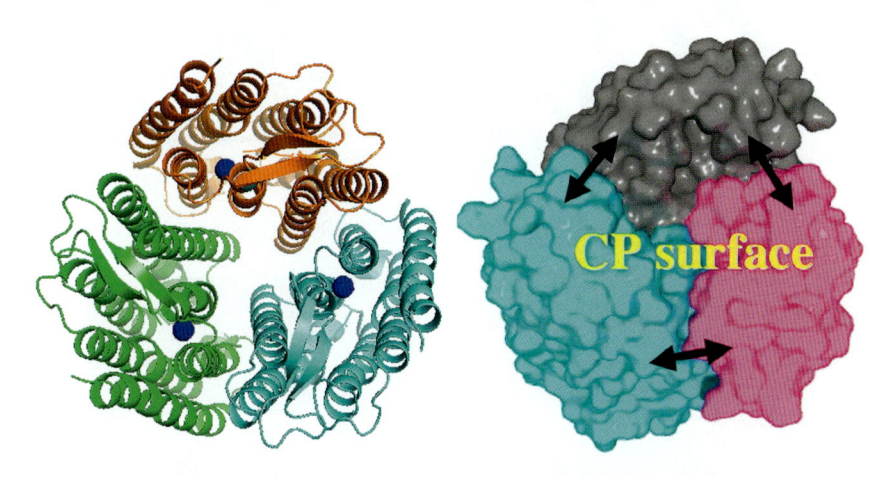

口絵 2　ハロロドプシンの三量体ナノ構造モデル。第 11 章参照

ii　口絵

(A)

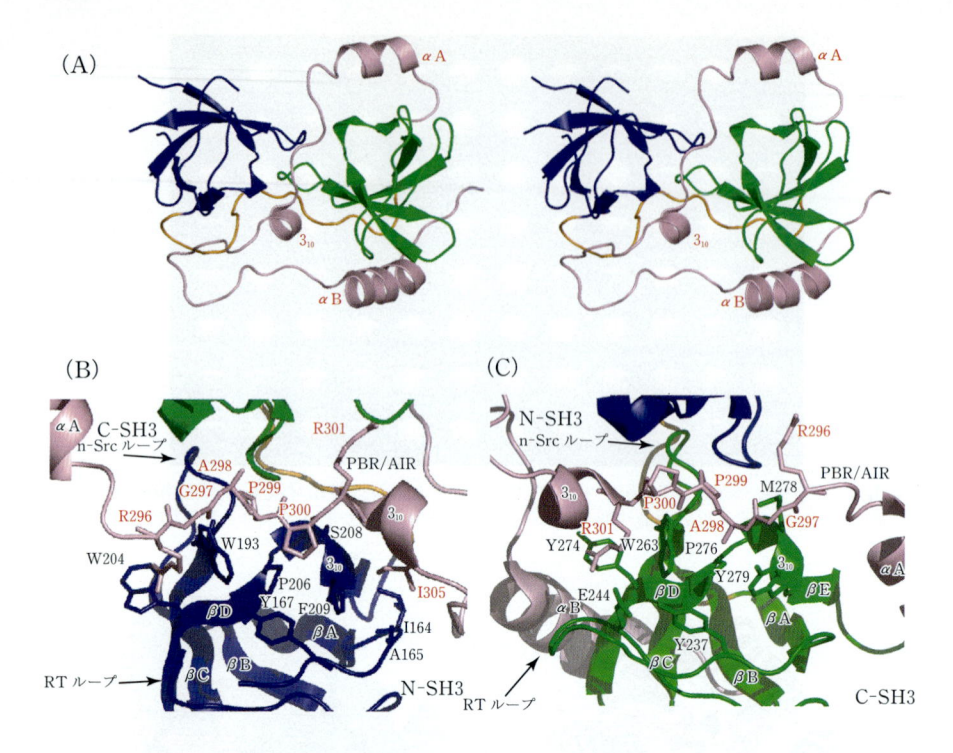

(B)　(C)

N-SH3 ドメイン-プラス配向　　　　C-SH3 ドメイン-マイナス配向

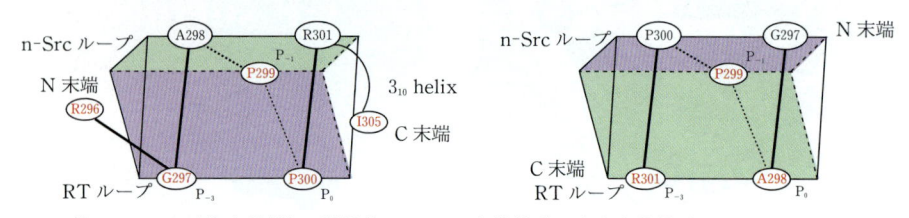

口絵3 p47^{phox}(休止状態)の単量体としての立体構造。(A)全体構造のリボン図表示(ステレオ図)。青：N-SH3，オレンジ：リンカー，緑：C-SH3，赤：PBR/AIR でそれぞれ色分けしている。(B, C)PBA/AIR の ^{296}RGAPPRRSSI^{305} 領域と相互作用している p47^{phox}(休止状態)の N-SH3(B)および C-SH3(C)領域の拡大図。下パネルは，PPIIヘリックスを正三角形プリズムと見なした時の各ドメインに対する結合模式図。SH3 ドメインのリガンド結合ポケット名称は Yu et al. (1994) の命名法にしたがった。第13章参照

口絵 iii

(A)

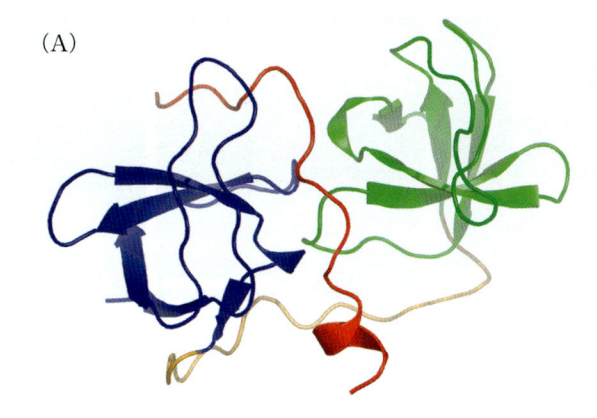

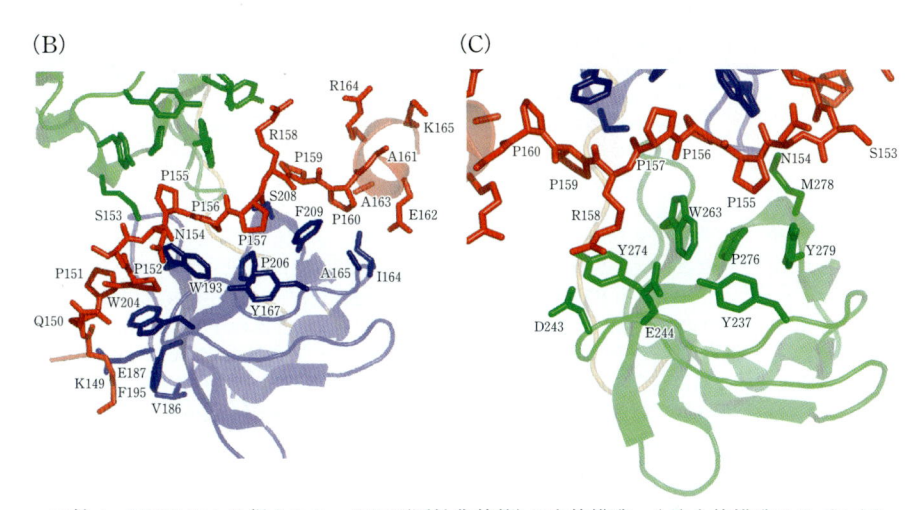

(B) (C)

口絵 4 NMRにより得られたp47^{phox}(活性化状態)の立体構造。(A)全体構造のリボン図表示。青：N-SH3, オレンジ：リンカー, 緑：C-SH3, 赤：p22^{phox} PRRでそれぞれ色分けしている。(B, C)p22^{phox} PRRの^{149}KQPPSNPPPRPPAEARK^{165}領域と相互作用しているp47^{phox}(活性化状態)のN-SH3(B)およびC-SH3(C)領域の拡大図。第13章参照

iv 口絵

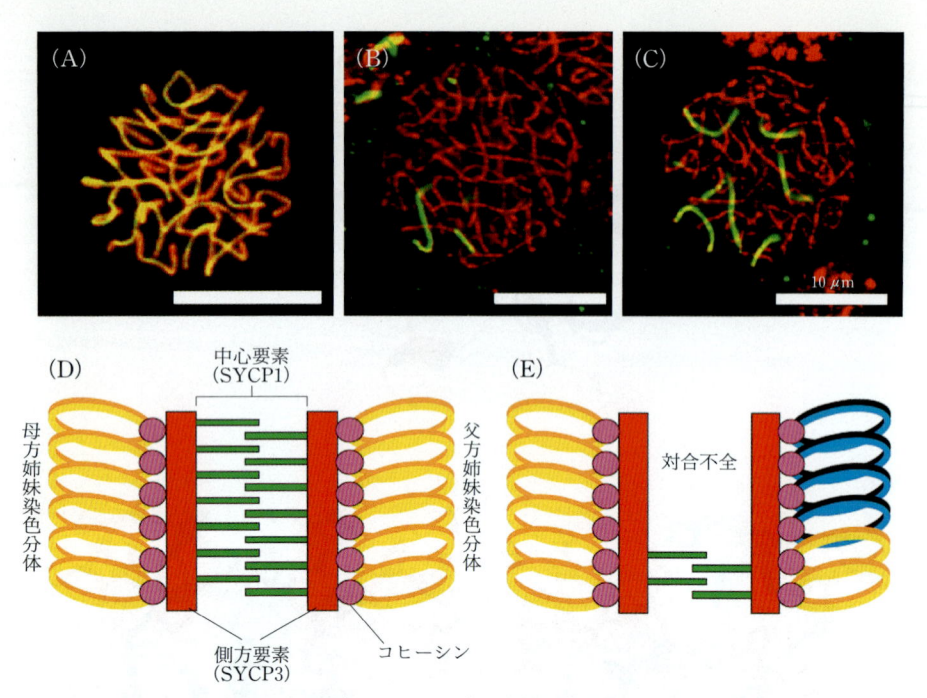

口絵5 ニホンメダカとニホン/ハイナンメダカ雑種の精母細胞における対合複合体。ニホンメダカではSYCP1もSYCP3も相同染色体の全長にわたって同所的に存在して線状構造をとるのに対し(A)、雑種メダカではSYCP3は染色体の全長に存在するがSYCP1は一部にしか存在せず、そのパターンも細胞によって異なる(B, C)。DとEは両親種と雑種の対合複合体を模式的に示したもので、両親種では中心要素が染色体の全長にわたって存在して対合を安定化させるが(D)、雑種では染色体の一部にしか存在せず、対合不全となる(E)。第17章参照

口絵　Ⅴ

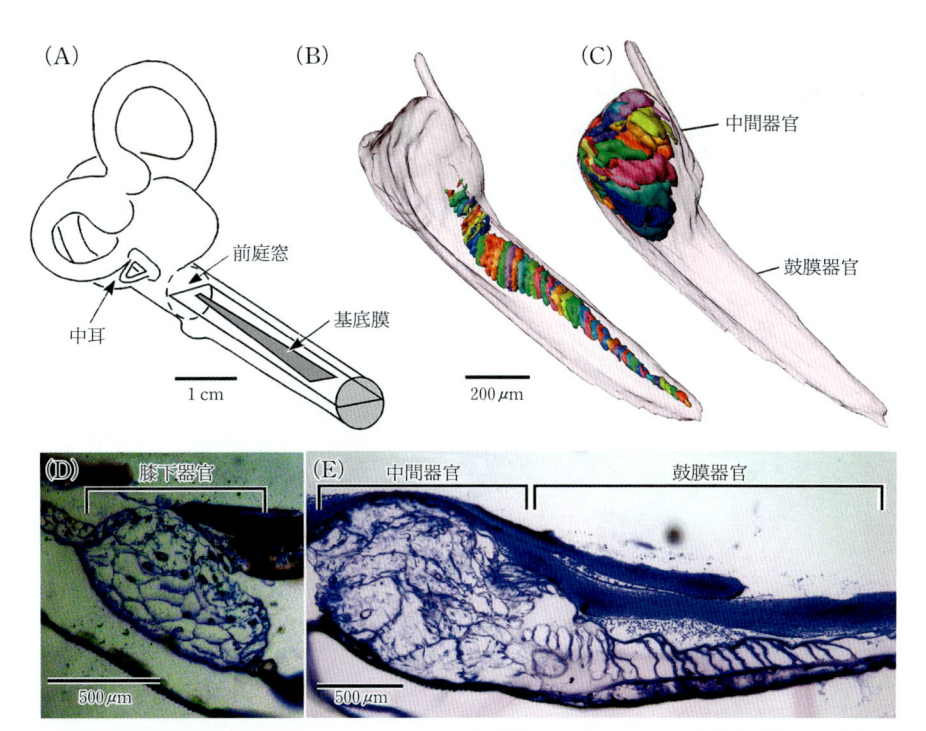

口絵 6　音伝達体の三次元（A～C）および 2 次元構造（D，E）。ヒトの蝸牛基底膜は先端ほど広くなり，その共振周波数はより低周波にシフトするが（A），昆虫の鼓膜器官の付着細胞は末梢のものほど小さくなり，高周波にシフトする（B，D）。一方，膝下器官や中間器官の付着細胞は不定形で，複数の付着細胞が集合した楕円体を形成する（C～E）。第 22 章参照

vi 口絵

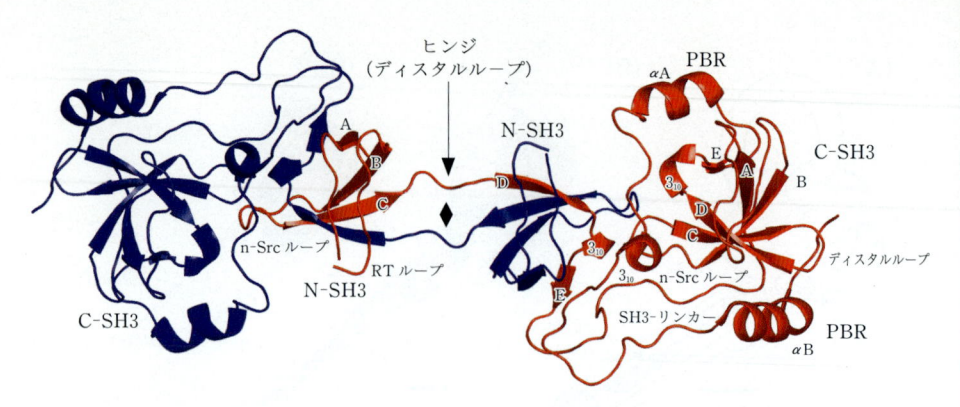

口絵7 X線結晶構造解析により得られたp47^{phox}(休止状態)の"ねじれた二量体"立体構造(PDB code 1UEC)。赤および青で着色した単量体がディスタルループ部で各々のストランドを交換して二量体を形成している。黒い菱形は二回対称軸を表わす。第13章参照

まえがき

　科学技術創造立国の実現に向けてわが国は，ライフサイエンス，情報通信，環境，ナノテクノロジー・材料の4分野を重点的に推進することを第2次科学技術基本計画(平成13～17年)のなかで明確にした。北海道大学では，この政策に積極的に呼応し，独創的・先端的な基礎研究を推進するための環境整備を進めてきている。創成科学研究機構，次世代ポストゲノム研究センター，先端科学技術共同研究センター，ナノテクノロジー研究センターといった研究棟が次々に北キャンパスに新設された。しかしいくら新しい施設ができたところで，古い体制のままで教育研究を実施したのでは，充分な成果を挙げることは難しい。北海道大学において何が必要な重点分野かをさだめ，時代に見合った教育研究活動が効果的に推進できるような新しい体制が構築されていなければならない。しかしながら，北海道大学で世界最高水準の科学を推進維持するためには，上記4重点分野だけでは足りない。これに加えて北海道に根ざした新研究領域の積極的な開拓と融合領域分野の創成，そしてこれらの発展に寄与できる学際的な知識をもった研究者の育成を考えなければならない。北海道にあってこその北海道大学であることを忘れてはならない。

　こうした要請に応えるため，北海道大学は，21世紀COEプログラム「バイオとナノを融合する新生命科学拠点」を提案した(生命科学分野)。平成14(2002)年のことである。そのめざすところは，バイオサイエンスとナノテクノロジー研究双方の飛躍的発展を図ると共に，両者を融合する新しい研究領域の開拓を進めることである。そのため，これまで個別に教育研究を展開していた当時の理学研究科生物科学専攻，薬学研究科，遺伝子病制御研究所，電子科学研究所という4つの部局に所属する教員たちが集まって，横断的研究推進体制を編成した。この体制は，各部局から推薦された世界レベルの研究者20名の事業推進者に加え，設立背景，研究分野，教育体制を異にする4部局すべてのメンバーおよそ200名が直接，間接に参加して構成されている。このような大規模な異部局・異分野研究体制構築は画期的なことで，現

在に至るまで他大学のCOEにその例をみない．各部局2名の代表からなる運営委員会が設立され，周到な準備と計画がなされた結果，その先見性と戦略性が評価されて，めでたく採択されたものである．

　21世紀COEの目的は，「世界的な研究教育拠点を形成するために経費的な補助をし，よって世界最高水準の大学づくりを推進し，わが国の科学技術の水準向上及び高度な人材育成に資する」とある．我々が問われている課題は本プログラムでどのようにして，どのような内容の世界的研究教育拠点を形成しようとするのか，その基本指針であった．この問いに答えるため，我々は直ちに，そして明確に方針を打ち出して実行に移した．それは，従来から踏襲されてきた研究分野，研究手法，研究対象といった固定された枠組みを超えて異分野間研究を体系的に推進する体制を構築することであった．

　一般に研究者は，個人として独自の考え方と研究手法をもっている．本プログラム成功の鍵は，こういった方々に培われてきた能力と興味，経験を，最大限，異分野間共同研究推進のため生かしていただき，新領域融合分野を創成する運動体としての体制づくりに尽力してもらうことであった．かつて，大学でこのような試みはもちろん，研究のあり方としても，組織だって考えられたことがなかったので，当初いくつかの異論がでたものの，結果的には，多くの方々，特に，若手研究者から強い賛同が得られ，いくつかの異分野間共同研究体制とチームが組織された．たとえば，基礎生物学の分野では，分子，細胞，組織，個体といった階層ごとのなかで閉じて研究する伝統的手法をやめ，積極的に階層を超えて生命現象の精密理解をすることが図られた．それだけでなく，これらの知識を基盤とした創薬やテーラーメイド治療研究への横断的挑戦がなされるような共同研究が行なわれた．またレーザー光技術や単一分子計測，DNAチップなどナノテクノロジーにおける新解析技術の開発を進めると同時に，その成果を果敢に生命科学に適用することが試みられた．逆に生命体がもつ優れた機能や仕組みは積極的にナノテクノロジーにも応用された．さらに，バイオ新素材の開発，ナノマシーンによる標的部位への薬物送達，再生医療に必須の人工組織や人工臓器の開発，生物をモデルとしたさまざまな人工デバイスの開発など生命科学と材料科学の融合が個別にも組織的にも行なわれた．これらによって学術的にはもちろんのこと，

各種産業に直結して社会的にも強い影響を与え得るような成果が生まれることを期待したのである．総合大学の特色を生かした他に例をみない本COEプログラムは，わが国で強く求められている国際水準のライフサイエンス研究推進と発展を可能にするばかりでなく，バイオサイエンスとナノテクノロジーの融合による新研究領域の開拓，北海道に根ざしたバイオ新産業の形成に貢献しているものと自負している．

「バイオとナノを融合する新生命科学拠点」では，このような学術の融合によってのみ可能になるわが国の次代を担う卓越した若手研究者の養成と，それを可能にする強力な教育体制を構築することをもう1つ重要な目的としている（人材育成）．そのため22件もの異部局・異分野間若手共同研究が推進され種々の異分野間シンポジウムや大学院生を対象とした先端的バイオイメージングワークショップが彼らによって企画された．また，毎年5～10名ものCOE特別研究員や150名にも達する研究補助学生（RA）が雇用され，生活を心配することなく研究に没頭できるシステムをつくった．一方，研究環境の国際化を進めるために，中国の有力大学，浙江大学から博士課程学生と博士研究員をそれぞれ毎年5名，招聘した．これらのプログラムはいずれも若手研究者や学生の育成といった観点から本プログラムが特徴とする大事な視点である．

この21世紀COEプログラムは2002～06（平成14～18）年までの5年間にわたって活動している．この間，常に留意したことは，我々の活動内容とその成果を広く市民の方々に知っていただくことであった．毎年多額の研究費を国から頂戴していることに加え，どなたにとっても関心事である医療・診療，薬剤など人々の幸せに直結する研究課題を数多く担っているので，日進月歩のこの分野の成果を一日でも早く市民の方々にお知らせすることが我々の責務と考えたからである．北海道新聞社のご協力をいただいて「北大21世紀COE市民キャンパス」を毎年開催し，多くの方々にバイオとナノサイエンスの現状と将来についてわかりやすく講演し解説したのは，その一環である．

本書の出版もまた，できるだけ多くの方々に，この分野の重要性と将来性を知ってほしいという考え方から企画されている．特に，これから生命科学

を志そうとする大学院レベルの若い学生諸君と科学の基礎知識をお持ちの方々に最先端の生命科学の成果の一端を理解していただきたいと念願している。『基礎編』では，バイオサイエンス，ナノサイエンスそれぞれにおける基本的考え方や手法が概説されているが，その内容は基礎とはいっても最先端の成果が随所に織り込まれている。分野によっては，理解しにくい点があるかもしれないので，そこは巻末にある用語解説などを活用して理解の手助けになるよう工夫した。

『応用編』では，最新の診断，治療，創薬，さらには人工代替材料など，ナノバイオサイエンスの華々しい最新の成果が織り込まれている。読者諸氏が，『応用編』を読むことによって，ナノバイオサイエンスの限りなく広い研究分野と大きな将来発展の可能性を感じとってもらえれば，本書出版の目的は達成されたことになる。

最後になったが，本書出版の企画の段階からいろいろ親切に相談に乗ってくださった北海道大学出版会成田和男・杉浦具子氏，編集企画のため貴重な時間を割いてくださった平成18年度運営委員会の先生方に厚くお礼申し上げる。これらの方々の献身的なご努力なくして本書は出版されなかったであろう。

平成19年2月5日

北海道大学21世紀COEプログラム
「バイオとナノを融合する新生命科学拠点」
拠点リーダー・北海道大学副学長

長田　義仁

目次

口　絵　i
まえがき　vii

第Ⅰ部　ナノサイエンスの新展開

第1章　導電性・磁性を有する機能性分子システムの創製　3

はじめに　3
1-1　生体分子モーターと人工分子モーター　3
1-2　生体分子モーターの仕組み　6
1-3　ブラウン-ラチェット機構　8
1-4　固相分子モーターの設計　10
1-5　分子性導体・磁性体　11
1-6　固相分子モーターの構築の試み　11
　　$Cs_2([18]crown-6)_3[Ni(dmit)_2]_2$ 結晶中の[18]crown-6 ローター　13/(Anilinium)([18]crown-6)[Ni(dmit)_2]結晶中のベンゼン環ローター　14
1-7　固相分子モーター実現に向けて　15
引用文献　16

第2章　フォトンフォース計測とナノフォトニック操作　17

はじめに　17
2-1　三次元ポテンシャル計測技術　19
2-2　レーザー光のフォトンフォース計測　21
2-3　単一微粒子の表面電荷密度の解析法　22

2-4　2微粒子間の相互作用力の解析　24
2-5　単一微粒子のフォトンフォース吸収分析法　25
2-6　レーザートラッピングにおけるホッピング現象　27
おわりに　29
引用文献　30

第Ⅱ部　バイオに学ぶナノテクノロジー

第3章　自己組織化とナノテクノロジー　33

3-1　自己組織化とは何か　33
3-2　自己組織化による高分子ナノマテリアルの作製　37
引用文献　42

第4章　超撥水フラクタル表面上における細胞の挙動　45

4-1　フラクタル構造の特徴――「はじめ」に代えて　45
4-2　フラクタル表面の自己組織的形成　46
4-3　超撥水フラクタル表面　48
4-4　超撥水フラクタル表面上における細胞培養　48
4-5　超撥水フラクタル表面上における粘菌の挙動　52
おわりに　53
引用文献　54

第5章　生体組織に匹敵するソフトマター材料の創成　55

はじめに　55
5-1　ゲルの低摩擦性　56
5-2　高強度ゲル　63
5-3　強く耐久性のある低摩擦ゲル　65
5-4　生体適合性のあるゲル　66
おわりに　68

引用文献　68

第III部　ナノバイオサイエンス

第6章　蛍光相関分光法と分子ものさしを用いた細胞内微環境の解析　73

はじめに　73

6-1　蛍光相関分光法　75
　装置　75/単一分子検出　76/分子の運動と蛍光強度のゆらぎ　76/自己相関関数による解析　77

6-2　FCSによる細胞測定　79
　「分子ものさし」の構築　80/細胞内における「分子ものさし」の動き　82

引用文献　84

第7章　ペプチドチップを利用した分子間相互作用の解析　87

はじめに　87

7-1　ペプチドのSPOT合成　88

7-2　抗体の抗原決定基(エピトープ)のアミノ酸配列の決定　90

7-3　高次構造を再現したペプチドチップ解析の試み　92

7-4　ペプチドチップを用いた脂質-タンパク質相互作用の解析の試み　94

おわりに　95

引用文献　95

第8章　発光性タンパク質を利用したバイオセンサーの開発　97

はじめに　97

8-1　高効率に発光する蛍光タンパク質　98

8-2　円順列変異GFPを利用したバイオセンサー　100

8-3　蛍光タンパク質間FRETを利用したバイオセンサー　103

8-4　BRETを利用したバイオセンサー　108
おわりに　111
引用文献　112

第9章　細胞内部の力を可視化するナノフォース走査型プローブ顕微鏡の開発　115

はじめに　115
9-1　WR-SPMの開発と生細胞の形状測定　117
9-2　細胞内張力の可視化による細胞運動の解析　119
9-3　細胞内張力を制御するミオシン調節軽鎖のリン酸化　120
9-4　細胞の変形と張力ホメオスタシス　121
9-5　今後の展望　124
引用文献　124

第10章　DNAマイクロアレイを用いた遺伝子発現の網羅的解析　127

はじめに　127
10-1　DNAマイクロアレイ解析の概要　127
10-2　ホヤ胚発生における遺伝子発現の解析　131
10-3　市販されていない動物種のcDNAマイクロアレイ作製方法　135
おわりに　136
引用文献　138

第Ⅳ-1部　バイオを極める(1)——タンパクのナノサイエンス

第11章　光で機能するレチナール膜タンパク質のナノ構造　141

はじめに　141
11-1　古細菌型ロドプシンとGPCR　142
11-2　膜タンパク質の発現系とハロロドプシンへの応用　143

11-3 ハロロドプシンのクロライドイオンポンプ機能に必要なアミノ酸残基 145
11-4 ハロロドプシンの三量体ナノ構造の形成 150
引用文献 151

第12章 真核生物の転写制御因子による DNA 配列認識——ドメイン間の協調性による認識の多様化 153

はじめに 153
12-1 真核生物における転写制御 153
12-2 転写制御因子の DNA 結合領域 155
12-3 協調的 DNA 結合による DNA 配列認識 156
12-4 分子内に複数の DNA 結合ドメインをもつ転写制御因子 158
12-5 分子内ドメイン間の協調的 DNA 結合 160
おわりに 163
引用文献 163

第13章 好中球活性酸素発生系の構造生物学 165

はじめに 165
13-1 NADPH オキシダーゼ活性制御の概要 166
13-2 NADPH オキシダーゼ休止状態における p47^{phox} の X 線結晶構造解析 169
13-3 NADPH オキシダーゼ休止状態における p47^{phox} の立体構造の詳細 171
13-4 NADPH オキシダーゼ活性化状態における p47^{phox} の立体構造 175
13-5 タンデム SH3 ドメインの活性化機構 177
おわりに 178
引用文献 179

第Ⅳ-2部　バイオを極める(2)——細胞のバイオサイエンス

第14章　生殖細胞の分化運命決定の分子機構　183

　はじめに　183
　14-1　生殖細胞分化モデル系としての線虫 C. elegans　183
　14-2　新規卵成熟制御因子 MOE ファミリータンパク質の同定と解析　185
　14-3　生殖幹細胞の分化を制御するユビキチン依存的タンパク質分解系　187
　おわりに　189
　引用文献　190

第15章　細胞の膜リン脂質非対称性の役割　193

　はじめに　193
　15-1　細胞膜のリン脂質非対称性とアミノリン脂質トランスロケース　193
　15-2　Cdc50 ファミリーの役割　195
　15-3　Drs2 の脂質輸送活性　198
　15-4　リン脂質非対称性を制御するアミノリン脂質トランスロケースの機能　201
　　　　リン脂質膜非対称性とステロール構造はアクチン細胞骨格制御に関与する　201／リン脂質トランスロケースの作用はリサイクリング経路に必須である　203
　おわりに　204
　引用文献　206

第16章　NO/cGMP 情報伝達系分子の構造と機能　209

　はじめに　209
　16-1　グアニル酸シクラーゼの構造と機能　213
　16-2　特異な構造のグアニル酸シクラーゼと進化　219

おわりに　222
　　　引用文献　222

第17章　生殖細胞形成の分子細胞生物学　225

　　　はじめに　225
　　17-1　卵成熟の制御機構　226
　　　　MPF形成の分子機構　226/サイクリンBの翻訳開始機構　227/
　　　　MPFの作用機構　229
　　17-2　精子形成の制御機構　229
　　　　プロタミンの機能　229/新しい遺伝子改変生物作製法　230
　　17-3　雑種メダカを利用した生殖細胞形成機構の解明　232
　　　　雑種メダカにおける生殖細胞形成異常の細胞生物学的解析　232/
　　　　雑種メダカにおける生殖細胞形成異常の分子生物学的解析　234
　　　おわりに　235
　　　引用文献　236

第18章　プロテアソームを介した細胞制御——高等植物の細胞サイズ制
　　　　御を中心として　239

　　　はじめに　239
　　18-1　ユビキチン・プロテアソームシステム　240
　　18-2　26Sプロテアソーム　241
　　　　20Sプロテアソームの概要　241/19Sプロテアソームの概要
　　　　242/19Sプロテアソームサブユニットの進化学的特徴　242
　　18-3　植物プロテアソーム　243
　　　　RPN10によるアブシジン酸シグナル伝達の制御　245/RPT2aに
　　　　よる糖シグナル伝達制御　245/RPN2欠損変異体の単離と解析
　　　　246/糖応答制御　247
　　18-4　細胞サイズ制御とプロテアソーム　247
　　　　エンドリデュプリケーションによる細胞サイズの増大　248/*rpt2a*
　　　　変異体における表皮細胞サイズの増大　249/*rpt2a*変異体におけ

xviii 目　次

　　　　　るトライコーム分枝数の増大　250/細胞サイズと細胞周期制御
　　　　　251
　　おわりに　253
　　引用文献　254

第Ⅳ-3部　バイオを極める(3)──個体のバイオサイエンス

第19章　本能行動のナノバイオサイエンスをめざして　259

　　はじめに　259
　　19-1　研究の進め方とその背景　261
　　19-2　モデル系から得られた主要な知見　263
　　　　　成長と成熟にともなうホルモン遺伝子の発現変動　263/GnRHに
　　　　　よる下垂体ホルモン遺伝子の発現調節機構　265
　　19-3　遡上時のシロザケにおけるホルモン遺伝子の発現変動　266
　　　　　シロザケの遡上にともなうsGnRH遺伝子発現の上昇　266/母川
　　　　　回帰の開始に先立つ視床下部-下垂体系の活性化　267
　　おわりに　269
　　引用文献　269

第20章　エゾサンショウウオの表現型可塑性──ゲノムと環境の相互作用　271

　　はじめに　271
　　20-1　ネオテニー現象　272
　　　　　エゾサンショウウオのネオテニー　273/幼生型と成体型　273/越
　　　　　冬幼生　275
　　20-2　温度依存性分化　276
　　　　　エゾサンショウウオの温度感受性性分化　277/性分化関連遺伝子
　　　　　277
　　20-3　可塑的肉食形態(頭でっかち)　279

　　　　　頭でっかちの誘導要因　279/環境要因　280/卵サイズと頭でっか
　　　　　ち　281
　　おわりに　283
　　引用文献　283

第 21 章　昆虫の適応行動の発現機構から学ぶナノとバイオの融合　287
　　はじめに　287
　　21-1　昆虫の神経系　288
　　21-2　昆虫の感覚系　290
　　21-3　昆虫の社会的経験にともなう行動の変容　291
　　21-4　昆虫の脳におけるフェロモン情報処理と NO シグナル　294
　　21-5　社会的経験の記憶と NO/cGMP シグナル　300
　　おわりに　304
　　引用文献　305

第 22 章　進化がうみだしたもう 1 つの耳──昆虫の聴覚器官研究の最前
　　　　　線　307
　　はじめに　307
　　22-1　昆虫の聴覚器官　309
　　22-2　弦音器官の構造と音受容の分子機構　312
　　22-3　音受容細胞は動く──生きた圧電素子，プレスチン　315
　　22-4　音伝達構造の進化　318
　　おわりに　322
　　引用文献　324

第 23 章　行動遂行中の動物からの中枢神経活動記録と解析──水棲動
　　　　　物用光テレメータの開発　327
　　はじめに　327
　　23-1　光テレメータ装置の作動原理　328
　　　　　光と電波　329/送信器　330/受信器　331/光テレメータ装置の特
　　　　　性　332

23-2 光テレメータ装置の適用　334
　　　　　ザリガニの姿勢制御運動　334/電極　336/実験用アリーナ　336/
　　　　　C_1 ニューロン活動の修飾　338
23-3 他の実験動物への適用　340
おわりに　341
引用文献　341

用語解説　343
索　引　351
編集委員・執筆者紹介　361

第 I 部

ナノサイエンスの新展開

世の中に「安心」「便利」「快適」もたらす進歩は，科学技術すなわちサイエンスとテクノロジーによって支えられているといっても過言ではない。サイエンスとは自然の摂理に新たな「発見」を見出すことであり，テクノロジーとはその「発見」を基に新たなものを創り出す「発明」である。「発明」された新しい装置でさらなる「発見」をすることができる。このようにサイエンスとテクノロジーは循環することで次々と新しい「発明」がもたらされ，世の中は進歩することができる。
　その関係をトンネル効果の「発見」と「発明」にみることができる。絶縁体は通常電気を通さないが，絶縁体が非常に薄い時，量子力学的な効果(トンネル効果)によって僅かに電流が流れる(トンネル電流)。まさにナノメートルの世界で起きているナノサイエンスである。ノーベル物理学賞受賞者の Giaever 博士は1960年，薄膜絶縁体を挟んだ超伝導体の間のトンネル効果を実験的に「発見」した。その後，IBM Zurich 研究所でこのトンネル電流を応用した走査トンネル顕微鏡(STM)が「発明」され，1986年，Binnig 博士，Rohrer 博士はノーベル物理学賞を受賞した。そして，このSTMがナノサイエンス・ナノテクノロジーの発展の起爆剤となった。STMを使うことで，ナノサイエンスにおいてさまざまな「発見」がもたらされている。このようにしてサイエンスとテクノロジーの輪は循環するのである。
　第Ⅰ部では新たな「発見」をめざした本書内でのナノサイエンスの取り組みを紹介する。第1章は「導電性・磁性を有する機能性分子システムの創製」と題して，究極の微小モーターづくりをめざした人工分子モーター開発について紹介する。これは生体にあるべん毛モーターなどの生体分子モーターとも関係しておりバイオサイエンスにも関連する。第2章は「フォトンフォース計測とナノフォトニック操作」と題して，レーザー光で微粒子を捕まえて三次元的に操作できるレーザートラッピングと呼ばれる技術を使って，微小な力の計測(フォトンフォース計測)と微粒子と光が関連する新奇な現象について紹介する。

(居城邦治)

導電性・磁性を有する機能性分子システムの創製

第1章

北海道大学電子科学研究所/中村貴義

はじめに

分子性導体・磁性体は擬一次元的な伝導や単分子磁性など特異な電子物性を示す系として注目され,固体物理や材料化学の分野でさかんに研究が行なわれている。我々は,導電性・磁性を示す分子集合体をベースとした新規な分子性材料開拓を行なっているが,ここではそのなかから,バイオサイエンスにも深く関連する人工分子モーター開発についてその取り組みを紹介する。

1-1 生体分子モーターと人工分子モーター

生体のなかには数々のモーターが存在する。最も身近に感じることができるのは我々の筋肉を動かしている,アクチン−ミオシンからなるモーターであろう。このモーターは通常の電気モーターとは異なり,回転するのではなく一定の方向へ動くリニアモーターである。生体中のリニアモーターには,この他にも細胞内で微小管上を移動して物質輸送にかかわるダイニンやキネシンモーターがある。一方,回転するタイプのモーターの代表格は ATP 合成酵素である。このモーターはミトコンドリア内などに存在し,膜内外のプロトン濃度差を利用して生体におけるエネルギー源である ATP を合成し,

またATPを分解することで，生体に必要なエネルギーを供給する役割を果たす．精子などにみられる鞭毛モーターは，さらに複雑である．鞭毛モーターにおいては，根元のローター部分がプロトンの濃度勾配を利用して一方向に回転すると同時に，鞭毛内に存在するダイニンモーターの働きにより鞭毛がたわむことで，鞭毛全体がプロペラの役割を果たし，推進力を得る仕組みになっている．

これらの生体モーターに共通する特徴は，化学エネルギーを巧みに利用して一方向へ運動する過程で，化学エネルギー間，あるいは化学エネルギーと力学エネルギーとの間で，高効率のエネルギー変換が行なわれていることである．しかも，これらのモーターは $0.1\,\mu m$ あるいはそれ以下の大きさであり，それでいてきわめて精巧な構造と機能をもつ．正に自然が創り出した驚異の仕組みといえるだろう．しかも，サイズが小さいということが，モーターの機能発現に実はとても重要であるということが近年明らかになってきた．このことについてはまた後で触れることにする．

精緻な生体分子モーターの仕組みを人工的に実現しようという試みも世界中で行なわれている．残念ながら，生体分子モーターを完全に模倣するには至っておらず，まずは分子を用いた一方向回転を実現することがおもな研究の目標である(Balzani et al., 2000)．図1-1に示した分子は，一方向回転する人工分子モーターの一例である(Koumura et al., 1999)．分子は2つのユニットが二重結合でつながった構造をもち，この二重結合の *cis-trans* 異性化を利用して分子回転させる．ただ，普通に異性化させるだけでは，右回りと左回りの区別がつかず，一方向回転は実現できない．そこで以下のような工夫をしている．

出発物質である1はメチル基とナフタレン環との間の立体障害により，メチル基がaxialになる安定配置をとっている．1に紫外線を照射すると，二重結合の *cis-trans* 異性化が起こるが，この立体障害のために，矢印の方向のみに回転する．光異性化により生成した2では，ナフタレン環の間に大きな立体障害が生ずる．しかし，*cis-trans* 異性化には大きなエネルギー障壁が存在するために，もとの1には戻ることができないので，ナフタレン環部分で熱異性化が起こり，安定な配置をもつ3に変化する．ここでもう一度紫

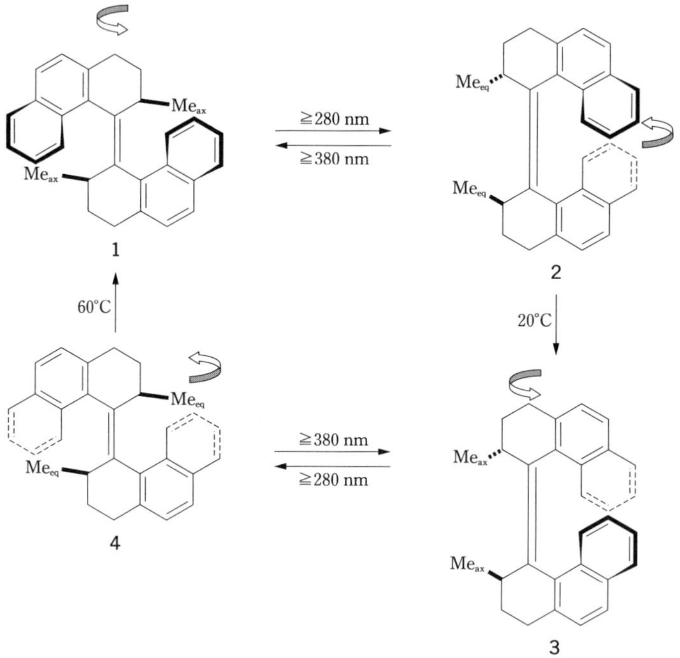

第 1 章 導電性・磁性を有する機能性分子システムの創製　5

図 1-1 光駆動人工分子モーターの模式図

外線を照射すると，先ほどと同じ理由で，cis-trans 異性化の際に矢印方向への回転のみが起こり，4 が生成する。4 もメチル基とナフタレン環との間の立体障害を生ずるので，熱的に安定な 1 に熱異性化する。以上，光異性化，熱異性化反応を 2 回繰り返すことで，1 → 2 → 3 → 4 → 1 と，360°の一方向回転が実現する。またこの分子を金微粒子の上に集積させ，金微粒子上での分子の一方向転換を実現している (van Delden et al., 2005)。

もう 1 つの例を図 1-2 に示した。この分子はレールとなる分子とシャトルとなる分子からなり，カテナンと総称される分子に分類される。1 本のレールの上をシャトル分子が動けばリニアモーターになるが，図 1-2 の分子 6 のようにレールが円になっていれば一方向へ回転し得るモーターとなる。この分子では，溶液の pH 変化などを巧みに利用して，シャトルの一方向回転を実現している (Leigh et al., 2003)。

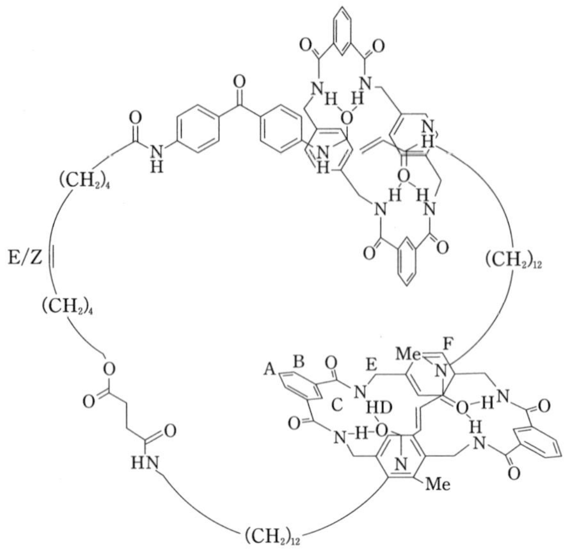

図1-2　一方向回転が可能なカテナン分子

1-2　生体分子モーターの仕組み

　人工分子モーターは現在のところ主として溶液中における光反応やpH変化により駆動されている。これに対し，生体分子モーターはATPやプロトンの濃度勾配などの化学エネルギーを用いて動く。その仕組みを，特に研究が進んでいるF型ATP合成酵素を例に説明しよう(Yoshida et al., 2001)。図1-3にF型ATP合成酵素の模式図を示した。F型ATP合成酵素は10 nm程度の大きさのF_0モーターとF_1モーターが結合してできており，生体膜中に存在している。F_1部位はα_3，β_3，γ，δ，εのサブユニットから形成され，生体膜から突き出ており，ATPの合成と分解に関与する。F_0部位はa，b_2，c_{9-12}のサブユニットからなっていて，生体膜のなかに埋まっており，膜内外のプロトン輸送に関与する。

　F型ATP合成酵素がATP合成する過程は，以下のようになっていると考えられている。

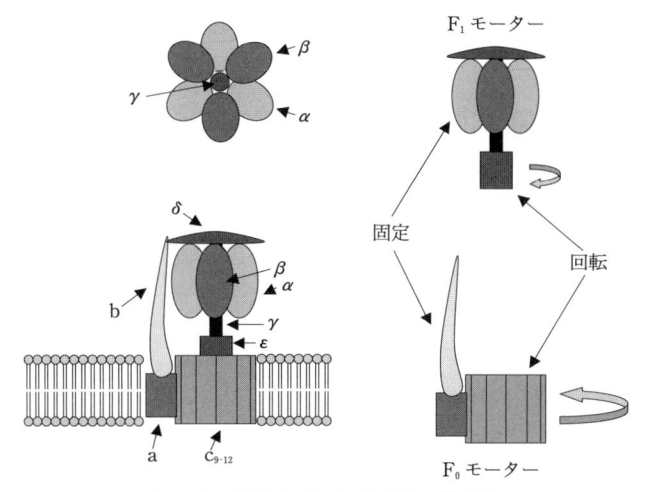

図1-3 F型ATP合成酵素の模式図

(1) まずプロトンがF_0部位を通過すると，F_0部位は(F_1部位の側からみて)120°左回転し，それにともないF_1部位も左回転する．その時，空のβサブユニットにADPがはいる．
(2) もう1つのプロトンがF_0部位を通過して，F_0部位が120°回転すると，F_1部位の回転にともなって，ADPがリン酸化される．
(3) さらにもう1つのプロトンがF_0部位を通過して回転が起こると，F_1部位の回転にともなって，ATPが放出され，(1)の状態に戻る．

全体として，3個のプロトンがF_0部位を通過すると，ATP合成酵素が1回転し，ATPが1個合成される．

ATP合成酵素が回転しながら触媒反応を行なっているという仮説は以前より唱えられていたが，蛍光標識したアクチンフィラメントをF_1部位のγサブユニットに着けて蛍光顕微鏡観察することにより，回転していることが確かめられた(Noji et al., 1997)．F_1部位は単独でATPをADPとリン酸に加水分解して，右回りに回転する．上記(1)〜(3)の過程では，F_0部位がプロトンの濃度勾配により左回りに回転することでF_1部位を強制的に左回転させ，ADPとリン酸からATPを合成していることになる．一方，F_1部位がATPを分解し右回転することで，F_0部位を右回転させ，プロトンの能動輸

送を行なうことも可能である。

1-3　ブラウン-ラチェット機構

　生体分子モーターの回転機構はきわめて精巧なものであるが，周囲の熱エネルギーを利用して，さらに巧妙にエネルギー変換効率を上げているのではないかという説が近年唱えられるようになった(上田ら，2002)。その仕組みがブラウン-ラチェット機構 Brownian-ratchet mechanism である(Astumian, 1997)。生体分子モーターはとても小さいため，いつも熱的な揺動(ブラウン運動)にさらされている。すなわち，分子モーターは何もしなくても熱的に左右にランダムに回ってしまうことになる。この運動をうまく利用して，ランダムな回転運動から一方向回転を取り出すことができれば，周回の熱を利用した分子モーターの駆動が可能になる。もちろん，外界から熱を汲み出して一方向への回転，すなわちエントロピーが低い状態を実現することは，熱力学第二法則に抵触するため，不可能である。それを回避する仕組みがブラウン-ラチェット機構である。

　ブラウン-ラチェット機構による一方向回転を実現するためには，少なくとも以下の条件が必要である。

　(1)回転のためのポテンシャルが非対称(ノコギリ型)であること。
　(2)ポテンシャルを外部から'揺らす'こと。

　外部からポテンシャルを揺らすためにエネルギーを系に注入するので，熱力学第二法則が破られることはなく，さらに周囲の熱エネルギーを利用するため，全体としてきわめて高いエネルギー変換効率を実現することができる。またブラウン運動を利用することからもわかるように，分子モーターが熱揺動するほど小さいからこそ可能なメカニズムである。図1-4にブラウン-ラチェット機構の模式図を示した。(1)の状態では回転のポテンシャル障壁が熱エネルギー(kT)よりも大きいため，回転子の位置(黒と灰色の丸で示してある)はノコギリ歯型ポテンシャルの(最も)低い位置にある。ここで外部からバイアスを加えて，回転のポテンシャルを熱エネルギーよりも低くする((2)の状態)。すると，回転子はブラウン運動により自由に位置を変えることができ

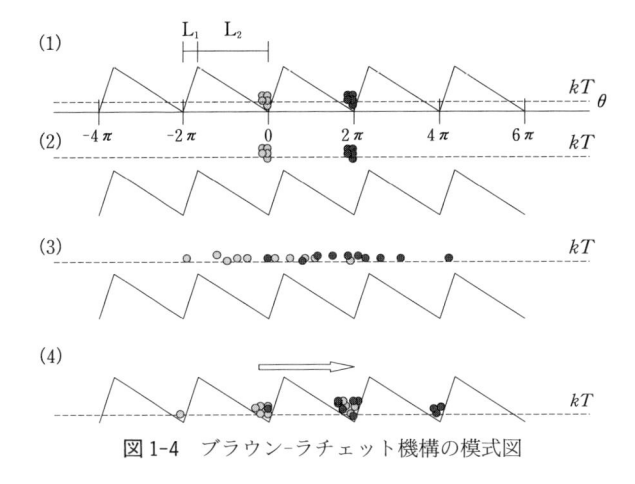

第1章　導電性・磁性を有する機能性分子システムの創製　　9

図1-4　ブラウン-ラチェット機構の模式図

るようになり，(2)の状態から左右にランダムに移動して(3)で示すような状態になる．ここで再び外部バイアスを切ってポテンシャル障壁を高い状態にすると，回転子の位置はポテンシャルの最も低い位置に戻るが((4)の状態)，この時，どこの位置に戻るかは，ノコギリ歯型ポテンシャルの形によって決まる．なぜならば(3)の状態では回転子の位置は(2)の状態からランダムに左右にずれているので，1つのポテンシャルミニマムの位置から隣のポテンシャルミニマムへ移動する場合，右へ行くか，左へ行くかの確率の比は，ノコギリ歯型ポテンシャルの左右長さ，L_1，L_2の比によって決まることになる．したがって$L_1 < L_2$の条件で(1)～(4)のサイクルを繰り返せば，確率的に回転子は右の方へ移動する．すなわち一方向へ回転するようになる．ねじを締めるためのラチェットレンチもこのようなノコギリ歯型の歯車を用いて一方向へ回転するようになっているので，以上のような仕組みをブラウン-ラチェット機構と呼ぶ．なお，外から加えるバイアスは周期的である必要はなく，まったくランダムでもよい．ブラウン-ラチェット機構は，アクチン-ミオシンモーターやATP合成酵素においても利用されていると考えられ，詳細の究明に向けてさかんに研究が進められている．

1-4　固相分子モーターの設計

　ブラウン-ラチェット機構は高いエネルギー変換効率を可能にする。したがって，ブラウン-ラチェット機構を利用した人工分子モーターを実現し，さらに一方向回転からエネルギーを取り出す仕組みを用意すれば，熱エネルギーを利用したきわめて魅力的なエネルギー変換素子となり得る。我々は以下のような設計指針を用いて，人工分子モーター実現に向けた研究を進めている。

(1) 溶液中で人工分子モーターを駆動する場合，回転の方向は平均化され，エネルギーを取り出す仕組みをつくることは難しい。回転方向がそろった系をつくることが重要である。生体分子モーターにみられるように，表面や界面を利用する方法も考えられるが，さらに，エネルギー密度を上げるために，回転子が空間的に規則正しく配列した，単結晶系において分子モーターを構築する。

(2) 生体分子モーターにおいては化学エネルギーが重要な役割を果たしている。しかし，応用まで視野にいれて人工分子モーターを構築する場合，電気エネルギー，光エネルギー，機械エネルギーなどを用いる方が有利である。そこで分子モーターを導電性や磁性を示す物質と組み合せて単結晶を作製する。分子回転と磁性や導電性との間に相互作用をもたせ，うまく結合することが重要である。

(3) 単結晶においては，分子がなるべく隙間なく，できれば最密充填するのが自然の摂理である。そこで，単結晶のなかで分子が回転する空間を確保するため，超分子構造を利用する。具体的な例は後で述べるが，超分子化学の手法を用いて分子を組み合せることで，固体内でも分子回転のための空間を確保することが可能である。

　以下，分子モーターと組み合せる分子性導体，磁性体について簡単に述べ，次に実際に進めている我々の研究を紹介しよう。

1-5 分子性導体・磁性体

　一般に有機分子は閉殻構造をもつため，分子集合体を形成しても絶縁体であり反磁性を示す。しかし，分子が開殻構造をとると状況は一変する(斉藤，2003)。開殻構造の分子はスピン($S=1/2$)をもつ。開殻構造分子が集合体をつくり，隣り合うスピン間に磁気交換相互作用 magnetic exchange interaction(J)が存在すると集合体はさまざまな磁性を示す。$J=0$ の場合は各々のスピンは自由に振る舞い，磁化率(χ)の温度依存性はキュリー則にしたがう($\chi T=$ 一定)。J が有限の値をもつ時，有機物ではほとんどの場合 $J<0$ となりスピン間には反強磁性的相互作用(スピンが逆向きにペアをつくる相互作用)が働き，温度の低下と共に χT は減少する。稀に $J>0$ となることがあり，この場合はスピンが同じ方向にそろうような相互作用が働く。χT は温度の低下と共に上昇し，ある温度以下で集合体は強磁性体に転移する(磁石になる)。
　一方，分子集合体のなかで一部の分子だけが電子を受け取る(あるいは失う)と，集合体が形成するバンドのなかにキャリアが生成することになり，電気伝導性が発現する。たとえば，図1-5に示す TTF と TCNQ からなる電荷移動錯体単結晶においては，結晶内で TTF から TCNQ に1分子あたり平均して $\delta=0.67$ 個の電子が移動し，結晶はきわめて高い導電性を示す。

1-6 固相分子モーターの構築の試み

　導電性・磁性を発現する分子性物質として我々は Ni(dmit)$_2$ 錯体(図1-5)をモデル物質として選んだ。Ni(dmit)$_2$ は -1 価の状態 [Ni(dmit)$_2$]$^-$ が安定であり，この時，分子は開殻構造をとり $S=1/2$ スピンをもつ。また部分的に

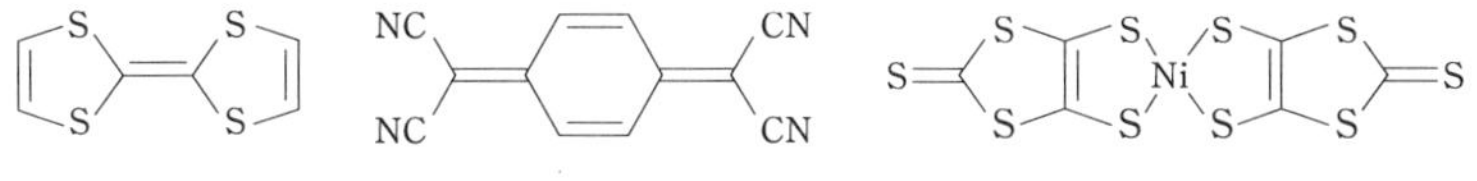

図1-5　TTF，TCNQ および Ni(dmit)$_2$ の分子構造

酸化した状態（[Ni(dmit)$_2$]$^{\delta-}$, $0<\delta<1$）で分子集合体を形成すれば，伝導バンドが不十分に満ちた状態になるため高い電気伝導性を示す。このようにNi(dmit)$_2$錯体は磁性体・電気伝導体のビルディングブロックとしてきわめて有用である。なお，少し専門的な話になるが，Ni(dmit)$_2$のLUMO（最低非占有分子軌道）にNiの原子軌道はほとんど関与しない。したがって導電性・磁性にNiイオンはかかわらず，Ni(dmit)$_2$の機能性はすべて配位子のπ-軌道に由来する。分子軌道の見地からNi(dmit)$_2$は有機分子であるといってよい。電気伝導体・磁性体のビルディングブロックとなる[Ni(dmit)$_2$]$^-$，[Ni(dmit)$_2$]$^{\delta-}$はいずれにせよアニオン種である。このことは，分子モーターをNi(dmit)$_2$を含む結晶に組み込む上で好都合である。すなわち，カチオン性のビルディングブロックを用意すれば，容易にイオン性の単結晶を作製することができる。

　超分子化学を利用して，カチオン性の分子モーターを形成するためには，磁性・伝導性とのカップリングに加えて，前項で述べたノコギリ歯型ポテンシャル，外部からのバイアスなどを考慮にいれた設計が必要である。しかしながら，一気に複雑な構造を構築することは困難であるので，まずは磁性を示す結晶内で自由に回転するローター構造を構築することを試みた。超分子化学において最も基本的な化合物である[18]crown-6分子をベースとして，図1-6に示すきわめて単純な構造を設計し，[Ni(dmit)$_2$]$^-$のカウンターカ

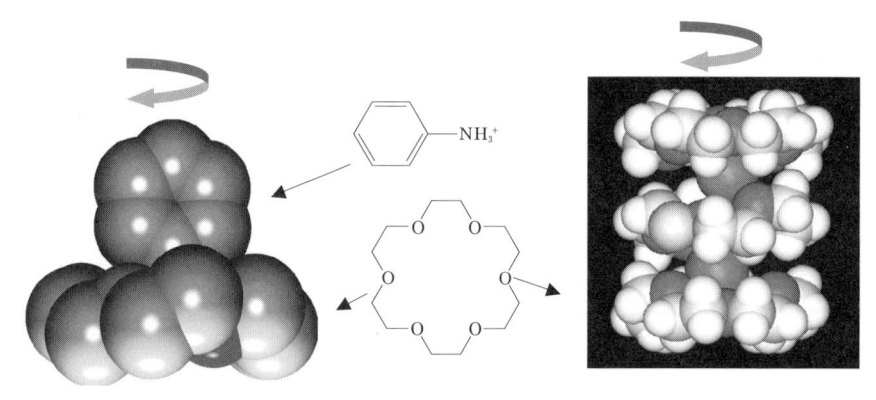

図1-6　[18]crown-6分子をベースとした分子ローターの設計

チオンとして結晶内に組み込んだところ，実際にこれらの構造は回転していることが確認できた。これら分子ローターの構造と機能を以下に少し詳しく紹介する(芥川・中村, 2005)。

Cs$_2$([18]crown-6)$_3$[Ni(dmit)$_2$]$_2$ 結晶中の[18]crown-6 ローター

[18]crown-6 は中央に空孔をもつドーナツ型の分子であるが，この穴の大きさは K$^+$ や NH$_4^+$ 程度の大きさであり，Cs$^+$ のような大きなイオンと組み合せると，サンドイッチ型あるいはクラブサンドイッチ型の構造をとる。実際この結晶中では図1-7に示すように Cs$_2$([18]crown-6)$_3$ というクラブサンドイッチ型の超分子カチオン(図1-6右)が形成し，Cs$^+$ がベアリングのような働きをして，[18]crown-6 分子が結晶中で回転していることがわかった(Akutagawa et al., 2005)。この分子ローター構造はせいぜい 1 nm くらいの大きさであるから，その回転を肉眼や顕微鏡で確かめることは不可能である。分子の回転は X 線結晶構造解析や NMR などの機器分析を駆使することで確認した。[18]crown-6 分子は室温でランダムに回っており，温度を下げていくと 200 K 付近で回転が止まることがわかっている。一方，Ni(dmit)$_2$ の方は結晶の組成からもわかるように，−1価であり，したがって電気伝導

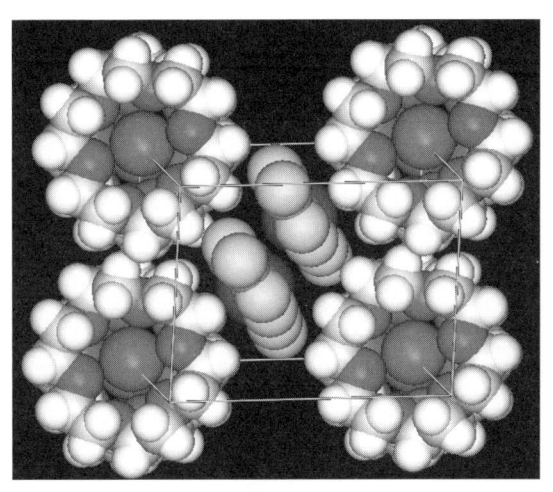

図1-7　Cs$_2$([18]crown-6)$_3$[Ni(dmit)$_2$]$_2$ の結晶構造

性は示さないが,磁性を示す.図1-7にみられるように,結晶内で[Ni(dmit)$_2$]$^-$は二量体を形成しており,その周りをCs$_2$([18]crown-6)$_3$ロ－ター構造が取り囲んでいる.二量体を形成する[Ni(dmit)$_2$]$^-$間には$S=1/2$スピン間に強い反強磁性的相互作用が働き,その結果,singlet-triplet熱励起モデルで記述される磁化率の温度依存性が,200 K付近以下の温度でみられた.ここまでは,理論的に予測される結果とよい一致をみたのだが,200 K以上では理論的な予測から大きくはずれた磁化率の温度依存性が観察された.よく調べてみると,200 K以上の温度で[18]crown-6の回転が開始すると[Ni(dmit)$_2$]間の相互作用(反強磁性的な交換相互作用)が変化することで結晶全体の磁性に異常がみられるようになることがわかった.このあたりの機構は少し複雑なので,詳しい説明は省くが,[18]crown-6の回転により結晶全体の磁性が変化したことが確認でき,磁性と分子回転との結合が実現していることがわかった.分子回転から電磁気的なエネルギーを取り出すための第一歩を踏み出すことができたといえよう.

(Anilinium)([18]crown-6)[Ni(dmit)$_2$]結晶中のベンゼン環ローター

[18]crown-6の空孔にはK$^+$やNH$_4^+$がぴったり入り込むが,同様に－NH$_3^+$基もはいることができる.そこで[18]crown-6とアニリニウムからもう1つの分子ローター構造を設計し,Ni(dmit)$_2$結晶に組み込んだ(Nishihara et al., 2002).得られた結晶の構造を図1-8に示した.予想通り,[18]crown-6にアニリニウムはすっぽりとはいり,ローター構造を形成していた.ローターの回転をX線結晶構造解析から確認することはできなかったが,ベンゼン環の水素をすべて重水素に置き換えた(anilinium-d_5)([18]crown-6)[Ni(dmit)$_2$]単結晶に^{2}H-NMRを適用することにより,ベンゼン環は室温で約6 MHzで回転していることがわかった.実際にはベンゼン環は180°のフリップ運動をしておりX線結晶構造解析では回転は止まってみえる.Ni(dmit)$_2$は－1価であり,結晶内で二量体を形成し,さらに二量体は一次元鎖を形成していた.$S=1/2$スピンがこのように並んだ構造に由来して結晶全体としてはスピンラダーというきわめて興味深い磁性を示した.スピンラダーは高温超伝導が期待される系として近年注目されている磁

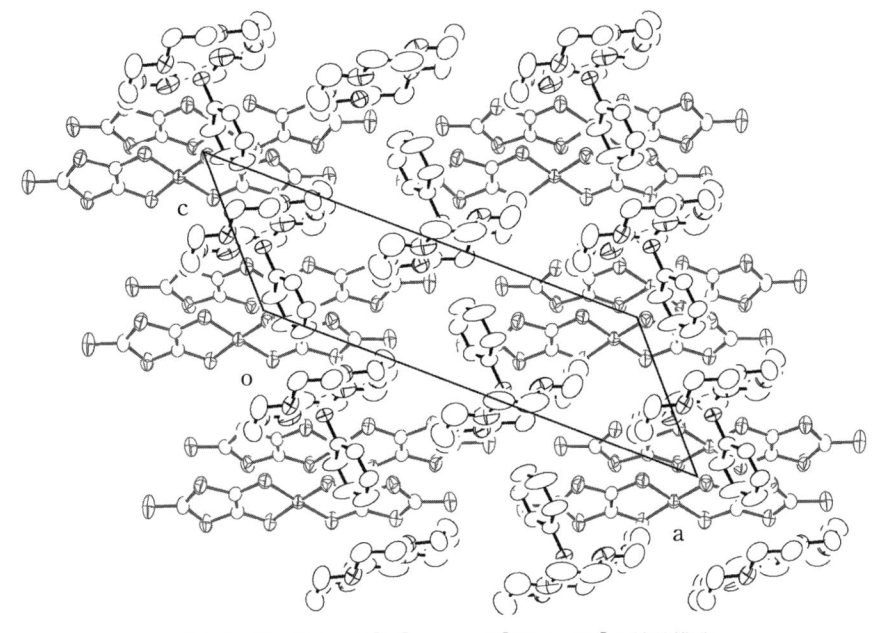

図1-8　(Anilinium)([18]crown-6)[Ni(dmit)$_2$]の結晶構造

気構造である．残念ながら，この興味深い磁性とベンゼン環の回転はこの結晶中では結合しておらず各々独立の物性を示すのみであった．

1-7　固相分子モーター実現に向けて

[Ni(dmit)$_2$]結晶中での分子回転が実現できたので，これを足がかりにして先に示した設計指針にしたがって，分子モーターの実現のための必要条件を1つずつ満たしてゆくことが次の目標となる．まず，ノコギリ歯型の回転ポテンシャルだが，これはキラルな分子などを用いることにより実現できるであろう．外からのバイアスをいかに実現するかも問題である．熱エネルギー以上に回転障壁を大きくするということは，簡単にいえば，分子回転にブレーキをかけることである．普通の車輪であれば，ブレーキシューを押しつけることで回転を止められるが，分子ローターでも同じことができる．Cs$_2$([18]crown-6)$_3$[Ni(dmit)$_2$]$_2$では，結晶を圧力媒体にいれ4 kbarの圧力

をかければ分子回転が止まることがわかっている。おそらく圧力をかけることで，周りの分子がローターに押しつけられ回転が止まるのであろう。ただ，実際に用いるにはもう少しスマートな方法が望まれるので，その方向の研究も進める必要がある。回転エネルギーをうまく外部に取り出す仕組みも考えなくてはならない。まだまだ問題は山積しているが，将来が楽しみな研究である。

引用文献

芥川智行・中村貴義．2005．夢の分子機械：超分子モーター．現代化学，418：25-33．
Akutagawa, T., Shitagami, K., Nishihara, S., Takeda, S., Hasegawa, T., Nakamura, T., Hosokoshi, Y., Inoue, K., Ikeuchi, S., Miyazaki, Y. and Saito, K. 2005. Molecular Rotor of $Cs_2([18]crown-6)_3$ in the Solid State Coupled with the Magnetism of $[Ni(dmit)_2]$. J. Am. Chem. Soc., 127: 4397-4402.
Astumian, R.D. 1997. Thermodynamics and Kinetics of a Brownian Motor. Science, 276: 917.
Balzani, V., Credi, A., Raymo, F.M. and Stoddart, J.F. 2000. Artificial Molecular Machines. Angew. Chem. Int. Ed., 39: 3348.
Koumura, N., Zijlstra, R.W.J., van Delden, R.A., Harada, N. and Fringa, B.L. 1999. Light-driven monodirectional molecular rotor. Nature, 401: 152-155.
Leigh, D.A., Wong, J.K.Y., Dehez, F. and Zerbetto, F. 2003. Unidirectional rotation in a mechanically interlocked molecular rotor. Nature, 424: 174-179.
Nishihara, S., Akutagawa, T., Hasegawa, T. and Nakamura, T. 2002. Formation of Molecular Spin Ladder Induced by Supramolecular Cation Structure. Chem. Commun., 408-409.
Noji, H., Yasuda, R., Yoshida, M. and Kinoshita, K. 1997. Direct observation of the rotation of F_1-ATPase. Nature, 386: 299-302.
斉藤軍治．2003．有機伝導体の化学．丸善．
上田昌宏・石井由晴・柳田敏雄．2002．生体ナノ分子機械の分子メカニズム．応用物理，71：1457-1466．
van Delden, R.A., ter Wiel, M.K.J., Pollard, M.M., Vicario, J., Koumura, N. and Feringa, B.L. 2005. Unidirectional molecular motor on a gold surface. Nature, 437: 1337-1340.
Yoshida, M., Muneyuki, E. and Hisabori, T. 2001. ATP Synthase: a Marvellous Rotary Engine of the Cell. Nature Reviews Molecular Cell Biology, 2: 669-677.

第2章 フォトンフォース計測とナノフォトニック操作

北海道大学電子科学研究所/笹木敬司・藤原英樹

はじめに

マイクロからナノメートルサイズの微粒子，細胞，微小構造体は，液体や気体中においてさまざまな力の作用を受ける。マイクロメートル径の単一微粒子に働く重力や粘性力はフェムトニュートンオーダーの微弱な力であるが，質量もきわめて小さい微粒子の運動を決定するには無視できない大きさである。微粒子間や微粒子/表面間に働くファンデルワールス力は接着・吸着機構において重要な役割を担っている。溶液中では，表面電気二重層による微弱力の他，疎水性・親水性相互作用，水和・溶媒和エネルギー，水素結合ネットワークなどによる短距離相互作用力が作用する。熱的に誘起されるランダムな力は，微粒子のブラウン運動として現われる。これらの力の大きさやバランスによって，コロイド粒子や界面活性ミセル，巨大分子などの凝集や接着，沈殿の挙動が支配される (Israelachvili, 1985)。また，細胞間の選択的な接着や細胞外マトリックス成分への付着現象などについては，細胞膜内の接着分子の作用力が重要な役割を担う。細胞の運動においても，細胞の各ポジションで微弱力が発生し，ミクロな現象が協同して細胞固有の形態変化が現われる。

これらの微小領域における力学的現象のメカニズムを解明するために，微

粒子や細胞に作用する微弱な力を計測する手法が開発されている．電気泳動法など流体力学に基づいた従来の計測技術は，流体の粘性や粒径を別の実験で正確に測定する必要があり，また，多数の微粒子に対するアンサンブル平均の情報しか得られない．微粒子のサイズや形状，物理・化学的特性は一個一個違っており，結果として作用する力も異なるはずである．ファンデルワールス力や電気二重層の解析，イオン解離や吸着過程の解明には，単一の微粒子に作用する力の解析が必要となる．最近，原子間力顕微鏡（AFM）の探針にマイクロメートルサイズのコロイド微粒子を接着し，探針の変位をモニターしながら固体表面に近づけることによって，単一微粒子の接着力を測定する手法が開発されている(Ducker et al., 1991)．しかしながら，サブマイクロメートル以下の微粒子を探針に取り付けることは技術的に困難であり，また，微粒子に接着したAFM探針が試料の物理・化学的な特性に及ぼす影響を無視できないという問題もある．さらに，AFMを用いて検出可能な力はピコニュートンであり，フェムトニュートンオーダーのごく微弱な力を観測するには感度不足である．

　我々は，単一微粒子や細胞の各ポジションに作用するさまざまな物理的・化学的力を高感度に測定するために，フォトンフォースを利用した新しい計測技術を提案している．フォトンフォースとは，光を微粒子に照射した時，光が散乱されて光子の運動量が変化することによって発生する力である．レーザー光をレンズで集光した場合，フォトンフォースは集光ビームのフォーカス位置の方向に働くため，単一微粒子を三次元的にトラップすることができる．このレーザートラッピングと呼ばれる技術は，機械的な接触なしに自在に微粒子を操作でき，単一微粒子や細胞における物理・化学・生物現象の解析に広く応用されている(Masuhara et al., 1994)．このフォトンフォースはフェムトニュートンオーダーであり，マイクロからナノメートルサイズの微粒子に作用する種々の力学的・電磁気学的・熱力学的な力とほぼ同程度の大きさである(Sasaki, 2003)．

　本章では，フェムトニュートンの力を高精度に測定し，ポテンシャルの空間分布を解析するために我々が提案している手法の原理について述べる．本手法は，全反射顕微鏡と4分割検出器を組み合せたナノポジションセンシン

グシステムにより単一微粒子のブラウン運動を計測し，熱力学的解析に基づいて微粒子に作用するポテンシャルと力を求めるものである．本手法は，ポテンシャル形状や媒質の粘性，微粒子サイズなどの先験情報を必要とせず，測定に必要な物理パラメーターは試料の温度のみである．ここでは，本手法の応用として，単一微粒子の表面電荷を高精度に観測する手法，液体中の2つの微粒子間に作用する引力の解析，単一微粒子吸収分析法について紹介する．また，新奇な現象として，ガラス界面近傍においてレーザートラップした微粒子のホッピング現象について述べる．

2-1　三次元ポテンシャル計測技術

　図2-1に，フォトンフォース計測技術の原理を示す(Sasaki et al., 1997)．集光レーザービームにより三次元的にトラップされた単一微粒子はトラッピングポテンシャルのなかをブラウン運動でランダムに動き回る．この微粒子位置の時間的ゆらぎを後述するナノポジションセンシングシステムを用いて観測し，微粒子位置の三次元ヒストグラムを計算する．微粒子の運動は熱エネルギーによるものなので，ボルツマン分布を用いて，位置ヒストグラムから微粒子に作用する三次元ポテンシャルを求めることができる．

　ナノポジションセンシングシステムは，全反射顕微鏡と4分割フォトダイオードにより構成される(図2-2)．光学顕微鏡下で対物レンズにより集光された近赤外レーザー光を用いて，溶液中に分散した微粒子をスライドガラス

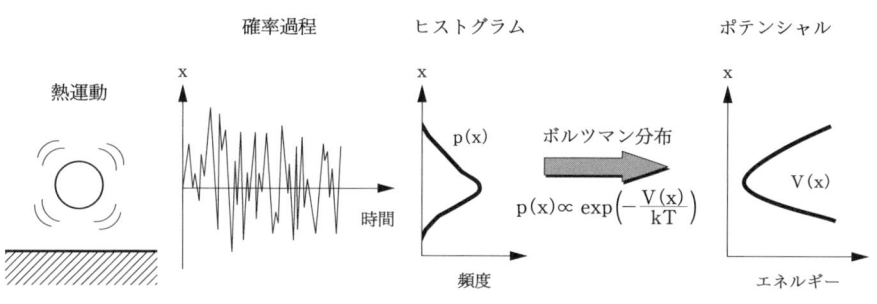

図2-1　単一微粒子に作用するフォトンフォース計測技術の概念図

演算回路
A+B+C+D → Z
{(A+C)−(B+D)}/Z → Y
{(A+B)−(C+D)}/Z → X

4分割フォトダイオード

Nd:YAG Laser

対物レンズ

微粒子
エバネッセント場
ガラス基板

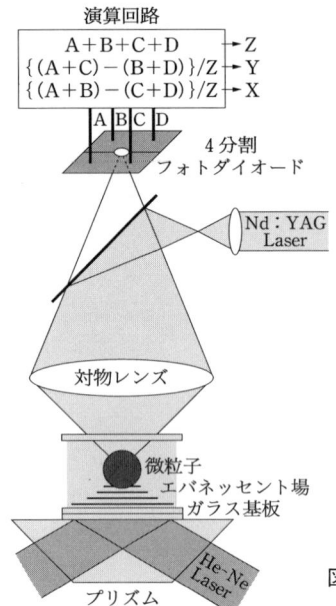

He-Ne Laser

プリズム

図 2-2　ナノポジションセンシングシステムの構成図

表面近傍でトラップする．一方，出力安定化 He-Ne レーザーからのビームをスライドガラスに光学接着したプリズムに導入する．その入射角がガラス界面の臨界角を僅かに越えるように回転ミラーで調整し，界面に誘起されたエバネッセント場によりトラップ微粒子を照明する．微粒子による散乱光は，対物レンズにより集光され，4分割フォトダイオード上に結像される．フォトダイオードからの4つの信号をアナログ回路で演算し，差分信号(A+B)−(C+D)および(A+C)−(B+D)から微粒子の水平方向の二次元位置(X, Y)を求める．また，エバネッセント場の強度が界面から指数関数的に減衰することから，信号の総和(A+B+C+D)の対数変換により微粒子の垂直方向の位置(Z)を求めることができる．三次元位置のスケールは，あらかじめ微粒子を高強度レーザートラッピングによりナノメートルの精度で移動させて較正する．出力信号のサンプリングゲート時間を微粒子の力学的応答時間よりも充分短く設定した状態において，位置の測定精度は約 10 nm である (Sasaki et al., 1997)．

2-2 レーザー光のフォトンフォース計測

図2-3は，水中に分散した単一ポリスチレン微粒子(粒径4.2 μm)について測定したX方向ポテンシャルの形状を示している(Sasaki et al., 1997)。集光ビーム照射による温度上昇は数K以下であり，ポテンシャル測定における影響は無視できる。He-Neレーザー光の強度は充分弱く，このモニター光により誘起されるフォトンフォースも無視できる。曲線(a)〜(d)は放物線でフィッティングすることができ，その幅はトラップ用レーザーパワーの増加にともなって減少する。調和ポテンシャルを仮定したバネ定数を計算してプロットすると，レーザーパワーに対するフォトンフォースの線形性が明らかである。1Wの場合のバネ定数は1.6×10^{-4} Nm^{-1}であり，通常のAFM探針のバネ定数よりずっと小さい値であることがわかる。

図2-4は，エバネッセント場が発生するフォトンフォースを測定した結果である(Wada et al., 2000)。近年，エバネッセント場フォースにより，多微粒子の配列やマイクロリニアモータの開発が試みられているが(Kawata, 2001)，そのような目的には，エバネッセント場フォースの定量的なポテンシャル解

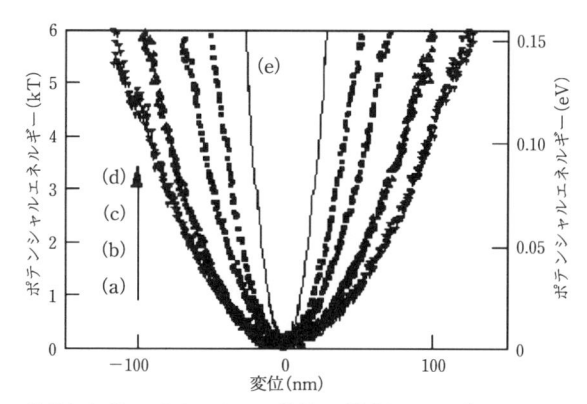

図2-3 水中に分散した単一ポリスチレン微粒子(粒径4.2 μm)について測定したX方向ポテンシャル。トラップ用レーザーパワー：(a) 25，(b) 50，(c) 100，(d) 160 mW。曲線(e)はガラス基板上に吸着した微粒子を用いて測定した計測システムの応答関数である。

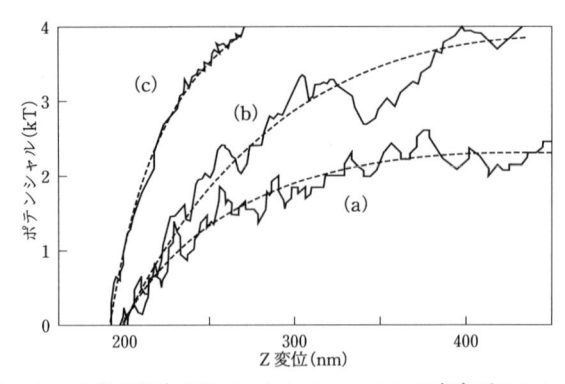

図 2-4 エバネッセント場が発生するフォトンフォースの Z 方向ポテンシャル。入射レーザー光強度：(a) 0.5，(b) 0.8，(c) 1.5 kW/cm²。点線は指数関数によるフィッティング曲線を示す。

析が不可欠である。実験では，近赤外レーザー光を偏光ビームスプリッターによって 2 つのビームに分け，一方をトラップ用の集光ビームとして用い，もう一方のビームを He-Ne レーザーと同軸で全反射プリズムへ入射させて，エバネッセント場によるフォトンフォースを発生させる。微粒子には，集光レーザービームのフォトンフォースや重力，電気二重層力なども作用するが，エバネッセント場を照射した状態と照射しない状態でポテンシャルを測定し，2 つの差を計算することにより，エバネッセント場フォースのみのポテンシャルを得ることができる。ガラス基板と微粒子間距離の関数として Z 方向のポテンシャル曲線を測定した結果が図 2-4 である。ポテンシャル形状から，エバネッセント場フォースによって微粒子は界面方向に引き寄せられることが示されており，ポテンシャルの傾きによって得られる力の大きさは，界面近傍で指数関数的に強くなり，最大 83 fN に達している。この距離依存性は，エバネッセント場の Z 軸方向の強度分布とよく一致しており，光軸方向のフォトンフォースが電場勾配力であることが明らかである。

2-3 単一微粒子の表面電荷密度の解析法

フォトンフォース計測技術を用いて微粒子に作用する静電力を測定し，単

一微粒子の表面電荷を解析することができる(Wada et al., 2002)。溶液中で微粒子の表面に発生する電荷を測定する技術としては電気泳動法が広く用いられているが(Israelachvili, 1985)，この方法は電場を印加した時の微粒子の流れから電荷を解析するため，測定条件のばらつきやブラウン運動の影響を受けやすく，高い精度を得ることが難しい。また，静電力と粘性抵抗の釣り合いに基づく流体力学的解析も複雑であるという問題点がある。そこで，帯電した単一微粒子をレーザートラップしながらマイクロ電極で電場を印加し，静電力を観測して表面電荷を高精度に解析する手法を提案している。

図 2-5 は，塩化ナトリウム水溶液中のポリスチレン微粒子(粒径 $4.5\,\mu m$)の表面電荷を測定した結果である(Wada et al., 2002)。使用したポリスチレン微粒子は作製時に使用した重合開始剤のスルホン酸基が表面に残っているために溶液中で負の電荷をもつと考えられる。試料セルとしては，顕微鏡スライドガラスの上に 2 本のマイクロ金電極を張り付け，カバーガラスを被せたものを作製し，これに微粒子を分散した溶液試料をいれている。電極に電圧を印加した時と印加しない時のポテンシャルを測定し，それらの差から静電力によるポテンシャル成分を求めている(図 2-5)。静電力は場所に依存しないため，ポテンシャル分布は直線になり，その傾きから静電力は 450 fN と求

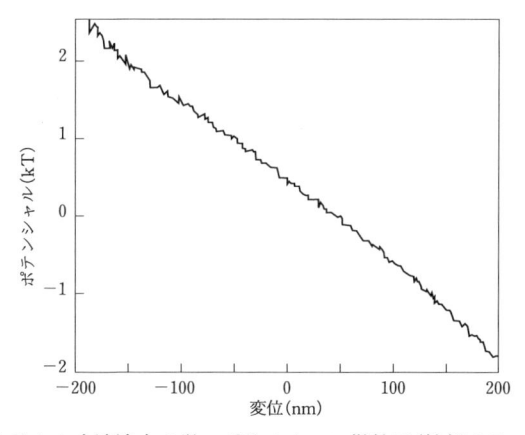

図 2-5 塩化ナトリウム水溶液中の単一ポリスチレン微粒子(粒径 $4.5\,\mu m$)に作用する静電力によるポテンシャル

められる．さらに，電場強度から微粒子の表面電荷を計算すると 1.5×10^{-16} C と得られる．ナトリウムイオンの濃度を増加させるとポリスチレン微粒子表面のスルホン酸基の解離度が減少し微粒子の表面電荷が小さくなる現象も観測されている．このように本手法ではポテンシャル測定により高い精度で表面電荷が解析できるだけでなく，不均一な媒質や時間的に変化する試料にも適用できるという特徴があり，分光測定と組み合せて単一微粒子表面の吸着分子や解離基の定性・定量的物質解析が可能である．

2-4　2微粒子間の相互作用力の解析

　液体中に分散した2つの微粒子の間には，van der Waals 力や静電力が働くことが知られているが，微粒子は静止状態ではなく，液体を挟んでランダムにブラウン運動するため，流体力学的作用も微粒子間力に寄与すると考えられる．そこで，トラップ用レーザー光を偏光ビームスプリッターで2つに分割し，液体試料中の異なる位置に集光して2個の微粒子を同時にトラップして距離を制御しながら，一方の微粒子に作用するポテンシャルを計測した（図2-6；Yoshimizu et al., 2006）．

　実験では，目視で2つの微粒子(粒径 $3.0\,\mu$m)が接触した位置を $d=0\,\mu$m

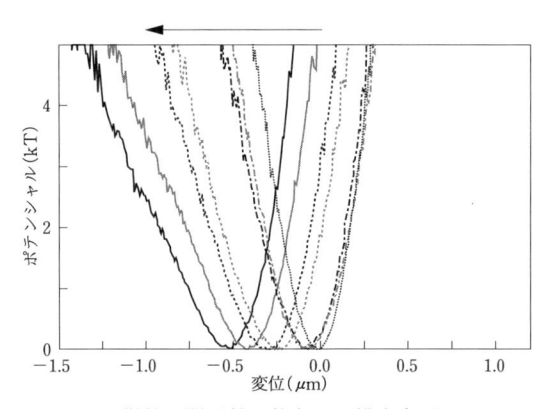

図 2-6　2個のポリスチレン微粒子間距離に依存した横方向ポテンシャルの変化の様子．矢印は2粒子間距離(0〜20 μm)が近づいた時のポテンシャルシフトの方向を示している．

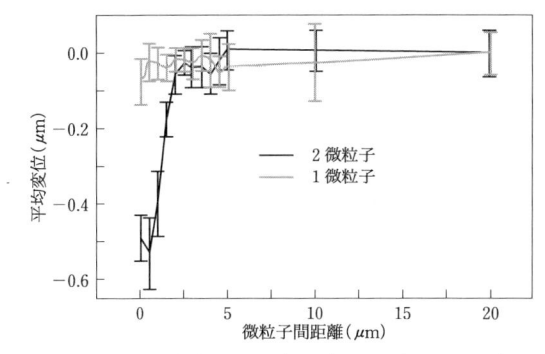

図 2-7 ポテンシャル最小位置の微粒子間距離依存性．2粒子を同時にトラップした場合（黒）と1粒子のみをトラップした場合（灰色）を示している．

とし，ポテンシャル測定を行なわない微粒子を，まず，トラップ用レーザービームを動かして距離 $d=10\,\mu\mathrm{m}$ まで離す．この時，測定したポテンシャルの形状は放物線であり，微粒子間相互作用の影響はみられない．次に，2つの微粒子の距離を近づけながらポテンシャルを観測すると，微粒子が近づくにつれて，もう1つの微粒子がある側(図2-6の左側)にポテンシャルの裾が伸び，ポテンシャルの最小位置も図の左側にシフトしている．これは，微粒子間に引力が作用していることを示している．図2-7 は，ポテンシャルの最小位置を，微粒子間距離の関数としてプロットしたものである．微粒子が 2 $\mu\mathrm{m}$ より近づくと，急激に微粒子は引き寄せられ，最大 $0.5\,\mu\mathrm{m}$ 位置がシフトしている．比較のために，2つのトラップ用レーザー光を照射した状態で，図中左側の微粒子を取り除いて1個の微粒子のみで同様の測定を行なうと，ポテンシャルの形状に変化は現われず，ポテンシャル最小位置の距離依存性もみられなかった(図2-6)．これらの結果から，2つのビーム照射によるトラッピングフォースの変化ではなく，流体力学的作用あるいは光バインディング効果により微粒子間に引力が発生していることが明らかになった．

2-5 単一微粒子のフォトンフォース吸収分析法

フォトンフォース計測技術は，単一微粒子の吸収分光分析にも応用できる

(Matsuo et al., 2001)。蛍光分光については，ナノメートルサイズの単一微粒子のみならず，単一分子の検出も可能な装置が開発されているが，単一ナノ微粒子の吸収はきわめて小さく，これまで，多数の微粒子集団の平均情報しか観測は困難であった。また，マイクロメートル径の微粒子についても，微粒子により光が反射や屈折して光路が複雑になるため，Beer則にしたがって入射光と透過光の強度比から吸光度を解析することも容易ではない。これに対して，我々はフォトンフォース計測技術に基づいた単一微粒子の吸収分析法を提案している。光が微粒子によって吸収される時，光子の運動量が失われ，光の入射方向にフォトンフォースが作用する。光は平面波で照明し，微粒子は球形をしていると仮定すると，Mie-Debye散乱理論によって，フォトンフォースから微粒子の吸収係数(複素屈折率の虚部)を求めることができる(Kerker, 1969)。ただし，微粒子の粒径があらかじめ顕微鏡観察により与えられているものとする。吸収によるフォトンフォースは，吸収を発生させるレーザー光を照射した時としない時の差のポテンシャルを測定し，その傾きによって求めることができる。波長可変レーザーを用いて照射光の波長を走査すれば，吸収スペクトルの情報を得ることもできる。

図2-8に，ローダミンB色素分子をドープしたPMMA微粒子(粒径5.0 μm)について解析を行なった結果を示す(Matsuo et al., 2001)。ローダミンBもPMMAも吸収しない近赤外域のレーザー光で微粒子をトラップすると共に，ローダミンB分子が吸収する波長532 nmのグリーンレーザー光を顕微鏡に入射し，光軸にそって微粒子全体に平面波照射している。図2-8(a)，

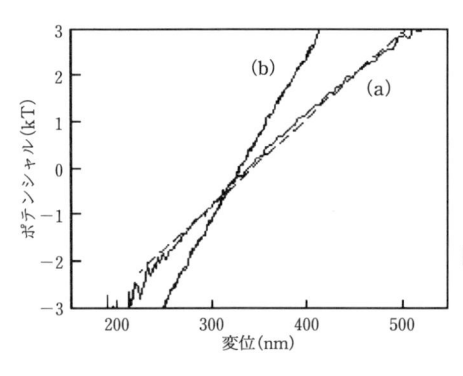

図2-8 ローダミンBドープPMMA微粒子に作用する吸収ポテンシャル。グリーンレーザー光パワー：(a) 0.8, (b) 2.0 mW

表2-1 Mie-Debye散乱理論より求めた散乱パラメーター
(F：吸収によるフォトンフォース，C_{pr}：放射圧断面積，C_{abs}：吸収断面積，C_{sca}：散乱断面積，$\overline{\cos\theta}$：非対称因子)および屈折率の虚部(n_1)の値の推定値

Laser power(mW)	0.8	2.0
F(fN)	73	154
n_1	3.0×10^{-3}	2.2×10^{-3}
$C_{pr}(\mu m^2)$	8.6	7.3
$C_{abs}(\mu m^2)$	6.4	4.9
$C_{sca}(\mu m^2)$	36.9	38.5
$\overline{\cos\theta}$	0.94	0.94

(b)は，グリーンレーザー光のパワーを0.8および2.0 mWにした時の吸収ポテンシャルである．フィッティング直線の傾きから吸収によるフォトンフォースはそれぞれ70および150 fNと求められる．得られた力の大きさから，Mie-Debye散乱理論により，パラメーターを数値解析的に推定した結果を表2-1に示す．波長532 nmにおけるローダミンBのモル吸光係数の報告値(4.6×10^4 $M^{-1}cm$)を用いると，微粒子内のローダミンB色素の濃度は，それぞれ8.9×10^{-3} Mおよび6.5×10^{-3} Mと求められる．同じ微粒子を測定しているので同じ濃度が与えられるはずであるが，2.0 mW照射時にはローダミンBの光退色がみられており，それによって誤差が生じているものと考えられる．

2-6 レーザートラッピングにおけるホッピング現象

ここでは，フォトンフォース計測技術の応用ではないが，ナノポジションセンシングシステムを利用して初めて観測された，レーザートラッピングに関する新奇な現象を紹介する．レーザートラッピングの実験を行なっていると，顕微鏡用ガラス基板に微粒子が近づいた時，トラップ位置が光軸方向にフォーカス位置からずれてしまい，そのずれが界面からの距離によって変わるといった現象をよく経験する．そこで，ガラス基板をピエゾアクチュエーターにセットし，トラップ用レーザー光のフォーカス位置と基板表面の距離を制御しながら，トラップ微粒子の位置をナノポジションセンシングシステ

ムで測定した。

　図 2-9 は，速度 20 nm/s で距離を増加させながら，PMMA 微粒子 (粒径 3.0 μm) のトラップ位置の変化を観測した結果である (Fujiwara et al., 2004 ; Hotta et al., 2002)。レーザー光強度は，それぞれ，(A) 180, (B) 120, (C) 60 mW である。フォーカス位置に微粒子がトラップされているとすると，ブラウン運動によるゆらぎはともなうが，平均的なトラップ位置は時間と共に直線的に変化するはずである。しかし，図 2-9 の結果はまったく異なり，ステップ状の位置変化が観測されている。図 2-9A の挿入図に示されるように，

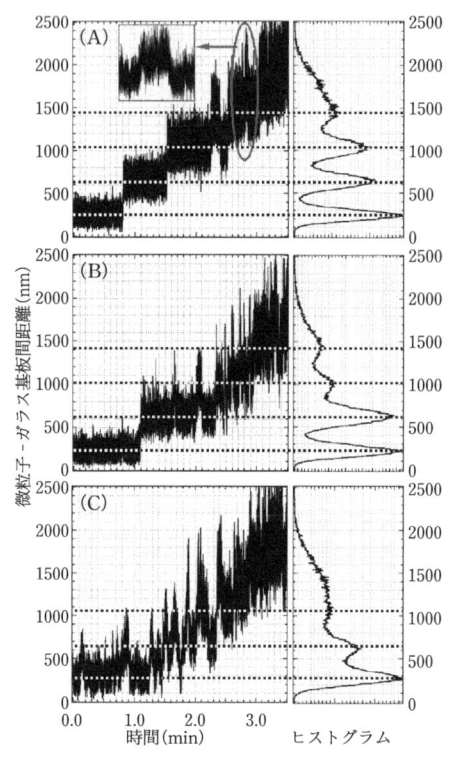

図 2-9　速度 20 nm/s で微粒子 - ガラス基板間距離を離していった時の PMMA 微粒子トラップ位置の変化の様子。トラップ光パワー：(A) 180，(B) 120，(C) 60 mW。(A) の挿入図は丸で囲んだ位置の拡大図。各グラフの右側の図は各々の場合のトラップ位置のヒストグラムを示す。

微粒子が2つの安定な位置の間を行ったり来たりする様子も観測されている。また，トラップ光強度が減少すると，微粒子がホップする頻度が増加する様子も確認されている。各グラフの右側に示した位置ヒストグラムをみると，いくつかの安定なトラップ位置が存在し，それらの間隔が約400 nmであることがわかる。この間隔は，レーザー光強度に依存せず，レーザー光の干渉縞間隔とよく一致することから，このステップ状のトラップ位置変化は干渉効果によって引き起こされていると考えられる。異なる粒径の微粒子について同じ実験を行なった結果も，同様なステップ状の変化が観測され，ホッピングの間隔は約400 nmであった。さらに，レーザー光の波長を近赤外の1064 nmから532 nmに変えて，同様の実験を行なうと，ステップ間隔は半分の200 nmとなることを確認している。これらのことから，トラップ用レーザー光が基板表面で反射されて干渉縞を形成し，それがトラップ微粒子のホッピング現象となって現われることが明らかになった。

おわりに

フォトンフォース計測技術を用いて，単一微粒子に作用するごく微弱な力を高精度に計測する手法について紹介した。本手法は，これまで集合平均としてしか得られなかった微粒子の特性を，一個一個について解析することを実現した。また，微粒子を非接触に操作し，試料の物理・化学的環境に影響を与えずに解析できるという特徴をもっている。ここで紹介した実験例はマイクロメートルサイズの微粒子であるが，4分割フォトダイオードあるいはその代替器で微粒子からの散乱光が観測できれば，どのようなサイズの微粒子(金属ナノ微粒子，膨潤ミセル，有機ナノ微結晶など)にも適用できることが示されている(Sasaki et al., 2000)。バイオへの応用として，表面電荷をコントロールした微粒子やシグナル分子で表面修飾した微粒子をトラップし細胞に接触させて力学的な応答を観測したり，2ビームフォトンフォース計測技術を用いて2つの細胞間の相互作用力を観測したり，また，細胞をトラップして基板に近づけながら付着力を計測する実験が始まっている。

引用文献

Ducker, W.A., Senden, T.J. and Pashley, R.M. 1991. Direct measurement of colloidal forces using an atomic force microscope. Nature, 353: 239-241.

Fujiwara, H., Takasaki, H., Hotta, J. and Sasaki, K. 2004. Observation of the discrete transition of optically trapped particle position in the vicinity of an interface. Appl. Phys. Lett., 84: 13-15.

Hotta, J., Takasaki, H., Fujiwara, H. and Sasaki, K. 2002. Precise analysis of optically trapped particle position and interaction forces in the vicinity of an interface. International Journal of Nanoscience, 1: 645-649.

Israelachvili, J.N. 1985. Intermolecular and surface forces. Academic Press, London.

Kawata, S. 2001. Near-field optics and surface plasmon polaritons. Springer, Berlin.

Kerker, M. 1969. The scattering of light and other electromagnetic radiation. Academic Press, San Diego.

Masuhara, H., De Schryver, F.C., Kitamura, N., and Tamai, N. 1994. Microchemistry. Elsevier, Amsterdam.

Matsuo, Y., Takasaki, H., Hotta, J. and Sasaki, K. 2001. Absorption analysis of a single microparticle by optical force measurement. J. Appl. Phys., 89: 5438-5441.

Sasaki, K. 2003. Force measurement for a single nanoparticle. In "Single organic nanoparticles" (eds. Masuhara, H., Nakanishi, H. and Sasaki, K.), pp. 109-120. Springer, Berlin.

Sasaki, K., Tsukima, M. and Masuhara, H. 1997. Three-dimensional potential analysis of radiation pressure exerted on a single microparticle. Appl. Phys. Lett., 71: 37-39.

Sasaki, K., Hotta, J., Wada, K. and Masuhara, H. 2000. Analysis of radiation pressure exerted on a metallic particle within an evanescent field. Opt. Lett., 25: 1385-1387.

Wada, K., Sasaki, K. and Masuhara, H. 2000. Optical measurement of interaction potentials between a single microparticle and an evanescent field. Appl. Phys. Lett., 76: 2815-2817.

Wada, K., Sasaki, K. and Masuhara, H. 2002. Electric charge measurement on a single microparticle using thermodynamic analysis of electrostatic forces. Appl. Phys. Lett., 81: 1768-1770.

Yoshimizu, T., Fujiwara, H. and Sasaki, K. 2006. Measurement of radiation force by use of the light reflected by a surface of bead, Abstract of 26th Annual Meeting of The Laser Society of Japan: 169.

第II部

バイオに学ぶナノテクノロジー

ナノテクノロジーとは，ナノメートルスケールで物質を操作し，加工する技術である。現代社会を支えているチップやメモリーなどの電子デバイスは，光を利用したリソグラフィー法によりつくられている。この手法はシリコン基板をエッチングなどで切り刻むことで微細加工を行なうのでトップダウン法と呼ばれている。光リソグラフィー法での加工は年々さらなる微細化が図られているものの，光の回折限界など物理的な限界に直面している。それに対して生物はナノメートルサイズの脂質，タンパク質や核酸などの生体分子が自己集合，自己組織化することにより，細胞という高機能な構造体を形成している。このような微小なパーツが組み上がり，機能のある組織体を構成する手法をボトムアップ法と呼び，トップダウン法と対比されている。ボトムアップ法では，トップダウン法では作り込むことのできない微細な領域または材料で加工が可能になると期待されている。

　第Ⅱ部では，自己集合，自己組織化など生物にみられるボトムアップ法の原理を学び，ナノテクノロジーに応用した機能性材料の開発について紹介する。第3章は「自己組織化とナノテクノロジー」と題して，自己組織化の現代的解釈，自己集合との違いなどを解説する。また，高分子の薄膜の作製プロセスにみられる自己組織化を制御することで規則的なパターン構造の作製が可能になることを紹介する。第4章は「超撥水フラクタル表面上における細胞の挙動」と題して，フラクタル表面のつくり方について解説する。そして，フラクタル構造のもつ興味深い性質として超撥水性，超撥油性さらにはそのような表面での細胞，粘菌の挙動について紹介する。第5章は「生体組織に匹敵するソフトマター材料の創成」と題して，非常にツルツルな低摩擦表面をもつゲルやカッターでも切れない高強度なゲルなど従来の脆いゲルのイメージを覆す生体組織に匹敵する機能性高分子ゲルについて紹介する。

（居城邦治）

第3章 自己組織化とナノテクノロジー

北海道大学電子科学研究所/下村政嗣

3-1 自己組織化とは何か

　半導体リソグラフィーを代表とするトップダウン方式ナノテクノロジーの限界が問われるなか，ボトムアップ方式のナノテクノロジーがクローズアップされている。既に人類は，走査型プローブ顕微鏡などを用いて原子や分子を1個1個組み上げ，配列や組織を精密に制御することで微小なデバイスを作製する技術をもつに至っている。しかし，生産性の観点からすると，ボトムアップ方式を用いたデバイスや材料の量産化には，マイクロコンタクトプリンティング法(Qin et al., 1998)のようなトップダウン技術との融合や，生物にみられるような「自己組織化」をうまく活用することが重要だとされている。生物は，分子 → 分子集合体 → オルガネラ → 細胞 → 組織 → 器官 → 生体というように，ナノメートルからメートルへと至る幅広い領域で階層的な構造を自発的につくりあげており，ボトムアップ方式ナノテクノロジーのよいお手本である。

　生物の構造形成を模倣し，分子の会合や自己集合を利用して機能性材料を設計しようとするボトムアップの考え方は決して新しいものではない。既に1960年代において，分子を積み木のように組み上げて組織をつくろうとする「積み木の化学」というパラダイムが一般向けの化学雑誌に紹介され成書も出版されている(たとえば，水野，1972；竹本，1981)。いく種類もの分子をさ

まざまな分子間相互作用を用いて人為的に集積しナノサイズの分子組織を構築しようとする研究は，2つに大別された。1つは，ミセル触媒や高分子触媒，さらには機能性高分子を中心とする研究の流れであり，もう1つは，単分子膜やLB膜などの界面化学的な手法で機能性分子組織を構築しようとする潮流である。しいて生物との対応をするなら，前者は酵素・タンパク質を意識しており，後者は生体膜をモデルにしている。その後，2つの潮流は分子集合体の化学として展開され（国武，1983)，合成二分子膜や高分子超薄膜，LB膜などの分子超薄膜を中心とする世界的な研究の潮流が形成される（Ringsdorf, 1988；Kunitake, 1992；Shimomura, 1993)。イスラエルのJ. Sagiv博士がSelf-assembled monolayer(固体表面に共有結合で固定された数nmの厚みをもつ有機物の単分子膜。最近では，主として金の表面に強く結合したアルカンチオールの単分子膜を意味し，自己組織化単分子膜と訳されている)の原形となった，シランカップリングによる単分子膜形成を報告したのもこのころである(たとえば，Maoz et al., 1988)。その後，分子集合体の化学は，J.M. Lehn教授のノーベル化学賞受賞を契機にホストゲスト化学と融合し「超分子化学」として再び世界の注目を集めることとなり，錯体化学など他の化学の領域へも大きな影響をもたらしていく（たとえばLehn, 1988a, b)。このような歴史的な背景において，分子系ナノテクノロジーにおける「自己組織化」とは，おおむね「分子や原子が勝手に集まって生物のような高度な分子組織体をつくりあげること」と理解されている。

　そもそも「自己組織化self-organization」という言葉や概念は，自然科学や社会科学の学術用語としてのみならず，社会一般でも広く用いられているものである。たとえば，生物学では，脂質二分子膜の形成，ホメオスタシスや形態形成，昆虫や動物の社会形成などに使われ，数学やコンピューターサイエンスでは，セルラーオートマトンや人工生命，フラクタルやカオスなどの複雑系現象の説明に用いられる。「自己組織化」という用語は多様な現象や概念に使われているが故に，学問分野を超えた統一的な定義は難しいように思われるが，自然科学の世界においてその概念の基になっているのは非平衡熱力学であろう。非平衡熱力学を提唱しノーベル化学賞を受賞したプリゴジンは，物質やエネルギーの絶え間ない出入りがある非平衡開放系で混沌とし

た無秩序から自発的に形成された秩序構造を散逸構造(Nicolis and Prigogine, 1977)と命名し，結晶のような平衡系で形成される秩序構造を自己集合として区別した．

しかし，「自己組織化」と「自己集合」は似た概念であるが故に明確に区別することなく使われている．特に合成化学の分野では，「自己組織化」と「自己集合」は時として同義的に用いられているように思えてならない．分子ナノテクノロジーの基盤となる「分子集合体の化学」や「超分子化学」の領域では，水素結合やパイ電子相互作用のような弱い分子間力を巧みに利用することで，テーラーメードな分子集合体の作製が可能となってきた．これら分子集合体の多くは熱力学的には平衡系で形成される構造であり，プリゴジンの定義にしたがえば結晶と同様に，「自己集合」にカテゴライズされるべきものであろう．

「自己集合」と「自己組織化」を区別することの意味，とりわけナノテクノロジーにおける，プリゴジン的な「自己組織化」の意義や位置づけは未だに明確であるとはいいがたい．そもそも，プリゴジン的(もしくは古典的)な「自己組織化」の定義と「自己集合」との区別が，革新的なナノテクノロジーを生み出すのであろうか．この問いは，ナノテクノロジーが単なるナノというスケールのみを対象とする研究分野ではなく，物理や生物，化学といった伝統的なディシプリンの垣根を取り払うことでしか成立しない学際的な学問領域であることに内在する問いかけでもある．より端的にいえば，Self-assembly と Self-organization を同義語として用いている合成屋(著者自身)に対する物理屋からの問いかけでもある．

最近，Lehn 教授は "Toward complex matter: Supramolecular chemistry and self-organization" と題した総説(Lehn, 2002)において，分子ナノテクノロジーにおける「自己集合」と「自己組織化」の違いに言及し，分子や超分子が分子情報によって機能を有する組織になることが "自己組織化" であり，DNAによる情報から超分子構造が形成される生物こそが "自己組織化" のお手本であるとしている．そして，実際に自然界で起こっている非平衡プロセスや散逸構造を取り込んでいくことが，分子ナノテクノロジーの最終的なゴールであると提唱している．この考えは，大阪大学の川合教授が提

唱した「プログラム自己組織化」(たとえば日本化学会，2004)という概念とも共通するものであろう．

　そもそも生物は，「自己集合」と「自己組織化」の2つの秩序形成の原理を駆使して，その構造と機能を発現している．超分子集合体などの個々の構成要素はDNAによってプログラム化された自己集合で設計・構築され，高次の階層構造は非平衡現象である散逸構造やチューリング構造などの自己組織化によって形づくられていく．たとえば，シマウマや熱帯魚の模様などチューリングパターンと呼ばれる構造は，遺伝子によって完全に記述されるものではない．チューリング構造は，活性因子と抑制因子が関与する反応拡散系において形成される時間的・空間的な周期構造であり，環境の影響を大きく受けてダイナミックにかつ自発的に組織やパターンが形成される現象である．

　生物に学ぶボトムアップナノテクノロジーとは，周到な分子設計によって「人為的にプログラム化された自己集合体」を環境により制御された「ダイナミックでかつ自発的な集積化・複合化である自己組織化」によって構造性や階層性をもつデバイス(分子ナノデバイス)に組み上げる技術であり，そのプロセスを「プログラム自己組織化」と定義することができるのではなかろうか(図3-1)．非常によくできたナノデバイス(あるいはナノマシン)として生物を捉え，それらが設計され構築される時に，「自己集合」や「自己組織化」現象がどのような側面で出現するのかをみることで，ナノテクノロジーにおける「自己組織化」，「自己集合」の役割がみえてくるように思われる．産業技術総合研究所の山口智彦博士は，"自己組織化再考―自己集合と散逸構造の統合的な理解へ向けて"(山口，2001)と題する解説において，"自己組織化"を「自己集合」と「散逸構造＝自己組織化」を統合した概念として捉え，「散逸構造」にアシストされた「自己集合」であるとする現代的な定義を提唱している．ここに自己組織化が革新的ナノテクノロジーを生み出すためのヒントが隠されているように思われる．

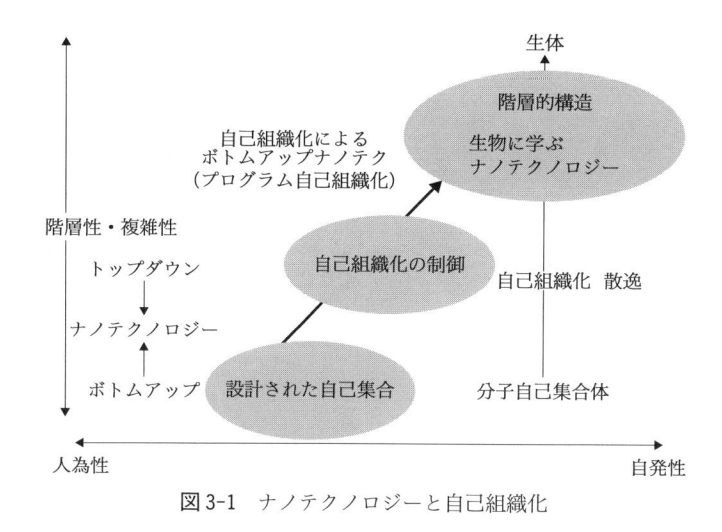

図 3-1 ナノテクノロジーと自己組織化

3-2 自己組織化による高分子ナノマテリアルの作製

"みそ汁椀"のなかで起こる対流や，"ワインの涙(足)"と呼ばれる周期的な雫，コーヒーカップに残された同心円上の染みなど，我々の身の周りにはさまざまな物質系でかつ多様なスケールにおいて自発的なパターン形成現象がみられる(図3-2)。前者2つは，ベナール対流やフィンガリング不安定性と呼ばれるマランゴニ対流に基づく散逸構造であり，三番目の例はリーゼガングリングのような周期的な沈着をもたらす非線形現象である。ベナール対流にみられるように，散逸構造は時として非常に規則性の高いパターンを形成する。散逸構造の形成をナノメータースケールで制御することができれば，リソグラフィー法などのトップダウン方式とはまったく異なる原理に基づく微細加工が可能となる。さらに，散逸構造などの自己組織化現象による構造形成は，物質系によらない一般的な物理現象なので，汎用性の高い加工技術が期待される(Shimomura, 2006)。

高分子を稀薄溶液から固体基板にキャストして薄膜を作製する過程は，溶媒の蒸発にともなって濃度，温度，粘度などさまざまな物理パラメーターが時々刻々と変化する非平衡系であり，散逸構造の形成が期待される。蛍光ラ

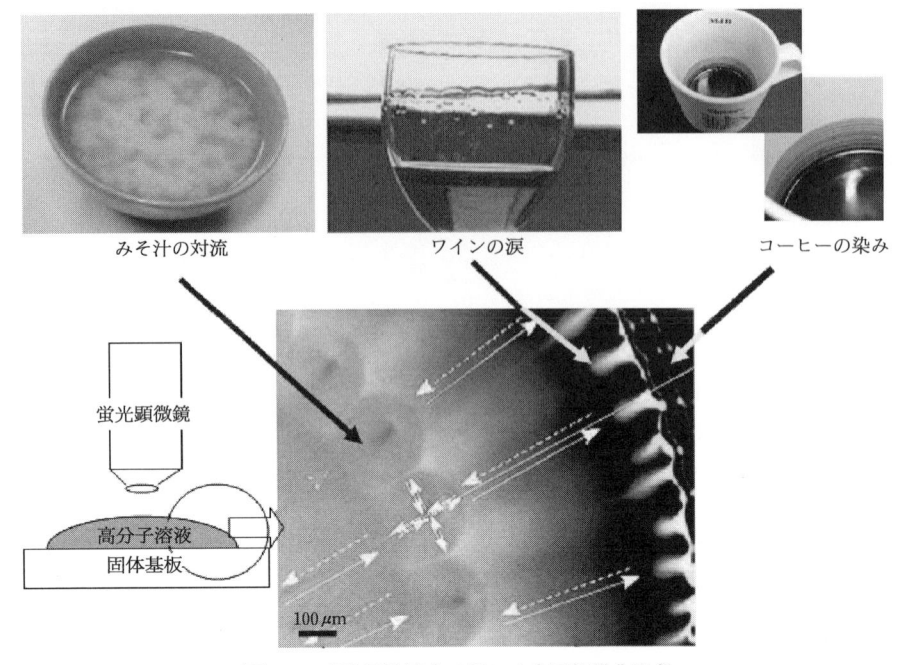

図3-2 高分子溶液中で起こる自己組織化現象

ベル化した高分子の溶液をスライドガラス上に滴下し，溶媒蒸発過程を蛍光顕微鏡で観察した結果，溶液界面における周期的な高分子の濃縮パターン，溶液内部での複数の円状ドメインの形成，溶媒蒸発後に基板上に高分子が沈着して形成される周期的なライン構造が観察された。これらの現象はそれぞれ，ワインの涙，ベナール対流，コーヒーの染み，と同じ現象である。これらの散逸構造が溶液界面で形成されることに着目し，2枚のガラス板の隙間にキャスト溶液を挟みガラス板をスムーズにスライドさせることで，溶媒蒸発と高分子の沈着現象が起こる溶液界面を定常的にかつ連続的に形成し，基板上への高分子の規則的な沈着によるパターン化を行なった(Yabu and Shimomura, 2005a)。散逸構造に基づくパターンの形成は温度，濃度，基板との相互作用など多くの実験パラメーターに支配された複雑系現象ではあるものの，この装置によって実験条件を固定することで再現性よくさまざまなパターンを作製することが可能となった。

界面での周期的な濃縮と溶媒蒸発にともなう界面の後退によって，規則的なストライプ構造が形成される(図3-3B)。高分子濃度が低い場合には，個々のストライプのなかで高分子が基板からはじかれる現象(dewetting)が起こり，高分子集合体がドット状に規則配列したパターンが形成される場合もある(図3-3A)。図3-3Cには，"ワインの雫"と"コーヒーの染み"が同時に起こる濃度条件で作製した"梯子状"パターンを示す。さらに，このパターンを二次加工するとダブルメッシュ構造などの複雑な規則パターンを作製することも可能である(図3-3D)。

高分子をベンゼンやクロロホルムなどの水と混ざらない溶媒に溶かし，高い湿度条件下でキャストすると，規則的に細孔が配列した構造(ハニカム構造)を有する高分子の薄膜が形成される(たとえばShimomura, 1999；図3-4A)。顕微鏡を用いてキャストフィルムが形成されるプロセスをその場観察した結果，(1)有機溶媒が蒸発する際の潜熱によって空気中の水分子が凝結して微小な水滴となり，液面上で細密にパッキングし，(2)さらに潜熱によって溶液内に生じた対流や毛管力によって溶液と基板の界面まで運ばれ，(3)溶媒の後退により基板上に固定化され，(4)さらに水が蒸発することで溶質ポリマーのハニカム様構造の多孔質高分子フィルムが形成される(図3-4B)。細孔の大きさは，湿度や高分子の濃度，溶媒の蒸気圧などで制御することができる。たとえば，高分子溶液のキャスト量と蒸発時間には相関性があるので，キャスト量によってサイズ制御が可能である。キャスト量が多いほど溶媒蒸発に時間がかかり，その間に水滴が成長し孔径は大きくなる。ハニカム構造フィルムの細孔径は加湿時間が短いほど小さくなるものの，生成した水滴が配列し規則構造を形成するためには時間が必要であるため，加湿時間が短いと細孔配列の規則性が悪くなる傾向がみられる。シャーレのような容器に高分子溶液をいれて溶媒を蒸発させる，いわばバッチ式の方法でハニカム構造フィルムを作製すると，500 nm以下の細孔径を有する規則的なハニカム構造を得るのは困難である。最近，Yabu and Shimomura(2005b)は，高分子溶液を薄膜化することで，細孔径の微小化に成功した。スライドする基板上に高分子溶液を塗布し，刃先のような金属板によって薄い液膜にした部分のみに加湿することで，溶媒の蒸発時間を短くすると共に，液膜界面における表面張力を利

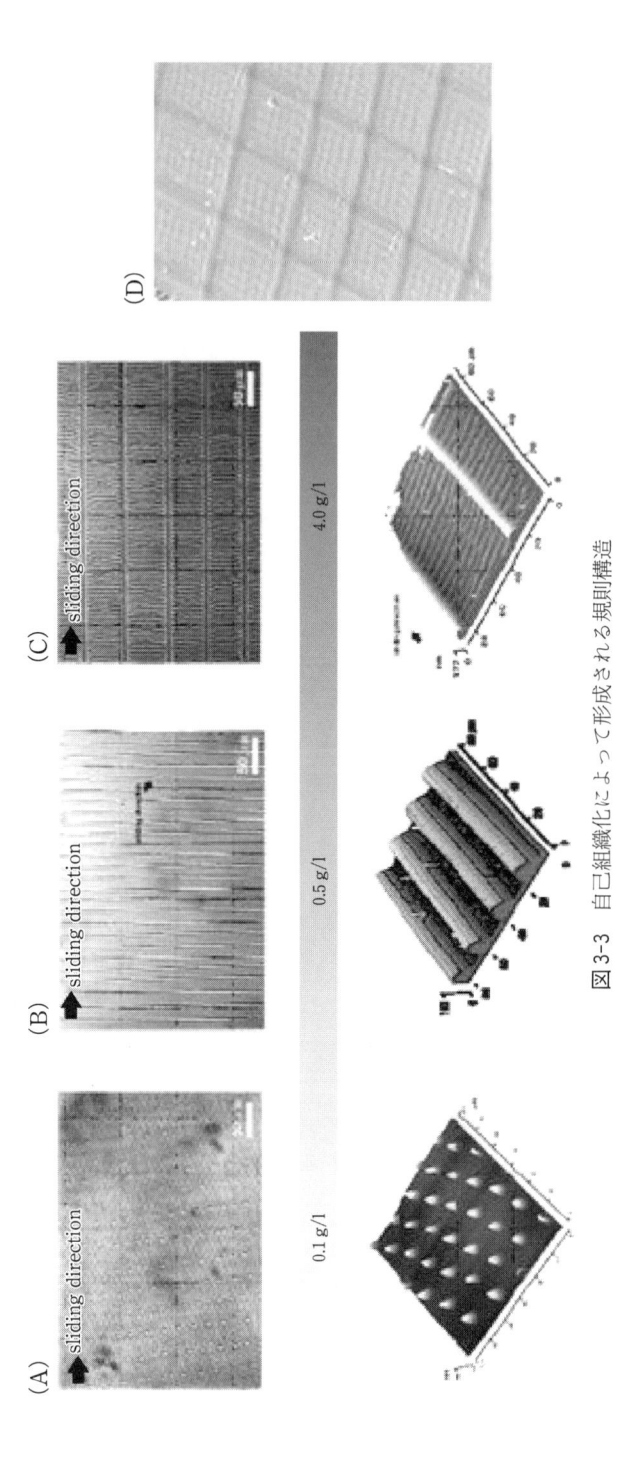

図 3-3　自己組織化によって形成される規則構造

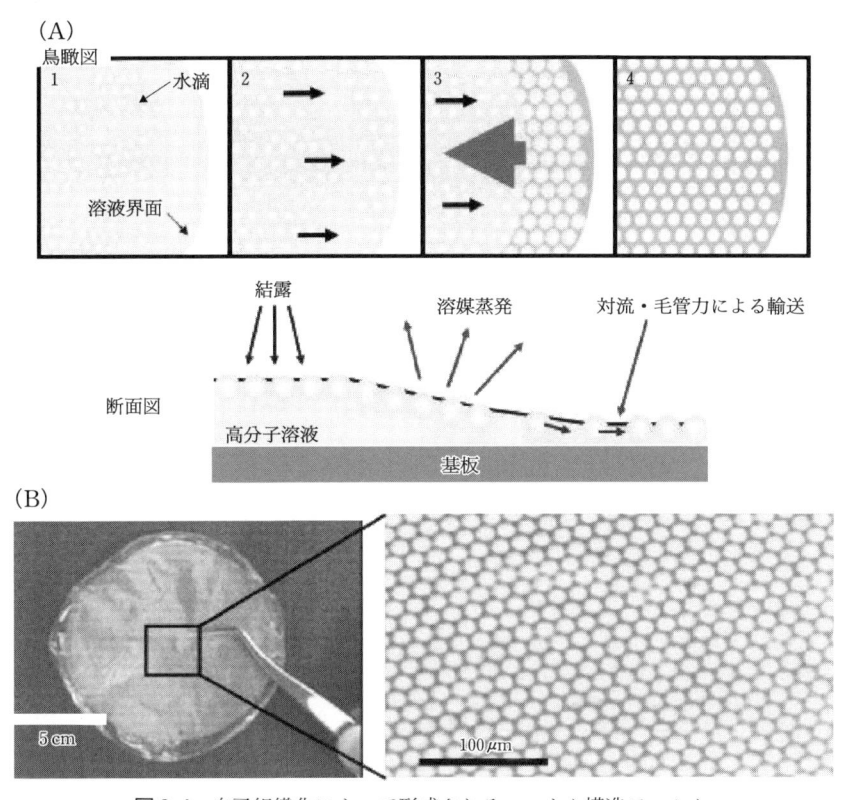

第3章 自己組織化とナノテクノロジー 41

図3-4 自己組織化によって形成されるハニカム構造フィルム

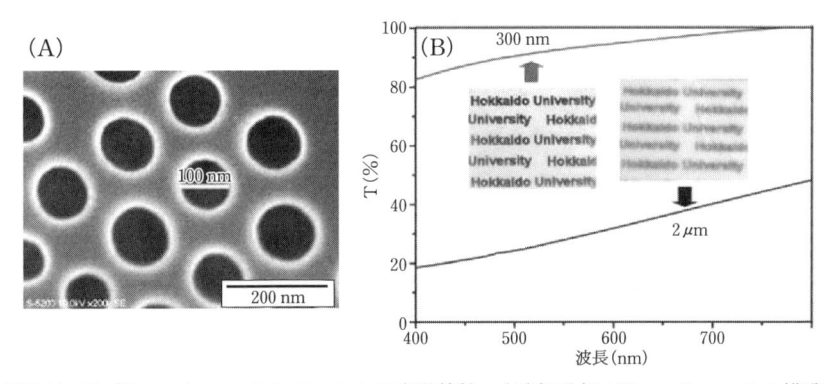

図3-5 サブミクロンハニカムフィルムの光学特性。(A)細孔径100 nmのハニカム構造，(B)ハニカムフィルムの透過率

用して 100 nm の細孔配列を可能とした。波長よりも小さな細孔が配列した場合，光学的には透明なフィルムが得られることから，応用が広がるものと期待される。

　高分子のキャスト過程で起こる自己組織化現象を利用した高分子のマイクロ・ナノ加工は，その手法の汎用性と経済性から応用性の高い技術になると期待される。この技術は高分子に限ることなく，ゾルゲル法や光架橋などさまざまな手法と組み合せることで，対象となる物質系，応用分野の広がりも大きい。リソグラフィーやそれを基にする金型技術とはまったく考え方を異にする新しい省エネルギー，低環境負荷型の汎用的なマイクロ加工技術が可能となる。また，ハニカム構造フィルムのバイオメディカル応用(たとえば下村ら，2006)については，応用編第 15 章を参照にされたい。

引 用 文 献

国武豊喜(編)．1983．分子集合体―その組織化と機能．化学総説，40，日本化学会．
Kunitake, T. 1992. Angew. Chem. Int. Ed. Engl., 31: 709.
Lehn, J.M. 1988a. Angew. Chem. Int. Ed. Engl., 27: 89.
Lehn, J.M. 1988b. Angew. Chem. Int. Ed. Engl., 29: 709.
Lehn, J.M. 2002. Proc. Nat. Acad. Sci., 99: 4763.
Maoz, R., Netzer, L., Gun, J. and Sagiv, J. 1988. Self-assembling monolayers in the construction of planned supramolecular structures and as modifiers of surface properties. J. Chem. Phys., 85: 1059-1065.
水野伝一．1972．現代化学，10(1)：8-15．
Nicolis, G. and Prigogine, I. 1977. Self-organization in nonequilibrium systems. Wiley, New York.
日本化学会(編)．2004．先端化学シリーズ〈6〉界面・コロイド／ナノテクノロジー／分子エレクトロニクス／ナノ分析．304 pp. 丸善．
Qin, D., Whitesides, G. et al. 1998. Microfabrication, microstructures and microsystems. In "Microsystem technology in chemistry and life sciences" (eds. Manz, A. and Becker, H.). Springer.
Ringsdorf, H. 1988. Angew. Chem. Int. Ed. Engl., 27: 113.
Shimomura, M. 1993. Prog. Polym. Sci., 18: 295.
Shimomura, M. 1999. Hierarchical structuring of nanostructured 2-dimentional polymer assemblies. In "Chemistry for the 21st century-organic mesoscopic chemistry" (eds. Masuhara, H. and DeSchryver, F. C.), pp. 107-126. IUPAC monograph. Blackwell Science.
Shimomura, M. 2000. Architechturing and applications of films based on surfactants and polymers. In "Supramolecular Polymers" (ed. Ciferri, A.), pp. 471-504. Marcel

Dekker.
Shimomura, M. 2006. Dissipative structures and dynamic processes for mesoscopic polymer patterning. In "Nanocrystals forming mesoscopic structures" (ed. Pileni, M. P.), pp. 157-171. Wiley-VCH.
下村政嗣・鶴間章典・田中賢・角南寛・山本貞明．2006．自己組織化によってパターン化された高分子のバイオメディカル応用．表面科学，印刷中．
竹本喜一．1981．積み木の化学―分子の形・集合・機能．講談社サイエンティフィック．
Yabu, H. and Shimomura. M. 2005a. Advanced Functional Materials, 15(4): 575-581.
Yabu, H. and Shimomura, M. 2005b. Chem. Mater., 17(21): 5231-5234.
山口智彦．2001．化学と工業，54：1363．

第4章 超撥水フラクタル表面上における細胞の挙動

北海道大学電子科学研究所/辻井　薫・厳　　虎

4-1　フラクタル構造の特徴――「はじめに」に代えて

　フラクタルとはいうまでもなく，B.B. Mandelbrotが提唱した幾何学の概念である（Mandelbrot, 1982）。フラクタル図形には，非整数次元と自己相似という2つの特徴がある。非整数次元とは，一次元，二次元，三次元以外に，その間の中途半端な次元をもつという意味であり，複雑な構造ほど高い次元を有することになる。一方自己相似とは，ある構造の一部がもとの全体構造をそっくり含む，入れ子構造のことである。たとえば，大きな凹凸構造のなかに小さな凹凸構造があり，さらにその小さな凹凸構造のなかにもっと小さな凹凸構造があり……，といった構造である。このようなフラクタル概念は，いちはやく表面科学，コロイド科学に取り入れられ，応用されてきた（Avnir, 1989；金子，1991）。初期におけるその応用は一種の分類学であり，構造の複雑さを表現する物指しにフラクタル次元が使用されてきた。たとえば，コロイド粒子の凝集構造や多孔質材料の構造の複雑さを，フラクタル次元を用いて定量化するといった使い方である。またフラクタルの自己相似概念は，情報通信の圧縮技術としても応用されてきた。

　自己相似の入れ子構造は，それが表面であれば，大変大きな表面積を与えるという結果をもたらす。事実，表面が二次元と三次元の中間の次元をもつということは，通常の二次元表面の観点からみれば，その表面積は無限大で

あるということを意味する。実際の物理世界は数学の世界とは異なり，無限小までフラクタル構造が続くことはない。したがって表面積が無限大になることはないが，それでも非常に大きな表面積になるであろうことは容易に想像できる。筆者らは，この大きな表面積を与えるフラクタル構造を，単なる複雑さの分類学としてではなく，機能性材料開発のツールに利用しようと試みてきた(辻井，1997；Onda et al., 1996；Shibuichi et al., 1996, 1998；Tsujii et al., 1997；Yan et al., 2005, 2006a)。その機能の1つが，濡れに応用した場合の超撥水/撥油表面の実現であり，もう1つがその表面上での細胞の特異的挙動である。

4-2 フラクタル表面の自己組織的形成

フラクタル構造を機能性表面の開発に利用するといっても，人為的にフラクタル構造を作製することは容易ではない。筆者らは，ある企業で開発研究を行なっていた時に，偶然，自己組織的(自発的)にフラクタル構造を形成する物質(現象)を見出した。紙に適度な撥水性を与える製紙用中性サイズ剤の原料は，アルキルケテンダイマー(AKD；構造式は図4-1)と呼ばれる一種のワックスである。このワックスを融液から結晶化させてSEM観察すると，大きな凹凸のなかにさらに小さな凹凸の形状がみえ，構造がフラクタル的であることがわかったのである。図4-2に，濾紙上で融液から固化したAKD表面のSEM像を示す(Onda et al., 1996；Shibuichi et al., 1996)。大きな30〜40μm程度の丸い凹凸のなかに小さな板状の凹凸があるという，紫陽花の花のような入れ子構造がみてとれる。

この表面がフラクタル構造を有していることが，次のようにして証明された。このAKD表面の断面のSEM像から表面のトレース曲線をつくり，それにボックスカウンティング法を適用し，$\log N(r)$ vs. $\log r$(r：ボックスの大きさ，$N(r)$：トレース図形が占めるボックスの数)のプロットを行なうと，図4-3

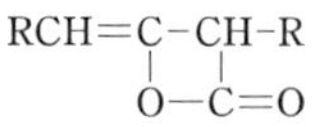

図4-1　AKDの構造式($R = n\text{-}C_{16}$)

図4-2 融液からの結晶化によって自己組織的に形成されるAKDのフラクタル構造表面(電子顕微鏡像)(Shibuichi et al., 1996)

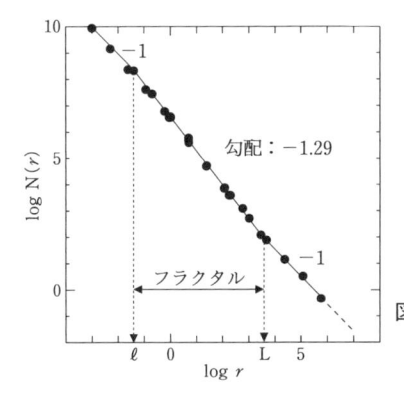

図4-3 AKD表面(断面の電子顕微鏡像のトレース図)へのボックスカウンティング法の適用

に示すように2つの折れ曲がり点をもつ直線となる。その2つの点の間では上記プロットの勾配は−1.29であり，その外側では−1であった。つまり，2つの折れ曲がり点の間では，断面のフラクタル次元が1.29であることを意味する。これは，表面のフラクタル次元が近似的に2.29であることを示す。2つの折れ曲がり点は，フラクタル構造の最大と最小の大きさを与えるが，それらはそれぞれ34 μm と 0.2 μm であった。因に，この最大と最小の大きさは，図4-2のSEM像の紫陽花の花状の大きな凹凸構造と板状結晶

の厚さにほぼ対応している(Onda et al., 1996；Shibuichi et al., 1996)。

4-3　超撥水フラクタル表面

　表面の微細な凹凸構造によって，見かけの表面積に比べて実表面積が増加すると，固体表面の濡れは強調される(辻井，1997)。この観点からすれば，フラクタル表面は1つの理想的な表面である。実際，フラクタル表面の大きな表面積を，固体表面の濡れに応用して，超撥水/超親水表面，さらには超撥油表面を得ることに成功した(辻井，1997；Onda et al., 1996；Shibuichi et al., 1996；Tsujii et al., 1997；Shibuichi et al., 1998；Yan et al., 2005；Yan et al., 2006a)。図4-4Aに示した写真は，AKD表面上に接触角174°でおかれた直径約1 mmの水滴である(Onda et al., 1996；Shibuichi et al., 1996)。水滴はほぼ完全な球形であり，まるで宙に浮かぶ球のようである。この写真の超撥水性が表面のフラクタル構造に由来することは，剃刀で切って平らな面にすると109°程度の接触角しか示さないことから理解できる(図4-4B参照)。

　同じ原理を用い，菜種油の接触角が150°を示す超撥油表面も得ることができる(Tsujii et al., 1997；Shibuichi et al., 1998)。アルミニウム表面を陽極酸化することによってフラクタル表面を作製し，さらにその表面をフッ化モノアルキルリン酸で撥油処理することにより，これが実現された。このようにフラクタル表面は，卓越した超撥水/超撥油性能を示すが，残念ながらまだ実用化に成功していない。その最大の理由は耐久性の不足にある。筆者らはごく最近，耐熱性と耐溶剤性に優れたポリアルキルピロールのフラクタル表面を電解酸化重合法で合成し，超撥水表面を得ることに成功した(Yan et al., 2005)。また，その表面にフッ素系の表面処理剤を付与することにより，高撥油性能を得ることにも成功した(Yan et al., 2006a)。耐久性の超撥水/超撥油表面の研究をできるだけ早く完成し，実用化するのが筆者らの夢である。

4-4　超撥水フラクタル表面上における細胞培養

　フラクタル表面の特徴は，濡れ以外の性質においても発揮されるであろう

第 4 章　超撥水フラクタル表面上における細胞の挙動　　49

図 4-4　超撥水性 AKD 表面上の水滴(A)と，その表面を平らにした場合の水滴(B)(Onda et al., 1996)。接触角は(A)174°，(B)109°

と期待される。その 1 つとして，筆者らはフラクタル表面上での細胞の挙動に興味をもち，研究を続けている。細胞が付着したり，運動したり，増殖したり，分化したりする時，その細胞が接している基板の構造が，上記の細胞の挙動に影響するであろうことは容易に想像できる。その基板の構造として，フラクタル表面を適用した時，細胞はいったいどんな挙動を示すであろうか？　以下に，ごく最近見出された 2, 3 の興味深い結果を示そう(Yan et al., 2006b ; Yan et al., 2006c)。

アストロサイト astrocytes は，神経細胞であるグリア細胞の一種である。培養細胞株として C6 グリア細胞を選び，AKD フラクタル表面上での培養を試みた。フラクタル AKD 表面の培養ディッシュは，次のようにして作製した(Yan et al., 2006b；Yan et al., 2006c)。AKD ワックスの粉末を培養ディッシュ(素材はポリスチレン)に載せ，減圧下で 75℃に加熱して溶融させた。その後，減圧下で徐々に室温まで冷却して，超撥水性のフラクタル AKD 表面を作製した。平らな AKD 表面はカッターでフラクタル表面を削って作製した。これらの表面の濡れ性を評価するために，培養液に対する接触角を測定した。従来の培養基板であるポリ-L-リジンで被覆したカバーグラスは，接触角 24°を示す。これに対して，フラクタル AKD 表面と平らな AKD 表面は，それぞれ 130°と 81°を示した。フラクタル AKD 表面の接触角が先述の値より小さいのは，AKD 純度の違いと，液体が培養液であることによるものである。

　培養細胞株 C6 グリア細胞の培養は上記 3 種類の基板，つまりポリ-L-リジン被覆カバーグラス，フラクタル AKD 表面，および平らな AKD 表面の培養ディッシュを用いて行なった。培養した C6 グリア細胞の形態は，アクチンを rhodamine-phalloidin で，微小管をチュブリン抗体で二重蛍光染色し，共焦点蛍光顕微鏡を用いて観察した。その結果，C6 グリア細胞は，ポリ-L-リジンで被覆したカバーグラスや平らな AKD 表面のような低い撥水性基板上で培養すると，平たく拡がった形態をとる。一方，高い撥水性のフラクタル AKD 表面上で培養すると，興味深いことに，星型の微小突起のみが現われる。さらに，グリア細胞の分化を促すとされている dbcAMP 処理により，その突起が伸びた。図 4-5 に，その様子を示す。図 4-5A は，フラクタル AKD 上のアストロサイトの形態であり，図 4-5B はポリ-L-リジン被覆カバーグラス上のものである。図 4-5A のアストロサイトの形態は，分化した時に示す形態とよく似ており，さらに中枢神経内の原形質性アストロサイトのそれにも似ている。

　この結果は，フラクタル表面がグリア細胞の新規培養技術に用いられる可能性を示唆しており，大変興味深い。近年，組織培養による再生医療の研究がさかんに行なわれている。この技術においては，各種の細胞を機能を有し

第 4 章　超撥水フラクタル表面上における細胞の挙動　　51

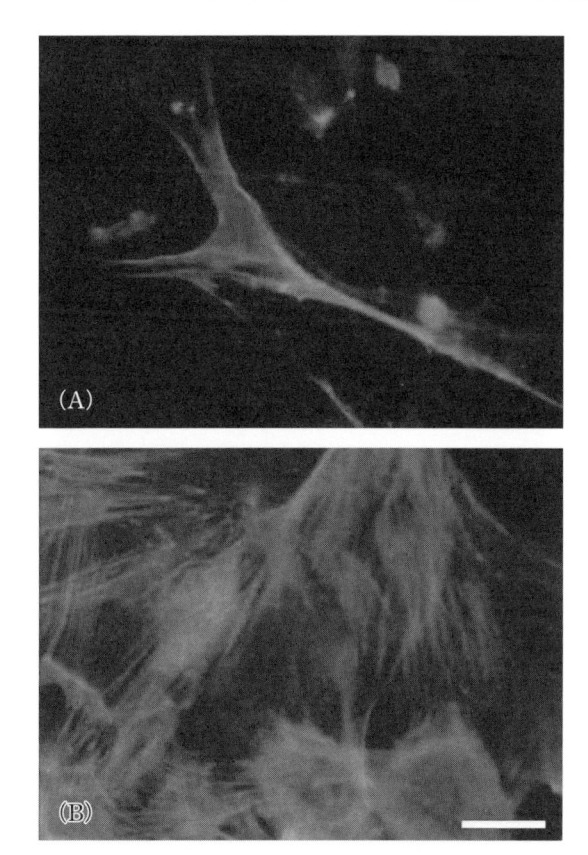

図 4-5　アストロサイトのアクチンタンパク質の染色像。フラクタル AKD 表面上で培養したもの(A)とポリ-L-リジン被覆カバーガラス上で培養したもの(B)。スケールバーは，50 μm

た状態で培養することが必須である。生体機能を保持したまま細胞を培養するための基板として，どのような構造が適しているのかという研究は，これまで親水性/疎水性，およびそのモザイク状分布構造の観点から行なわれることが多かった。これまでは表面の形状はあまり注目されてこなかったが，最近筆者らの研究以外にも，基板表面の形状が細胞の形態や機能に深く関係していることを示す研究結果が発表されている(Tsuruma et al., 2005)。今後は，表面形状も含めた構造が重要な要素として取り上げられるであろうと考えられ，細胞培養技術の新しい分野を切り拓くものとして期待される。

4-5 超撥水フラクタル表面上における粘菌の挙動

AKDフラクタル表面上での，粘菌(*Physarum polycephalum*)の挙動も興味深い(Yan et al., 2006c)。粘菌は地球上に広く遍在している単細胞生物でありながら，「迷路が解ける」ほど「賢い」生き物である(Nakagaki et al., 2000)。アメーバ状の粘菌変形体は，細胞の厚さ方向にリズミカルな振動運動をしながら，管状になって移動する。この変形体のリズム運動は，赤外線の透過が細胞各部の厚さによって異なることを利用して，ビデオカメラで観察することができる。

粘菌変形体のフラクタル表面上での挙動を，その形状とリズム運動から調べた。図4-6は，寒天ゲルの上に超撥水AKD試料をおき，寒天側から粘菌を移動させた時の写真である(中垣ら，未発表)。粘菌は初めAKD表面を避けているが，やがてその上にも移動していく。図からわかるように，寒天ゲル上とフラクタルAKD上で，管状の細胞が形成したネットワーク構造に差異が認められる。寒天上よりもAKD上の方が，ネットワーク構造が緻密であ

図4-6 寒天ゲル上とAKDのフラクタル表面上における粘菌変形体。中央の白い正方形の部分がAKDで，周囲の暗い部分が寒天ゲルである。寒天ゲル上に比べて，AKD上の粘菌のネットワーク構造は緻密にみえる。

第4章 超撥水フラクタル表面上における細胞の挙動   53

(A)

(B)

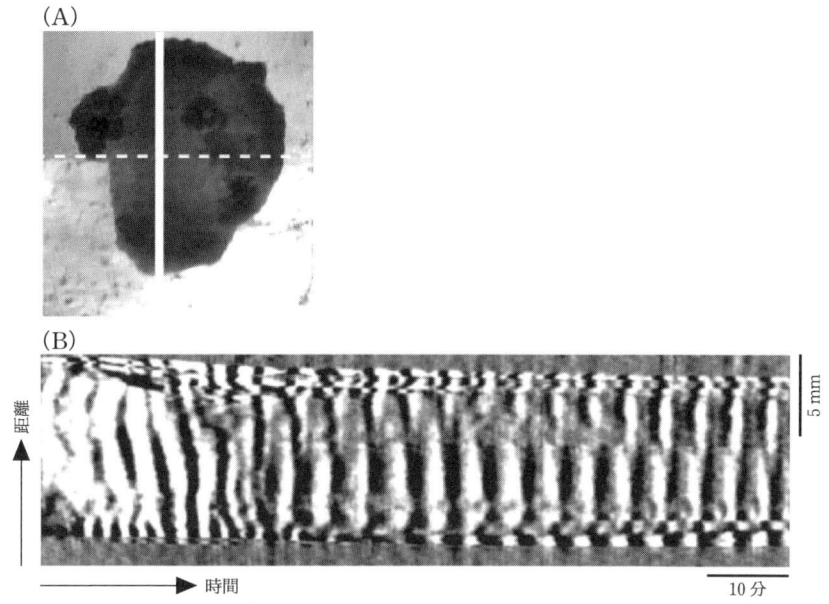

図 4-7 フラクタル構造と平らな AKD 表面の境におかれた粘菌変形体のリズム運動（Yan et al., 2006c）。(A)は粘菌の配置と観測部位を示す。白い破線はフラクタル構造部分（上部）と平らな部分（下部）の境界を示す。また太い白線は，リズム運動の時間変化を観測した場所である。(B)は，太い白線上でのリズム運動の観測結果を示す。初めの数回の振動では変形体全体が同期しているが，時間が経つと2種類の表面上での振動の位相が逆になってくることがわかる。

るようにみえる。さらに，AKD 表面の半分をフラクタル構造に，残りの半分を平らにし，フラクタル表面と平らな表面の境に粘菌をおいて，その挙動を調べた。その結果，図 4-7 のように，一端からもう一端へと波打つような粘菌変形体のリズム振動が観察された。寒天ゲル上では，外側から中心へ向かうシンメトリックなリズム振動となる。これらの結果から，粘菌は明らかにフラクタル表面を認識していると考えられる。

おわりに

フラクタル構造は，大変ユニークな構造である。このユニークな構造が示す興味深い性質に関して，超撥水/撥油性と細胞の挙動について述べてきた。

しかしながら，この興味深い表面は，まだまだいろいろな物性や機能に対してユニークな振る舞いをすることが期待される。そのような機能が続々と発見され，「フラクタル工学」とでも呼べる分野が開拓されることを夢見ながら，筆者らは研究を続けている。

引用文献

Avnir, D. 1989. The fractal approach to heterogeneous chemistry (ed. Avnir, D.). John Wiley & Sons, New York.
金子克美．1991．実表面とフラクタル．表面科学，12：34-38．
Mandelbrot, B.B. 1982. The fractal geometry of nature. Freeman, San Francisco.
Nakagaki, T., Yamada, H. and Toth, A. 2000. Maze-solving by an amoeboid organism. Nature, 407: 470.
中垣俊之・髙木清二・上田哲男・厳虎・辻井薫．未発表データ．
Onda, T., Shibuichi, S., Satoh, N. and Tsujii, K. 1996. Super-water-repellent fractal surfaces. Langmuir, 12: 2125-2127.
Shibuichi, S., Onda, T., Satoh, N. and Tsujii, K. 1996. Super water-repellent surfaces resulting from fractal structure. J. Phys. Chem., 100: 19512-19517.
Shibuichi, S., Yamamoto, T., Onda, T. and Tsujii, K. 1998. Super water- and oil-repellent surfaces resulting from fractal structure. J. Colloid Interface Sci., 208: 287-294.
辻井薫．フラクタル構造による超撥水/撥油表面．1997．表面，35：629-639．
Tsujii, K., Yamamoto, T., Onda, T. and Shibuichi, S. 1997. Super oil-repellent surfaces. Angew. Chem. Int. Ed., 36: 1011-1012.
Tsuruma, A., Tanaka, M., Fukushima, M. and Shimomura, M. 2005. Morphological changes in neurons by self-organized patterned films. e-J. Surf. Sci. Nanotech., 3: 159-164.
Yan, H., Kurogi, K., Mayama, H. and Tsujii, K. 2005. Environmentally stable super water-repellent poly (alkylpyrrole) films. Angew. Chem. Int. Ed., 44: 3453-3456.
Yan, H., Kurogi, K. and Tsujii, K. 2006a. High oil-repellent poly (alkylpyrrole) films coated with fluorinated alkylsilane by a facile way. Colloid Surf. A. in press.
Yan, H., Shiga, H., Ito, E. and Tsujii, K. 2006b. Cell cultures on a super water-repellent alkylketene dimer surface. Int. J. Nanosci. in press.
Yan, H., Shiga, H., Ito, E., Nakagaki, T., Takagi, S., Ueda, T. and Tsujii, K. 2006c. Super water-repellent surfaces with fractal structures and their potential application to biological studies. Colloid Surf. A. in press.

生体組織に匹敵するソフトマター材料の創成

第5章

北海道大学大学院理学研究院/室崎喬之・角五 彰・龔 剣萍・長田義仁

はじめに

　生物運動の特徴の1つに組織と組織の間がとても滑らかに動くことがある。たとえば関節軟骨は数百kgもの荷重を受け止めながら大変スムーズに動いているし，内径が僅か数μmしかない毛細血管はその内径とほぼ同じサイズの赤血球を詰まることなくスムーズに流している。また我々の眼球はまばたきしても特に違和感を覚えないし，胃腸は飲み込んだ食物をいつの間にか体内を流していく。しかもこのような生体における摩擦はベアリングのようなものを用いずとも大変小さく，さらには何十年にもわたってその機能を変わることなく維持し続けるのである。

　このようにスムーズな機構は生物特有のものであり，人間のつくりだした機械をはるかに凌駕している。機械と生物との根本的な違いは素材の違い，それは前者が金属などでつくられているのに対して後者は基本的に水を含んだ柔らかい組織，ゲルで構成されている点である。すなわち上記の軟骨や血管，眼球，胃腸などのスムーズな動きの秘密は生体組織がゲル状態にあるところに帰する。

　ゲルとは「あらゆる溶媒に不溶の三次元網目構造をもつ高分子およびその膨潤体」(長田ら，1991) と定義される物質であり，生体含水軟組織代替物とし

て応用が期待されている。しかし多くの高分子ゲルは脆く，壊れやすいためそのような代替物としての利用が難しい。高分子ゲルを機能材料として用いるためには界面摩擦特性の研究に加えて力学強度を高める研究が大変重要である。

　筆者らの研究グループでは近年，低摩擦ゲルや高強度ゲルの研究に取り組んできた。その結果，摩擦係数が固体の1/100〜1/1000，強度がゴムに匹敵するゲルの開発に成功している。またこれらの機能に耐摩耗性や天然由来の素材を用いて生体適合性をもたせる研究も進められている。

　筆者らはこのゲルこそ，生体組織に匹敵する機能をもつ次世代機能性材料であると考えている。

5-1　ゲルの低摩擦性

　前述のように生体組織は大変小さな摩擦を示し，またたっぷりと水を含んだ柔らかいゲル状態である。筆者らの研究グループはゲルが圧力を加え凹んでもすぐまた元に戻る粘弾性的性質を有している(長田ら，1997)ことに着目し，この性質に生体組織の摩擦特性の原因があるのではないかと考えた。よって我々は生体組織のもつ低摩擦性の謎を解明するため，それらと似た構造をもつ高分子ゲルの摩擦特性について系統的な研究を行なってきている。

　ゲルの摩擦について述べる前にまず固体の摩擦について説明する。

　一般的に固体の摩擦に関しては，アモントン・クーロンの式，$F=\mu W$ が知られており，摩擦係数 μ は固体の場合一般的に 0.2〜1.0 の間の値である。この式から摩擦力 F は物体の接触面積や滑り速度によらず，荷重 W にのみ比例するとされ，摩擦現象は一見単純なものにみえる。しかし水中で運動する時物体の受ける抵抗力は物体の大きさと速度に比例する(ニュートンの定理)ことを考えると，なぜ固体の摩擦は接触面積や滑り速度によらないのかという疑問が生ずる。この問いに対する答えはアモントンの発表から約240年後の1940年代になってボーデンとテイバーによって以下のように説明された(Moore, 1975)。

　それによると固体表面はどんなに滑らかにみえても分子レベルでみれば凹

凸があるので，固体表面同士の接触は実際にはお互いの凸部同士でのみ起こり，それはたちまち荷重によって押しつぶされる。そのため真の接触面積は荷重に比例する。真の接触面積は固体の見かけの面積よりもはるかに小さいので見かけの面積には比例しないのである。摩擦力がなぜ摩擦速度に比例しないのかについては，まだよくわかっていない。

ではゲルの場合の摩擦現象はどうかというと，固体のそれよりもはるかに複雑なものであることがしだいにわかってきた(Gong et al., 1997；Gong and Osada, 1998；Gong et al., 1999a, b, 2000；Gong, 2006)。

第一の特徴はゲルの摩擦力が固体よりもはるかに小さく，荷重に単純に比例しない点である。図5-1Aにさまざまな化学構造を有するゲルのガラス基板に対する摩擦力を示す。この図からゲルの摩擦力 F は荷重 W と冪則の関係

$$F \propto W^{\alpha} (0 \leq \alpha \leq 1)$$

にあることがわかる。また図5-1Bは $\mu = F/W$ で定義される摩擦係数の荷重依存性を示した図である。この図より摩擦係数が荷重と共に減少していき，

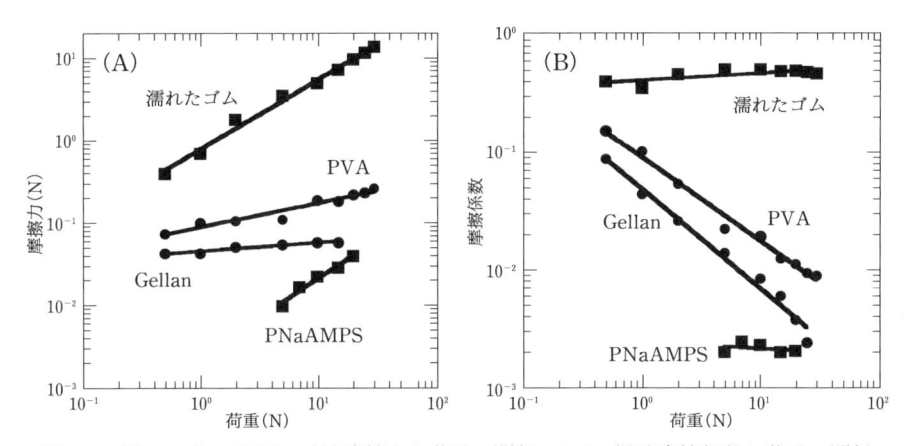

図5-1 種々のゲルが示す，(A)摩擦力と荷重の関係，および(B)摩擦係数と荷重の関係 (Gong et al., 1999a)。PVA(ポリビニルアルコール)は電荷をもたない中性のゲル，gellan(ジェラン)は海藻由来の多糖ゲル，PNaAMPS(ポリ(2-アクリルアミド-2-メチルプロパンスルホン酸ナトリウム))は網目に負電荷をもつゲルである。滑り速度は7 mm/min，接触面積は30 mm×30 mm，摩擦基盤は軟質ガラス。

数 N/cm² の圧力で 10^{-3} と大変小さな値を示すゲルもあれば，荷重に依存せず常に 10^{-3} の桁を示すゲルもある．いずれにしてもゲルの摩擦力は固体のそれに比べて圧倒的に小さく固体の 1/10〜1/100 という値になる．しかもこの低摩擦能は何時間にもわたって観察することができる．これが単にゲルの表面が濡れているというような単純な理由ではないことは図 5-1 に示した濡らしたゴムの摩擦力が固体の摩擦力に近いことから明確である．

　第二の特徴はゲルの摩擦力は見かけの接触面積 A に依存することである．前述の通り固体の摩擦力は見かけの接触面積には依存しない．しかしゲルの場合，有する化学構造に依存して大きく異なっており，摩擦力は，

$$F \propto W^{\alpha} A^{\beta} \ (\alpha + \beta \fallingdotseq 1)$$

と記述できる．ここで単位面積あたりの摩擦力 f をすると，

$$f \propto P^{\alpha} \ (P = W/A \text{ は圧力})$$

となる．すなわち，単位面積あたりの摩擦力は圧力の α 乗に比例する．これは $\alpha = 1$ の場合には固体摩擦の場合に相当する．

　ゲルは硬さが一般的に 10^3〜10^6 Pa であり固体よりも 5〜6 桁柔らかい．そのため，図 5-1 でゲルにかけられているような大変小さな荷重域においてさえ，ゲルは数〜数十％の大変形を起こしている．よって固体間の場合とは異なり，ゲルと基盤接触面において真の接触面積と見かけの接触面積はほぼ等しいと考えられる．

　第三の特徴は摩擦力が滑り速度に依存する点である．摩擦力と速度の依存関係については接触界面における相互作用の仕方や，滑り速度と高分子網目の緩和時間との大小関係によって大きく異なる(後述)．

　第四の特徴は摩擦力が摩擦相手基盤の性質によって数百倍も変化することである．たとえば負電荷をもつ高分子電解質のポリ(2-アクリルアミド-2-メチルプロパンスルホン酸ナトリウム：PNaAMPS)ゲルは，ガラス上では 0.001 程度のきわめて低い摩擦係数を示すが，摩擦相手基盤がテフロンではその 100 倍もの摩擦係数を示す．

　またゲル同士の摩擦の場合には高分子のもつ電荷に大きく影響され，同じ電荷を高分子網目に有するゲル同士の摩擦の場合，発生する摩擦力は大変小さいが，異なる電荷をもつゲルの組み合せではゲルが破壊してしまうほどの

摩擦力が生じる．これらの結果は接触界面における相互作用の違いがゲルの摩擦挙動に大きな影響を与えることを示している．

ボーデンとゲイバーによって，固体同士の界面での接触は凸部同士の接触であり摩擦力とはこの凸部同士を引き離す際に生じる力であると説明された．しかしゲルの摩擦挙動は上記の特徴からもわかるように大変複雑なもので固体の摩擦理論では到底説明できない．そこで筆者らは含水粘弾性体の界面における相互作用の観点よりゲルの摩擦特性を統一的に理解することを試みた(Gong and Osada, 1998)．

ゲル-固体間の界面は固体-固体間とは異なり，ゲルの高分子鎖と固体表面との間に引力が生じて吸着する場合と斥力が生じて反発する場合の2つのケースが考えられる．前者は高分子鎖と固体表面の親和性が水と固体表面のそれよりも大きいことに対応し，後者はその逆である．

ゲルと基盤との間に引力が働いている場合，ゲルを動かすと基盤に吸着している高分子鎖が引き延ばされ，さらに動かすと引き剝がされると考えられる(図5-2)．高分子鎖が引き伸ばされる時の弾性力は摩擦力として現われるので摩擦力は高分子鎖と基盤との吸引力の大きさ，高分子の伸ばされる速度，高分子鎖の密度などに関係する．平衡膨潤状態にあるゲルの高分子網目は糸まり状の高分子鎖がびっしりと詰まった状態であると考えられる．これらの糸まりは熱ゆらぎでその平衡位置近傍を絶え間なく動いている．したがって引力により糸まりが基盤に吸着しても，それは静止しているわけではなく，ある平均吸着寿命をもって自発的な吸着・脱着を繰り返している．摩擦力は高分子鎖の引き伸ばされる量，すなわち引き伸ばされる速度とその時間の積に比例する．その時間は高分子鎖が基盤表面に吸着している時間(吸着寿命)に等しく，吸着力が大きいほど吸着寿命は長くなるが，高分子鎖が引っ張られると脱着する確率が増えるため，寿命は短くなる．そのため，吸着寿命と速度との積はその速度の変化に対して最大値をもつことが予想される．その結果，小さい速度域において摩擦力は速度と共に増加するが，速度が高分子鎖の熱運動よりも大きくなると摩擦力は速度の増加にともなって減少する．一方，摩擦界面の高分子網目に充満している低分子溶媒に起源する摩擦力は速度の増加にともなって単調増加する．以上をまとめると，滑り速度が高分

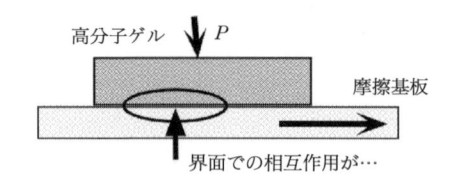

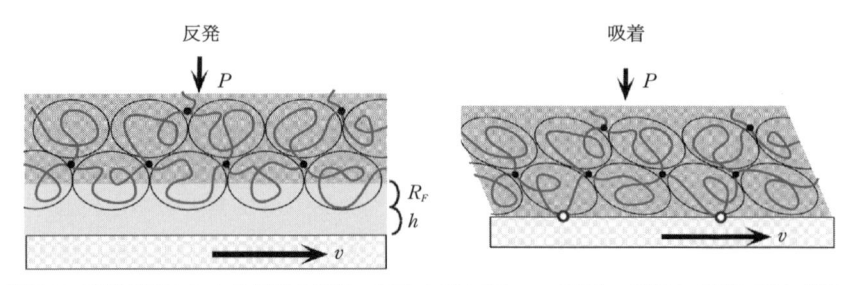

図 5-2　高分子ゲルによる摩擦の吸着・反発モデル(Gong, 2006)。基板との間に引力が働く場合，高分子鎖は吸着される。ゲルを動かすと，吸着されていた高分子鎖が引き伸ばされるが，ある程度以上になると高分子鎖は基板表面から脱着する。高分子鎖が伸ばされる時の弾性力が摩擦力として現われる。基板との間に斥力が働く場合，高分子ゲルは基板から離れようとするために，界面では溶媒(水)層が形成される。この状態のゲルを動かすと，溶媒が潤滑層になっているため摩擦力は小さくなる。

子網目の熱運動速度よりも低い場合には高分子鎖の弾性変形が摩擦力の主成分であるが，それよりも速い速度では溶媒の粘性抵抗が上回ることとなる。

　ゲルと基盤との間に斥力が働く場合，ゲルの高分子網目は基盤から離れようとするため，摩擦界面には欠乏層が生じ，代わりに溶媒(水)層が形成される(図5-2)。この状態のゲルを動かすと溶媒による潤滑層のため，生じる摩擦力は小さなものになると予想される。最も典型的な反発系として，高分子網目上に負の電荷をもつゲル(電解質ゲル)同士の摩擦現象がある。電解質ゲルは水中で自身の高分子イオンが解離するため，ゲル表面に高分子の対イオン拡散層が形成される。よって同種の電荷をもつゲル同士が水中で接近すると互いの対イオン拡散層が重なり，対イオンの浸透圧による斥力が生じる。この反発力によって荷重(圧力)に逆らってゲル同士の界面に電気二重層が形成される。ゲル同士が相対運動するとせん断応力による粘性抵抗が電気二重層を介して生じ，摩擦抵抗として現われる。この流体潤滑モデルによると，

電解質ゲル間において静止摩擦はなく，動摩擦力は滑り速度に比例して大きくなると予想される．

また引力の場合ゲルの弾性率より小さい荷重(圧力)がかかった際の高分子鎖の変形は小さく，基盤への吸着はあまり変わらないため，摩擦力は荷重に対して鈍感であると予想される．しかし斥力の場合には荷重が大きいと電気二重層が薄くなり摩擦力は大きくなる．したがって反発系の場合には摩擦力そのものは小さいが，その荷重依存性は強いと考えられる．

このような予測を図5-1のPNaAMPSやPVA(ポリビニルアルコール)ゲルにあてはめて考えてみると，高分子電解質ゲルであるPNaAMPSゲルは摩擦力が小さく，荷重依存性が強いため基盤との間に斥力が働いていることがわかる．同様に，高分子鎖に電荷をもたないゲルであるPVAゲルは，摩擦力がPNaAMPSに比べ大きく荷重依存性が小さいため，引力が働いていると考えられる．

さて，ゲルの摩擦力を小さくするためにはゲルと基盤との間に斥力が生じる必要があることがわかった．ではこのような反発系のゲルの摩擦をさらに低くすることはできないのであろうか．その問いに対してヒントとなる結果が多糖ゲルの摩擦挙動より示された．

図5-1に示すように多糖ゲルの摩擦力は荷重依存性を示さない．ところが高い荷重域においてこのゲルの摩擦力を測定するとある点を境に摩擦力が低下するという不思議な現象がみられる．その理由は多糖ゲルがポリマー同士の絡み合いやイオンを介しての物理的相互作用によって網目が形成されている物理ゲルである点にある．物理架橋による網目構造は化学ゲルの共有結合によるそれとは異なり，加熱や加圧，あるいは水に浸しておくだけで徐々にほどけてしまう．そのため高い荷重を加えると網目がほどけてゲル表面にポリマーが遊離し，非常にぬるぬるした状態になる．それによって摩擦力の低下が引き起こされたと考えられる．このような負の荷重依存性は自然界においてはウナギの表面にみられる．ウナギは表面や食道内壁部分より刺激に応答してある種の高分子が分泌され，その結果表面がぬるぬるし摩擦力が低下する．

このような現象より筆者らはゲル表面に架橋させていない高分子鎖を存

させればゲルの摩擦力をさらに下げられるという仮説を立て，表面にブラシ状の高分子を並べたゲルを作成しその摩擦力を測定した．その結果，表面をブラシ状のゲルは通常の表面がネットワーク状のものに比べて摩擦係数が，1/100〜1/1000 も低くなることがわかった(図5-3)．

以上をまとめると，摩擦力の低いゲルを作成するためには高い電荷密度に加えてブラシ状の表面構造が必要である．そして実は似たような構造は生体関節軟骨にもみられる．軟骨はコンドロイチン硫酸やケラタン硫酸が樹枝状にタンパク質に結合し，さらにそのタンパク質がブラシ状にヒアルロン酸に結合することによって高密度に負電荷が配置される構造になっている．プロテオグリカンサブユニットが樹のような構造をとっているのは，電荷密度を最大限増やすことで軟骨同士に大きな反発力をもたらしかつ，高荷重下においても水を保持して低い摩擦を生むためなのである．このような機構は眼球や胃腸などの生体組織のあらゆるところにあるものと予想される．

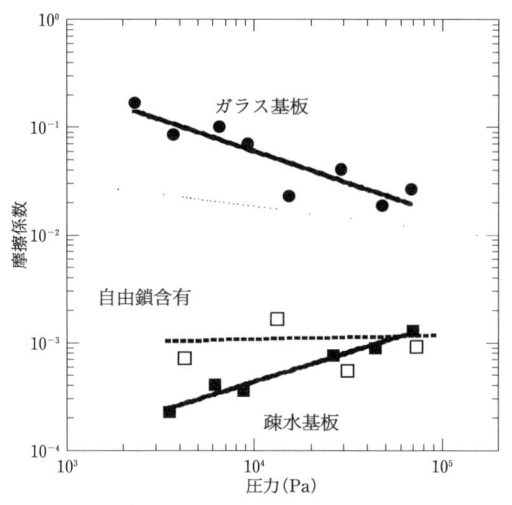

図5-3 表面高分子構造の異なる PAMPS ゲルの摩擦係数の圧力依存性(Gong et al., 2001)．●はガラス基板にて，■は疎水基板にて，□は高分子自由鎖を含有させて作成した PAMPS ゲルを示す．疎水基板で作成したものや高分子自由鎖を含有するゲルは表面に高分子がブラシ状に並ぶため，ガラス基板で作成した表面がネットワーク状のゲルに比べ摩擦係数が 1/100〜1/1000 小さい．滑り速度は 0.01 rad/s，接触面積は 10 mm×10 mm，摩擦基板はガラス板．

5-2 高強度ゲル

従来のゲルは非常に脆く，大変形させるとすぐに壊れてしまうものであった。しかし近年筆者らの研究グループは硬くて脆い強電解質性のゲル(ポリ(2-アクリルアミド-2-メチルプロパンスルホン酸)ゲル：PAMPSゲル，など)と，柔らかい中性ゲル(アクリルアミドゲル：PAAmゲル，など)を組み合せることで全重量の90%以上が水でありながら，関節にかかる荷重に匹敵する高強度ゲルを開発した。このゲルは，2種の相互独立な高分子網目構造をもち，その特徴的な構造からDN(ダブルネットワーク)ゲルと名づけられている(Gong et al., 2003；図5-4)。一種の高分子網目構造からなるゲル(シングルネットワークゲル，以下SNゲル)の圧縮破断強度が0.4 MPa(約4 kgf/cm^2)しかないのに対し，

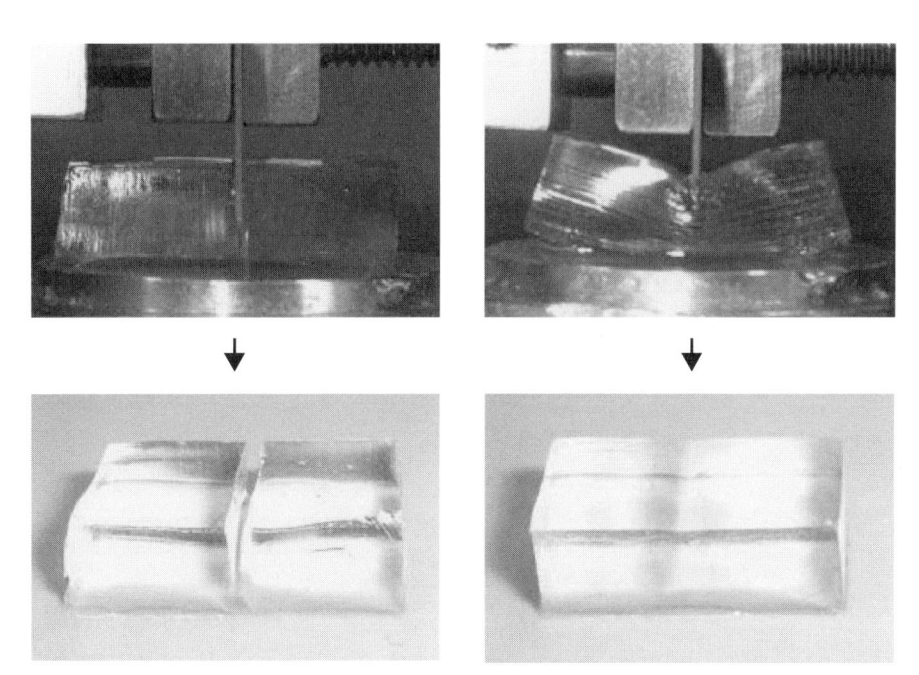

図5-4 通常のゲルとDNゲルの力学強度の比較(Gong et al., 2003)。(上)通常のゲルが4 kgf/cm^{2}程度で壊れてしまうのに対して，(下)DNゲルは90%の水を含みながらも，その100倍以上，約400 kgf/cm^{2}もの大荷重を加えても破壊しない。

DN ゲルのそれは 17 MPa(約 170 kgf/cm²) と約 40 倍以上に増加する。さらにゲルの組み合せを変えることによっては圧縮破断強度が 40 MPa(約 400 kgf/cm²) と，SN ゲルの場合の 100 倍にもなる (図 5-5)。また，ただ単に強度が強いだけではなく，破壊ひずみ率が 90％以上と非常に高い値を示しており激しい変形にも耐えることが可能である。

DN ゲルの構造には次のような特徴がある。

(1) DN ゲルの骨格となる硬い第一のネットワークを形成する高分子電解質は，密に架橋されており，第二のそれを形成する中性高分子は僅かに架橋されているか，もしくはされていない。

(2) 第二のネットワークを形成する成分は第一のそれよりも DN ゲル中にはるかに多量に含まれている。

(3) 光散乱の結果より第一のネットワークを形成する高分子電解質の構造は，ネットワーク中のところどころに大きな空洞をもつ，不均一な網目構造をしている (Na et al., 2004)。

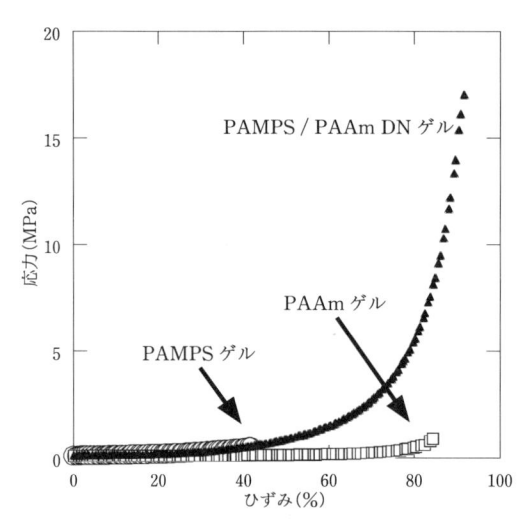

図 5-5 PAMPS，PAAm の SN ゲルとそれらの組み合せで作製した DN ゲルの力学強度の比較 (Gong et al., 2003)。グラフ縦軸より DN ゲルは硬くて脆い第一の網目である PAMPS(高分子電解質)ゲルの硬さを，また横軸のひずみより第二の網目である柔らかい PAAm(中性高分子)の柔らかさを兼ね備えたゲルであることがわかる。

以上の事実より得られたDNゲル内部構造を以下に説明する。ゲルの骨格となる硬い電解質性高分子による第一のネットワークは平均網目サイズよりもはるかに大きい空洞を多数もった不均一網目構造を形成する。次に中性高分子による第二のネットワークが空洞内部にまるで隙間を埋めるかのように形成される。この第二のネットワークが破壊エネルギーの伝播を妨げ，DNゲルの高強度化に寄与していると考えられる。よって，第二のネットワークがゆるく架橋されている（もしくはされていない）ほど中性高分子鎖は空間的自由度をもってDNゲル中に存在することができ，破壊エネルギーの分散につながると考えられ，この第二のネットワークの架橋をきわめてゆるく施すことがDNゲルの高強度化において重要である。

このようにDNゲルはただ単に2種類の高分子が絡まり合っているのではなく，階層性をもった構造をなしていることがわかる。生体軟骨をみても，骨格となる硬いコラーゲン繊維ネットワークや，そのネットワーク内部に水をたっぷり含んだプロテオグリカン，その他結合タンパクなどの高分子が多数存在した階層構造をなしている。DNゲルの場合，そのもととなる2つの高分子ゲルの破壊エネルギーがそれぞれ $0.1\,\mathrm{J/m^2}$ と $10\,\mathrm{J/m^2}$ であるのに対してDNゲルのそれは $1000\,\mathrm{J/m^2}$ にも達し，既存の破壊メカニズムではこのような非線形的な力学物性の向上を説明することはできない。DNゲルをモデルとし，生体がもつ階層性の意味を考えることでソフト＆ウェット材料特有の新たな破壊メカニズムが明らかにする必要がある。

5-3　強く耐久性のある低摩擦ゲル

人工軟骨などの分野においては低摩擦性と強度の両方が要求される。そこで前述した高強度ゲルを用いた低摩擦ゲルの創成をめざした。表5-1は各ゲルの力学物性と摩擦係数について表わした表である。DNは高分子電解質ゲルにPAMPSゲルを，中性ゲルにPAAmを用いたものである。TNはDNゲルに第三のネットワークとしてPAMPSをゆるく架橋させたゲル（トリプルネットワークゲル）である。またDN-LはDNゲル内部に，架橋させていない直鎖のPAMPSを導入したゲルである。ここで注目すべきはDN-Lが

表 5-1 高強度かつ低摩擦な DN-L ゲルと DN ゲル，TN ゲルとの力学強度，摩擦係数の比較(Kaneko et al., 2005)。TN ゲルと DN-L ゲルは第三の添加物として直鎖の PAMPS を導入しているが前者は架橋させているのに対して後者はさせていない。この違いが破壊強度や摩擦係数に大きく影響していることが表より読み取れる。

Gels	含水率 (wt.−%)	弾性率 (MPa)	破壊強度 σ_{max}(MPa)	破壊ひずみ λ_{max}(%)	摩擦係数 μ(高圧下〜10^5 Pa)
DN	84.8	0.84	4.6	65	10^{-2}〜10^{-1}
TN	82.5	2.0	4.8	57	10^{-4}〜10^{-3}
DN-L	84.8	2.1	9.2	70	10^{-5}〜10^{-4}

TN と同程度の硬さをもち，破壊強度が DN，TN の約2倍と高い力学物性を示していながら，その摩擦係数が高分子ブラシを導入した低摩擦性ゲルに匹敵するほどの低い値を示していることである。ネットワークをきわめてゆるく施すことが高強度化につながるという予測を DN-L ゲルはみごとに表わしており，さらに直鎖 PAMPS がゲル表面において高分子ブラシの役割を果たしたことで高強度化と低摩擦化の両方を実現することができた(Kaneko et al., 2005)。

5-4 生体適合性のあるゲル

ここまでにさまざまな機能性ゲルを紹介してきた。さらに前述の高強度ゲルとは高強度化メカニズムの異なる天然素材を用いた高強度ゲルを紹介する。

この天然素材由来の高強度ゲルは，材料にゼラチンゲルと，一般にはナタデココとして知られるバクテリアセルロースゲル(BCゲル)を用いたものである。ゼラチンゲルは硬くて脆く，また BC ゲルは柔らかくしなやかな性質をもっており，前述した DN ゲルの材料となる2種類の高分子とそれぞれの力学的性質が似ている。さらに BC ゲルは内部に層構造をもちそのため力学強度に異方性がある。これらの天然素材ゲルを組み合せ BC/Gelatin ダブルネットワークゲルを作成し，そのゲルの圧縮，破壊の様子を図5-6に示す。圧縮の結果ゼラチンゲルは約0.1 MPa で粉々に砕け散ってしまい，BC ゲルは壊れることはないものの，内部の水を吐き出し元の形状に戻ることはな

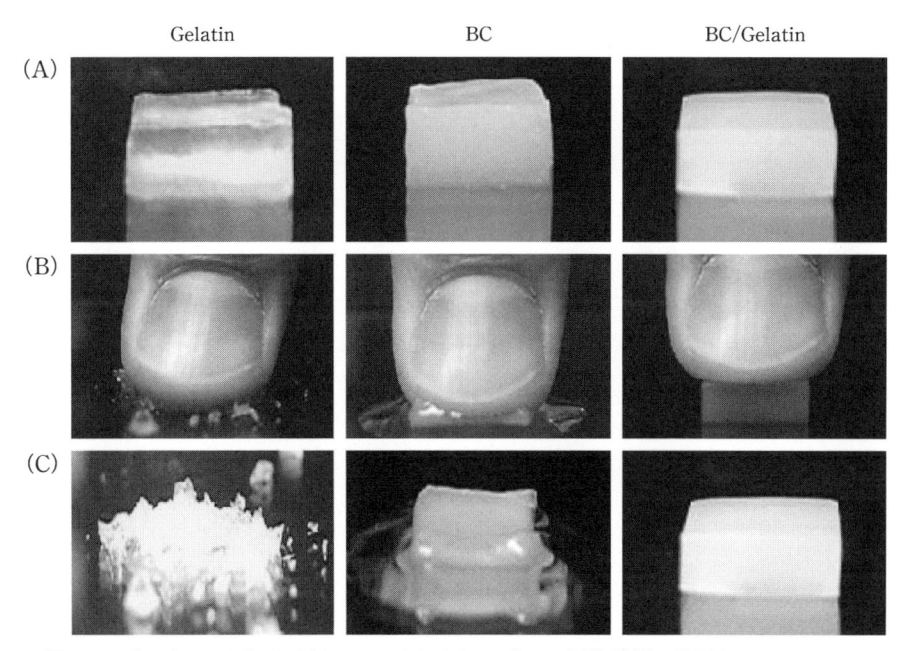

図5-6 ゼラチン，BC，BC/Gelatin それぞれのゲルの圧縮破壊の様子(Nakayama et al., 2004)。(A)は圧縮前，(B)は圧縮中，(C)圧縮10分後の画像である。ゼラチンゲルは硬くて脆く，圧縮すると粉々に潰れ，BCゲルは柔らかいが圧縮すると内部の水が外へ流れ出し潰れてしまい元の形状には戻らない。しかしこれらの組み合せであるBC/Gelatin ゲルでは 3.7 MPa の圧縮に耐えることができ，また内部の水が外へ流れ出すこともない。

いが，BC/Gelatin ゲルにおいては 3.7 MPa もの圧力に耐え，さらに内部の水は保持したままである。このように BC/Gelatin ゲルは初期弾性率がゼラチンゲルの数倍，BC ゲルの 240 倍，また圧縮破壊強度に至ってはゼラチンゲルの 30 倍以上と合成高分子による DN 同様の非線形的な強度の増加を示す(Nakayama et al., 2004)。また作成した BC/Gelatin ゲルには BC ゲルのような層構造がみられた。よって高強度化の仕組みには層構造が深くかかわっているものと考えられる。というのも，他に層構造をもつ物質の例として真珠があり，これは硬くて脆い無機部分としなやかで弱い有機部分の層構造によって力学強度が増しているからである。またこのような構造は生体軟骨などの生体組織にみられるものである。我々はこうした構造をゲル内部に

取り入れることにより前述のDNゲルとは異なるメカニズムで高強度ゲルを開発しようと考えている。

おわりに

従来の考え方では壊れやすく複雑な構造をもつゲルは機能性材料として見なされていなかった。しかし生体は皆すべてこのソフト＆ウェットな物質で構成されており，ハード＆ドライな物質では到底なし得ない滑らかな運動をすることができる。生体組織や器官のもつ仕組みを研究しそれらを模倣することで，生体組織に匹敵する新規機能性材料の創成が可能になるものと筆者らは考えている。

引用文献

Gong, J.P. 2006. Friction and lubrication of hydrogels: Its richness and complexity. Soft Matter, 7: 544.
Gong, J.P. and Osada, Y. 1998. Gel friction: A model based on surface repulsion and adsorption. J. Chem. Phys., 109: 8062.
Gong, J.P., Higa, M., Iwasaki, Y., Katsuyama, Y. and Osada, Y. 1997. Friction of gels. J. Phys. Chem. B, 101: 5487.
Gong, J.P., Higa, M., Iwasaki, Y., Osada, Y., Kurihara, K. and Hamai, Y. 1999a. Friction of gels. 3. Friction on solid surfaces. J. Phys. Chem. B, 103: 6001.
Gong, J.P., Kagata, G. and Osada, Y. 1999b. Friction of gels. 4. Friction on charged gels. J. Phys. Chem. B, 103: 6007.
Gong, J.P., Iwasaki, Y. and Osada, Y. 2000. Friction of gels. 5. Negative load dependence of polysaccharide gels. J. Phys. Chem. B, 104: 3423.
Gong, J.P., Kurokawa, T., Narita, T., Kagata, G., Osada, Y., Nishimura, G. and Kinjo, M. 2001. Synthesis of hydrogels with extremely low surface friction. J. Am. Chem. Soc., 123: 5582.
Gong, J.P., Katsuyama, Y., Kurokawa, T. and Osada, Y. 2003. Double-network hydrogels with extremely high mechanical strength. Adv. Mater., 15: 1155.
Kaneko, D., Tada, T., Kurokawa, T., Gong, J.P. and Osada, Y. 2005. Mechanically strong hydrogels with ultra-low frictional coefficients. Adv. Mater., 17: 535.
Moore, D.F. 1975. Principles and Applications of Tribology. Pergamon Press, Oxford.
Na, Y., Kurokawa, T., Katsuyama, Y., Tsukeshiba, H., Gong, J.P., Osada, Y., Okabe, S., Karino, T. and Shibayama, M. 2004. Structural characteristics of double network gels with extremely high mechanical strength. Macromolecules, 37: 5370.
Nakayama, A., Kakugo, A., Gong, J.P., Osada, Y., Takai, M., Erata, T. and Kawano,

S. 2004. High mechanical strength double-network hydrogel with bacterial cellulose. Adv. Funct. Mater., 14: 1124.
長田義仁・梶原完爾．1997．ゲルハンドブック．848 pp. エヌ・ティー・エス．
長田義仁・荻野一善・伏見隆夫・山内愛造．1991．ゲル―ソフトマテリアルの基礎と応用．218 pp. 産業図書．

第III部

ナノバイオサイエンス

近年，ナノテクノロジーを駆使してバイオの世界を探求する「ナノバイオサイエンス」と呼ばれる研究分野が発展しつつある．第Ⅲ部では，蛍光相関分光法，ペプチドチップ，発光性タンパク質バイオセンサー，ナノフォース走査型プローブ顕微鏡，DNAマイクロアレイなどさまざまな新規テクノロジーの開発によって解き明かされた細胞内の分子機構について解説する．

　共焦点レーザー蛍光顕微鏡を用いた蛍光相関分光法は，細胞内における分子の動きやすさ(拡散定数)を局所的に測定する方法として注目されている(第6章)．さまざまな長さをもつ緑色蛍光タンパク質(GFP)のオリゴマーをプローブとして用いることで，ナノメートルスケールの「分子ものさし」を実現している．細胞内や核内の微小空間における微環境や分子間相互作用を高感度に検出・解析できる新技術である．

　発光性タンパク質を用いたバイオセンサーの開発は，細胞生物学，発生生物学をはじめ薬学，医学などさまざまな学問分野に大きな技術革新をもたらしている(第8章)．なかでも蛍光タンパク質間のエネルギー移動を利用したFRETと呼ばれる技術は，光学顕微鏡の空間分解能をはるかに超えたナノメートルスケールの生化学現象を可視化するものである．

　走査型プローブ顕微鏡を用いたフォースマッピング法は，生細胞内に働く力の空間分布と時間変化を可視化する技術である(第9章)．この測定法によって，細胞運動の力学的メカニズムが明らかになっている．

　ペプチドチップ，DNAマイクロアレイは，細胞内に発現する数百～数万種のタンパク質およびDNAを網羅的に解析するツールである(第7, 10章)．これらの技術によってタンパク質間相互作用の解析や遺伝子発現パターンの解析などが一気に進むものと期待されている．

　以上，第Ⅲ部では，ナノテクノロジーとバイオロジーが融合することで生まれた基礎研究分野における新技術について紹介する．

（芳賀　永）

第6章 蛍光相関分光法と分子ものさしを用いた細胞内微環境の解析

北海道大学電子科学研究所/金城政孝・白　燦基

はじめに

　生命の最小単位は細胞である。細胞は分裂して大きくなり，また同じような細胞をつくりだすサイクルを繰り返す能力を秘めている。そのために細胞のなかにはさまざまな細胞内小器官や細胞骨格などの構造物や，タンパク質やmRNAをはじめとする多くの分子が存在し，さらにそれらが複雑なネットワークを形成している。しかし細胞のなかには生命を維持していくための必要な要素がすべて含まれているわけではない。そのため細胞は外界からさまざまな物質を取り込みそれを利用して細胞自身を維持したり新たに細胞を構築したり，いろいろな刺激(情報)に対して短時間の内にさまざまな生命反応を起こす必要がある。このことは，細胞のなかでいろいろな情報伝達・処理が行なわれていることを示している。細胞のなかの情報伝達の存在はとりもなおさず分子が移動や相互作用しながらダイナミックに動いていることを示唆している。しかし，一方で先にも述べたように細胞のなかにはさまざまなタンパク質やDNA，RNAなどの高分子が多数存在し，それらが障害となって簡単には物は動かないと考えられる。どちらが本当の細胞のなかの様子なのであろうか？　それを明らかにするためには細胞のなかで分子がどの程度自由に動くことができるのかできないのか直接測定することが重要とな

る(Verkman, 2002 ; Carmo-Fonseca et al., 2002)。このような細胞内の分子の動きを測定する方法としては蛍光相関分光法 Fluorescence Correlation Spectroscopy (FCS)を本章では紹介する。また，生体分子の多くは単独で機能することは少なく，多くの場合，同じ分子同士か，または異なった分子との複合体をつくり離合集散しながら機能を発現している。このような相互作用を解析する手法として蛍光相互相関分光法 Fluorescence Cross Correlation Spectroscopy (FCCS)がある。FCS や FCCS に関する詳しい解説はいくつか既に報告があるので，それらを参考文献として挙げるにとどめる(Elson and Rigler, 2001 ; Lippincott-Schwartz et al., 2001 ; 金城，2003 ; 三国・金城，2006)。

　細胞のなかで分子の動きやすさを測定する手法としては FCS の他によく知られている方法として，画像の時間変化を直接観察する方法(タイムラプス)や1分子や1粒子の動きを追跡する SMT(single molecule tracking)，蛍光色素の置き換えを測定する FRAP(Fluorescence Recovery After Photobleaching)，iFRAP(inverse Recovery After Photobleaching)などがある。いずれも細胞内や生体膜中での分子の動きとその速さを解析する方法であり，その速さは拡散定数(車の運転でいえばスピードにあたる)として表わされる。同じ分子で細胞のなかの状態が同じであるならその拡散定数は変化しない。もし動きが変化するなら，周りの環境が変化したか，もしくは分子の性質や形状が変化したことを示す。環境の変化としては粘性の変化や細胞内の微細構造の変化が考えられる。車の運転でたとえるなら，雪や雨などの天候の変化や，道路工事や新しい信号機の設置の影響もあるかもしれない。一方，分子の形状や性質の変化としては，構造変化や複合体の形成，二量体化などが考えられる。再度，車の運転にたとえるなら，キャンピングカーを連結したり，今では少ないスパイクタイヤの装着かもしれない。このように分子の動きやすさ(拡散定数)を測定することで分子の周りの環境や分子間の相互作用を解析することが可能である。我々は溶液内の分子の動きを1分子レベルの感度で測定が可能なFCS の開発研究と細胞測定へ展開してきた。さらに細胞内の粘性などを定量的に解析するための指標(プローブ)となる「分子ものさし」を開発した。これは蛍光性タンパク質を1つから5つまで鎖状につなぎ合わせたナノメートルサイズの棒状分子である(Pack et al., 2006)。この分子ものさしを用いた

細胞内や核内，さらに核内の特定の領域でどのように細胞内の微環境が変化しているか，また，同じであるのかを示したいと思う。

6-1 蛍光相関分光法

装　置

蛍光相関分光装置の基本構成は共焦点レーザー光学系が用いられている。そのためにしばしば同様の光学系で構築されている共焦点走査型レーザー顕微鏡 Laser Scanning Microscope(LSM)を利用している(図6-1A)。レーザーからの励起光は対物レンズカバーガラス上の試料に達し一点に絞り込まれた測定領域を形成する。蛍光分子はその測定領域内において励起され蛍光を発する

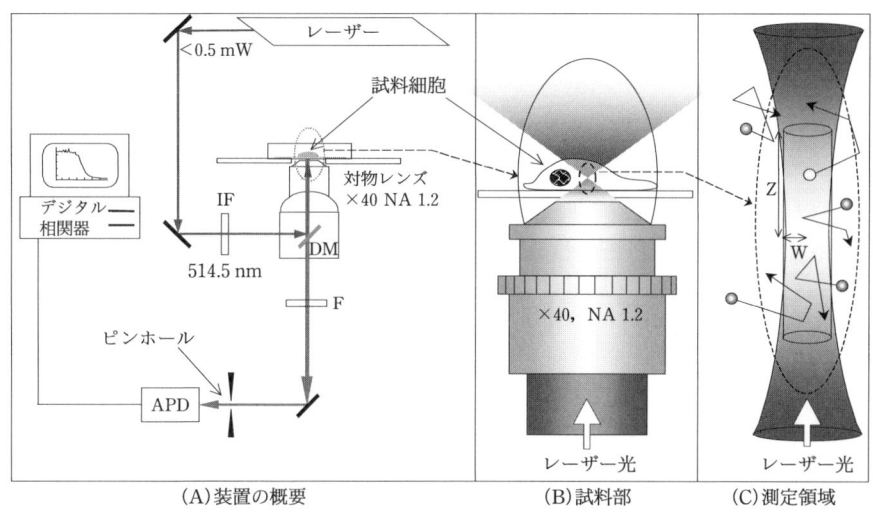

(A)装置の概要　　(B)試料部　　(C)測定領域

図6-1　(A)蛍光相関分光装置の模式図。おもに3つの部分，励起用のレーザー光源，光を絞るための対物レンズと検出器としてのAPD(アバランシェフォトダイオード)，ならびに相関解析装置で構成されている。IF：干渉フィルター，DM：ダイクロイックミラー，F：ロングパスフィルター。(B)試料測定部の模式図。レーザー光は対物レンズでカバーガラス上の溶液または細胞の中の1点に絞られている。(C)観察領域の拡大模式図。観察領域はここでは半径 w，軸長 $2z$ で定義される円柱状のレーザー光が照射された領域として示した。蛍光分子(○)はブラウン運動により溶液のなかを自由に動き回り，この円柱のなかで蛍光を発する。

(図6-1B)。発せられた蛍光は再び対物レンズで集められてからピンホールを通り高感度検出器(アバランシェフォトダイオードまたは光電子増倍管)にて検出される。蛍光相関分光装置では，検出された信号からデジタル(またはソフトウェア)相関器により自己相関関数(後述)が計算される。

単一分子検出

測定領域は微小な円柱状と仮定することができる(図6-1C)。その直径は励起光の波長と同程度の約 $0.4\ \mu m$，軸長は $1\sim 2\ \mu m$ であり，その体積はフェムトリットル($10^{-15}l$)以下に絞り込まれていることになる。1 M(mol/L)に含まれる分子の数(アボガドロ数$\fallingdotseq 6\times 10^{23}$)をもとに計算すると蛍光分子が $0.1\ \mu M$($10^{-7}M$)濃度で存在する場合，FCSの測定領域内には僅か 60($=10^{-15}\times 6\times 10^{23}\times 10^{-7}$)個程度の分子が存在することになる。微小に絞り込まれた測定領域と高感度検出器を組み合せることにより，単一分子レベルの蛍光を検出することが可能となる。

分子の運動と蛍光強度のゆらぎ

溶液中や細胞内の分子は周りに制限するものがなければ，ブラウン運動と呼ばれるランダムな拡散運動をしている。このランダムな運動により測定領域を出入りする蛍光分子は観察領域への出入りのたびに発光し，その動きは検出器を通して蛍光強度の値として観測される。この蛍光分子の出入りにより蛍光強度の値はランダムな増減の繰り返し，つまり「ゆらぎ」として観測される。

さて，分子が小さく，速いブラウン運動をしている時は測定領域を通過する時間が短いため，蛍光強度のゆらぎの変化が急になる(図6-2A)。逆に分子が大きく，遅いブラウン運動をしている時は測定領域を通過する時間が長いため，蛍光強度のゆらぎの変化がゆるやかになる(図6-2B)。つまり，ゆらぎの緩急のなかには「分子の大きさ」(分子量，形)に関する情報が含まれていることがわかる。ゆらぎの緩急は温度や溶媒の粘性といった分子のおかれている環境にも依存する。

分子の数が少ない時，極端な例では平均1個の分子が測定領域を出入りす

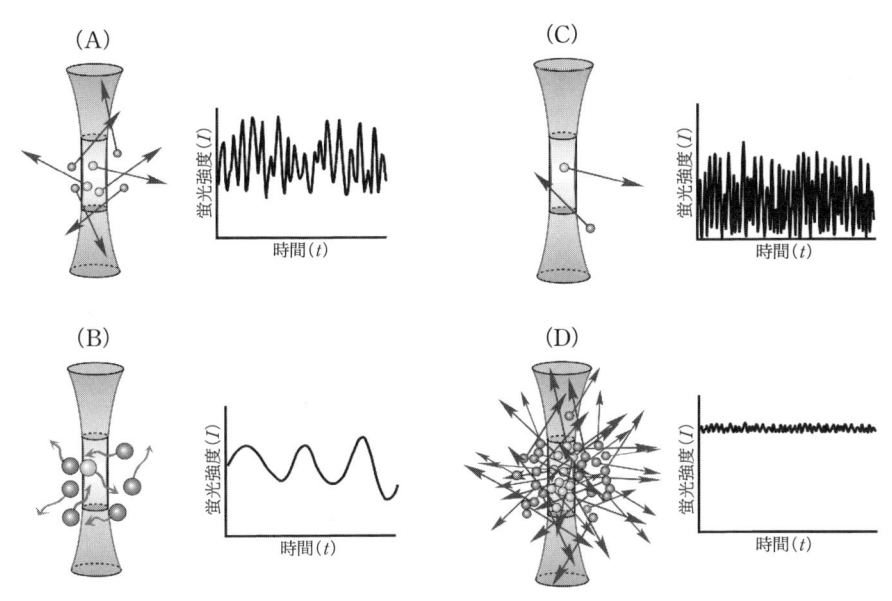

図 6-2 FCS の測定対象領域を出入りする蛍光分子の挙動と，そこから検出される蛍光強度のゆらぎの関係．(A)小さな分子の場合と早いゆらぎ．(B)大きな分子と遅いゆらぎ．(C)分子の数が少ない時の大きなゆらぎ．(D)分子数が多い時の平均化されたゆらぎ．(注)実際の測定は単一光子計測なので，光電子パルス系列として観測され，ここで示したアナログのような変化ではない．

る時は，測定領域内に分子が存在する時としない時で0～100%の間で蛍光強度のゆらぎが観測される(図6-2C)．逆に分子の数が多い時，たとえば平均1000個の分子が測定領域を出入りする時は，常に約1000個の蛍光分子からの蛍光がでる上に，100個の分子が一挙に出入りをしても僅か10%の蛍光強度のゆらぎしか観測されない(図6-2D)．つまり，ゆらぎの大きさのなかには「分子の数」に関する情報が含まれている．

自己相関関数による解析

以上のように蛍光強度のゆらぎのなかには「分子の大きさ」と「分子の数」に関する情報が含まれていることがわかる．しかし，これらの情報は蛍光強度のゆらぎを眺めているだけではわからない．わかる読者もいるかもしれないが，それを定量的に扱う必要がある．ゆらぎから情報を引き出すため

に自己相関関数 Auto-correlation Function，$G(\tau)$が用いられる。自己相関関数は以下の式にしたがい蛍光強度の値から計算する。したがってしばしば Fluorescence Auto-correlation Function ともいわれる。ここで，⟨　⟩は平均を示し，$I(t)$は時間 t での蛍光強度を示す。すなわち $G(\tau)$はあるシグナルと時間遅れのシグナルの掛け合わせの平均として示される（図6-3）。

$$G(\tau) = \frac{\langle I(t) I(t+\tau) \rangle}{\langle I(t) \rangle^2} \tag{6-1}$$

　FCS で用いられる相関関数は式(6-1)のように平均蛍光強度の2乗で規格化されて示されていることが多い。典型的な自己相関関数は図6-4に示すような減衰曲線となる。図6-2A から B のように分子が大きくなると，図6-4の曲線1から3へと自己相関関数は変化する（右にシフトする）。曲線2の自己相関関数は大きな分子と小さな分子が半分ずつ混ざった状態を示す。FCSの y 軸切片の大きさは相関関数の振幅 amplitude と呼ばれる。測定領域に含まれる平均分子数が少ないほどゆらぎは大きくなるために自己相関関数の振幅は大きくなる。図6-2C から D のように測定領域内の平均分子数が増えると，図6-4の曲線1から4へと自己相関関数は変化することになる。

　自己相関関数の減衰からは測定領域を分子が通過する平均の時間，または

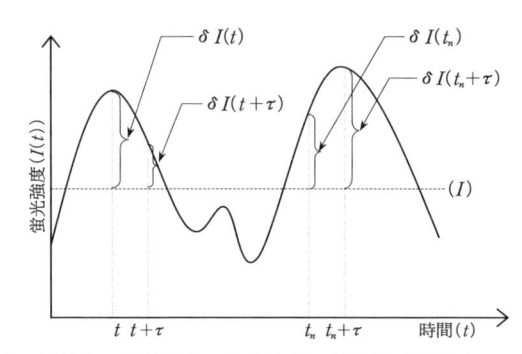

図6-3　数ゆらぎに起因する蛍光強度の時間変化。平均蛍光強度を⟨I⟩，平均からの偏差を $\delta I(t)$とすると，$I(t) = \delta I(t) + \langle I \rangle$，$I(t+\tau) = \delta I(t+\tau) + \langle I \rangle$　式(6-1)は時間 t における蛍光強度 $I(t)$の値と，ある t から τ_1 時間後の強度 $I(t+\tau_1)$がどの程度同じなのか，または，異なっているのかを調べるために両者を掛け合わせ，さらに多くの時間ポイント t_n に対して測定を行ない平均を求める操作を行なう（式(6-1)の⟨　⟩はこのような平均操作を表わす）。次に別の時間間隔 τ_2 を設定して同じ操作を繰り返す。

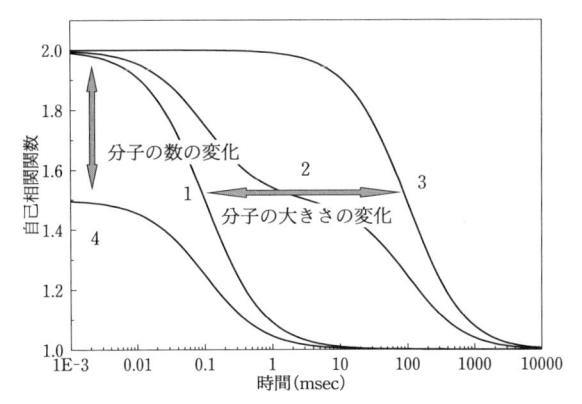

図 6-4 (1～3)自己相関関数 $G(\tau)$ と分子の動きと数の関係。分子の大きさが大きくなると，水平の矢印のように自己相関関数は1から3へ減衰が遅くなるよう変化する。曲線2は大きな分子と小さな分子が50％ずつ混ざった状態を示す。曲線1は観察領域に含まれる平均分子数が少ないとゆらぎは大きため自己相関関数の振幅も大きい，分子数が増えるとゆらぎは小さく振幅も小さくなり曲線1から4の変化として示される。本文中式(6-1)で示されているようにこのグラフで示されている自己相関関数 $G(\tau)$ は平均蛍光強度の2乗($\langle I(t)\rangle^2$)に対する変化率として示されているため，長い時間後には($\langle I(t)\rangle^2$)と($\langle I(t)I(t+\tau)\rangle$)が同じとなり，$G(\tau)$ は1に近づく。

測定領域に分子が滞在する時間であるいわゆる「拡散時間」が求められる。この「拡散時間」には「分子の大きさ」あるいは「運動の速さ」に関する情報に相当する。自己相関関数の振幅の大きさ(y軸切片)は測定領域に存在する分子数を反映する。具体的には自己相関関数の振幅から1を引いた値(実際の変化量)の逆数が測定領域内に存在する平均の「分子の数」を示す。

6-2　FCSによる細胞測定

装置は，前述したようにレーザー光源と対物レンズ，高感度検出器と解析用コンピュータの3つから構成されている(図6-2)。通常の装置は顕微鏡をベースにしてつくっているため，次の4つの特徴を有する。まず①フェムトリットルという非常に小さい領域を測定できる。これは細胞の体積に比較して充分小さい。次に顕微鏡をベースにしているので，②高い空間分解能がある。さらに，③微少量で測定ができる。微少量とは小さなドロップレット，

つまり，1〜2 μL くらいの溶液があれば充分である。もう1つ大きな特徴は，④均一系の測定である。ブラウン運動を基本とした，水溶系の測定なので，水中で分子を固定したり，止めたりする必要がない。細胞1個のなかの任意の場所を測ることが可能であり，図6-4で示したように，動きの異なる分子の挙動や数といった情報を物理的な分離過程を行なうことなく，同時に得ることができる。

「分子ものさし」の構築

緑色蛍光性タンパク質 Green Fluorescent Protein (GFP) は生体内でそれ自身だけで蛍光性を有し，特にタンパク質の中心に位置する発光に直接関与するアミノ酸誘導体を取り囲み保護する形のために非常に安定な構造をもち，細胞内における蛍光プローブとしてよく使われている (Miyawaki et al., 2003; Shaner et al., 2005)。我々はGFP単量体の長さが3.5 nmであることに注目して，GFPのオリゴマーをつくることで，長さが3.5 nm単位の微小な構造体を構築できる可能性に注目した (図6-5)。実際に分子生物学的手法によりGFPの遺伝子を1つひとつつなげた5種類のプラスミドを構築し，さらにタンパク質として発現させ，それを細胞内から抽出して先に述べたFCSを用いて溶液中で拡散運動の速さを測定してみた。結果はつなげたGFPの数にしたがって相関関数は左から右へ順にシフトしていることが図6-6Aに示されている。相関関数から得られる相関時間はタンパク質分子の大きさに比例するが，また一方でその形状にも依存することがわかっている。そこでGFP分子が1〜5個までつながった時に球状分子であるか，もしくは棒状分

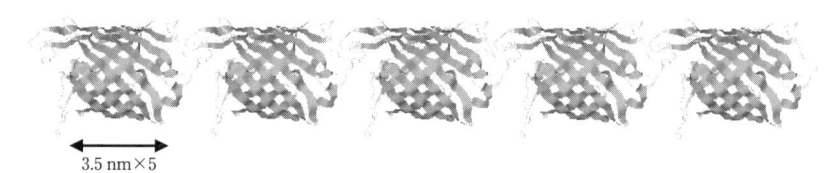

図6-5 緑色蛍光性タンパク質(GFP)を利用した「分子ものさし Molecular Ruler」の模式図。GFPの大きさは約3.5 nmであることがX線構造解析からわかっている。したがって，GFPを直鎖状に結合させることで3.5 nmユニット長さをもつ「分子ものさし」が構築できる。

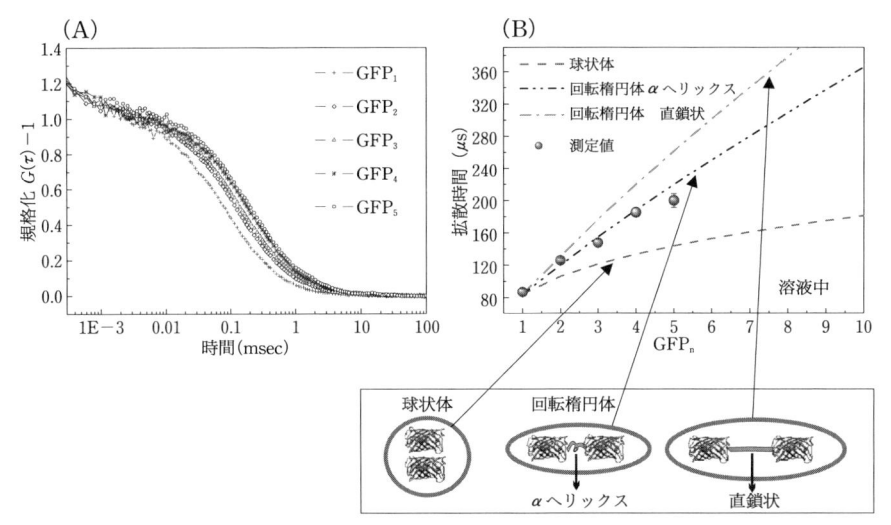

第6章 蛍光相関分光法と分子ものさしを用いた細胞内微環境の解析   81

図6-6 FCS測定によるGFPオリゴマーの特性。(A)GFPの数が増えると相関関数は左から右へシフトしている。これは溶液中の分子の動き（拡散運動）が遅くなり相関時間が伸びたことを示している。(B)GFPの数と相関時間の関係。GFPの数が増えると相関関数から求められる相関時間は長くなる。得られた測定結果と、同じ分子量で球状、棒状でコンパクトか、伸びた形を計算して比較した。

子であり，かつ α ヘリックスで結ばれているか，またはもう少し伸びた形状で結ばれているかを想定して各々計算を行ない，予想を立てた(図6-6B)。まず球状分子であれば，拡散時間はその半径に依存することがわかっているので，実際には分子量の3乗根に比例することが予想され，実際に他の曲線とは大幅に異なることがグラフからわかる。棒状分子の場合はおおよそその長さに比例することが予想される。そのことを考慮すると合成した直鎖状GFPオリゴマー(GFP_2～GFP_5)は棒状分子として近似でき，かつ α ヘリックスで結ばれているということが示唆された。このことはこのGFP直鎖状オリゴマーが溶液中や細胞中で比較的剛直な棒状分子として存在し，「分子ものさし」として利用できることを示している。つまり，数の異なるGFPオリゴマーを細胞内で発現させることで，長さの異なるナノメートルサイズの構造体を構築することができ，それの動きを測定することで，細胞内の構造体の大きさや微環境を推定できるのではと考えた。次にその1つとして，細

胞質と核内それぞれについて測定した例を示す。

細胞内における「分子ものさし」の動き

実際に細胞内で発現させてみたところ，GFP_1〜GFP_5まで安定に発現でき，細胞質や核内で蛍光観察することができた。ものさしの大きさとしては約三量体までが核内に比較的に自由に入り込むことができ，それ以上大きくなると核内での分布が少なくなる，細胞質と核を隔てている核膜の性質を反映するなど，さまざまなことがわかった。しかし，我々が一番興味をもったことは，まず，FCSによる測定が細胞内で可能であることである(図6-7)。このことは，細胞質内ではこの分子ものさしは自由に拡散運動ができることを示している。もちろん，細胞内には細胞骨格や細胞内小器官と呼ばれるさまざまな構造体が存在するのであるが，それらがつくる網目構造は案外大きいのではないかと推察することができる。もちろん，細胞のなかは通常の水溶液とは異なりさまざまな生体分子が存在し，そのために溶液の粘性は高くなっているが，それは，せいぜい2〜3倍程度と見積もられた。さらに我々

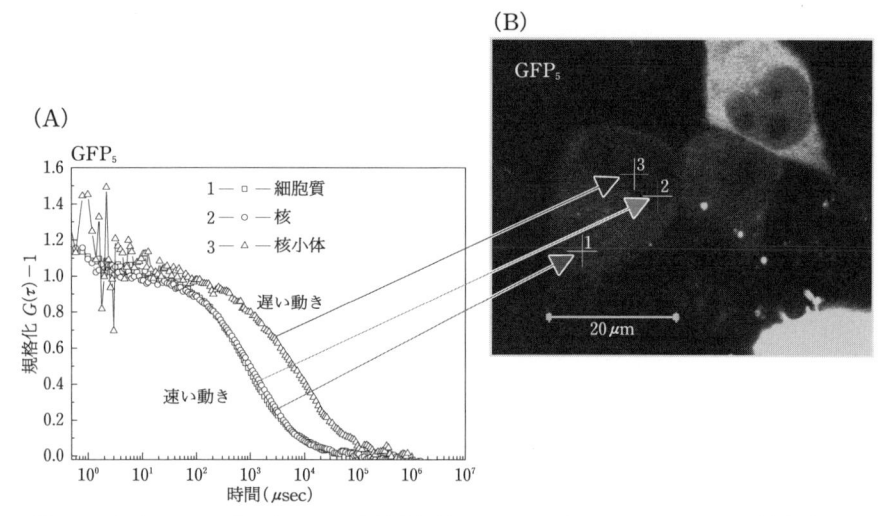

図6-7 (A)GFP_5の分子ものさしを培養細胞Helaに発現させてFCSにより拡散時間を測定した。細胞質と核内の内，核質は比較的早い動きが観察され(2)，核小体では比較的遅い動きが測定された(3)。(B)十字で実際FCSの細胞内の測定箇所を示す。

が興味をもったことは細胞核のなかでの測定ができたことである。もう少し詳しく述べると，核のなかでこの「分子ものさし」の動きが測定でき，かつ，その動きが細胞質の動きと同じ場所と異なる場所があったことが確かめられた。同じ細胞のなかだから，この分子の動きが同じであるのは当然と考えるべきか，それとも，同じ細胞のなかでも核と細胞質というようにまるっきり異なる仕事をしている場所だから，その内部も異なって当然と考えるべきであろうか。核が著しく他の細胞のなかと異なることは，我々の遺伝子のもととなるDNAが全部保存されている場所であることである。我々の測定結果は伸ばすと2m近くなるといわれているDNA鎖が非常にコンパクトに折りたたまれて，本当に分子がそれこそすいすいと動けるほどの構造を保っていることを示している(図6-8)。しかしまた一方で，遺伝子の情報は保存されているだけでなく，それを解いて，そこから情報を読み取るなどの操作もしているはずである。これまでの我々の研究から核のなかの動きの遅い部分は核小体と呼ばれる部分であることを解明した。核小体は特に活発にrRNAの合成やリボソームの構築が行なわれている場所とされ，核内のダイナミックな分子運動と構造の関係に注目を集めている(Hernandez-Verdun, 2006)。そのような場所は分子が活発に動き回っているのか，それとも，分

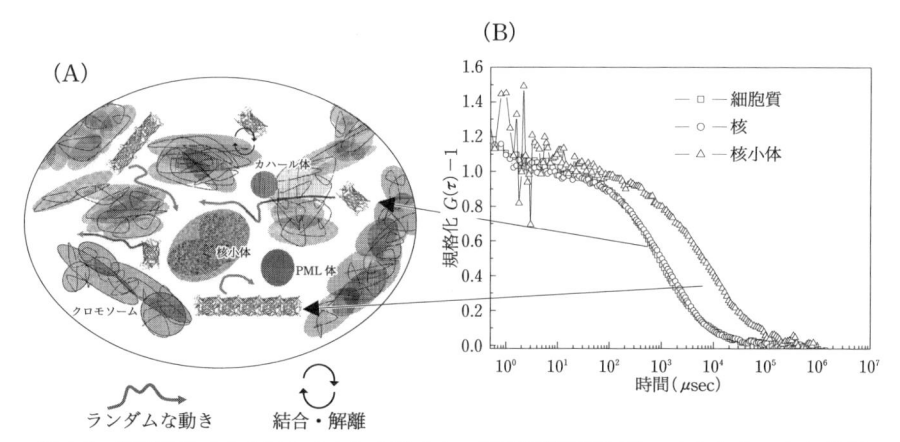

図6-8 細胞核内での分子ものさしの動きと，構造関係(想像図)。小さなものさし分子(GFP$_1$)は分子の隙間を抜けて動くことが可能だが，大きな分子(GFP$_5$)は構造体に引っかかり，動けなくなる。ただ，ゆるやかに動くことは可能である。

子が集合することでむしろ動きにくくなっているようにもみえる。そのような活発に分子の合成や構築が行なわれている場所はさらに細胞のエネルギーレベルと密接に関係していることを示すデータも得られつつある。核のなかは遺伝子の情報を必要な時に必要な遺伝情報を読み取れるようにできると同時に，細胞分裂時は遺伝子を2つに分けて，複製を行ない，引き離し，また統合するなど，時空間的な制御も行なっている。核のなかは非常にダイナミックな制御とそれにともなう構造の変化や微環境の変化をとっているに違いない。しかし，実際のことはまだ不明なままである。我々はナノメートルスケールで細胞内の微環境を解析できる手法の確立を通して，細胞核のダイナミクスを明らかにしていきたいと考えている。

　FCSは装置的にも解析手法にもこれまでにない格段の精密さが求められるが，既に一方でさまざまな手法の展開も始まってきている。たとえば，50 nmの厚さしかない細胞膜表面での情報変換受容体分子の動きを解析したり分子間相互作用の解析を目的として全反射型光学系を利用した装置や(Ohsugi et al., 2006)，励起波長と発光波長が離れている色素を利用することを前提として，1波長励起2波長発光によるFCCSも開発された(Kogure et al., 2006)。これは，1つの波長励起で2つの蛍光色素を励起する方法であり，簡便で高感度に分子間の相互作用を検出できることが期待されている。

　今後，ますますFCSやFCCSが蛍光色素や蛍光性タンパク質の改変や発展を踏まえて，細胞のダイナミックな性質を明らかにすることを期待したい(Bacia et al., 2006)。

引用文献

Bacia, K., Kim, S.A. and Schwille, P. 2006. Fluorescence cross-correlation spectroscopy in living cells. Nature Methods 3: 83–89.

Carmo-Fonseca, M., Platani, M. and Swedlow, J.R. 2002. Macromolecular mobility inside the cell nucleus. Trends Cell Biol., 12(11): 491–495.

Elson, E. and Rigler, R. (eds.). 2001. Fluorescence correlation spectroscopy—Theory and applications. Springer Series in Physical Chemistry, 65, pp. 25–64. Springer, Boston.

Hernandez-Verdun, D. 2006. Nucleolus: from structure to dynamics. Histochem Cell

Biol., 125: 127-137.

金城政孝．2003．細胞内生体高分子相互作用の解析をめざす蛍光相関分光法．バイオイメージングでここまで理解(わか)る(楠見明弘・小林剛・吉村昭彦・徳永大喜洋)．実験医学別冊．160 pp. 羊土社．

Kogure, T., Karasawa, S., Araki, T., Saito, K., Kinjo, M. and Miyawaki, A. 2006. A fluorescent variant of a protein from the stony coral Montipora facilitates dual-color single-laser fluorescence cross-correlation spectroscopy. Nature Biotech., 24: 577-581.

Lippincott-Schwartz, J., Snapp, E. and Kenworthy, A. 2001. Studying protein dynamics in living cells. Nat. Rev. Mol. Cell Biol., 2(6): 444-456.

三國新太郎・金城政孝．2006．細胞生物学における蛍光相関分光法と蛍光相互相関分光法．蛋白核酸酵素．51(14)：1998-2005．

Miyawaki, A., Sawano, A. and Kogure, T. 2003. Lighting up cells: labelling proteins with fluorophores. Nature Cell Biol., 5: S1-S7.

Ohsugi, Y., Saito, K., Tamura, M. and Kinjo, M. 2006. Lateral mobility of membrane-binding proteins in living cells measured by total internal reflection fluorescence correlation spectroscopy. Biophys. J. 91(9): 3456-3464.

Pack, C., Saito, K., Tamura, M. and Kinjo, M. 2006. Microenvironment and effect of energy depletion in the nucleus analyzed by mobility of multiple oligomeric EGFPs. Biophys. J., 91: 3921-3936.

Shaner, N.C., Campbell, R.E., Steinbach, P.A., Giepmans, B.N.G., Palmer, A.E. and Tsien, R.Y. 2005. Improved monomeric red, orange and yellow fluorescent proteins derived from Discosoma sp.red fluorescent protein. Nature Biotech., 22: 1567-1572.

Verkman, A.S. 2002. Solute and macromolecule diffusion in cellular aqueous compartments. TRENDS in Biochemical Sciences, 27(1): 27-33.

ペプチドチップを利用した分子間相互作用の解析

第7章 ──────────
北海道大学遺伝子病制御研究所/浜田淳一・淀川慎太郎・守内哲也

はじめに

　国際ヒトゲノムシーケンス決定コンソーシアムによるヒトゲノムのドラフトシークエンスの解析が終了し，いわゆるポストゲノム研究が本格化してから既に5年以上が過ぎた．ドラフトはさらに詳細な解析が進められ，一塩基多型(SNPS)などのゲノムレベルの情報が猛烈なスピードで蓄積してきている．さらに，ゲノムDNAの産物であるRNAやタンパク質の機能解析も飛躍的な進歩を遂げている．とりわけ，タンパク質の構造・機能解析は，DNAデータベースに基づくタンパク質の解析手段の一般化，二次元電気泳動法の簡素化，および質量分析装置の普及，タンパク質の結晶化技術の向上などがあいまってよりいっそうの拍車がかかってきた．アイソフォームや糖・脂質などの翻訳後修飾などを考えると，実際に解析すべきタンパク質分子の数は，ゲノム上の遺伝子数に比べ膨大であり，また，それらの分子間の相互作用に関する解析も生命現象を理解する上で避けて通ることはできない．タンパク質分子の発現量，機能的変化あるいは相互作用(タンパク質分子間あるいはタンパク質-糖・脂質などとの相互作用)を解析するシステムの1つにプロテインチップあるいはペプチドチップと呼ばれるアッセイ系が知られている．基板上にタンパク質分子あるいはペプチドを固定し，それぞれに対して親和性

を示す分子を検出するシステムである。目的とするタンパク質分子の発現量を検出するシステムで最も特異性が高いと考えられるものは，抗体を搭載したチップである。目的とするタンパク質の種類が増えれば増えるだけ，それぞれに対する抗体を準備する必要があり，ある程度網羅的に解析しようとすると，その労力たるは相当なものになる。プロテインチップやペプチドチップを用いた網羅的なタンパク質発現解析は，現時点では現実的ではないといわざるを得ない。一方，タンパク質分子，核酸，薬物などが結合する標的タンパク質や，あるいは標的タンパク質内の結合領域を特定する目的では，プロテインチップやペプチドチップは有効である。とりわけ，チップに搭載する対象がペプチドの場合は，その合成が比較的簡単に行なえ，網羅的解析という点では特に優れている。

　本章では，基板上に多数の種類のペプチドを搭載したペプチドチップを用いた分子間相互作用の解析について，我々の研究成果を交えながら紹介する。

7-1　ペプチドのSPOT合成

　ペプチドの化学合成の基本的な原理は，アミノ基と側鎖官能基を保護したアミノ酸誘導体を用いて，まず，アミノ酸のアミノ保護基を除き(脱保護)，次に結合すべき保護アミノ酸を結合させるという一連の操作を繰り返し，保護ペプチド鎖を合成する。次に，側鎖官能基の保護基をはずして完成する。α-アミノ基と側鎖官能基の保護には，α-アミノ基をt-ブトキシカルボニル(Boc)基，側鎖官能基をベンジルアルコール系保護基で保護するBoc法とα-アミノ基を9-フルオレニルメトキシカルボニル(Fmoc)基，側鎖官能基をt-ブチルアルコール系保護基で保護するFmoc法の2種類の保護法が知られている。通常，Boc法ではトリフルオロ酢酸(TFA)でBoc基を脱保護し，最後の全保護基をはずす際にはフッ化水素などの強酸を使用する。一方，Fmoc法では，Fmoc基をピペリジンで脱保護，側鎖保護基はTFAのような弱酸によって脱保護する。

　SPOT合成は，上述の方法にて基板上で直接ペプチドを合成する方法である(Lantto et al., 2002)。我々はIntavis社の自動スポットペプチド合成機

ASP222を用いて，Fmoc法によるペプチド合成を行なっている．その概略を図7-1に示した．まず，(1)基板であるAmino-PEG-セルロース膜にFmoc-β-アラニンをスポットする．Amino-PEG-セルロース膜はFmoc保護されていないのでスポットされた部位でFmoc-β-アラニンとの縮合反応が起こる．この最初にスポットするFmoc-β-アラニン(Fmoc-β-Ala)は，基板と目的ペプチドとのリンカーの働きをする．β-アラニンは，通常のペプチド配列中に含まれるアミノ酸ではなく，かつ直鎖状であるため目的ペプチドの性状に影響を及ぼす可能性が低く，リンカーとして適している．次に，(2)2％無水酢酸/ジメチルホルムアミド(DMF)溶液でスポット以外に存在する遊離アミノ基をアセチル化する(キャッピング)．この行程によりFmoc-β-アラニンをスポットした部位のみにおいてペプチド合成可能となる．(3)DMFで膜を洗浄後，20％ピペリジンを含むDMF溶液で処理し，Fmoc基

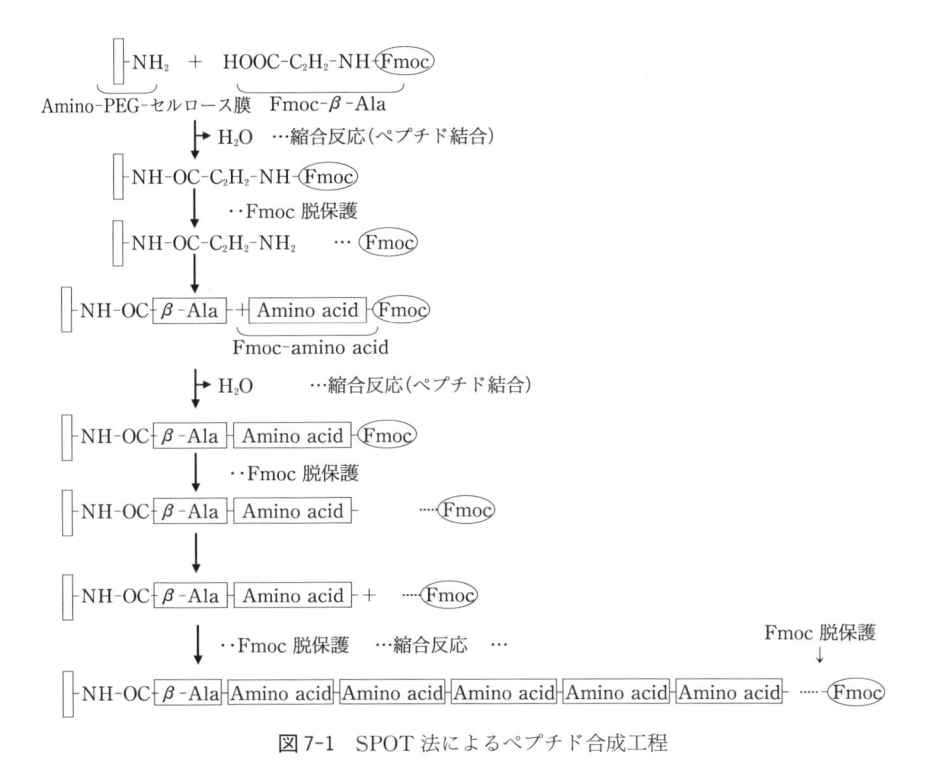

図7-1　SPOT法によるペプチド合成工程

を脱保護する。遊離したアミノ基はブロムフェノールブルー(BPB)で青染するので，合成反応を可視化することができる。その後(4) DMF 溶液，続いてエタノールで洗浄し，メンブレンを風乾する。次に，(5)合成したいペプチドの C 末端に位置する Fmoc-アミノ酸をスポットし，縮合反応を行なう。BPB で染色したままの状態で合成反応を行なうと，遊離アミノ基由来の青色が縮合により失われ黄色に変色する。以降(3)〜(5)の操作を繰り返しペプチド合成を進める。目的の長さまでペプチド合成が進んだならば，膜を DMF，続いてエタノールで洗浄，風乾，さらにジクロロメタンで洗浄し，風乾する。その後，TFA，ジクロロメタン，フェノール，チオアニソールおよびエタンジチオールからなる溶液で膜を処理し，アミノ酸側鎖の保護基をはずす。次に，エタノール，引き続きジクロロメタンで洗浄，風乾し，ペプチドチップ作製の全行程が完了する。

7-2　抗体の抗原決定基(エピトープ)のアミノ酸配列の決定

　ペプチドチップを用いて，抗ヒト・サイトメガロウイルス(HCMV)抗体のエピトープのアミノ酸配列の決定を試みた。作製したペプチドチップは，HCMV エンベロープタンパクで中和抗体のエピトープとなることが知られている gB(gp58/116)-AD1，gB(gp58/116)-AD2 および gH 抗原タンパク (Lantto et al., 2002；Urban et al., 1996)を標的にした。表 7-1 に今回の検索で対象とした gB-AD1，gB-AD2 および gH のアミノ酸配列を示した。それぞれの抗原タンパクの N 末端から 2〜13 個のアミノ酸からなるペプチドを 1〜4 残基オーバーラップするように C 末端側にずらし，前項の方法で合成し，ペプチドチップを作製した。

　まず，ペプチドチップ膜を 5％スキムミルクを含む TBS-T 溶液(0.1％ Tween20 を含むトリス緩衝塩液)でブロッキングした。エピトープの決定を試みた抗 HCMV 抗体は，TI-23(帝人ファーマより供与)と G3D No.9(イーベック社より供与)の 2 種類であり，いずれもヒトモノクローナル抗体である。ブロッキングされたペプチドチップ膜は，これらの抗体を含む 3％BSA 含有 TBS-T 溶液で室温，1 時間インキュベートした。TBS-T 溶液で洗浄後，二次抗

表7-1 ヒトサイトメガロウイルス抗原 gB-AD1, gB-AD2 および gH のアミノ酸配列

gB-AD1 (118a.a.)	MGDVLGLASC VTINQTSVKV LRDMNVKESP GRCYSRPVVI FNFANSSYVQ YGQLGEDNEI LLGNHRTEEC QLPSLKIFIA GNSAYEYVDY LFKRMIDLSS ISTVDSMIAL DIDPLENTDF
gB-AD2 (51a.a.)	TSAQTR SVYSQHVTSS EAVSHRANET IYNTTLKYGD VVGVNTTKYP YRVCS
gH (60a.a.)	PYLT VFTVYLLSHL PSQRYGADAA SEALDPHAFH LLLNTYGRPI RFLRENTTQC TYNSSL

体である FITC 標識ヤギ抗ヒト IgG 抗体を含む 3%BSA 含有 TBS-T 溶液で室温, 1時間インキュベートした。TBS-T 溶液で洗浄後, FLA3000G (富士写真フィルム) で FITC の蛍光を検出した。

その結果, TI-23 抗体は, gB-AD 内にある YNTTLKY 配列を認識することが明らかとなった (図 7-2)。一方, G3D No.9 抗体は, 2あるいは 10 μg/ml の濃度では明確な陽性スポットはみられなかったが, 100 μg/ml の高濃度では gB-AD1 内にあるアミノ酸配列 GRCYSRPYYIFN (スポット♯16), CYSRPYYIFNFA (スポット♯17), ECQLPSLKIFIA (スポット♯35), IFIAGNSAYEYV (スポット♯39), GNSAYEYVDYLF (スポット♯41), YEYVDYLFKRMI (スポット♯43) のスポットが陽性として検出された (図 7-3)。G3D No.9 抗体が認識したスポット♯16, 17 とスポット♯35, 39, 41, 43 は, 一次構造上離れた位置に存在している。G3D No.9 抗体はモノクローナル抗体であるので, TI-23 抗体のように一次構造を認識しているのであれば, エピトープは1箇所のはずである。エピトープは, 通常は7～30残基のアミノ酸からなり, 一次構造がエピトープとして認識される場合 (直線状エピトープ) は全エピトープの 1/3 程度である。残りのエピトープは, 構成しているアミノ酸残基が高次構造的には隣接するものの, 一次構造上は, 離れた領域に存在するもので, 不連続エピトープと呼ばれる。また, 本実験で検出された陽性スポットは, Ohlin らが報告している抗 HCMV 抗体が認識する不連続なエピトープ (Ohlin et al., 1993) としている gB 内の2箇所を含んでいた。これらの事実は, G3D-No.9 抗体が不連続エピトープを認識し

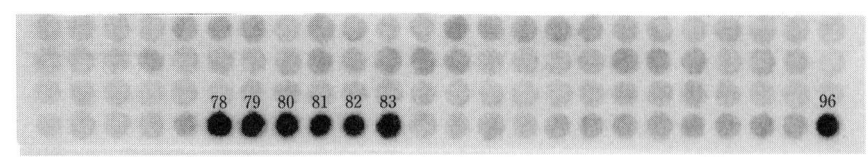

78:	ANET IYNTTLKY
79:	NET IYNTTLKY G
80:	ET IYNTTLKY GD
81:	T IYNTTLKY GDV
82:	IYNTTLKY GDVV
83:	YNTTLKY GDVVG
96:	IYNTTLKY

図7-2　ヒト抗HCMVモノクローナル抗体TI-23のエピトープのアミノ酸配列の決定

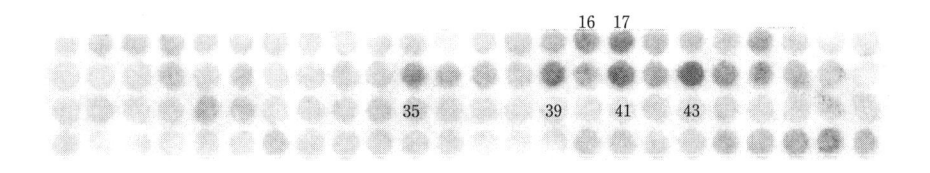

16:	GRCYSRPYYIFN (gB-AD1)
17:	CYSRPYYIFNFA (gB-AD1)
35:	ECQLPSLKIFIA (gB-AD1)
39:	IFIAGNSAYEYV (gB-AD1)
41:	GNSAYEYVDYLF (gB-AD1)
43:	YEYVDYLFKRMI (gB-AD1)

図7-3　ヒト抗HCMVモノクローナル抗体G3D No.9のエピトープのアミノ酸配列の決定

ている可能性と，一次構造しか反映しないペプチドチップが不連続エピトープの検出にも役立つ可能性を示唆している。

7-3　高次構造を再現したペプチドチップ解析の試み

　ヒト抗HCMVモノクローナル抗体G3D-No.9が，HCMVエンベロープ

タンパクgB内に存在する離れた部分のアミノ酸配列からなるスポットに結合したことから，そのエピトープが，不連続エピトープであると予想した。不連続エピトープの検出にペプチドチップを利用することはできないだろうか。たとえば，G3D-No.9のGRCYSRPYYIFN(スポット♯16)，あるいはIFIAGNSAYEYV(スポット♯39)に対する結合性は弱いが，これら2種類のペプチドを隣り合って存在させれば，より強い結合性を表わすのではないだろうか。これを証明するためには，同一スポット内に2種類のペプチド鎖を合成(ダブルペプチド合成)しなければならない。それを可能にする方法として以下のような合成法が報告されている(Espanel et al., 2003；Espanel and Huijs-duijnen, 2005)。最初の工程でAmino-PEG-セルロース膜にリンカーであるβ-アラニンをスポットするが，その際に異なった保護基をもつβ-アラニンを使用するのである。1つは，Fmoc-β-アラニンで，もう1つはAlloc-β-アラニンである。これら2種類のβ-アラニンを等モル含む混合液をスポットする。次にピペリジンでFmoc基を脱保護し，2種類のペプチド(たとえばGRCYSRPYYIFNとIFIAGNSAYEYV)の内，最初に合成したいペプチドGRCYSRPYYIFNのC末端側からFmoc基で保護されたアミノ酸誘導体(最初は，Fmoc-アスパラギン)を使ってFmoc法によって合成する。GRCYSRPYYIFNの合成終了後，無水酢酸でキャッピングする。もう1種類のペプチドの合成は，Alloc-β-アラニンを脱保護して始める。Alloc基の脱保護には，水素化トリブチル錫/ジクロロビス(トリフェニルホスフィン)白金/酢酸/ジクロロメタン溶液を使用するが，Fmoc法に比べ煩雑かつ時間がかかる難点がある。Alloc基を脱保護した後は，GRCYSRPYYIFNと同様にIFIAGNSAYEYVの合成を行なう。理論的にはこれで完了であるが，実際にはAlloc-アラニンの作製や脱保護のための装置の整備などバイオ系の研究室ではやりづらい点が多々ある。しかし，同一スポット内に2種類のペプチドを搭載したペプチドチップは，不連続エピトープの検出以外にも利用することができる。たとえば，Espanel et al.(2003)は，同様の方法を駆使して作製したペプチドチップを利用して，ERK-2キナーゼによるElk-1のリン酸化にElk-1-docking domainが必要であることを示している。このようにダブルペプチド合成は，3種類のタンパク質分子の相互作用の解析へと発

展していくシステムなので，当教室においても，より簡便かつ再現性の高いダブルペプチド合成法の確立をめざしている。

7-4 ペプチドチップを用いた脂質-タンパク質相互作用の解析の試み

ペプチドチップは，酵素とその基質の結合部位の同定，あるいは両者の結合を阻害する分子の探索などタンパク質分子同士の相互作用の解析だけでなく，タンパク質分子と他の低分子物質との相互作用の解析にも期待できそうである。我々は井ノ口仁一氏(現東北薬科大学教授)と共に，本COEプロジェクトにおいてペプチドチップを利用したタンパク質分子と糖脂質との相互作用の解析を試みた。

細胞膜面には，スフィンゴ糖脂質やコレステロールに富んだ細胞膜マイクロドメインと呼ばれるナノメートル・オーダーの分子集合体が存在する。細胞膜マイクロドメインの機能の1つは，特定の膜タンパク(epidermal growth factor 受容体(EGFR)やインシュリン受容体などの細胞増殖因子受容体，インテグリンなどの細胞接着因子)を局在化させ，細胞外からの刺激を細胞内へ効率的に伝達することである。増殖因子受容体や細胞接着因子を介するシグナルは，細胞の増殖・生存・運動性などを制御しているので，これらのシグナルの異常は癌を含めた多くの疾病の原因となる。EGF依存性に誘導されるEGFRの自己リン酸化はガングリオシドの1つであるGM3によって負に制御される(Bremer et al., 1986 ; Zhou et al., 1994 ; Miljan et al., 2002)。そのメカニズムとして，ガングリオシドGM3が直接EGFRに結合し，リン酸化を抑制している可能性が考えられる。そこで，GM3とEGFRとの結合に必要なEGFR側の領域(アミノ酸配列)を同定する目的で，ペプチドチップを作製した。12 merのペプチドを8アミノ酸残基分を逐次N末端よりオーバーラップさせたペプチドをSPOT法で合成した。EGFRは，1186アミノ酸よりなるタンパク質なので，合計295種類のペプチドを搭載したペプチドチップが完成した。このチップを，GM3溶液，抗GM3抗体-FITC標識ヤギ抗マウスIgM抗体で順次処理し，最後にスポットの蛍光シグナルをFLA3000Gで検出し

た。N-末端から 82-97，398-412，638-665 ならびに 802-825 アミノ酸からなるペプチドスポットに弱い陽性シグナルが検出された。622-644 が EGFR の膜貫通領域にあたるので，638-665 のアミノ酸配列が最も可能性の高い候補配列と思われる。しかしながら，シグナルそのものが弱く断定するには至っていない。GM3 を蛍光分子などで直接標識したプローブなどを開発し，より感度を高めた検出システムが必要と考えられる。

おわりに

ペプチドチップは，分子間相互作用の他に細胞レベルの解析にも可能性を秘めている。たとえば，細胞接着の標的ペプチド配列の同定や接着阻害分子のスクリーニングなどへの応用である。ペプチドはタンパク質分子に比べ取扱いが簡単であり，また基本骨格となるペプチドをベースにさまざまなアミノ酸種を組み合せるようなコンビナトリアルケミストリー的手法もとりやすい。今後，プロテオミクス解析手段の1つとして気楽に利用できるシステムに発展していくことを期待している。

引用文献

Bremer, E.G., Schlessinger, J. and Hakomori, S. 1986. Ganglioside-mediated modulation of cell growth. Specific effects of GM3 on tyrosine phosphorylation of the epidermal growth factor receptor. J. Biol. Chem., 261: 2434-2440.
Espanel, X. and van Huijsduijnen, R.H. 2005. Applying the SPOT peptide synthesis procedure to the study of protein tyrosine phosphatase substrate specificity: probing for the heavenly match in vitro. Methods, 35: 64-72.
Espanel, X., Walchli, S., Ruckle, T., Harrenga, A., Huguenin-Reggiani, M. and van Huijsduijnen, R.H. 2003. Mapping of synergistic components of weakly interacting protein-protein motifs using arrays of paired peptides. J. Biol. Chem., 278: 15162-15167.
Frank, R. 2002. The SPOT-synthesis technique. Synthetic peptide arrays on membrane supports-principles and applications. J. Immunol. Methods., 267: 13-26.
Lantto, J., Fletcher, J.M. and Ohlin, M. 2002. A divalent antibody format is required for neutralization of human cytomegalovirus via antigenic domain 2 on glycoprotein B. J. Gen. Virol., 83: 2001-2005.
Miljan, E.A., Meuillet, E.J., Mania-Farnell, B., George, D., Yamamoto, H., Simon, H.

G. and Bremer, E.G. 2002. Interaction of the extracellular domain of the epidermal growth factor receptor with gangliosides. J. Biol. Chem., 277: 10108-10113.

Ohlin, M., Sundqvist, V.A., Mach, M., Wahren, B. and Borrebaeck, C.A. 1993. Fine specificity of the human immune response to the major neutralization epitopes expressed on cytomegalovirus gp58/116 (gB), as determined with human monoclonal antibodies. J. Virol., 67: 703-710.

Speckner, A., Glykofrydes, D., Ohlin, M. and Mach, M. 1999. Antigenic domain 1 of human cytomegalovirus glycoprotein B induces a multitude of different antibodies which, when combined, results in incomplete virus neutralization. J. Gen. Virol., 80: 2183-2191.

Urban, M., Klein, M., Britt, W.J., Hassfurther, E. and Mach, M. 1996. Glycoprotein H of human cytomegalovirus is a major antigen for the neutralizing humoral immune response. J. Gen. Virol., 77: 1537-1547.

Zhou, Q., Hakomori, S., Kitamura, K. and Igarashi, Y. 1994. GM3 directly inhibits tyrosine phosphorylation and de-N-acetyl-GM3 directly enhances serine phosphorylation of epidermal growth factor receptor, independently of receptor-receptor interaction. J. Biol. Chem., 269: 1959-1965.

第8章

発光性タンパク質を利用した
バイオセンサーの開発

北海道大学電子科学研究所/永井健治

はじめに

　緑色蛍光タンパク質(GFP)とその波長変異体(蛍光タンパク質)を利用した技術は生物学研究に大きなブレークスルーをもたらした。今や生物物理学，細胞生物学，発生生物学，神経生物学などの生物学領域のみならず，薬学，医学など他分野においてもなくてはならない重要なツールになってきた。そのおもな利用法としては，調べたいタンパク質のN末端またはC末端に蛍光タンパク質を融合して細胞に発現させ，そのタンパク質の細胞内局在や動態を観察したり，あるいは任意の遺伝子プロモーターの下流に蛍光タンパク質遺伝子をつなげて細胞に導入し，生きた状態で遺伝子の活性を蛍光の増減でモニターするという方法が挙げられる。さらに，ポストゲノム時代の昨今，タンパク質間相互作用やシグナル伝達，セカンドメッセンジャーなどの動態を生細胞内で可視化する需要が高まってきており，蛍光タンパク質を利用したさまざまな応用が注目されている。本章では我々が開発した高効率に発光構造を形成する蛍光タンパク質とその応用例，そして円順列変異や蛍光エネルギー移動(FRET)，または生物発光エネルギー移動(BRET)などの方法を蛍光タンパク質に適用することで可能となる生体機能イメージングについて解説する。

8-1　高効率に発光する蛍光タンパク質

　蛍光タンパク質はタンパク質に翻訳された瞬間に蛍光性を獲得するわけではなく，ある程度の時間を成熟に必要とする．蛍光タンパク質の成熟は大きく分けてタンパク質の三次構造への折りたたみ（フォールディング）と発色団形成の2つの過程からなる（Reid and Flynn, 1997；Cubitt et al., 1995；図8-1）．一般的に成熟効率は低温で高い傾向にあり，たとえば哺乳類細胞に蛍光タンパク質を発現させ37℃で培養した時に暗くても，30℃に数時間おくだけで明るさが増大することが知られている．このように，蛍光タンパク質が蛍光性を獲得するのに一定の時間を要するため，プロモーター活性のレポーターとして用いる場合には，プロモーターの活性化時期を厳密に知ることはできない．また，いったん成熟した蛍光タンパク質はプロテアーゼなどに対してきわめて高い抵抗性があり，細胞種にもよるが約1日の寿命をもつ．したがって，プロモーターの不活性化を蛍光タンパク質の蛍光強度減少でレポートすることもまったく不可能である．タンパク質の寿命を短くするためにPEST配列をC末端につなげたdestabilized GFPなどが利用可能であるが，成熟する前に壊されてしまうものが多く，その結果蛍光強度がきわめて低くなり

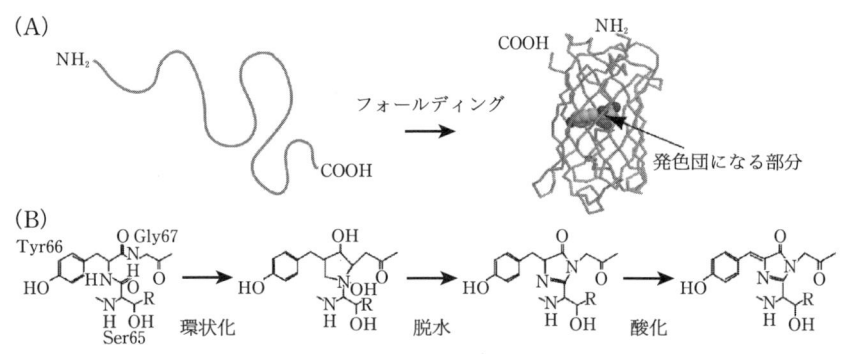

図8-1　GFPの成熟過程．GFPの成熟はタンパク質の三次構造への折りたたみ（A）と発色団形成（B）の2つの過程からなり，発色団形成はさらに環状化，脱水，酸化の3つのステップに分けられる．

S/N 比の非常に悪い蛍光観察を余儀なくされる。

　蛍光タンパク質のこのような弱点を克服した変異体ができれば汎用性がさらに増すはずである。我々は黄色発光変異体(YFP)にいくつかのフォールディング変異と新たに発見した発色団形成を促進するアミノ酸変異を導入することによって37℃においてすばやく発光構造をとる改変 YFP を開発した(Nagai et al., 2002；図8-2)。この改変 YFP は 37℃で培養している大腸菌に発現させると EYFP(Clonetech 社)比で 30 倍以上明るい蛍光強度を示した(図8-2)。さらに YFP に顕著なプロトンに対する感受性は減少し(pKa=6)，塩化物イオンに対する感受性はなくなった(Kd>10 M)。遺伝子を導入してから光りだすまでの時間を大幅に短縮できただけでなく，細胞内の環境変化に左右されにくい安定した蛍光特性を獲得した結果，従来の EYFP に比べ明るい蛍光を放つようになったのである。この改変 YFP は夜空で最も明るい星"金星"に因んで"Venus(ヴィーナス)"と命名された。最近，Venus を利用することで，生きた大腸菌内で 1 分子のタンパク質が新規に産生される様子が観察され，生細胞内における生理現象を 1 分子観察で解析する道が開けてきた(Yu et al., 2006)。さらに成熟の早い Venus に PEST 配列をつなげることで，高い信頼性で遺伝子活性をレポートした研究が増えている。たとえば Nagoshi et al. (2004)は，個々の繊維芽細胞において概日リズムをもつ遺伝子の活性化を可視化し，概日時計と細胞分裂時計との相互作用を明らかにした。

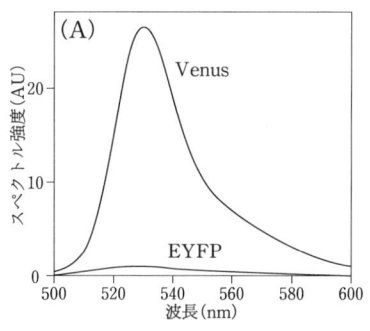

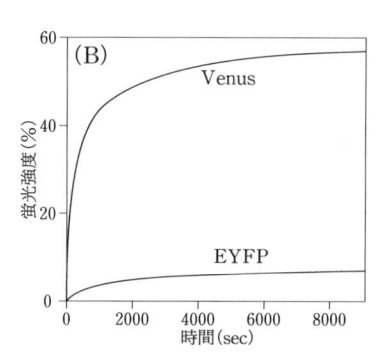

図 8-2　EYFP と Venus の比較。(A)37℃培養下の大腸菌に発現させた Venus と EYFP の蛍光強度の比較。(B)Venus と EYFP を還元・変性状態から再び酸化・フォールディングさせた時の蛍光回復の時間経過。

また，Kohyama et al.(2005)は Hes1 プロモーターに destabilized Venus をつなげた遺伝子コンストラクションを利用することで，神経発生における Notch シグナルの時空間的な活性化の可視化に成功している。

8-2 円順列変異 GFP を利用したバイオセンサー

野生型 GFP は 395 nm と 470 nm をピークとする二峰性の吸収スペクトルをもつ。これらのピークは発色団チロシン水酸基（フェノール性水酸基）の電荷状態を反映したもので，非イオン化状態では 395 nm に，イオン化状態では 470 nm に吸収ピークが現われる（Brejc et al., 1997；Tsien, 1998；図 8-3）。この電荷状態は発色団とそれを取り巻くさまざまなアミノ酸の間の複雑な電荷相互作用によって調節されている。故に，アミノ酸の変異導入により発色団と周囲のアミノ酸の位置関係が僅かに変動しただけでも吸収スペクトルが変化する。しかしながら，GFP の三次元構造（β-can）はきわめて強固であるため，N 末端や C 末端に他のタンパク質をフュージョンしたくらいではまったく吸収スペクトルは影響を受けない。

そこで我々は，タンパク質間の相互作用を GFP の発色団と周囲のアミノ酸の位置関係の変化に結びつけることで，吸収スペクトル特性が変化する機

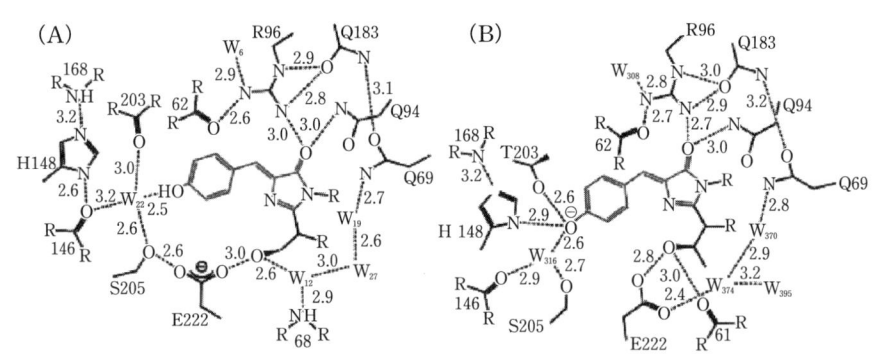

図 8-3　GFP の発色団と近傍のアミノ酸残基。(A)野生型 GFP 発色団の非イオン化フォーム。(B)改変 GFP(S65T)のイオン化フォーム。アミノ酸側鎖を 1 文字表記と残基番号で，主鎖を残基番号で示してある。W：水分子。予測される水素結合を原子間距離(Å)を添えて点線で示してある。

能指示薬を開発できるのではないかと考え，強固な GFP の β-can 構造をより柔軟にする目的で円順列変異を導入した。円順列変異とはおおもとのタンパク質の内部に新たな N 末端と C 末端を設定し，もとの C 末端と N 末端を適当なリンカー配列で連結する変異である(Baird et al., 1999)。たとえば 515 nm に単一の極大吸収をもつ YFP を基に 145 番目と 144 番目のアミノ酸をそれぞれ新たな N 末端，C 末端とした円順列変異 YFP(cpYFP)を作製すると，その吸収ピークは 420 nm の単一ピークに変わる。これは円順列変異によって発色団とその周囲のアミノ酸の位置関係が変化したため，発色団チロシン水酸基の電荷状態がイオン化状態から非イオン化状態に変わったことで説明される。我々は cpYFP の N 末端と C 末端に Ca^{2+} 依存的に相互作用する M13 ペプチドとカルモデュリンを連結した(図 8-4；Nagai et al., 2001)。このキメラタンパク質 ratiometric-pericam は Ca^{2+} が結合していない状態では cpYFP と同様，420 nm 付近に吸収ピークを示すが，Ca^{2+} の結合によってその吸収ピークは減少し 500 nm 付近に吸収ピークが現われる。したがって，2 波長励起レシオイメージングによる定量的な Ca^{2+} 観察が可能となる。さらに，発色団の電荷状態に影響を与えるいくつかのアミノ酸に変異を導入することで，Ca^{2+} 結合により蛍光強度が 8 倍増加する flash-pericam や逆に 7 倍減少する inverse-pericam を開発することにも成功した(Nagai et al., 2001)。低分子有機化合物からなる Ca^{2+} 指示薬 fura-2 や fluo-3 などと異なり，pericam はすべて遺伝子にコードされていることから，局在化シグナルを付加することにより細胞内のオルガネラに簡単に局在させることができる。これまで細胞質や核，ミトコンドリア，細胞膜直下での Ca^{2+} 動態が pericam を用いて調べられており，細胞内 Ca^{2+} センサーとしての有効性が示された。最近では，ヒトの長寿やパーキンソン病などの神経疾患に関与するミトコンドリア DNA 多型がミトコンドリア内の Ca^{2+} 濃度制御にかかわっていることが，Pericam を用いた研究により明らかにされた(Kazuno et al., 2006)。さらに，Pericam と同様の方法を用いることで，リン酸化や過酸化水素のバイオセンサーなども開発されている(Kawai et al., 2004；Belousov et al., 2006)。

　今後，Ca^{2+} 有無での Pericam の結晶構造解析から発色団とその周囲のアミノ酸間の複雑な電荷相互作用がより詳しく理解されるであろう。そこから

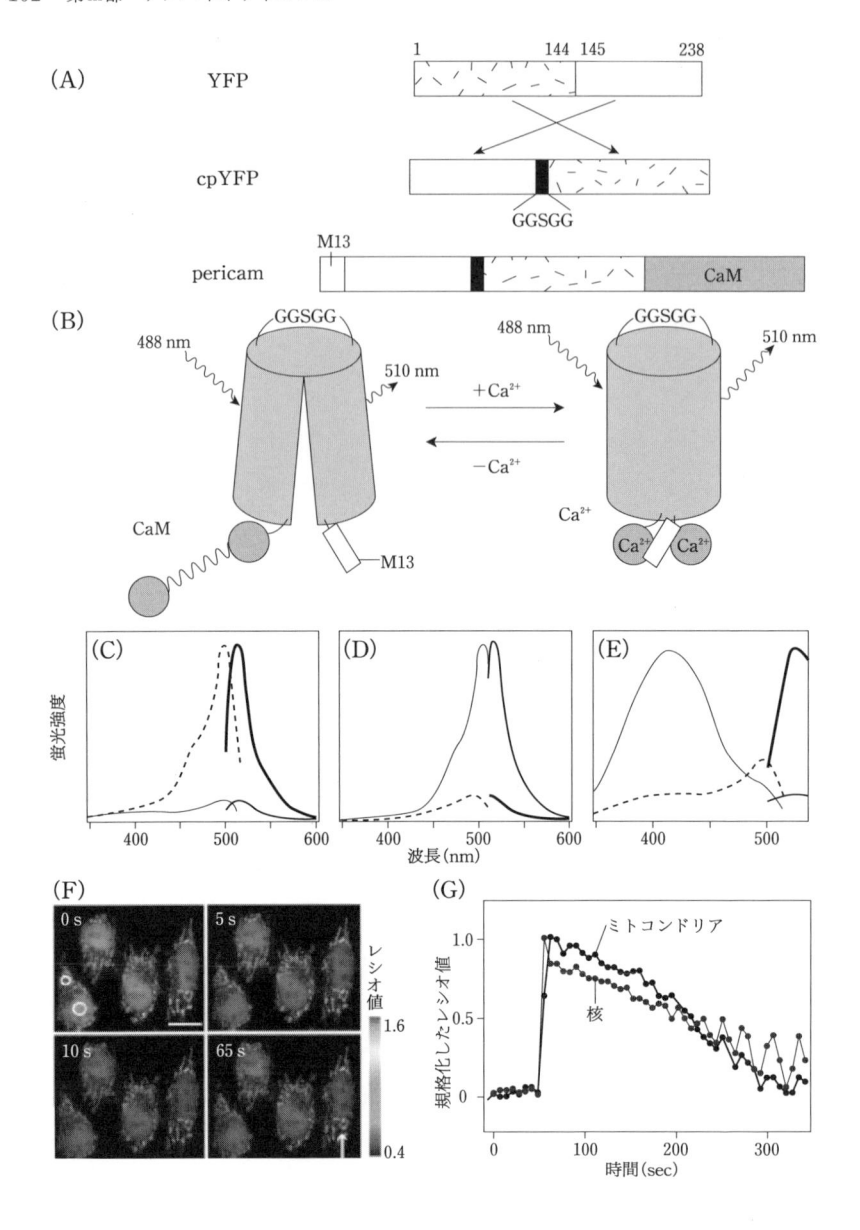

102　第III部　ナノバイオサイエンス

得られる知見を最大限利用すれば蛍光タンパク質円順列変異体を利用したバイオセンサー作製はより容易になり，次に述べる FRET 技術と相補的な技術になるものと期待される．現在，北海道大学薬学部の稲垣研究室との共同研究により，Pericam の結晶構造解析が進行中である．

8-3 蛍光タンパク質間 FRET を利用したバイオセンサー

ドナー(エネルギー供与体)の蛍光スペクトルとアクセプター(エネルギー受容体)の吸収スペクトルに重なりがあり，励起状態にあるドナーの近傍(10 nm 以下)に，ある相対的位置関係を保ってアクセプターが存在すると，無輻射的にドナーの励起エネルギーがアクセプターに移動する．その結果アクセプターは励起され，アクセプターが蛍光分子であれば，それ固有の蛍光が観察される．これが蛍光共鳴エネルギー移動(FRET)と呼ばれる現象である．観察方法としてはドナーを励起した時のドナーからの蛍光とアクセプターからの蛍光を取得する 1 波長励起 2 波長測光が一般的で，その蛍光シグナルの比率から FRET 効率が見積もられる．本方法を用いれば，光学顕微鏡の空間分解能をはるかに超えたナノスケールの現象を可視化することが可能となる

図 8-4 円順列変異 GFP を利用したバイオセンサーの例(ratiometric-pericam)を用いた核とミトコンドリア内 Ca^{2+} 動態の同時観察(Nagai et al., 2001 より一部引用)．(A)上段：YFP の模式図．中段：YFP の円順列変異(cpYFP)．新たな N 末端が 145 番目になっており，元の N 末端と C 末端が GGSGG のアミノ酸リンカーでつながっている．下段：pericam の模式図．CpYFP の N 末端に Ca-CaM 結合タンパク質 M13 が，C 末端にカルモジュリンが連結されている．(B)pericam のカルシウム非結合型(左)と結合型(右)の三次元構造模式図．カルシウムの有無によるカルモジュリンと M13 の相互作用によって GFP の立体構造が影響を受け，その結果，蛍光スペクトルが変化する．本図はあくまでも推測であり，実際の構造変化を示しているわけではない．(C〜E)pericam の励起(破線)，蛍光(実線)スペクトル．太線がカルシウム結合時，細線がカルシウム非結合時を示す．(C)flash-pericam，(D)inverse-pericam，(E)ratiometric-pericam．(F)ヒスタミン刺激後 0, 5, 10, 65 秒の核とミトコンドリアにおける Ca^{2+} 濃度の相対量を擬似カラーで表示したもの．赤いほど Ca^{2+} 濃度が高い．個別に Ca^{2+} を取り込むミトコンドリアが存在する(65 s パネル内の矢印)．(G)0 s のパネル内の小円(ミトコンドリア)と大円(核)の ratiometric-pericam からのシグナル変化をグラフ表示したもの．レシオ値が大きいほど Ca^{2+} 濃度が高い．ミトコンドリアの Ca^{2+} 上昇は核よりも遅いことがわかる．

(永井，2006)。

　たとえば，異なる色の蛍光タンパク質変異体間における FRET を観察することによりタンパク質間相互作用を可視化したり(分子間 FRET)，シグナル伝達に応じたタンパク質構造変化を利用して，カルシウム，cAMP，Ras，チロシンリン酸化やカスパーゼの活性化などを可視化するバイオセンサーが開発されている(分子内 FRET)(Miyawaki, 2003；Zhang et al., 2002；Miyawaki et al., 1997；Mochizuki et al., 2001；Takemoto et al., 2003；Okamoto et al., 2004)。ところが，これまでに報告されている数多くのバイオセンサーを用いて誰でもすぐに再現データがだせるかというとそうは簡単にはいかない。どちらかというと結構難しい。なぜかというと，ほとんどのバイオセンサーのシグナル変化量(ダイナミックレンジ)がきわめて小さいからである。ダイナミックレンジが小さいと非常に僅かなシグナル変化を見逃すことになってしまうし，何よりもイメージングが難しくなる。あらゆるシグナル変化を効率よくかつ簡便に捉えるためにはバイオセンサーのダイナミックレンジは大きければ大きいほどよい。

　さて，あるシグナルに依存したタンパク質構造変化を分子内 FRET で捉えるためのバイオセンサーを作製する際，ドナーおよびアクセプター GFP をシグナル依存的な構造変化が期待されるタンパク質につなぐ必要があるが，この時どのようなアミノ配列を介してつなげるかによって FRET 効率が劇的に変化するということを必ず経験する。ダイナミックレンジの大きなセンサーをつくるためには最適なアミノ酸配列を試行錯誤の末みつけなければならないが，この作業には手間と時間がかかる。この点を考慮して我々は非常に短時間で簡便に効率よくリンカー配列を最適化する方法を開発した(Nagai and Miyawaki, 2004)。この方法はまずあらかじめ PCR 法によりさまざまな長さのグリシンとセリンからなるアミノ酸配列をもつ蛍光タンパク質を作製しておき(ドナー，アクセプターそれぞれ 10 種類ずつ)，目的タンパク質 cDNA および大腸菌用タンパク質発現 Vector と混ぜ合わせて同一チューブ内でライゲーションさせる。理論上 100 種類のバイオセンサー発現プラスミドが 1 つのチューブ内にできあがるわけである。次に，そのプラスミド混合液で大腸菌をトランスフォームし，LB プレート上で培養すれば，さまざまな FRET

効率をもつコロニーが現われる。最後にそのなかからFRET効率の高い大腸菌をスクリーニングすればおしまいである(図8-5)。本方法を用いればおよそ1週間で高性能なバイオセンサーを作製することができる。ただし，本方法はプロテアーゼ活性などタンパク質の切断をともなう現象を可視化するバイオセンサーのスクリーニングに最適であり，その他のセンサー作成に応用するためには，さらに工夫を要する。本方法を用いて活性化型カスパーゼ3センサーであるSCAT3の改変を試みた結果，900％のダイナミックレンジをもつセンサー(SCAT3.1)を作製することができた(図8-6；Nagai and Miyawaki, 2004)。さらにSCAT3.1を用いてカスパーゼ3の活性化が細胞質の限局した領域から起こることを見出した。大きなダイナミックレンジをもつセンサーであればこそ捉えることができた現象である。

　ところで，本章の冒頭でFRETが起きる条件として「励起状態にあるドナーの近傍(10 nm以下)に，ある相対的位置関係を保ってアクセプターが存在すると……」と記載した。これをより丁寧に表現すれば，「ドナーの発光遷移モーメントとアクセプターの吸収遷移モーメントの方向がより平行に近ければFRET効率は増加し，逆に直交するとゼロになる」となる。このことはドナーとアクセプターがたとえ数ナノメートル以内に近接していてもFRETが起きない場合があり得ることを意味している。分子量が大きいため，分子の回転緩和時定数が蛍光寿命よりも大きな値となる(蛍光発光している間に分子がほとんど回転しない)蛍光タンパク質をFRETのドナーとアクセプターとして使用する場合，このことの意味が非常に重要になってくる。上述したリンカー配列の改変である程度ドナーとアクセプターの相対的位置関係を変えることができるかもしれないが，やはり限界がある。そこで我々はより積極的に相対的位置関係を改変するための方法を開発した(Nagai et al., 2004)。蛍光タンパク質をあるタンパク質と融合する場合，N末端またはC末端につなげるのが一般的だが，円順列変異を導入した蛍光タンパク質を使用すれば本来のN末端，C末端とはまったく異なる位置で他のタンパク質と融合することが可能になる。したがって，蛍光タンパク質のさまざまな円順列変異体を用いれば，さまざまな方向で蛍光タンパク質を融合することができるのである。実際に，このような方法を用いてCa^{2+}センサーである

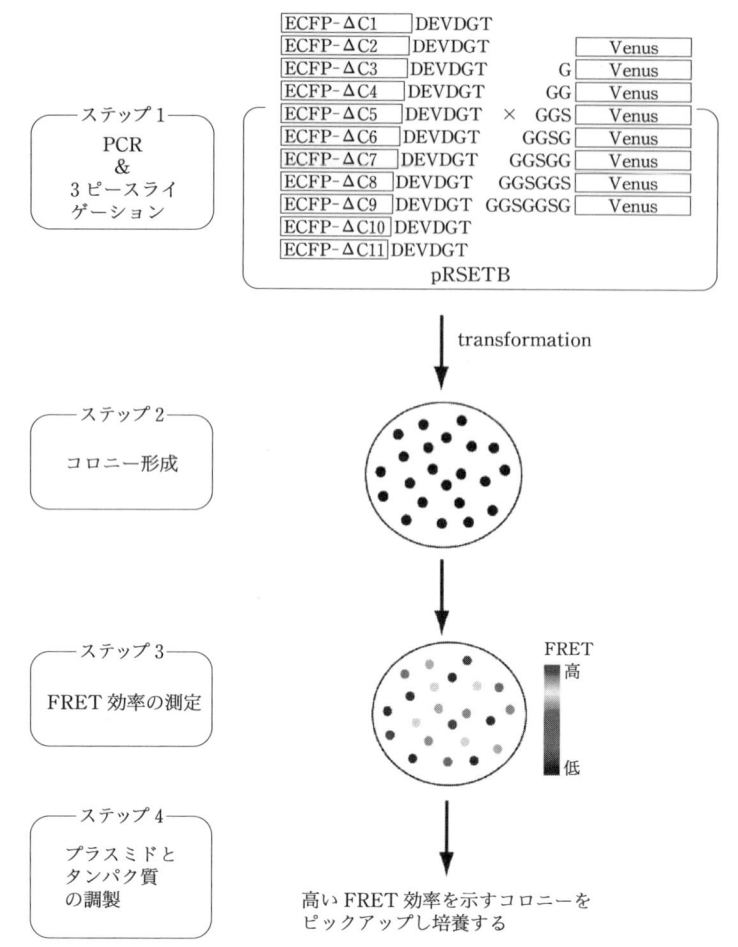

図 8-5 FRET を利用した高性能バイオセンサー作製のためのハイスループット法（Nagai and Miyawaki, 2004 より）。プロテアーゼ認識・切断配列（この場合 DEVD）を CFP と Venus でサンドイッチしたバイオセンサー（SCAT3.1）を作成する場合の手順。CFP の C 末端 10 アミノ酸は柔軟な構造をしているためリンカー配列として用いることができる。そこで CFP の C 末端欠失変異体 10 種類に DEVD をつなげたものと Venus の N 末端にグリシンとセリンからなる 10 種類の長さのリンカーをつなげたものをPCR で作成し，すべてを同一チューブ内でライゲーションさせる（ステップ 1）。理論的には 100 種類のコンストラクトができあがる。これらを大腸菌に発現させ（ステップ 2），FRET 効率を測定し（ステップ 3），効率の高いものをピックアップしてプラスミドおよびタンパク質を精製する（ステップ 4）。

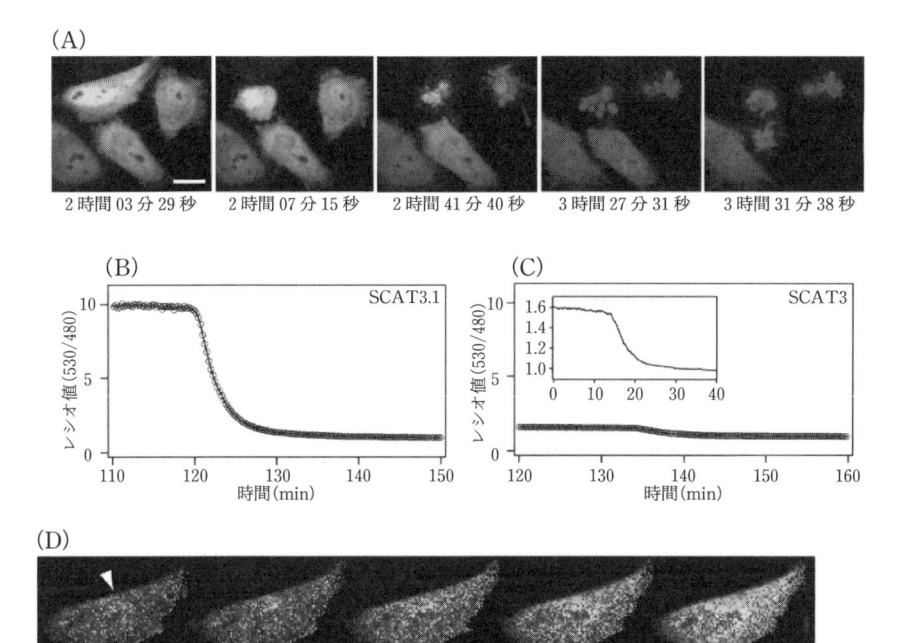

第 8 章　発光性タンパク質を利用したバイオセンサーの開発　107

図 8-6　高性能バイオセンサーSCAT3.1 を用いたアポトーシス過程におけるカスパーゼ 3 の活性化の可視化（Nagai and Miyawaki, 2004 より）。（A）SCAT3.1 を発現した HeLa 細胞の共焦点カラー画像。カスパーゼ 3 の活性化にともない SCAT3.1 の蛍光色が黄色からシアン色に変化しその後，アポトーシスに典型的な細胞の収縮が起きる。抗 Fas 抗体を投与後の時間を各画像の下に示した。スケールバーは 10 μm。（B，C）SCAT3.1（B）および SCAT3（C）の経時的レシオ（535/480）変化。（D）（A）内左上部の細胞における SCAT3.1 のレシオ変化を擬似カラーで表示したもの。細胞質のある領域（矢印）からカスパーゼの活性化が起きていることがわかる。スケールバーは 10 μm。

cameleon(YC3.12)の改変を行なったところ，173番目のアミノ酸を新たなN末端とする円順列変異 Venus をアクセプターにもつ cameleon(YC3.60) ではダイナミックレンジが大幅に改善し，Ca^{2+} の有無で600%の変化量をもつまでに至った(図8-7；Nagai et al., 2004)。FRETを用いた可逆的バイオセンサーとしては今のところ世界一の変化量を誇っている。この新型 cameleonを用いると，シグナル量が極端に少なくなる共焦点高速観察(100フレーム/秒)においてもコントラストの高い画像を取得することが可能である(図8-8)。N末端やC末端にシグナル配列や他のタンパク質を連結してもダイナミックレンジの大幅な劣化はないので，細胞膜直下や核内などの細胞内コンパートメントにおけるイメージングも楽にこなせる。ダイナミックレンジの増加はさまざまな局面で恩恵をもたらしてくれることが理解できよう。

本方法の有効性は cameleon に留まらず，その他の機能指示薬にも適応可能であり，実際に高性能な機能指示薬を開発した例が海外の研究室から発表されだした(Mank et al., 2006)。これまではドナーを固定し，アクセプター側だけ円順列変異体により角度を変えていたが，ドナーとアクセプターの双方に複数の円順列変異体を用いればドナー・アクセプター間相対角度の組み合せが増え，最適化の成功率が高まるであろう。

8-4 BRET を利用したバイオセンサー

リアルタイムイメージング解析の手法としては FRET などの蛍光法を利用したものが先行しているが，蛍光を用いて生きた動植物を個体レベルでイメージングしたという報告は少ない。励起光を必要とする蛍光イメージングを個体内の蛍光観察に応用しようとすると，自家蛍光などの影響が大きく現われ，S/N のきわめて小さい画像取得を余儀なくされるからである。したがって，個体レベルでのイメージングでは励起光を必要としない化学発光が断然有利になるのであるが，シグナル量が蛍光に比べて圧倒的に少ないため，長時間露光を必要とし，したがって，時間分解能が悪くなる欠点があった。そこで当研究室では化学発光タンパク質から蛍光タンパク質への高効率な共鳴エネルギー移動 bioluminescent resonance energy transfer(BRET)(Pfleger and

第 8 章　発光性タンパク質を利用したバイオセンサーの開発　109

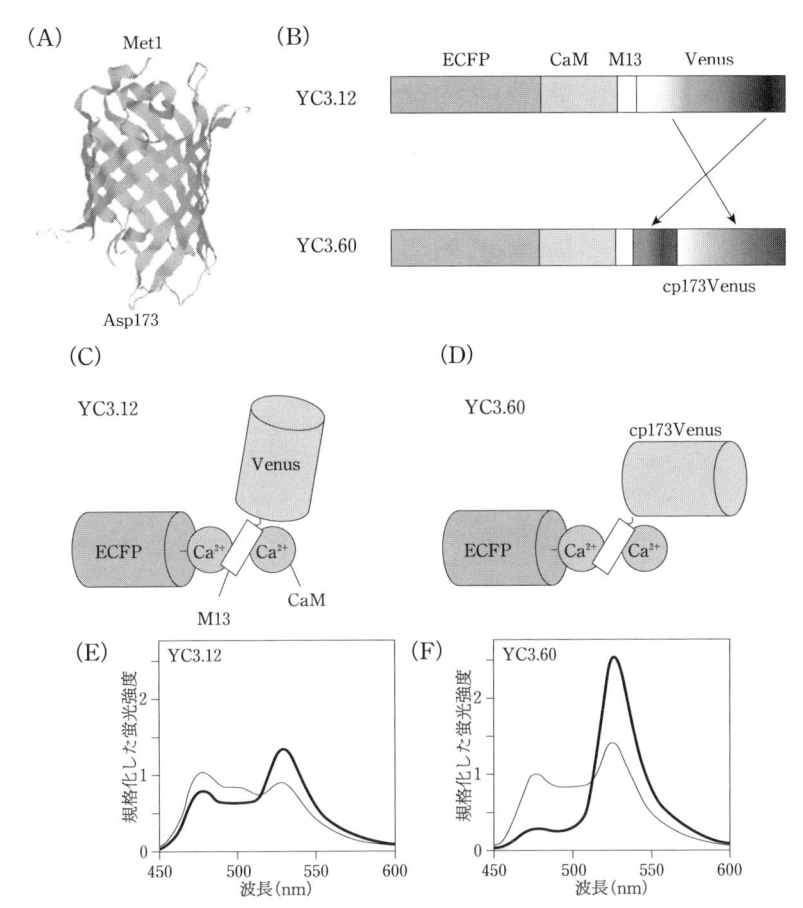

図 8-7　円順列変異 GFP の FRET 法への応用(Nagai et al., 2004 より)。(A)GFP の立体構造。1 番目と 173 番目のアミノ酸(それぞれメチオニン，アスパラギン酸)の位置を示した。(B)YC3.12 と YC3.60 の構造模式図。YC3.60 ではアクセプターに cp173Venus(173 番目のアミノ酸を新たな N 末端とする円順列変異体)をもつ。(C, D)YC3.12 と YC3.60 のカルシウム結合型立体構造予測図。これらはあくまでも予測である。ここではアクセプター分子の結合角度が変わることを強調している。(E, F)YC3.12 と YC3.60 のスペクトル変化。太線がカルシウム結合時，細線がカルシウム非結合時を示す。励起波長は 435 nm。

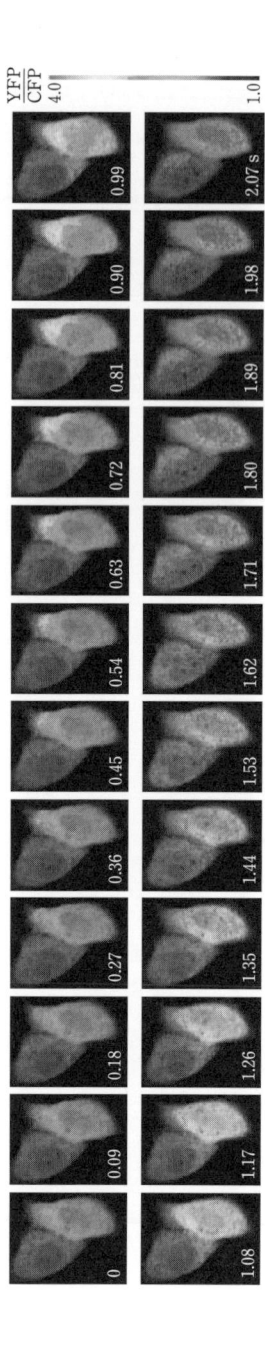

図 8-8　YC3.60 を発現した HeLa 細胞のヒスタミン刺激によるカルシウム動員の共焦点高速観察。露光時間は 15 ms。各画像の下段には最初の画像からのフレーム取得経過時間を秒で表わした。赤いほど Ca^{2+} 濃度が高い。

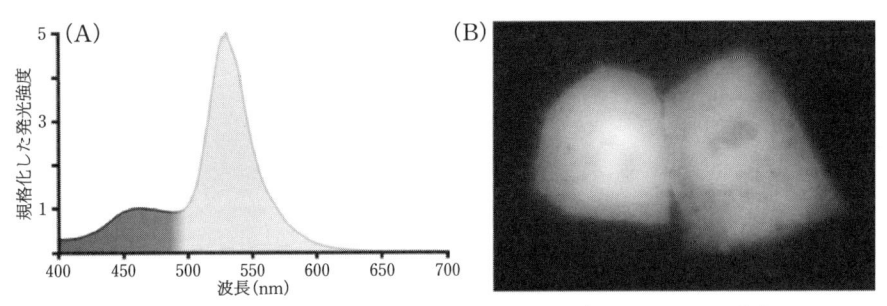

図 8-9 BRET を利用した高発光プローブ Venus-Rluc。(A) Venus-Rluc の発光スペクトル。高効率エネルギー移動の結果，Rluc の発光が抑えられ Venus からの発光がドミナントになっているのがわかる。(B) Venus-Rluc を発現させた培養細胞の化学発光画像。露光時間は 5 秒。核や核小体などの細胞内オルガネラが明瞭に観察できる。

Eidne, 2006) を利用することで発光光子数を飛躍的に増加させた発光プローブの開発を行なった（未発表，図 8-9）。本コンストラクト(Venus-Rluc)を培養細胞に発現させ，顕微鏡下で発光観察を行なったところ，従来よりも短い露光時間(30 ms〜5 s)での画像取得に成功した（未発表，図 8-9）。現在，Venus-Rluc を発現するトランスジェニック動植物を作製し，その性能評価を行なっている。

おわりに

蛍光タンパク質を利用したバイオセンサーの作成は非常に難しいといわれている。バイオセンサー開発が誰にでもできる技術にまでなり得ていない理由はいろいろあるだろう。システマティックなコンストラクション法が確立されていないというのが理由の1つかもしれない。しかし今回紹介したリンカー配列の最適化や蛍光タンパク質円順列変異体のFRET法への応用などにより，今後はバイオセンサー開発がいくぶん楽になるものと期待したい。ますます多くの人たちが生細胞内における興味ある現象をリアルタイムに可視化することによって新たな発見をなすことができるよう，当研究室では今後も新たな技術を開発してゆくつもりである。もちろん我々だけでなく蛍光タンパク質や化学発光タンパク質を使っている，もしくはこれから使おうと考えておられる読者諸氏の斬新なアイデアとその実践が一番大事であること

はいうまでもない。

引用文献

Baird, G.S., Zacharias, D.A. and Tsien, R.Y. 1999. Circular permutation and receptor insertion within green fluorescent proteins. Proc. Natl. Acad. Sci. USA, 96: 11241-11246.
Belousov, V.V., Fradkov, A.F., Lukyanov, K.A., Staroverov, D.B. et al. 2006. Genetically encoded fluorescent indicator for intracellular hydrogen peroxide. Nat. Methods, 3: 281-286.
Brejc, K., Sixma, T.K., Kitts, P.A., Kain, S.R. et al. 1997. Structural basis for dual excitation and photoisomerization of the *Aequorea victoria* green fluorescent protein. Proc. Natl. Acad. Sci. USA, 94: 2306-2311.
Cubitt, A.B., Heim, R., Adams, S.R., Boyd, A.E. et al. 1995. Understanding, improving and using green fluorescent proteins. Trends Biochem. Sci., 20: 448-455.
Kawai, Y., Sato, M. and Umezawa, Y. 2004. Single color fluorescent indicators of protein phosphorylation for multicolor imaging of intracellular signal flow dynamics. Anal. Chem., 76: 6144-6149.
Kazuno, A.A., Munakata, K., Nagai, T., Shimozono, S. et al. 2006. Identification of mitochondrial DNA polymorphisms that alter mitochondrial matrix pH and intracellular calcium dynamics. PLoS Genet, 2: e128.
Kohyama, J., Tokunaga, A., Fujita, Y., Miyoshi, H. et al. 2005. Visualization of spatiotemporal activation of Notch signaling: live monitoring and significance in neural development. Dev. Biol., 286: 311-325.
Mank, M., Reiff, D.F., Heim, N., Friedrich, M.W. et al. 2006. A FRET-based calcium biosensor with fast signal kinetics and high fluorescence change. Biophys. J., 90: 1790-1796.
Miyawaki, A. 2003. Visualization of the spatial and temporal dynamics of intracellular signaling. Dev Cell, 4: 295-305.
Miyawaki, A., Llopis, J., Heim, R., McCaffery, J.M. et al. 1997. Fluorescent indicators for Ca^{2+} based on green fluorescent proteins and calmodulin. Nature, 388: 882-887.
Mochizuki, N., Yamashita, S., Kurokawa, K., Ohba, Y. et al. 2001. Spatio-temporal images of growth-factor-induced activation of Ras and Rap1. Nature, 411: 1065-1068.
永井健治. 2006. FRETの上手な使い方. 蛋白質核酸酵素, 51(14): 1989-1997.
Nagai, T. and Miyawaki, A. 2004. A high-throughput method for development of FRET-based indicators for proteolysis. Biochem. Biophys. Res. Commun., 319: 72-77.
Nagai, T., Sawano, A., Park, E.S. and Miyawaki, A. 2001. Circularly permuted green fluorescent proteins engineered to sense Ca^{2+}. Proc. Natl. Acad. Sci. USA, 98: 3197-3202.
Nagai, T., Ibata, K., Park, E.S., Kubota, M. et al. 2002. A variant of yellow fluorescent protein with fast and efficient maturation for biological application. Nat Biotechnol., 20: 87-90.
Nagai, T., Yamada, S., Tominaga, T., Ichikawa, M. et al. 2004. Expanded dynamic

range of fluorescent indicators for Ca^{2+} by circularly permuted yellow fluorescent proteins. Proc. Natl. Acad. Sci. USA, 101: 10554-10559.

Nagoshi, E., Saini, C., Bauer, C., Laroche, T. et al. 2004. Circadian gene expression in individual fibroblasts: cell-autonomous and self-sustained oscillators pass time to daughter cells. Cell, 119: 693-705.

Okamoto, K., Nagai, T., Miyawaki, A. and Hayashi, Y. 2004. Rapid and persistent modulation of actin dynamics regulates postsynaptic reorganization underying bidirectional plasticity. Nat. Neurosci., 7: 1104-1112.

Pfleger, K. and Eidne, K. 2006. Illuminating insights into protein-protein interactions using bioluminescence resonance energy transfer (BRET). Nat. Method., 3: 165-174.

Reid, B.G. and Flynn, G.G. 1997. Chromophore formation in green fluorescent protein. Biochemistry, 36: 6786-6791.

Takemoto, K., Nagai, T., Miyawaki, A. and Miura, M. 2003. Spatio-temporal activation of caspase revealed by indicator that is insensitive to environmental effects. J. Cell Biol., 160: 235-243.

Tsien, R.Y. 1998. The green fluorescent protein. Annu. Rev. Biochem., 67: 509-544.

Yu, J., Xiao, J., Ren, X., Lao, K. and Xie, X. S. 2006. Probing gene expression in live cells, one protein molecule at a time. Science, 311: 1600-1603.

Zhang, J., Campbell, R.E., Ting, A.Y. and Tsien, R.Y. 2002. Creating new fluorescent probes for cell biology. Nat. Rev. Mol. Cell Biol., 3: 906-918.

第9章 細胞内部の力を可視化するナノフォース走査型プローブ顕微鏡の開発

北海道大学大学院理学研究院/芳賀　永

はじめに

　生命体の最小単位は細胞である。個々の細胞が生体内で独自の生理的機能と運動性を示すことで，生命体は維持されている。たとえば，白血球など免疫系の細胞は細胞運動によって生体内を移動し，体内に侵入してきた細菌を破壊することで生命体を外敵から守る。また，繊維芽細胞は組織が損傷を受けると創傷部位へと移動し，コラーゲンを産生することで傷ついた組織の修復を行なう。このように，細胞が生体内で運動する能力は，生命の維持にとって欠かすことのできない能力である。では，細胞はどのようなメカニズムで運動しているのであろうか。

　細胞の運動を議論する上で，細胞と力の関係を考えることは重要である。細胞が発生する力に関する研究は，これまで分子生物学や生化学に基づいた分子レベルの化学反応やその反応経路に注目して行なわれてきた。しかしながら，関与する分子の種類が膨大であり，さらにさまざまな反応経路が複雑に絡み合っているため，細胞運動のメカニズムを分子レベルから説明するにはほど遠いのが現状である。そもそも細胞が運動するためには，細胞内に発生する力が時間的および空間的に変化する必要がある。したがって，細胞運動という物理的現象を理解するためには，細胞1個体の力学的性質を明らか

にすることが肝要である。

近年，さまざまな分野で応用されている走査型プローブ顕微鏡 Scanning Probe Microscopy(以下，SPM)は，生体試料の表面形状を測定することができる装置である．測定原理の概略を図9-1に示す．SPMは電子顕微鏡とは異なり，試料の固定処理を必要とせず，細胞の三次元的な形状を培養環境下で直接観察することが可能である．また，板バネの先端に長さ数 μm 程度の針がついた探針(カンチレバー)を試料表面に直接接触させながら形状測定を行なうため，試料の力学的性質(弾性率など)を測定することができる．SPMによる力学量の測定では 100 nm の空間分解能をもち，0.01 nN の力測定精度をもつ．力学測定に特化した SPM のことを特にナノフォース走査型プローブ顕微鏡(NF-SPM)と呼ぶ．

現在，NF-SPM を用いた硬さ測定の主流はフォースマッピング法と呼ばれる測定法である．フォースマッピング法とは，探針を試料に押し込むことでカンチレバーに発生する力と試料の変形量との関係(フォースカーブ)を測定

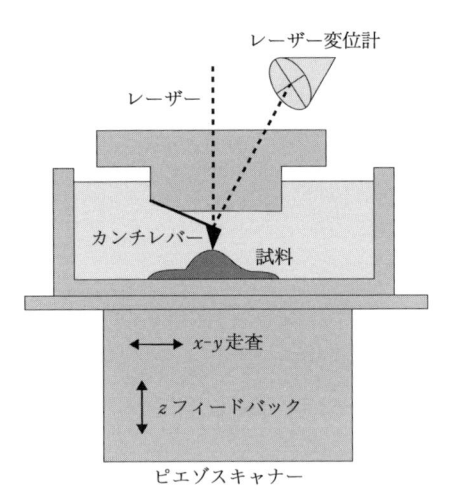

図9-1 SPMの概略図．カンチレバーと呼ばれる板バネの先端に探針がついている．その探針を試料表面に直接押しつけながら走査することによって形状測定を行なう．カンチレバーのたわみ量をレーザー変位計によって検出することで，試料表面の凹凸を計測する．x-y 方向への走査と z 方向へのフィードバックは，ピエゾスキャナーによって制御されている．

し，試料の硬さ(弾性率)を定量的に計測する測定法である．測定領域を64×64ピクセルに分割して(分割数は可変)各点でフォースカーブを取得し，ピクセルごとに得られた弾性率を画像化(マッピング)することで硬さの空間分布像を得る．

我々は，この測定法を用いて，生きた細胞の硬さが細胞表面において一様ではなく場所によって数kPaから100kPaの範囲で分布していることと，その分布は細胞表層のアクチン繊維の分布に対応していることをこれまでに明らかにしている(Haga et al., 2000)．さらに，我々は，細胞内に働く力の分布をNF-SPMによって可視化することで，細胞運動にともなう細胞内張力の時間変化(Nagayama et al., 2001)や細胞に加わる外力に対する力学的応答を明らかにした(Mizutani et al., 2004a)．本章ではこれらの結果に加え，我々が開発した広域走査型プローブ顕微鏡 Wide-Range SPM(以下，WR-SPM)について解説する．

9-1 WR-SPMの開発と生細胞の形状測定

現在市販されているSPMでは，走査面である水平方向に150 μm四方，高さ方向に10 μm程度の可動範囲が最大である．生細胞の力学応答を測定するためには，より大きなサブミリメートルの走査範囲をもつSPMの開発が必要である．そこで我々は，市販のSPMに改良を加えることで，水平方向に500 μm四方，高さ方向に25 μmの最大走査範囲をもつWR-SPMを開発した(Mizutani et al., 2004b)．具体的には，2本のチューブ型圧電素子の電極を直列に接続することで，解像度を低下させることなく走査範囲を2倍以上に拡大することに成功した．

WR-SPMの動作を確認するために測定したシリコン製パターン基盤の表面形状像を図9-2に示す．このシリコン基盤には1辺の長さ12 μm，高さ0.1 μmの正方形が刻まれている．一方向におよそ43個の正方形が観察されることからWR-SPMの最大走査範囲が500 μm四方程度であることが確認できる(図9-2A)．次に，WR-SPMの空間分解能を精査するために，同じパターン基盤に対して40 μm四方の走査を行なった．その結果，パターン

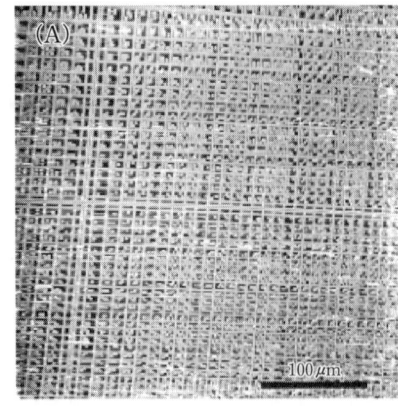

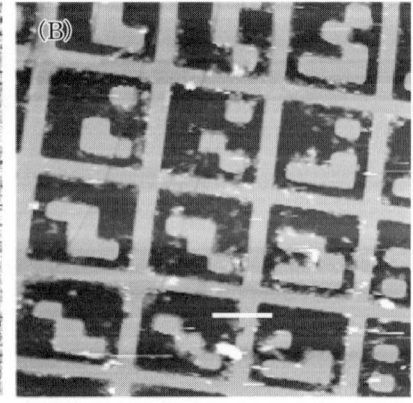

図 9-2 WR-SPM を用いて測定したシリコン製パターン基盤の表面形状像(Mizutani et al., 2004b)。(A)走査範囲を最大にした場合。(B)走査範囲を 40 μm 四方とした場合。

基盤内に刻まれている細かな模様まではっきりと測定することができた(図9-2B)。これにより，WR-SPM が市販の SPM と同程度の測定精度をもつことが確認された。

次に，生きた細胞の測定例を図 9-3 に示す。これは軟らかいコラーゲンゲル上で培養した上皮細胞(MDCK 細胞)の表面形状を測定したものである(図9-3A)。上皮細胞は皮膚や消化管の内壁を構成する細胞であり，細胞と細胞の間に構築される細胞間接着構造によって細胞同士が強く結合する。図に示されている細胞集団の大きさは長軸方向に 200 μm 程度もあり，これは従来の SPM の測定範囲を大きく超えている。さらに，細胞のみならずコラーゲン繊維まではっきりと観察されている(Mizutani et al., 2006b)。

ここで，基質の変形にともなう細胞形状の変化を測定するために，コラーゲンゲルに外から力を加え，ゲルを強制的に 5%程度伸展させた。その結果，基質の伸展にともなって細胞集団の形状が変形していることが確認された(図9-3B)。また，細胞と細胞の結合部分のフォースカーブを取得し，細胞間接着構造の硬さを伸長の前後で測定したところ，硬さが 2 倍以上増加していることが明らかとなった。これは，細胞集団に外力が加わると，細胞は接着構造を強化することで集団の形状を維持していると考えられる。

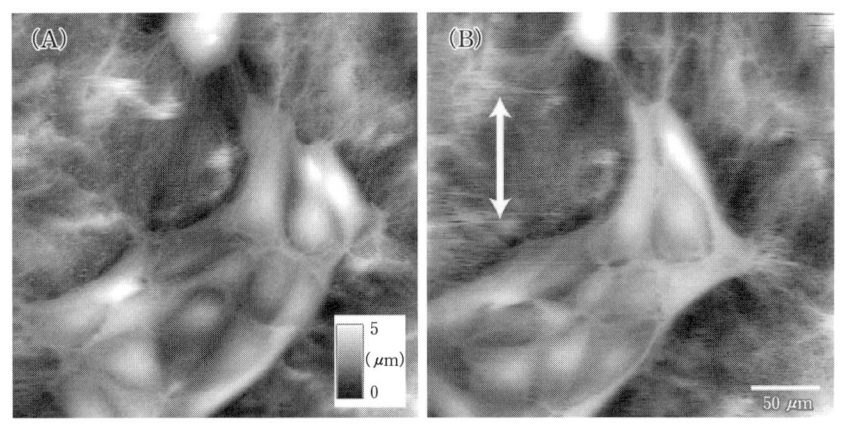

第9章 細胞内部の力を可視化するナノフォース走査型プローブ顕微鏡の開発　119

図 9-3　WR-SPM を用いて測定したコラーゲンゲル上の上皮細胞の表面形状像（Mizutani et al., 2006b）。(A) ゲル伸張前。(B) ゲルを矢印の方向に5%伸張した後の測定結果。

9-2　細胞内張力の可視化による細胞運動の解析

　次に，細胞内部に働く力の空間分布を NF-SPM によって測定した。マウス胚由来繊維芽細胞（NIH-3T3 細胞）の硬さ像を図 9-4A に示す（Nagayama et al., 2004）。硬さ測定の直後に細胞をホルムアルデヒドで固定し，免疫蛍光染色法を用いてアクチンとミオシンの分布を観察したところ，硬さの分布とよい一致がみられた（図 9-4B）。この結果から，細胞の硬さは，アクチンとミオシンなどから構成される収縮性の繊維構造であるストレスファイバーが起源といえる。ストレスファイバーとは細胞が発生する力の源であり，細胞内部に張力を働かせる役割をもつ。したがって，NF-SPM を用いた硬さ分布測定によって，細胞内の張力を可視化できることが明らかとなった。
　さらに我々は，細胞運動にともなう硬さ分布の時間変化を測定した。その結果，細胞の硬さ分布は，運動状態に依存した時間変化を示すことが明らかとなった。静止状態にある細胞は硬さがほとんど変化しない一方で，運動中の細胞は硬さをダイナミックに変化させていた。NF-SPM で得られた細胞の硬さがストレスファイバーにかかる収縮力を反映しているとすれば，細胞

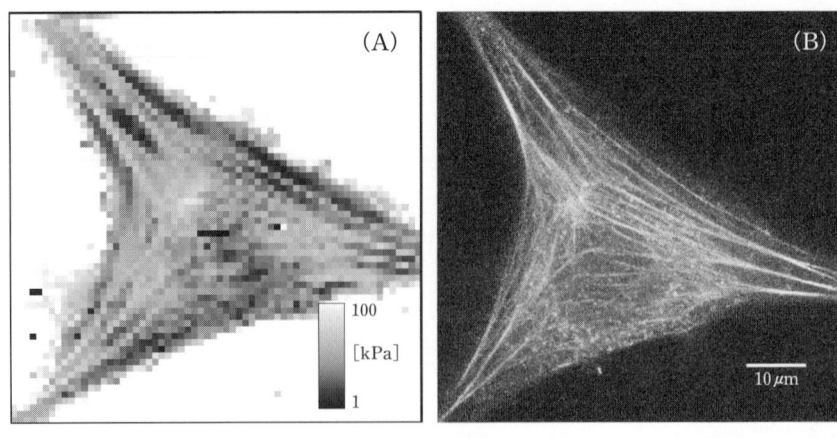

図 9-4　(A) NF-SPM を用いて測定した繊維芽細胞の硬さ像。(B) 同一細胞のアクチン繊維の蛍光観察像。SPM 測定直後に固定免疫染色を行なった。A・B 共に Nagayama et al., 2004

は細胞内張力の緊張と緩和を繰り返しながら運動していると考えることができる。つまり，細胞は運動方向に前部を伸長させながら細胞全体に張力を発生させ，その張力がストレスファイバーを介して細胞後部に伝わり基質との接着点がはずれ，結果として後部の収縮が起きるという力学的な機構によって運動しているのではないかと我々は考えている。

9-3　細胞内張力を制御するミオシン調節軽鎖のリン酸化

それでは，ストレスファイバーの収縮力は何によって制御されているのであろうか。我々はストレスファイバーの構成タンパク質の1つであるミオシン調節軽鎖(MRLC)に着目して実験を行なった。MRLC はそのアミノ酸配列のなかで18番目(Thr18)と19番目(Ser19)にリン酸化部位をもち，それらのリン酸化状態(0，1もしくは2リン酸化の3つの状態)によって ATPase 活性が変化することが知られている。そこで我々は，ストレスファイバーの収縮力はMRLC に結合したリン酸の数によって制御されるという仮説を立てた。

一リン酸化はできるが二リン酸化はできない MRLC(MRLC-T18A)を遺伝子操作によって繊維芽細胞に強制発現させ，細胞の硬さを NF-SPM によっ

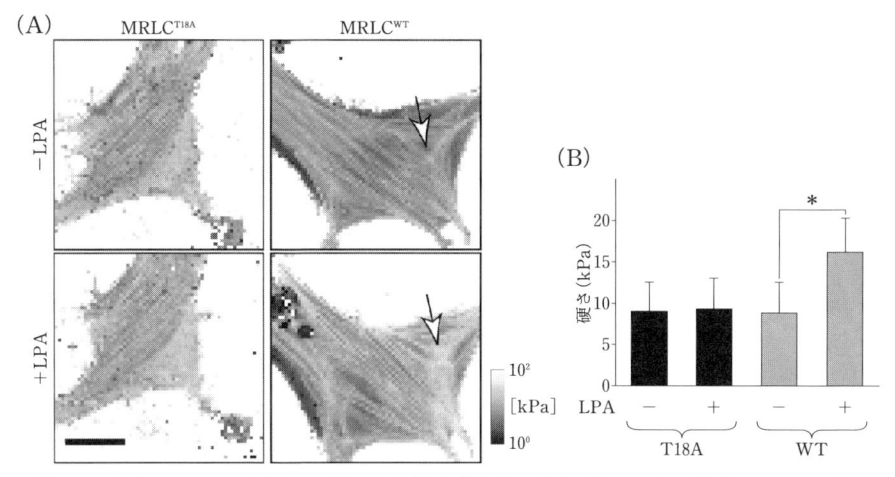

図 9-5 (A)NF-SPMを用いて測定した繊維芽細胞の硬さ像。一リン酸化はできるが二リン酸化はできないMRLC(MRLC-T18A)を発現した細胞と野生型MRLC(MRLC-WT)を発現した細胞の硬さを比較した。その際，リゾフォスファチジン酸(LPA)を投与してMRLCのリン酸化を誘導した。(B)細胞体中心付近の硬さを平均化して比較。A・B共にMizutani et al., 2006c

て測定した。その際，MRLCのリン酸化を誘導するリゾフォスファチジン酸(LPA)を投与することで，MRLCのリン酸化によってストレスファイバーの張力がどのように変化するのかを調べた。図9-5にその実験結果を示す(Mizutani et al., 2006c)。この結果から，MRLCが二リン酸化すると細胞の硬さが有意に上昇することが明らかとなった。つまり，ストレスファイバーの収縮力はMRLCに結合したリン酸の数によって制御されることが明らかとなった。

9-4 細胞の変形と張力ホメオスタシス

細胞1個体に外から積極的に力を加えた場合，細胞はどのような力学的応答を示すのであろうか。シリコンゴム製の弾性基盤を用いて細胞を伸張・収縮させた際における細胞の硬さの時間変化をNF-SPMにより測定することで，外力に対する細胞の力学的応答を測定した。測定の結果，基盤を収縮さ

せると細胞の硬さは急激に減少し，その後ゆるやかに増加しながら一定値になった。一方，基盤を伸張させると細胞の硬さは急激に増加し，その後ゆるやかに減少しながら一定値になった（図9-6）。この実験結果は，細胞が外力に対して恒常性をもつことを示している。我々はこの現象を張力ホメオスタシスと呼んでいる（Mizutani et al., 2004a）。

次に，先ほどのMRLC-T18Aを発現させた細胞を弾性基盤上で伸張し，NF-SPMを用いて細胞内張力の時間変化を測定した。その結果，正常なMRLCを発現している野生型細胞でみられた細胞内張力の変化はみられなかった。伸張刺激に対するMRLCのリン酸化状態の時間変化を調べるために，野生型細胞を伸長もしくは収縮し，数分もしくは数十分経った後に細胞を固定し，リン酸化MRLCに対する免疫抗体を用いて細胞内の空間分布を観察した。伸長直後，ストレスファイバー上に二リン酸化したMRLCが増大し，その後脱リン酸化が進み，数十分後には伸長前の状態に戻っていた。また，収縮直後に一リン酸化したMRLCが減少し，その後リン酸化が進み，数十分後には収縮前の状態に戻っていた。これらのことから，細胞の張力ホメオスタシスはMRLCのリン酸化状態によって制御されるといえる。

それでは，MRLCのリン酸化を制御する酵素は何なのであろうか。細胞内にはMRLCをリン酸化するためのさまざまな酵素が存在する。たとえば，MLCK, ROCK, ILK, ZIPKなどが知られている。我々はこのなかでMRLCの二リン酸化をすばやく行なうROCKに着目して実験を行なった。ROCKはRhoAと呼ばれるGタンパク質の活性によって制御されている。そこで，RhoAのアミノ酸配列を人工的に操作した不活性型RhoA（RhoA-N19）を細胞に発現させて，NF-SPMを用いて細胞伸張に対する応答を測定した。その結果，野生型細胞でみられたような伸張刺激に対する応答は起きずに，細胞内張力は一定値のままであった。

以上のことから，細胞は外から加えられた力を何らかの形で細胞内に存在するRhoAに伝え，そのRhoAがROCKを活性化させ，さらにそのROCKがMRLCを二リン酸化状態にすることで細胞内張力を制御していることが明らかとなった。しかし，細胞がどのようにして機械的な刺激をRhoAの活性化に変換しているのかは不明である。また，機械的刺激によっ

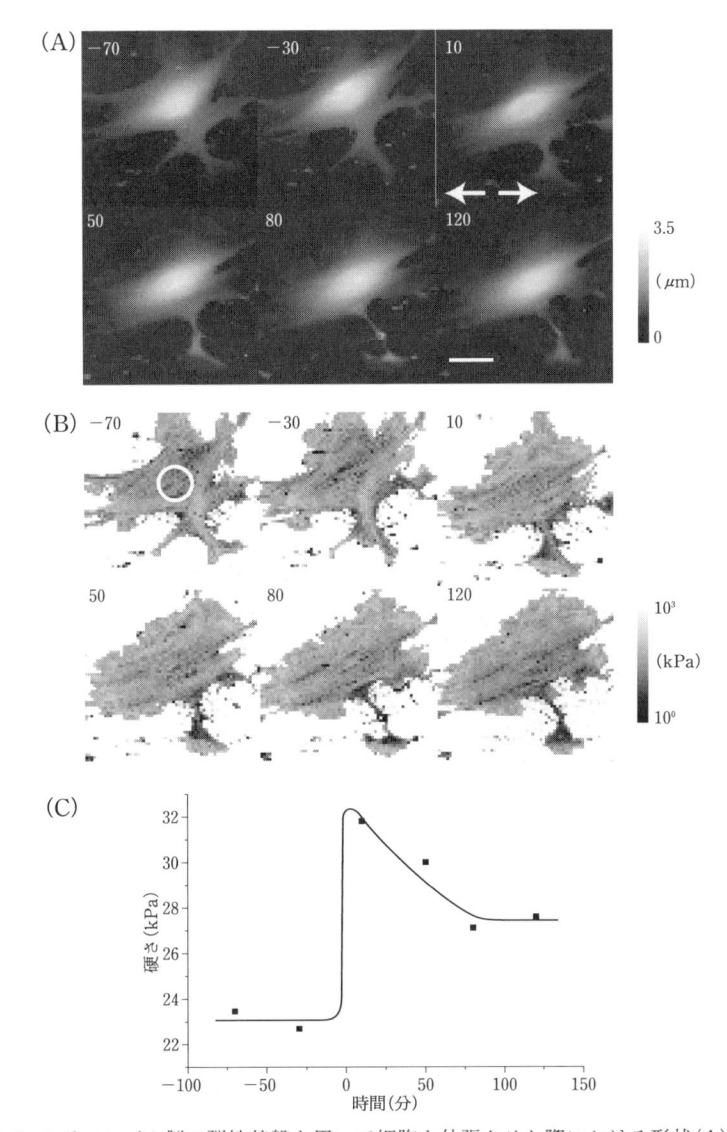

第9章 細胞内部の力を可視化するナノフォース走査型プローブ顕微鏡の開発　123

図9-6　シリコンゴム製の弾性基盤を用いて細胞を伸張させた際における形状(A)と硬さ(B)の時間変化。(C)細胞体中心付近の硬さを平均化したグラフ。A〜CはすべてMizutani et al., 2004a

てニリン酸化状態になった MRLC が数十分後に元の状態に戻る機構は謎のままである。これは何らかの脱リン酸化酵素が活性化しているためと思われる。

9-5 今後の展望

本章では，NF-SPM と WR-SPM を用いた細胞生物学への応用について述べた。NF-SPM によって細胞内張力の可視化に成功し，細胞運動にともなう張力緩和や機械的刺激に対する張力ホメオスタシス現象などが明らかとなった。また，WR-SPM によって上皮組織様試料における表面形状や力学的な特性が明らかとなった。さらに我々は，NF-SPM をゲルや染色体の力学測定にも応用している。これまでに，物理ゲル内に存在するナノスケールの不均一ドメイン構造(Mizutani et al., 2006a)や染色体のドメイン構造(Nomura et al., 2005)などについて論文を発表しているので，御興味のある方はそちらも参照していただきたい。このように，NF-SPM と WR-SPM は細胞生物学のみならずさまざまな分野での応用が可能な顕微鏡である。今後は，生体組織や癌細胞などの力学特性を測定し，生理学，医学などの分野での応用展開をめざしたい。

引用文献

Haga, H., Sasaki, S., Kawabata, K., Ito, E., Ushiki, T. and Sambongi T. 2000. Elasticity mapping of living fibroblasts by AFM and immunofluorescence observation of cytoskeleton. Ultramicroscopy, 82: 253-258.

Mizutani, T., Haga, H. and Kawabata, K. 2004a. Cellular stiffness response to external deformation: Tensional homeostasis in a single fibroblast. Cell Motil. Cytoskeleton, 52: 242-248.

Mizutani, T., Haga, H., Nemoto, K. and Kawabata, K. 2004b. Wide-range scanning probe microscopy for visualizing biomaterials in a sub-millimeter range. Jpn. J. Appl. Phys., 43: 4525-4528.

Mizutani, T., Haga, H., Kato, K., Matsuda, K. and Kawabata, K. 2006a. Observation of stiffer domain structure on collagen gels using wide-range scanning probe microscopy. Jpn. J. Appl. Phys., 45: 2535-2356.

Mizutani, T., Haga, H. and Kawabata, K. 2006b. Development of a wielding device to stretch tissue-like materials for mechanical measurements of cell sizes by using scanning probe microscopy. to be published in Acta Biomaterialia.

Mizutani, T., Haga, H., Koyama, Y., Takahashi, M. and Kawabata, K. 2006c. Diphosphorylation of the myosin regulatory light chain enhances the tension acting on stress fibers in fibroblasts. J. Cell. Physiol., 209: 726-731.

Nagayama, M., Haga, H. and Kawabata, K. 2001. Drastic change of local stiffness distribution correlating to cell migration in living fibroblasts. Cell Motil. Cytoskeleton, 50: 173-179.

Nagayama, M., Haga, H., Takahashi, M., Saitoh, T. and Kawabata, K. 2004. Contribution of cellular contractility to spatial and temporal variations in cellular Stiffness. Exp. Cell Res., 300: 396-405.

Nomura, K., Hoshi, O., Fukushi, D., Ushiki, T., Haga, H. and Kawabata, K. 2005. Visualization of elasticity distribution of single human chromosomes by scanning probe microscopy. Jpn. J. Appl. Phys., 44: 5421-5424.

第10章 DNAマイクロアレイを用いた遺伝子発現の網羅的解析

北海道大学大学院薬学研究院・北海道大学創成科学共同研究機構/安住　薫

はじめに

　2003年にヒトゲノムの完全長が決定され，現在，さまざまな生物のゲノム解読が急速に進んでいる。生命科学の研究においても，生物の膨大なゲノム情報を駆使して新たな知見を得るために「ポストゲノム」の解析手法が次々と開発されている。DNA マイクロアレイあるいは DNA チップと呼ばれる，遺伝子発現の網羅的な解析ツールもその1つである。本章では，DNA マイクロアレイ解析の概要および具体的な実験例を紹介し，この解析手法の魅力と将来的な課題について述べる。

10-1　DNAマイクロアレイ解析の概要

　DNA マイクロアレイ(あるいは DNA チップ)とは，表面を特殊加工した固相基盤(スライドガラスなど)の上に多数(数百〜数万)の遺伝子断片を高密度に固定化したものをいう(Schena et al., 1995)。DNA の固定の仕方には，ガラス表面上でオリゴ DNA を合成していく(on chip 合成)方法と，あらかじめ合成したオリゴ DNA あるいは cDNA を DNA スポッターと呼ばれる機械を用いてスライドガラス上に張り付けて(スポットして)いく方法がある。いずれの場合

も，オリゴDNAマイクロアレイは遺伝子特異的なオリゴヌクレオチド(20～80塩基)を合成して搭載しており，各遺伝子の発現が特異的に検出できる。ヒトをはじめとして，マウス，ラット，酵母，線虫，ショウジョウバエ，シロイヌナズナ，イネなど主要な実験動植物では今やオリゴDNAマイクロアレイが主流であり，搭載されている遺伝子数もヒトやマウスでは4万種類に及ぶ。一方，cDNAマイクロアレイは類似の塩基配列をもつ遺伝子の発現が同一スポットで検出されてしまうので，検出できる遺伝子の特異性は低くなるが，自分たちでcDNAを増幅することができるので，合成オリゴDNAを発注してスポットするよりずっと安価にカスタムメイドのDNAマイクロアレイが作製できるという利点がある。このcDNAマイクロアレイの作製については後述する。

　我々は，ゲノムが解読された海産無脊椎動物ホヤの全遺伝子の約7割をカバーしたオリゴDNAマイクロアレイをアジレント社で作製し，現在さまざまなホヤサンプルを用いて遺伝子発現の網羅的な解析を行なっている。そこで，本章ではアジレント社のオリゴDNAマイクロアレイを用いた2色蛍光標識法での解析方法を紹介する(図10-1)。たとえば，ホヤ受精卵と卵からふ化した幼生での遺伝子発現の違いをみる場合は以下のように行なう。両者から全RNAあるいはメッセンジャーRNA(mRNA)を調製し，幼生由来のRNAを用いて赤色蛍光色素(Cy5)で標識したプローブを作製する。一方受精卵(コントロール)のRNAを用いて緑色蛍光色素(Cy3)で標識したプローブを作製する。アレイ解析の初期の頃はmRNAから逆転写反応で得られたcDNAに蛍光色素を取り込ませてプローブを作製したが，最近，逆転写したcDNAを鋳型にしてcRNAを増幅し，それと同時に蛍光色素を取り込ませてプローブを作製する方法が開発された。後者の利点は，少量の細胞や組織から少量のRNAしか入手できなくてもmRNAを均一に増幅することにより，アレイ解析に必要なプローブが作製できること，2色の蛍光色素の取り込み効率がcDNAよりcRNAの方が均一になることである。このように蛍光標識した2種類のプローブを等量ずつ混合してスライドガラス上のオリゴDNAが張り付けられているスペースにのせ，一晩ハイブリダイゼーションを行なう。その後，ガラスを洗浄して未反応のプローブを除去し，乾燥さ

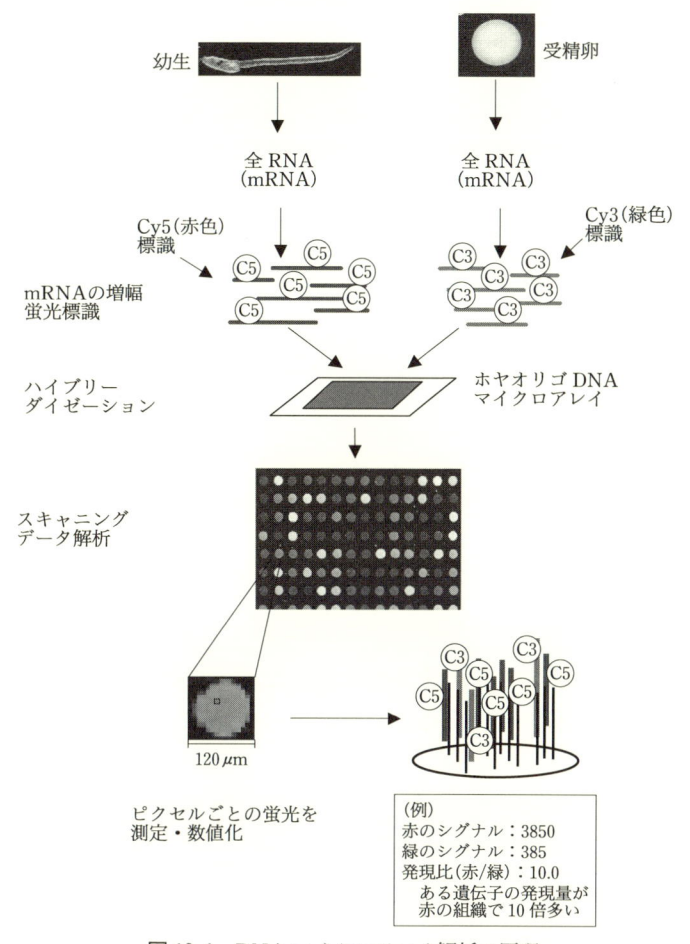

図 10-1 DNA マイクロアレイ解析の原理

せ，専用の蛍光スキャナー(DNA マイクロアレイスキャナー)で各スポットに結合している赤色と緑色の蛍光色素量を測定する．受精卵と幼生とで遺伝子の発現量(生成している mRNA 量)が同程度のスポットは黄色，幼生で発現が亢進した遺伝子のスポットは赤色に，逆に幼生で受精卵に比べて発現量が減少した遺伝子のスポットは緑色になる．ホヤの DNA マイクロアレイには約 2 万種類の合成オリゴ DNA がスポットされているが，通常 1 万〜1 万 5000

個のスポットに蛍光のシグナルが検出される。このことは，DNAマイクロアレイを用いると1回の解析で1万種類以上の遺伝子について発現量(mRNA)の違いが検出できることを意味している。オリゴDNAマイクロアレイの場合は，搭載されているオリゴDNAが由来した遺伝子の素性が既にわかっているので，赤色や緑色のシグナルが検出されたスポットの遺伝子名が画像の段階でわかる。また，各遺伝子の発現の違いを可視化するのに通常Scatter Plotというヒストグラムが用いられる。受精卵と幼生のRNAを用いてアレイ解析を行なった結果をScatter Plotで表わした(図10-2)。縦軸は赤色の蛍光強度，横軸は緑色の蛍光強度を示しており，1つひとつの点はDNAマイクロアレイ上のスポットを表わしている。同じRNAを赤色と緑色の蛍光色素でそれぞれ標識してハイブリダイゼーションを行なうと検出されるスポットはほとんどすべて黄色になり，45°の線上に集まっている(図10-2A)。この45°の線より左上が，赤色が強いスポット，すなわち幼生で発現が亢進している遺伝子群，逆に右下は緑色が強いスポット，すなわち受精卵に比べ幼生では発現が低下している遺伝子群のスポットが表われる。カタユウレイボヤの場合，幼生で発現が亢進している遺伝子および発現が低下しているスポットが各々約2000個ずつ検出された(図10-2B)。

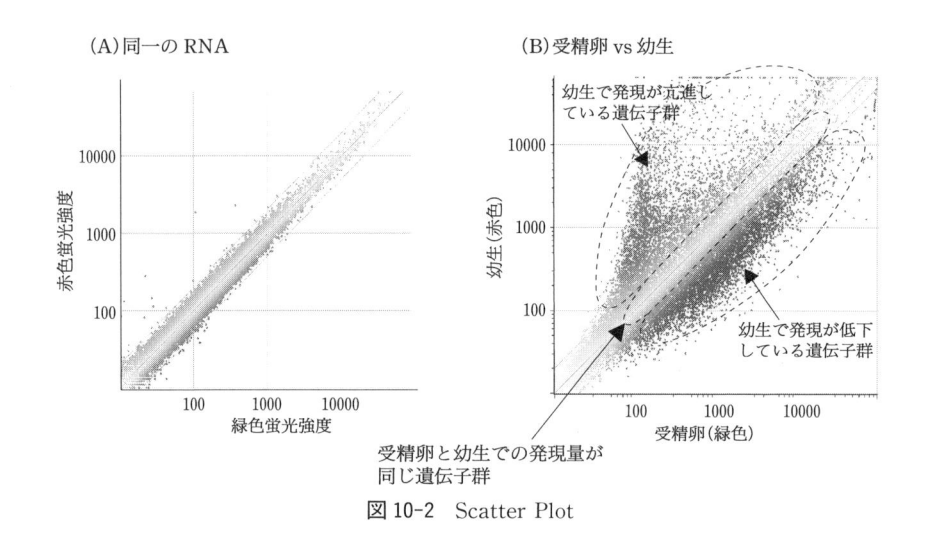

図10-2 Scatter Plot

上述した蛍光標識プローブの作製方法やハイブリダイゼーションの方法は，アフィメトリクス社の GeneChip を除く，スライドガラスに固定化されたオリゴ DNA あるいは cDNA マイクロアレイほとんどすべてに適用できる一般的な方法である。ホヤだけでなく，ヒトやマウス，酵母など，どの生物種の DNA マイクロアレイを用いてもほぼ同じである。各スポットに結合した蛍光色素量を測定する DNA マイクロアレイスキャナーも各社から販売されており，我々もアジレント社とは別会社のスキャナーで解析を行なっている。DNA マイクロアレイは 1 枚あたりの価格が高価なのでできるだけ少ない枚数で解析結果をだしたいものであるが，結合した蛍光色素量の再現性を確認するためにも，同じ RNA の組み合せで最低 2 枚の DNA マイクロアレイの解析をお勧めしたい。特に，mRNA から逆転写で作製した cDNA に直接蛍光色素を導入する場合は，mRNA の構造によっては蛍光色素団の大きさの違いによる取り込み効率の差が生じるので，同じ RNA の組み合せで赤色と緑色の色素を入れ替えたプローブを作製して 2 枚目のハイブリダイゼーションを行なうことをお勧めする(dye-swap)。色素を入れ替えた 2 枚の解析でいずれの場合も発現が亢進あるいは低下した遺伝子は発現が変動する目的遺伝子の候補として次の解析に用いることができる。マイクロアレイ解析は搭載されている遺伝子数に比例して検出される遺伝子数が増えるので，擬陽性を減らすことは目的遺伝子の絞り込みに重要である。

10-2　ホヤ胚発生における遺伝子発現の解析

　DNA マイクロアレイを用いた網羅的な遺伝子発現の解析の目的は，まず，比較したい細胞あるいは組織において発現量に違いのある遺伝子をみつけだすことである。さらに，連続した条件下での複数組のアレイ解析データがあれば，遺伝子発現パターン(プロファイル)として遺伝子発現の挙動を理解することができる。後者の解析例としてホヤの胚発生における遺伝子発現プロファイリングを紹介したい。

　我々は，ホヤの受精卵，2 細胞胚，4 細胞胚，8 細胞胚，16 細胞胚，32 細胞胚，64 細胞胚，初期原腸胚，後期原腸胚，神経胚，初期尾芽胚，前期尾

芽胚，中期尾芽胚，後期尾芽胚，および幼生から RNA を調製して，受精卵（コントロール）RNA と各ステージ胚の RNA の組み合せで 14 組のマイクロアレイ解析を行なった(Azumi et al., 投稿中)．各組み合せで蛍光色素を入れ替えた dye-swap も行ない，合計 28 枚分の DNA マイクロアレイデータを得た．各胚ステージと受精卵との遺伝子発現の違いを Scatter plot で表わし，図 10-3 に示した．受精卵と 2 細胞期では遺伝子発現が異なる遺伝子はまだ少数であるが，発生が進むにつれ，受精卵に比べて発現が亢進する遺伝子が増加し，また，一方，受精卵より発現が低下している遺伝子も増加する．Scatter plot 上では発現が亢進あるいは低下する遺伝子の数および発現量の差(比率)が増加していることしかわからないが，実際には発現が変動する遺伝子は胚発生のステージごとに異なる．すなわち，ステージごとに異なる遺伝子発現が生じている．蛍光シグナルが有意に検出される約 1 万個の遺伝子について受精卵の緑色の蛍光強度を 1 として各発生胚の赤色の蛍光強度を相対値(ratio)で表わし，2 細胞胚から幼生まで各遺伝子の ratio の変動を連続的な折れ線グラフで表わした．さらに，同じような変動パターンを示す遺伝子ごとにグループ分け(クラスタリング)する手法(アルゴリズム)が開発されており，我々は GeneSpring という市販のソフトを用いて解析を行なった．ホヤ胚発生における遺伝子発現の特徴的なパターンを図 10-4 に示した．ホヤの遺伝子発現変動パターンは大きく 3 種類に分けられ，①発生すべてのステージで一定量発現しているが，大きな変動を示さない遺伝子数は全体の約 2 割，②発生のどこかのステージで 1 回以上発現が亢進する遺伝子数は約 4 割，③受精卵以降発現量が減少していく遺伝子数は約 4 割だった．各グループにどのような遺伝子が含まれるかについて現在詳細な解析を行なっている．このような膨大な数の遺伝子の発現パターン情報が得られると，このデータを用いてさらにいくつかの解析を行なうことができる．たとえば，図 10-5 に図 10-4 とは別のアルゴリズムで行なったクラスタリングの 1 例を示した．ある遺伝子とまったく同じ発現パターンを示す遺伝子を約 1 万個の遺伝子のアレイデータのなかから探し出すことができる．この図の例は，ミオシン遺伝子の発現パターンとよく似た挙動の遺伝子を抽出したものだが，ミオシン遺伝子以外に，遺伝子名が同定できない機能未知の遺伝子が数個検出された．

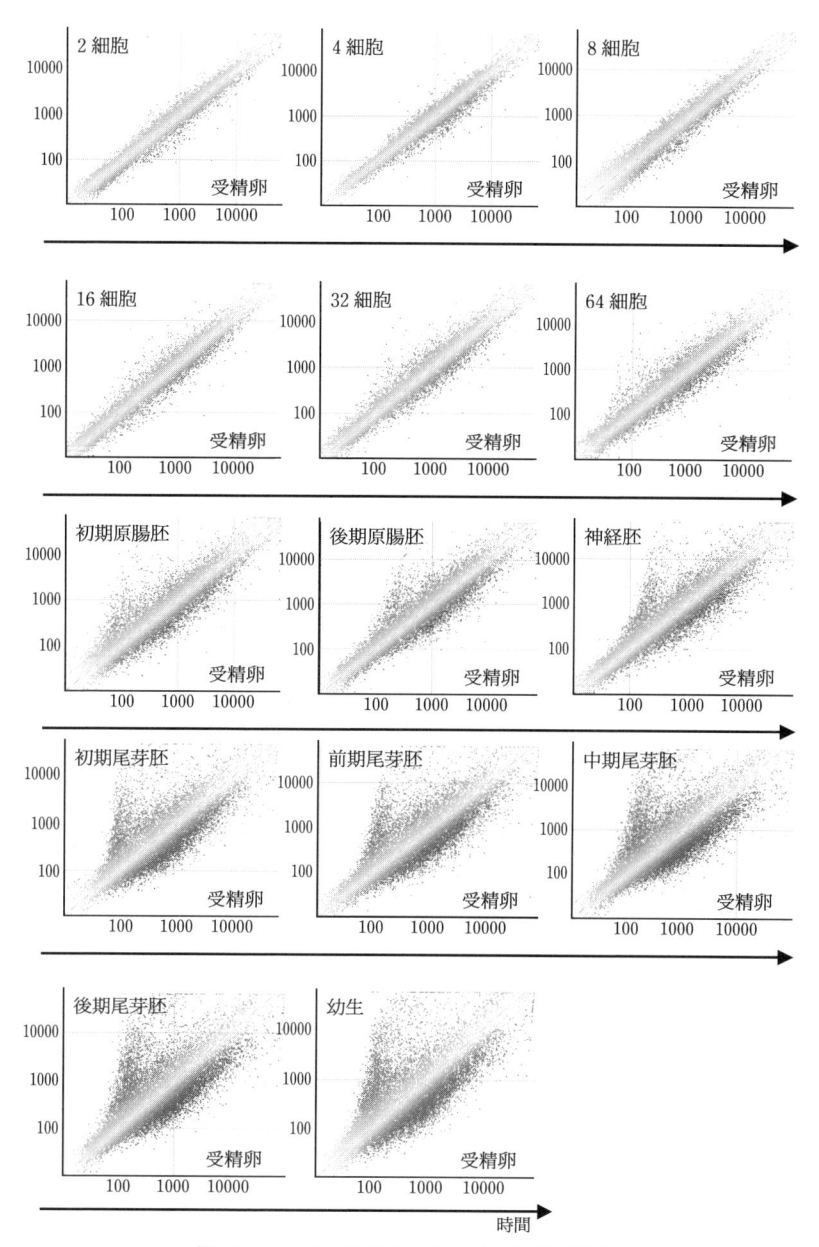

図 10-3 ホヤ発生胚各ステージの遺伝子発現

134　第Ⅲ部　ナノバイオサイエンス

発現亢進
発現比 1.0
発現減少
2細胞胚
約1万遺伝子の発現変動パターン
幼生
時間

↓ K-meansクラスタリング

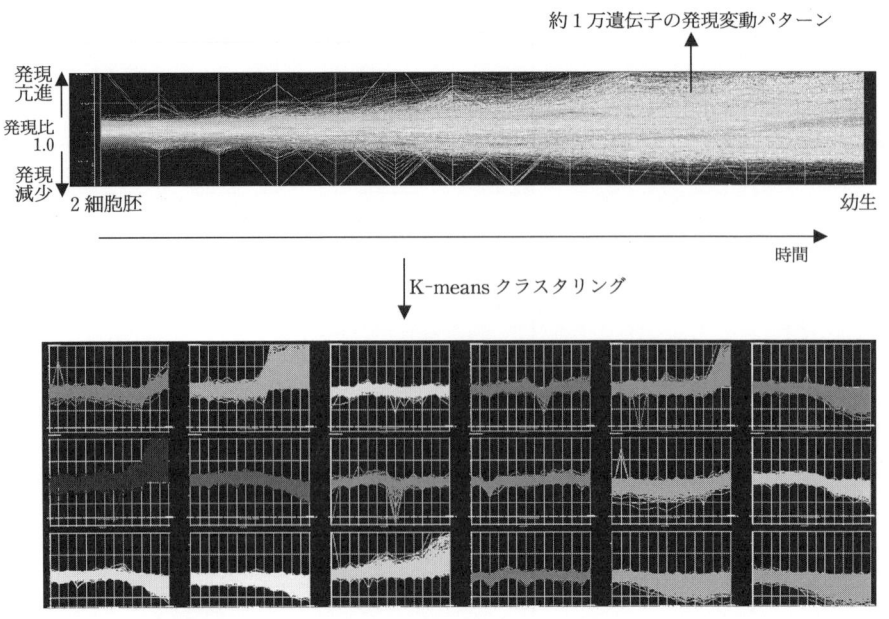

図10-4　ホヤの胚発生にともなう遺伝子発現の変動パターン（k-meansクラスタリング）

QT-クラスタリング

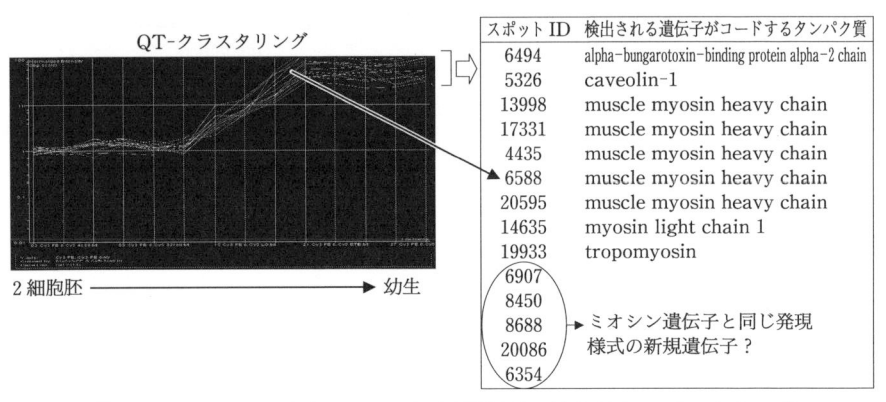

2細胞胚 ────────→ 幼生

スポットID	検出される遺伝子がコードするタンパク質
6494	alpha-bungarotoxin-binding protein alpha-2 chain
5326	caveolin-1
13998	muscle myosin heavy chain
17331	muscle myosin heavy chain
4435	muscle myosin heavy chain
6588	muscle myosin heavy chain
20595	muscle myosin heavy chain
14635	myosin light chain 1
19933	tropomyosin
6907	
8450	
8688	ミオシン遺伝子と同じ発現様式の新規遺伝子？
20086	
6354	

図10-5　同じような発現パターンを示す遺伝子の抽出（QT-クラスタリング）

このような抽出方法から，既知の遺伝子と同様の発現パターンを示す関連遺伝子の探索が可能になる．ホヤのオリゴ DNA マイクロアレイに搭載されている遺伝子のなかにはヒト機能未知遺伝子のホヤオーソログと思われるものも多数あり，ホヤのアレイ解析によって得られる遺伝子発現の情報はホヤの遺伝子の機能解析に役立つだけでなく，ヒトの機能未知遺伝子の機能の類推にも役立つことが予想される．さらに，遺伝子発現の変化を経時的に調べたアレイデータを用いて，遺伝子発現のネットワーク解析が可能である．

10-3　市販されていない動物種の cDNA マイクロアレイ作製方法

以上，アジレント社で作製したホヤ大規模オリゴ DNA マイクロアレイを用いた解析を紹介させていただいた．現在市販されているオリゴ DNA マイクロアレイのなかで搭載遺伝子の規模の大きい生物種を表 10-1 にまとめた．アフィメトリクス社の GeneChip シリーズは他社に比べて解析できる生物種の多さが際立つ．しかしながら，前述したように一般的なスライドガラスにDNA をスポットしたものではないので，専用の解析システム一式(高額)をそろえる必要がある．また，DNA マイクロアレイが市販されていない生物種を実験材料に用いている研究者でも cDNA マイクロアレイを作製して網羅的な遺伝子発現解析を行なうことは比較的容易である．カスタムメイドの

表 10-1　市販されているオリゴ DNA マイクロアレイ（あるいは DNA チップ）の生物種

会　社	アフィメトリクス社	アジレント社
最大遺伝子数	約 4 万遺伝子	約 4 万遺伝子
オリゴ DNA の長さ	25 bp×n 個/1 遺伝子	60 bp/1 遺伝子
生物種	ヒト・マウス・ラット・ウシ・イヌ・ブタ・ニワトリ・アフリカツメガエル・ゼブラフィッシュ・シロイヌナズナ・オオムギ・トウモロコシ・イネ・ダイズ・サトウキビ・ブドウ・コムギ・枯草菌・大腸菌・緑膿菌・黄色ブドウ球菌・マラリア・酵母など	ヒト・マウス・ラット・アカゲザル・イヌ・アフリカツメガエル・ゼブラフィッシュ・シロイヌナズナ・イネ・ミヤコグサ・酵母・いもち病菌など
Web のサイト	www.affymetrix.com/jp/index.affx	www.home.agilent.com

cDNAマイクロアレイの作製の一般的な方法を以下に示す．まず，目的の遺伝子が含まれる細胞あるいは組織のcDNAライブラリーを作製し，クローンをランダムにピックアップしてプラスミドを簡易精製後，PCR法にてインサートの増幅を行なう．大腸菌からプラスミドを精製しないでダイレクトにインサートを増幅することができれば簡便である．スライドガラスにスポットするcDNA数は多い方が情報量も多くなる．手作業でも5000～1万個のcDNAの増幅は可能である．時間と経費がかかるが，可能であればこのPCR産物を用いて，各インサートの5′末側1方向の塩基配列解析をお勧めする．スポットしたcDNAが由来した遺伝子があらかじめわかっていれば，アレイデータが入手できた時点で変動した遺伝子の予想がつき，その後の解析が楽である．しかし，塩基配列解析をしていないcDNAを多数スポットして，アレイ解析後に変動が検出されたスポットのcDNAの塩基配列を解析する，という方法もある．いずれにせよ，増幅したPCR産物をDNAスポッターと呼ばれる機器(図10-6)でスライドガラスにスポットし，DNAをガラス表面上に固定化する処理をしてcDNAマイクロアレイは完成する．この時のcDNAの固定化の方法は何種類かあるので，使用するスポッターによって表面処理スライドガラスの種類やcDNAを溶解させる溶液などの選択を行なう必要がある．

おわりに

DNAマイクロアレイは生命科学の研究において今や常套手段となった．研究者はこれまで個別の遺伝子あるいはタンパク質の発現レベルを時間をかけて調べてきたが，DNAマイクロアレイを用いると1つの細胞あるいは組織における1万種類以上の遺伝子の発現状態(mRNA量)が一度に見渡せる．自分が着目している遺伝子がある生命現象において主要な役割を担っているのか，あるいはもっと重要な遺伝子や機能未知の遺伝子が存在するのかがわかるのである．このことは発想の転換につながり，新たな研究の方向性がみえてくる．それがこの手法の一番の魅力である．

ホヤのDNAマイクロアレイを用いた網羅的遺伝子発現解析に従事し，こ

第10章　DNAマイクロアレイを用いた遺伝子発現の網羅的解析　137

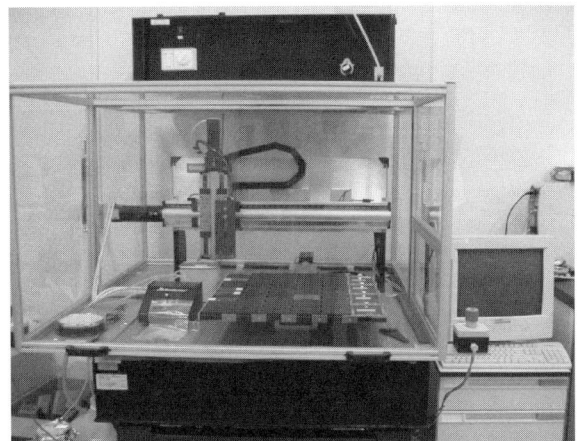

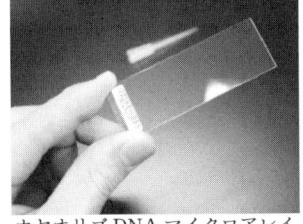

ホヤオリゴDNAマイクロアレイ　　　　　DNAスポッター

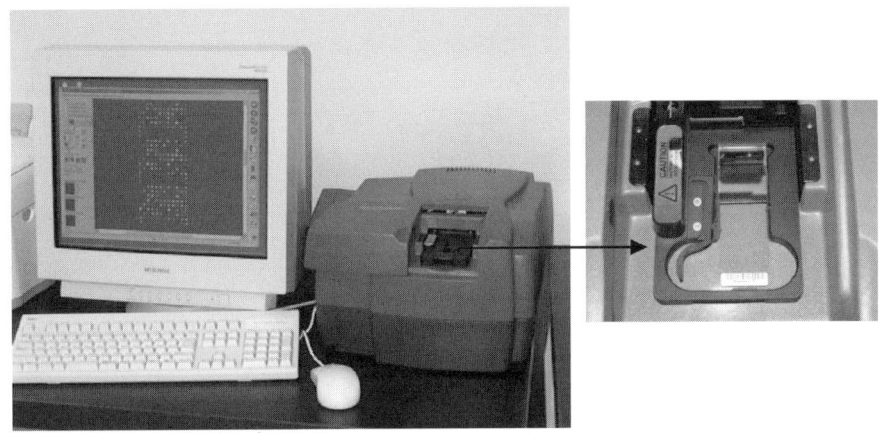

DNAマイクロアレイスキャナー

図10-6　DNAスポッター(Omnigrid)およびDNAマイクロアレイスキャナー(GenePix)

の解析法の今後の課題についていくつか気づいたことがあるので，最後にそれを述べてまとめにしたい．まず，アレイ解析に用いるRNA量であるが，RNAを増幅する方法が導入されたことにより，全RNA 1 μg でアレイ解析に必要なプローブが作製できるようになった．しかし，将来的には1個の細胞あるいは卵割途中の1割球からRNAを抽出し，増幅しないでそのまま何らかの標識をして，細胞内で発現している遺伝子の網羅的な測定ができる技

術の開発が望まれる。おそらく，その場合は蛍光色素を用いる従来の方法とは異なる原理が必要であろう。また，現在は細胞あるいは組織をすりつぶしてRNAを調製するが，細胞のなかでの空間的な遺伝子発現の状況を理解する技術や，細胞のなかで最終的に機能するのはタンパク質なので，タンパク質の発現状態が網羅的に把握できる技術の開発はやはり望まれる。1枚のDNAマイクロアレイで多数の遺伝子の発現パターンが同時に検出できるが，膨大な情報のなかから重要な情報をみつけだすのは研究者の知識と経験に基づく洞察力であり，アレイ解析によって見出された「重要な遺伝子」の機能の解析にはやはり従来の手法を用いた地道な解析が必須である。生命現象という森全体を見渡す柔軟な頭と個々の樹々(遺伝子やタンパク質など)を丁寧に眺める眼の両方がこれからの生命科学者には必要であろう。

引用文献

Kohane, I.S., Kyo, A.T. and Butte, A.J.(星田有人訳)．2004．統合ゲノミクスのためのマイクロアレイデータアナリシス．282 pp. シュプリンガー・フェアラーク東京．
村松正明・那波宏之(監修)．2000．DNAマイクロアレイと最新PCR．133 pp. 秀潤社．
Schena, M., Shalon, D., Davis, R.W. and Brown, P.O. 1995. Quantitative monitoring of gene expression patterns with a complementary DNA microarray. Science, 270: 467-470.
Stekel, D. 2003. Microarray bioibformatics. 263 pp. Cambridge University Press, New York.

第IV-1部

バイオを極める(1)
タンパクのナノサイエンス

ヒトゲノムの解読が終了し，現在の生命科学はタンパク質の立体構造解析とその機能解析が中心的課題となっている。たとえば，「タンパク3000プロジェクト」と呼ばれる3000種以上のタンパク質の構造と機能を網羅的に解析する国家プロジェクトが現在遂行中であり，北海道大学もその中核を担っている。第IV-1部では，タンパク質の構造解析によって明らかとなったナノスケールの世界で繰り広げられるタンパク質のサイエンスについて解説する。

　バクテリアからヒトに至るまで地球上のほとんどの生命体が光エネルギーを巧みに利用している(第11章)。その代表的な光センサーがレチナール膜タンパク質である。レチナール膜タンパク質とは，光エネルギーを利用してイオンを一方向へ輸送するナノマシンである。X線解析，核磁気共鳴法(NMR)および遺伝子組換え技術によって，膜タンパク質の構造と機能との関係が原子・分子レベルから明らかとなっている。

　さて，遺伝子の発現制御を司るのもタンパク質の重要な役目である(第12章)。なかでも「転写」と呼ばれる過程は遺伝子発現の要であり，基本転写因子と転写制御因子と呼ばれる2種類のタンパク質群によって制御されている。これらのタンパク質がどのように構造を変化させることでDNA配列を認識し結合するのかがX線による構造解析によって初めて明らかとなった。真核生物において，遺伝子数に比べて1割程度しか存在しない転写因子が，どのようにして高度なDNA配列認識能力を実現しているのかが解明されつつある。

　第13章では，NADPHオキシダーゼと呼ばれるタンパク質の活性制御機構について解説する。NADPHオキシダーゼは，酸素から活性酸素への化学反応を触媒する酵素である。この活性酸素のもつ殺菌作用によって我々生命体は細菌などから身を守ることができる。つまり，生命の維持にとってきわめて重要なタンパク質なのである。本章では，p47^{phox}と呼ばれるタンパク質の立体構造から，NADPHオキシダーゼの活性制御のメカニズムに迫る。

　以上，第IV-1部では，タンパク質の構造解析によって解明された最先端のタンパク質科学について紹介する。

(芳賀　永)

第11章 光で機能するレチナール膜タンパク質のナノ構造

北海道大学大学院先端生命科学研究院/出村　誠

はじめに

　深海の1000気圧もの高圧環境，強い放射線のもとなど，我々の想像を超える過酷な環境に耐える特殊な能力をもった極限環境生物が地球上に生息する。高度好塩菌(古細菌)は好塩菌のなかでも，特に高いNaClを要求する極限環境原核生物である。至適増殖NaCl濃度が2.5〜5.2 Mで，海水塩濃度程度では生息できない。米国のグレートソルトレイク，アフリカの大地溝帯，オーストラリアなど各地の塩湖から紫色の高度好塩菌が発見されている。この微生物は高塩濃度でかつ酸素や栄養条件が悪い環境で生きのびるため，紫色の特殊な光センサー膜タンパク質を発現し，極限環境に適応できていると考えられている。
　この光センサータンパク質はレチナールを発色団とするタンパク質である。構造的にも機能的にも真核生物の視物質として知られている光受容タンパク質(ロドプシン)と類似しているので，古細菌型ロドプシンと呼ばれている。古細菌とヒトというかけ離れた生物間に共通して光で機能するレチナール膜タンパク質があること自体，生物進化の本質に迫る興味深い問題であるが，一方で分子レベルの両ロドプシンの観察・実験から，機能発現とナノ構造形成との関係が徐々に明らかになってきた。この章では，古細菌型ロドプシンの光駆動イオンポンプ機能，吸収波長シフト，ナノレベルの複合体形成につ

いて紹介しよう。

11-1　古細菌型ロドプシンとGPCR

　高度好塩菌の膜タンパク質の機能解析から，これまでに4種類のレチナールタンパク質(古細菌型ロドプシン)が同定されてきた(図11-1)。バクテリオロドプシン(bR)とハロロドプシン(hR)はプロトン(H^+)とクロライドイオン(Cl^-)をそれぞれ識別・透過させるチャネル構造をもち，光エネルギーを変換してイオンを一方向へ能動輸送している。すなわちbRとhRはイオンをポンプする最小のナノマシンである。一方，高度好塩菌は好きな光に近づいたり，嫌いな光から遠ざかる走光性を示す。この光受容体がセンサリーロドプシン(sR)とフォボロドプシン(pR)である(sRとpRはそれぞれsRI，sRIIと呼ぶ場合もある)。sRとpRが受け取った光情報がそれぞれ特定のトランスデューサータンパク質(HtrI，HrtII)へ伝えられ，大腸菌と類似のリン酸化機構で鞭毛運動の制御に伝えられる。sRとpRはそれぞれ正と負の走光性の情報伝

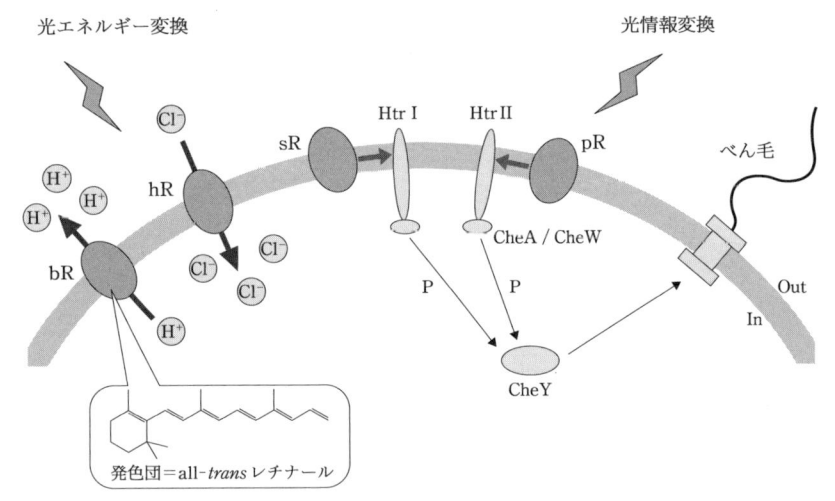

図11-1　古細菌型ロドプシン(レチナール膜タンパク質)の機能分類。バクテリオロドプシン(bR)，ハロロドプシン(hR)，センサリーロドプシン(sR)，フォボロドプシン(pR)。sRとpRはsRI，sRIIと呼ぶ場合もある。

達系の光センサーといえる。

　高度好塩菌のゲノム配列の解読研究も進められ，これまでに *Halobacterium salinarum* (Ng et al., 2000)と *Natronomonas pharaonis* (Falb et al., 2005)について明らかになっている。ゲノムサイズはそれぞれ 2.57 Mbp，2.59 Mbp で，タンパク質コード数は約 2630 と 2843 である。これらのゲノム解析からも古細菌型ロドプシンが 4 種類であることが結論づけられた。

　古細菌型ロドプシンの立体構造は創薬ターゲット膜タンパク質として代表的な G タンパク質共役型受容体(GPCR)ときわめて類似している。図 11-2 に高度好塩菌のハロロドプシン(Kolbe et al., 2000)とウシのロドプシン(Okada et al., 2004)の分子構造を示す。どちらも 7 回膜貫通 α ヘリックスからなり，N 末端側から 7 本目のヘリックス上にあるリジンの側鎖アミノ基とレチナールアルデヒド基がシッフ塩基結合する。基底状態から励起状態を経て基底状態へ戻る過程(フォトサイクル)でどちらも光エネルギーの変換が起こる。厳密には光照射後のレチナール光異性化過程は両者で異なる。

　これらのレチナール膜タンパク質としての立体構造の類似性から派生してそれぞれのロドプシンの機能発現の違いはどのような構造因子が決めているのだろうか。古細菌型ロドプシンの機能は大変シンプルである。bR はプロトン(H^+)ポンプであり，hR はクロライド(Cl^-)ポンプである。また，ウシロドプシンは光情報伝達系と共役している。hR や bR の立体構造とそのインフォマティクス解析，さらにダイナミクス機能との相関を明らかにできれば，将来，古細菌型ロドプシンから GPCR 型ロドプシンへの機能変換なども夢ではない。また，創薬ターゲットの膜タンパク質のフォールディング研究も古細菌型ロドプシンをモデルとして貢献できる可能性が高い。

11-2　膜タンパク質の発現系とハロロドプシンへの応用

　多くの生物種でゲノム解読が進み，遺伝子解析とタンパク質の網羅的解析が進められている。ところがゲノム情報をもとにタンパク質を発現・機能解析できる系はおもに水溶性タンパク質部分であり，ゲノムの約 3 割を占める膜タンパク質領域の本格的な研究はようやく始められたばかりであるのが現

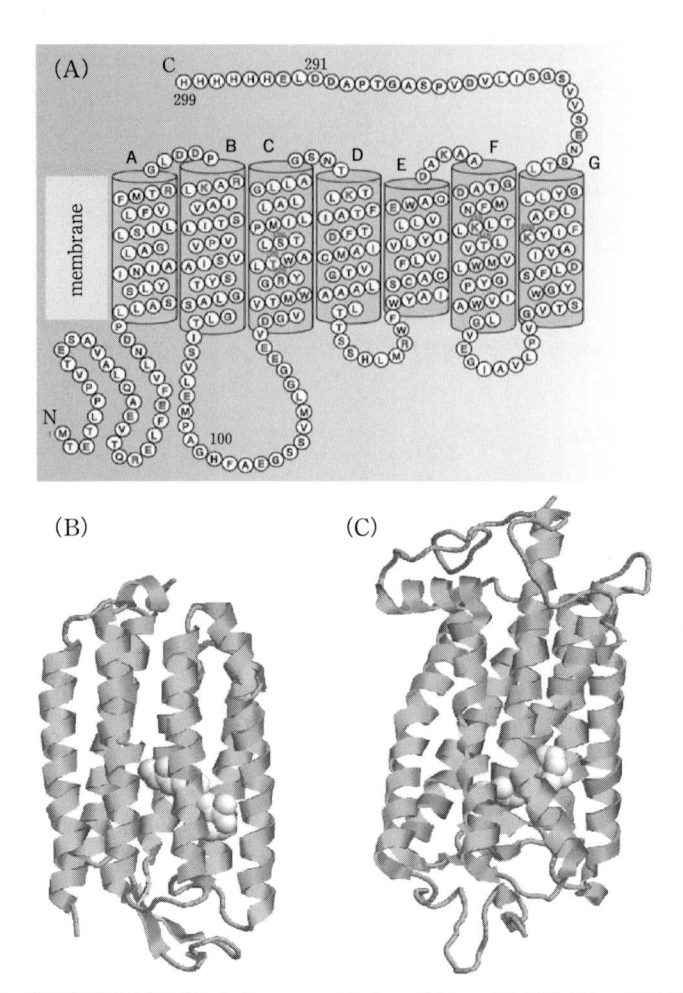

図 11-2 高度好塩菌（古細菌）由来のハロロドプシン hR の二次構造（A）と分子構造の比較（B・C）。hR（B）とウシ由来のロドプシン（C）。どちらも膜貫通 α ヘリックス（リボン）を 7 本もち，ヘリックス内部のリジンの側鎖アミノ基とレチナールがシッフ塩基結合する。光照射によってレチナールが光異性化し，この光エネルギー変換の結果，イオンポンプや光情報伝達が起こる。

状である．それは膜タンパク質の大量発現系が膜脂質成分を含む複合系であり，均一な水溶性タンパク質構築系に比べて膜タンパク質の in vitro リフォールシングと活性化ステップの構築が困難であることによる．我々は，今後のポストゲノム研究での膜タンパク質研究に向けて古細菌型ロドプシンが膜タンパク質発現系と in vitro リフォールシングのモデル系として利用できると考えている．

これまで2種類の高度好塩菌(H. salinarum と N. pharaonis)由来のハロロドプシン hR についてその機能が比較・解析されてきた．その結果，これらの hR の一次構造の一致度は66%と高く，基本機能は光駆動クロライドイオンポンプであるが，アニオン選択性，構造安定性，光異性化状態(明暗順応)などの僅かに異なる特徴が見出されてきた．2000年に H. salinarum 由来 hR の結晶構造(図11-2)が決定されたものの，可溶化系実験に必要な大量の膜タンパク質発現系がなかったために，クロライドイオン輸送チャネルの構造，レチナール異性化によるクロライドイオンの細胞外側から細胞質側へのポンプ機構のダイナミクス解析などの機能解明が効率的に進んでいなかった．そのため，我々はより安定な N. pharaonis 由来のハロロドプシンに着目し，ナノレベルの構造情報を得るために，膜タンパク質 hR を活性型で発現できる大腸菌大量発現系を構築した．この発現系で得られた hR は可溶化系でも安定で，いろいろな機能解析，構造解析への利用が期待できる．さらに大腸菌発現系では活性型 hR を内膜に形成するので，菌体ペレットの着色状態から容易に発現をチェックできる．特定のアミノ酸残基をセミランダムに変異導入し，迅速に活性型を識別できるスクリーニング系も構築できている(図11-3)．

11-3　ハロロドプシンのクロライドイオンポンプ機能に必要なアミノ酸残基

hR のクロライドイオンポンプ機構を構造解析するにはいくつかポイントがある．

暗所下(基底状態)での特徴としては，

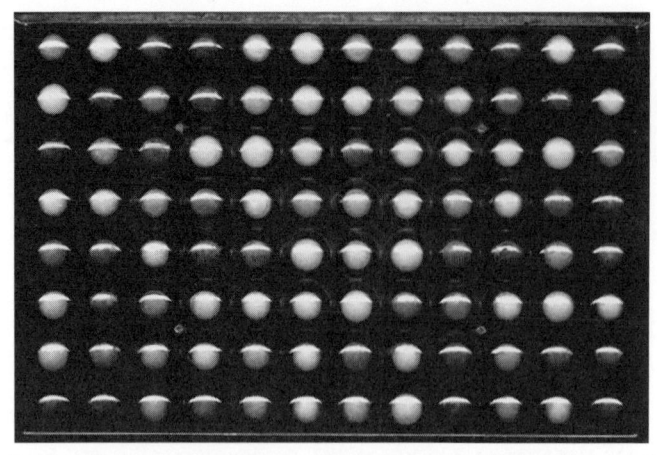

図11-3 紫，赤，橙などの色を示すハロロドプシンhRの大腸菌発現系。20種類のアミノ酸変異体タンパク質の機能を吸収波長で一度に識別することができる。口絵1参照

(1)クロライドイオン結合サイトの場所(数)とその局所構造
(2)レチナールシッフ塩基より細胞外側のクロライド取り込みチャネル構造
(3)レチナールシッフ塩基より細胞質側のクロライド放出チャネル構造
明所下(励起状態)での特徴は，
(1)光中間体の構造ダイナミクス
(2)クロライド結合サイトからのポンプのルートとスイッチ

が挙げられる。hRの結晶構造が発表される前には，バクテリオロドプシンbRの結晶構造との相同性比較による変異体活性測定から，クロライドイオンポンプのキーとなるアミノ酸残基が推定されてきた(Rüdiger and Oesterhelt, 1997)。この報告では，レチナールのシッフ塩基と細胞外側をつなぐチャネル内のクロライド結合サイトを構成するアミノ酸残基の一部は，アルギニン108とトレオニン111が担っていると推定されている。アルギニン108，トレオニン111はbRのプロトンポンプ機能に関与するアルギニン82，アスパラギン酸85に相当し，また立体構造の原子配置の点からもhRの構造機能相関を解明する上で鍵となるサイトと予想していた。

ハロロドプシンhRの結晶構造(基底状態)が解明され，過去の推定の一部

が正しく，一部が不充分であることがわかってきた．主鎖骨格はbRと比べても驚くほど類似し，C^{α}のRMSDはC-Gヘリックスで0.74Åであった．クロライド結合サイトは1箇所であると結論され，その場所はレチナールのプロトン化シッフ塩基の細胞外側に隣接し，結合水を3個と共に，3つのアミノ酸残基が相互作用している．このアミノ酸残基のなかには予測されていたアルギニン108も含まれていた．新たに，クロライドイオンの水和構造としてセリン115の側鎖水酸基も関与していることが明らかにされた（図11-4）．また，ハロロドプシンのシッフ塩基に隣接する結合水はバクテリオロドプシンの結合水の強さと違うことが示され（Shibata et al., 2005；Muneda et al., 2006），また最近の結晶構造研究では，第一のクロライドイオン結合サイトよりさらに細胞外側の界面付近に第二の結合サイトが存在するという報告もあり，クロライド取り込みチャネルの研究が進むと期待される．

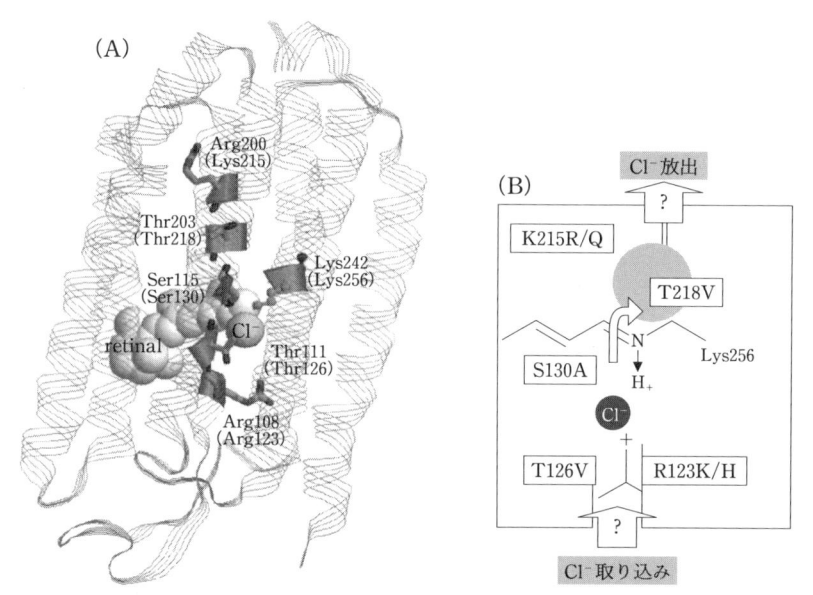

図11-4 （A）ハロロドプシンhRの結晶構造（PDB：1E12）．Clチャネルに必須と予想される *H. salinarum* hRのアミノ酸残基番号（カッコは対応する *N. pharaonis* hRの残基番号）．暗所下でCl結合安定化に関与する細胞外側残基（下側）と光励起でCl放出サイトと予想される細胞質側チャネルサイト（上側）のみ示した．（B）*pharaonis* hRで重要なアミノ酸残基配置のモデル．

クロライドイオンポンプメカニズムの最大の関心は，プロトン化シッフ塩基より細胞外側にあるクロライド結合サイトからどのようにクロライドが光駆動されて細胞質側の結合サイトへ輸送されるかというスイッチ(ナノマシン)機構の解明である。細胞質側のクロライド結合サイトの候補は，アルギニン 200/トレオニン 203 のペアがあり，1 個の結合水を配置している。我々はまず，*salinarum* hR の結晶構造をテンプレートにして，*pharaonis* hR のシッフ塩基を介する細胞質側と細胞外側のアニオンチャネル構造に重要なアミノ酸残基の変異体による解析(図 11-4A)を行なった。*pharaonis* hR 細胞外側チャネル構造と予想されるのはアルギニン 123, トレオニン 126, セリン 130 である。これらの残基番号はそれぞれ *salinarum* hR のアルギニン 108 トレオニン 111, セリン 115 に相当する。細胞質側チャネル構造では，リジン 215, トレオニン 218 である(これらは *salinarum* hR のアルギニン 200, トレオニン 203 と相同)。

暗所下でクロライドイオン滴定実験をすると，細胞外側チャネルに配置するアミノ酸残基の変異体は可視吸収波長シフト(図 11-5)とその解離定数に影響するが，細胞質側チャネル変異体では野生型 hR と同様のシフトを示し，クロライドイオン解離定数は変化しなかった。一連の結果から，*pharaonis*

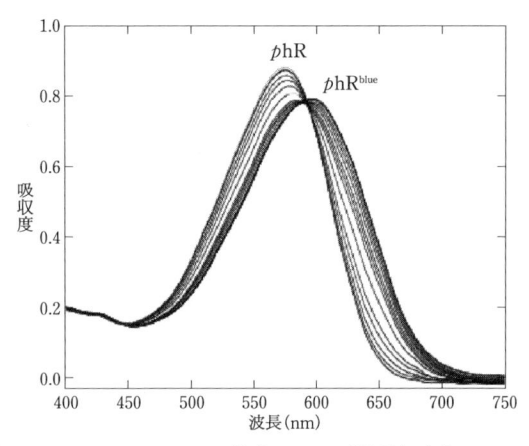

図 11-5　暗所下での *pharaonis* hR の Cl 結合による可視吸収変化。Cl フリーで 600 nm，1M NaCl 存在下で 578 nm の吸収極大を示す。

hRのシッフ塩基を挟んだアニオンチャネル構造を形成するアミノ酸残基配置の立体構造は少なくとも暗所下においては *salinarum* hR 結晶構造(基底状態)と類似であるといえる。

　光励起によって *pharaonis* hR が示すフォトサイクルは変異体によってどのように影響を受けるだろうか。図 11-6 は野生型 hR のフラッシュフォトリシス実験の結果である。暗所下で 580 nm に吸収を示す基底状態の構造はレチナールの光異性化によって励起状態となり，10 ms 以内に基底状態に戻ることがわかる。またグローバルフィッティングも良好で中間体 K，L，O に対応する崩壊速度定数が求められる。図 11-4B に示した *pharaonis* hR 変異体では，光中間体崩壊速度は細胞質側チャネルと細胞外側チャンネルの両方の変異体が共に野生型 hR から変化した。特に，セリン 130 は暗所下でのクロライド水和構造の安定化に関与すると共に，光励起後のクロライド輸送過程でも最も影響が大きかった。このように変異体の性質を調べることで光駆動するクロライドポンプのチャネル構造とスイッチの鍵となるアミノ酸残基の一部がようやくわかってきた(Sato et al., 2002, 2003a, b, 2005)。

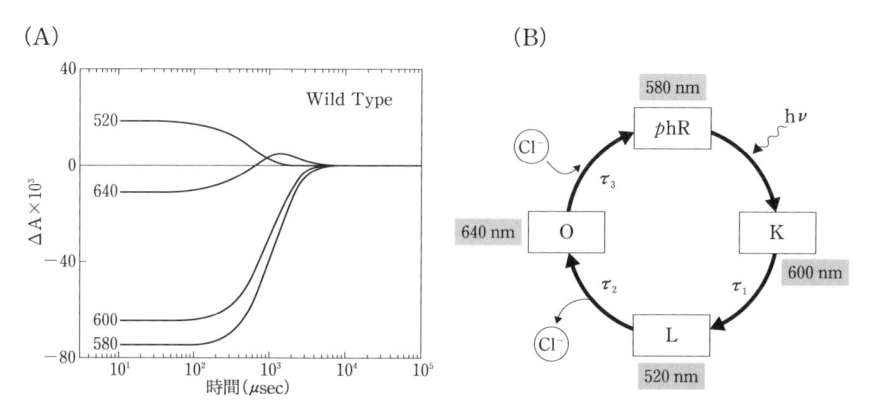

図 11-6　フラッシュフォトリシス実験。(A) *pharaonis* hR にレーザーフラッシュ光照射後の光中間体構造の形成と崩壊を表わす吸収スペクトルの時間分解。10 μs〜100 ms の時間領域で観測した。左の波形は実測(実線)と計算(破線)を示す。(B) フォトサイクルとして表わした光中間体の変化。

11-4　ハロロドプシンの三量体ナノ構造の形成

　ハロロドプシン hR は図 11-2 にあるように脂質二重層を貫通する 7 本のヘリックスが安定に折たたまれて活性型立体構造を形成している。バクテリオドプシン bR と共に hR はまた脂質膜中で多量体を形成することが電子顕微鏡や AFM，CD で示された (Sasaki et al., 2005)。hR の結晶構造は bR 様の三量体である。高度好塩菌の膜は，古細菌特有のエーテル型脂質（グリセロールにイソプレノイドアルコールがエーテル結合した脂質骨格）からなる。古細菌のエーテル型脂質はグリセロールに炭化水素の結合する位置が sn-2，3 位であり，大腸菌などの真正細菌 (sn-1，2 位) とは異なる。これまで，古細菌型ロドプシンの多量体 (二次元結晶) 形成は，タンパク表面の古細菌脂質 (境界脂質) の存在が複合体形成を安定化すると考えられてきた。ところが我々が大腸菌で発現するハロロドプシンの分子間相互作用を調べてみると，驚くことにほとんどが三量体ナノ構造をつくっていたのである (Sasaki et al., 未発表)。しかも，この三量体ナノ構造は界面活性剤の種類によるが (Kubo et al., 2005)，ハロロドプシンを可溶化して脂質成分を取り除いても三量体を保持できたのである (図 11-7)。

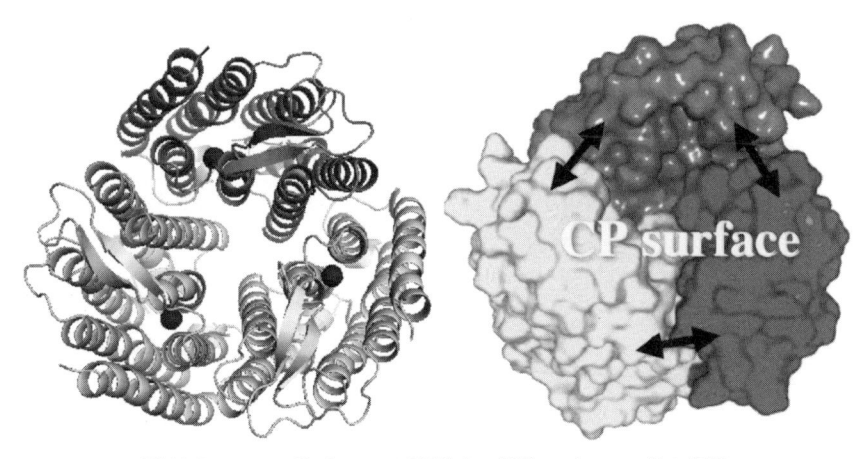

図 11-7　ハロロドプシンの三量体ナノ構造モデル。口絵 2 参照

また，古細菌ロドプシンの内，光情報伝達の光センサーとして働くpR (sRII)は，脂質分子内で特定のタンパク質（トランスデューサー）との間で分子認識してpRの光情報がトランスデューサーへ伝達されることがわかっている（図11-1）。ハロロドプシンは本来光駆動クライドイオンポンプであるが，pRの分子認識サイトをハロロドプシンに導入すると，トランスデューサーと結合できる性質を示すことがわかった(Hasegawa et al., 2006)。このような分子認識サイトの導入と相互作用が増強される仕組み，クロライドイオンのポンプ活性とナノ構造形成との関係などさらに解明できれば，創薬ターゲットの膜タンパク質モデルスクリーニングシステムなどへの応用も期待できる。

引用文献

Falb, M., Pfeiffer, F., Palm, P., Rodewald, K., Hickmann, V., Tittor, J. and Oesterhelt, D. 2005. Living with two extremes: Conclusions from the genome sequence of Natronomonas pharaonis. Genome Res., 15: 1336-1343.

Hasegawa, C., Kikukawa, T., Miyauchi, S., Seki, A., Sudo, Y., Kubo, M., Demura, M. and Kamo, N. 2006. Interaction of the halobacterial transducer to a halorhodopsin mutant engineered so as to bind the transducer: Cl- circulation within the extracellular channel. Photochem. Phoobiol., submitted.

Kolbe, M., Besir, H., Essen, L.-O. and Oesterhelt, D. 2000. Structure of a light-driven chloride pump at 1.8 Å resolution. Science, 288: 1390-1396.

Kubo, M., Sato, M., Aizawa, T., Kojima, C., Kamo, N., Mizuguchi, M., Kawano, K. and Demura, M. 2005. Disassembling and bleaching of chloride-free pharaonis halorhodopsin by octyl-beta-glucoside. Biochemistry, 44: 12923-12931.

Muneda, N., Shibata, M., Demura, M. and Kandori, H. 2006. Internal water molecules of the proton-pumping halorhodopsin in the presence of azide. J. Am. Chem. Soc., 128: 6294-6295.

Ng, W.V., Kennedy, S.P., Mahairas, G.G., Berquist, B., Pan, M., Shukla, H.D., Lasky, S.R., Baliga, N.S., Thorsson, V., Sbrogna, J., Swartzell, S., Weir, D., Hall, J., Dahl, T.A., Welti, R., Goo, Y.A., Leithauser, B., Keller, K., Cruz, R., Danson, M.J., Hough, D.W., Maddocks, D.G., Jablonski, P.E., Krebs, M.P., Angevine, C.M., Dale, H., Isenbarger, T.A., Peck, R.F., Pohlschroder, M., Spudich, J.L., Jung, K.W., Alam, M., Freitas, T., Hou, S., Daniels, C.J., Dennis, P.P., Omer, A.D., Ebhardt, H., Lowe, T.M., Liang, P., Riley, M., Hood, L. and DasSarma, S. 2000. Genome sequence of Halobacterium species NRC-1. Proc. Natl. Acad. Sci. USA, 97: 12176-12181.

Okada, T., Sugihara, M., Bondar, A.N., Elstner, M., Entel, P. and Buss, V. 2004. The retinal conformation and its environment in rhodopsin in light of a new 2.2 A crystal structure. J. Mol. Biol., 342: 571-583.

Rüdiger, M. and Oesterhelt. D. 1997. Specific arginine and threonine residues control

anion binding and transport in the light-driven chloride pump halorhodopsin. EMBO J., 16: 3813-3821.
Sasaki, T., Sonoyama, M., Demura, M. and Mitaku, S. 2005. Photobleaching of bacteriorhodopsin solubilized with Triton X-100. Photochemistry and Photobiology, 81: 1131-1137.
Sato, M., Kanamori, T., Kamo, N., Demura M. and Nitta, K. 2002. Stopped-flow analysis on anion binding to blue-form halorodopsin from natronobacterium pharaonis: Comparison with anion-uptake process during photocycle. Biochemistry, 41: 2452-2458.
Sato, M., Kikukawa, T., Araiso, T., Okita, H., Shimono, K., Kamo, N., Demura, M. and Nitta, K. 2003a. Roles of Ser130 and Thr126 in chloride binding and photocycle of pharaonis halorhodopsin. J. Biochem., 134: 151-158.
Sato, M., Kikukawa, T., Araiso, T., Okita, H., Shimono, K., Kamo, N., Demura, M. and Nitta, K. 2003b. Ser-130 of Natronobacterium pharaonis halorhodopsin is important for the chloride binding. Biophys. Chem., 104: 209-216.
Sato, M., Kubo, M., Aizawa, T., Kamo, N., Kikukawa, T., Nitta, K. and Demura, M. 2005. Role of putative anion-binding sites in cytoplasmic and extracellular channels of natronomonas pharaonis halorhodopsin. Biochemistry, 44: 4775-4784.
Shibata, M., Muneda, N., Sasaki, T., Shimono, K., Kamo, N., Demura, M. and Kandori, H. 2005. Hydrogen-bonding alterations of the protonated schiff base and water molecule in the chloride pump of natronobacterium pharaonis. Biochemistry, 44: 12279-12286.

第12章 真核生物の転写制御因子によるDNA配列認識
ドメイン間の協調性による認識の多様化

北海道医療大学薬学部/居弥口大介,
北海道大学大学院先端生命科学研究院/田中 勲

はじめに

1990年に始まったヒトゲノム計画は，当初の予定よりも2年早く2003年に解読を終了した。その結果，ヒトの遺伝子はそれまでの予想を大幅に下まわる，約3万2000個であることが判明した。しかし，このヒトゲノム解読完了後の2004年，より正確な解析を行なった結果，さらに少なく約2万2000個であるとされた。この数は，より下等な生物である線虫やハエと比較してもそれほど大きな違いがない。このことから，生物の複雑さは遺伝子数のみではなく，その発現制御の複雑さもまた重要であることがあらためて認識されることとなった。遺伝子の発現は，転写，翻訳，あるいは翻訳後修飾などさまざまなステップにおいて調節されているが，特にその最初の調節過程である転写は，遺伝子発現制御の要であるといえる。

12-1 真核生物における転写制御

転写因子は，大きく分けて基本転写因子と転写制御因子という2種類のタ

ンパク質群からなる．基本転写因子は，RNAポリメラーゼと共にプロモーター上に転写開始複合体を形成し，転写そのものを開始するために必要な因子である．一方，転写制御因子はプロモーター，あるいはエンハンサーと呼ばれるプロモーターから離れた領域にあるDNA配列に結合し，転写開始複合体と相互作用することによって転写反応を活性化する．転写開始複合体との相互作用は，直接的に行なう場合もあるが，コアクチベーターと呼ばれるタンパク質を介することによって間接的に行なう場合もある．このことから，プロモーターあるいはエンハンサーに結合する転写制御因子の種類と共に，コアクチベーターの種類によっても転写活性が影響を受けることとなる．

　このように，真核生物における個々の遺伝子の発現制御は，転写制御因子がプロモーターあるいはエンハンサー上の特異的なDNA配列に結合することによって行なわれる．しかしながら遺伝子の数に相当する数の転写制御因子が存在するわけではない．転写因子の数がどれくらいあるのかということに対しては，現在のところさまざまなデータがあるが，おそらくは全遺伝子のおよそ1割程度であろうという見積もりがある．このように限られた数の転写制御因子によって複雑な発現調節を行なうため，真核生物では1種類の遺伝子の転写活性を制御するために複数の転写制御因子がプロモーターあるいはエンハンサー上に結合し，巨大な転写複合体を形成する（図12-1）．このことは，逆にいえば1種類の転写制御因子が多様なDNA配列に対して特異

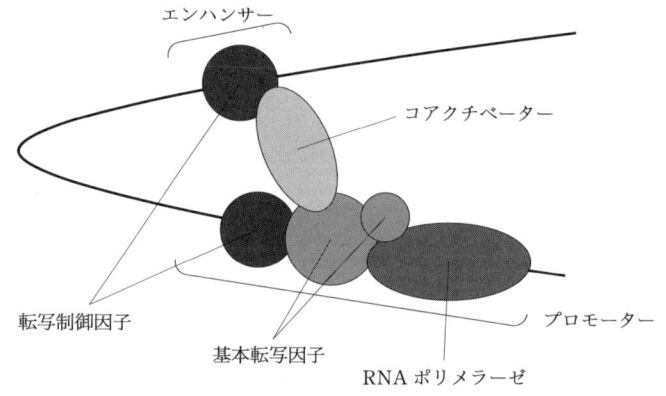

図12-1　プロモーターおよびエンハンサー上に形成される転写複合体モデル

性をもって結合することが必要であり，そのためにこれらのタンパク質のDNA配列認識機構は，非常に複雑な様相を呈することになる。

12-2 転写制御因子のDNA結合領域

一般的に，真核生物の転写制御因子は複数の機能ドメインからなるマルチドメインタンパク質であり，調節領域，転写活性化領域，およびDNA結合領域からなっている。調節領域は，個々の転写制御因子に特異的なリガンドが結合することにより，その転写活性化能に影響を与える。転写活性化領域は酸性アミノ酸などが多くみられ，基本転写因子あるいはコアクチベーターとの相互作用部位である。真核生物の転写制御因子にみられるDNA結合領域には，いくつかの保存されたモチーフが存在することが明らかになっている。代表的な例を図12-2に挙げる。

ホメオドメインおよびフォークヘッドは，原核生物にみられるヘリックス-ターン-ヘリックスモチーフに類似した構造をもっており，これによってDNAと結合する(Fraenkel et al., 1998; Jin et al., 1999)。Znフィンガーは，2つ

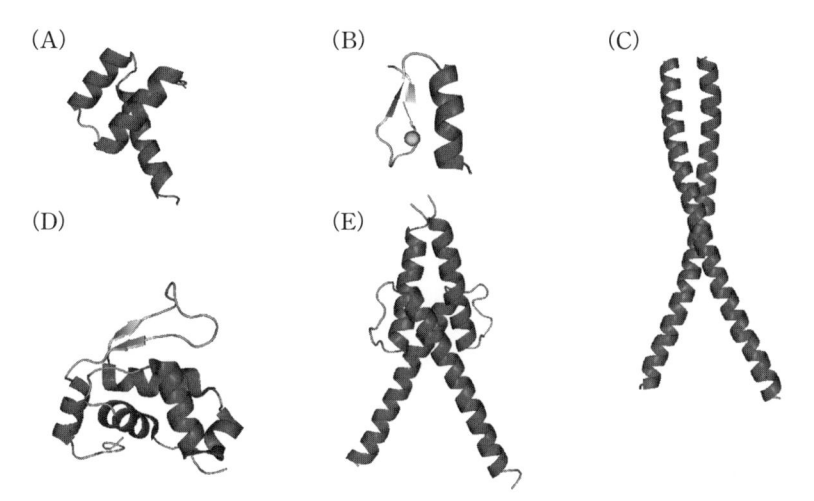

図12-2 代表的なDNA結合モチーフ。(A)ホメオドメイン(PDB: 3HDD)，(B)Znフィンガー(PDB: 1ZAA)，(C)塩基性ロイシンジッパー(PDB: 1FOS)，(D)フォークヘッド(PDB: 2HDC)，(E)塩基性ヘリックス-ループ-ヘリックス(PDB: 1MDY)

のシステイン残基と2つのヒスチジン残基によってZn^{2+}をキレートするタイプ(図12-2B)と，4つのシステイン残基によってZn^{2+}をキレートするタイプがある(Pavletich and Pabo, 1991)。塩基性ロイシンジッパーは，2本のαヘリックスがcoiled coil構造を形成し，その先端で，DNAと結合する(Glover and Harrison, 1995)。塩基性ヘリックス-ループ-ヘリックスもまた二量体を形成してDNAと結合する(Ma et al., 1994)。特徴的なのは，いずれのモチーフにおいても，おもにαヘリックスを用いてDNAを認識することと，そして比較的短いアミノ酸配列によってモチーフが形成されている点である。このことは，これらのモチーフが単独で認識できるDNA配列が比較的短いということを意味しているが，真核生物では複数の転写制御因子が同時にDNA配列を認識することによって，全体として複雑な転写制御を可能にするに足る長さのDNA配列の認識を獲得している。逆にいえば，個々の転写制御因子がもつ認識DNA配列が短いことによって，他の転写制御因子との協調的な認識を可能にしており，より複雑な制御を獲得しているといえる。

12-3　協調的DNA結合によるDNA配列認識

　ある遺伝子のプロモーター(あるいはエンハンサー)に対して複数の転写制御因子が結合して，認識配列を長くすることによって選択性の高い転写制御を行なうことができるが，真核生物は，異なる転写制御因子が協調的にDNAに結合することにより，さらに高度なDNA配列認識機構をもっている。

　酵母の接合型の決定に重要な転写制御因子であるホメオドメインタンパク質MATα2は，MATa1またはMCM1と協調的にDNA結合することにより，その接合型を決定している。MATα2単独，MATα2/MATa1複合体，MATα2/MCM1複合体それぞれのDNAとの結合型の結晶構造が解析されている(Li et al., 1995; Tan and Richmond, 1998; Wolberger et al., 1991；図12-3)。MATa1は単独ではDNAと結合しないが，MATα2とヘテロダイマーを形成することにより，DNA配列を認識することができる。MATα2は，MATa1との相互作用によってホメオドメインのC末端側に新しいヘリッ

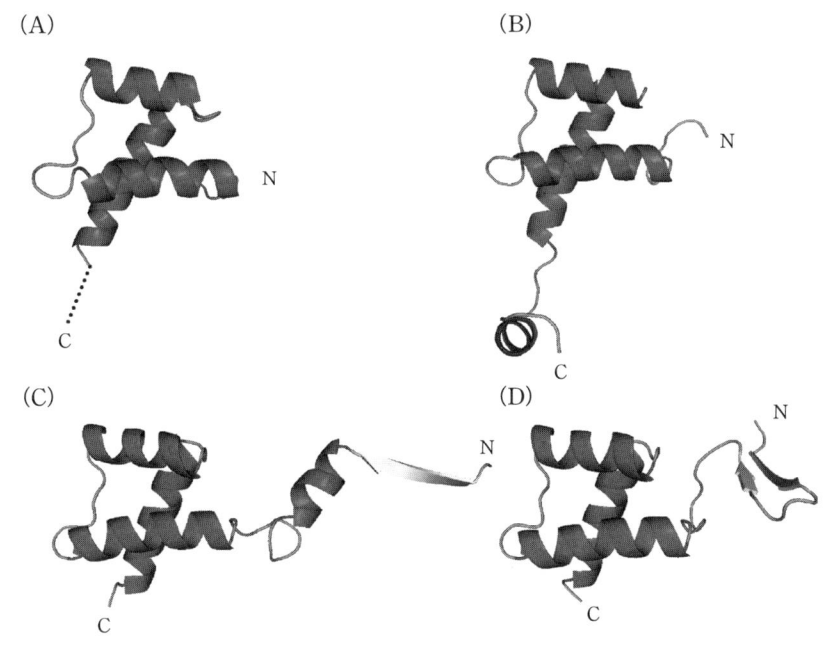

図 12-3　MATα2 のホメオドメインの構造変化。複合体構造中の MATα2 ホメオドメイン構造のみを抜粋。(A) MATα2/DNA (PDB: 1APL)。点線は電子密度が不明瞭である(安定した構造をとっていない)ために構造決定されなかった領域。(B) MATα2/MATa1/DNA (PDB: 1YRN)。C 末端のヘリックスによって MATa1 とヘテロダイマーを形成。(C) MATα2/MCM1/DNA (PDB: 1MNM)。(D) MATα2/MCM1/DNA (PDB: 1MNM)。MCM1 と相互作用することにより β ターンを N 末端側に形成。

クスを形成する(図12-3B)。一方，MCM1 との複合体構造では，MCM1 ホモダイマーと 2 つの MATα2 が協調して DNA に結合しているが，これら 2 つの MATα2 構造を比較すると，ホメオドメインの N 末端側の二次構造が異なっている。一方の MATα2 は MCM1 と相互作用することにより α ヘリックス構造を形成しているが(図12-3C)，他方では β ターン構造を形成している(図12-3D)。この領域はカメレオン配列 chameleon sequence と呼ばれる 7 個のアミノ酸残基からなっており，周りの環境によって二次構造を変化させることができる。このように，MATα2 は共同で転写制御を行なう相手によって構造が変化することにより，認識する DNA 配列に多様性を生み出している。

12-4　分子内に複数のDNA結合ドメインをもつ転写制御因子

真核生物の転写制御因子では，1つのタンパク質のなかに複数のDNA結合ドメインを含んでいるものがある．図12-4は，このような転写制御因子とDNAとの複合体結晶構造の例である．

Zif268は連続して並ぶ3つのZnフィンガーモチーフをもった転写制御因子である(Pavletich and Pabo, 1991；図12-4A)．1つのZnフィンガーが認識するDNA配列は僅か3塩基対に過ぎないが，これらが3つ並ぶことによって3倍の長さのDNA配列を認識することが可能になる．

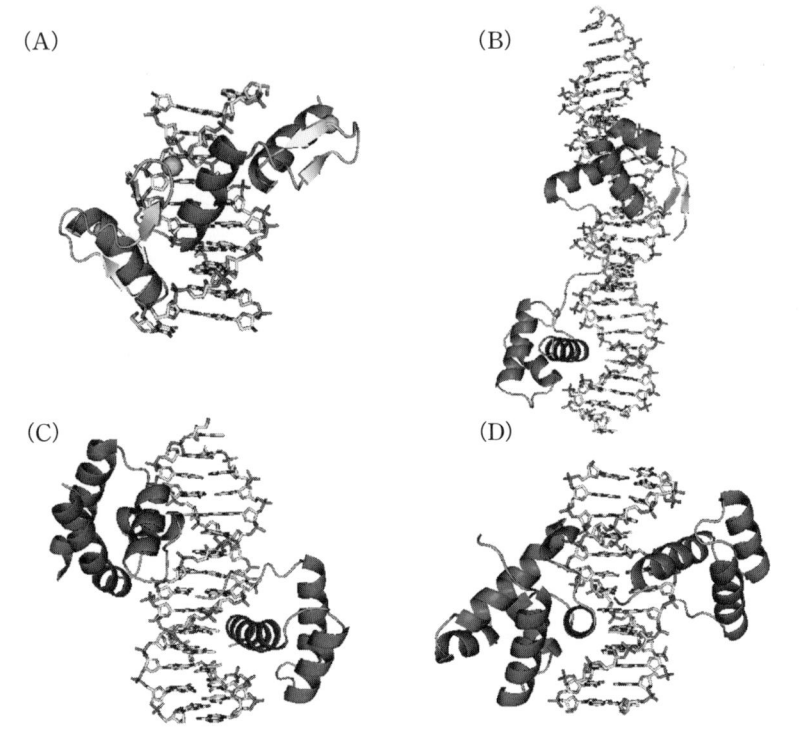

図12-4　分子内に複数のDNA結合ドメインをもつ転写制御因子とDNAの複合体結晶構造．(A) Zif268/DNA複合体(PDB: 1ZAA)，(B) Pax6/DNA複合体(PDB: 6PAX)，(C) Oct-1/DNA複合体(PDB: 1OCT)，(D) HNF-6/DNA複合体(PDB: 2D5V)

Pax-6のDNA結合領域は，15アミノ酸残基程度のリンカーで結ばれた2つのホメオドメイン様DNA結合ドメイン（NサブドメインおよびCサブドメイン）からなっている（Xu et al., 1999；図12-4B）。N末端側に位置するNサブドメインは，ホメオドメインとβターンからなっている。ホメオドメインが単独で認識することができるDNA配列はそれほど長くはなく，NサブドメインとCサブドメインそれぞれが5塩基対ずつである。しかしながら両ドメインを合わせると10塩基対の長さを認識することが可能となり，さらにNサブドメインは付加的にβターンをもつことで3塩基対長く認識し，そして両ドメインをつないでいるリンカー領域もまたDNAと結合することにより，全体として17塩基対もの長さを認識することを可能としている。

Oct-1は，C末端側のホメオドメインと，POU特異的ドメインと呼ばれるN末端側のドメインからなり，25アミノ酸残基程度のリンカーがこれらをつないでいる（Klemm et al., 1994；図12-4C）。2つのドメインによって10塩基対の長さのDNA配列を塩基認識しているが，リンカー領域が直接的に塩基を認識していない点がPax-6と異なっている。しかしながらリンカーがまったく塩基認識に関与していないわけではない。リンカー領域のアミノ酸の数を2から37まで変えることによって，さまざまなリンカーの長さをもったものを作製し，DNAとの結合力を比較する実験が行なわれている（van Leeuwen et al., 1997）。その結果，リンカーでつながれている2つのドメイン間の距離が変わることにより，それぞれのドメインが単独で認識する配列の位置関係（相対距離，あるいは方向）が異なるさまざまなDNA配列を認識することが可能となった。このように，リンカー領域が間接的にDNA認識に影響を与える場合もある。

DNA結合領域のドメイン構造がOct-1とよく似た転写制御因子にHNF-6がある（図12-4D）。このタンパク質はONECUTタイプのホメオドメインタンパク質と呼ばれ，ホメオドメインのN末端側にCUTドメインという，Oct-1のPOU特異的ドメイン（POUs）と全体的な構造がよく似たドメインをもっている。さらに，CUTドメインとホメオドメインを結ぶリンカーの長さもOct-1とほとんど変わらない。しかしながらDNAとの複合体構造をみてみると，DNAに結合している2つのドメイン間の相対位置が，Oct-1

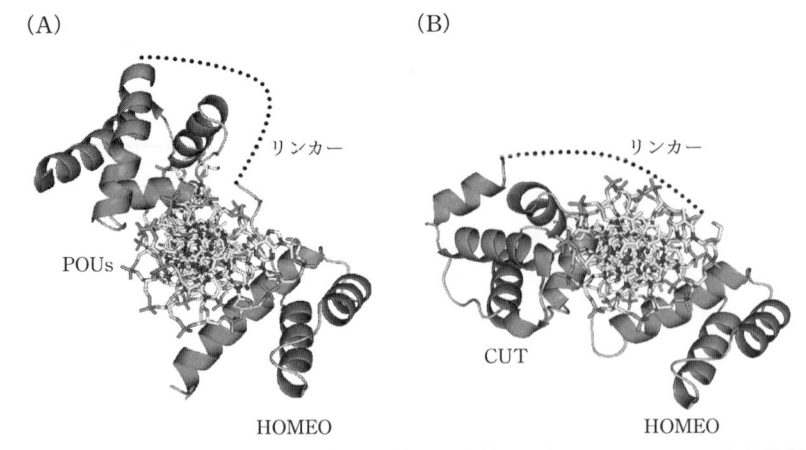

図 12-5　Oct-1 と HNF-6 の DNA 複合体構造の比較。(A) Oct-1 と DNA の複合体構造を上からみた図 (PDB: 1OCT)，(B) HNF-6 と DNA の複合体構造を上からみた図 (PDB: 2D5V)

とは異なっている(図12-5)。HNF-6の場合は，リンカーを介してDNAの周りをほぼ1周して，完全に巻き付くようにして結合している。その結果，DNAとの結合において2つのドメイン間で強い協調性が生まれている。

12-5　分子内ドメイン間の協調的DNA結合

　HNF-6タンパク質は，おもに肝細胞で発現する転写制御因子で，肝臓などの組織の発生や分化，増殖などを制御する他，糖代謝に関連するさまざまなタンパク質の発現を制御している。HNF-6が認識するプロモーターとして数多くの種類が知られているが，なかでもトランスサイレチン(TTR)およびHNF-3βという2つのタンパク質のプロモーターについて，よく研究されている(Lannoy et al., 1998; Lannoy et al., 2000)。前述したように，HNF-6のDNA結合領域はCUTドメインとホメオドメインの2つのドメインからなっているが，TTRプロモーターを認識する時には両ドメインがDNAに結合するのに対し，HNF-3βプロモーターの場合はCUTドメインのみがDNAに結合する。さらに，それぞれのプロモーターを活性化する時のコアクチベーターとの相互作用する部位が異なり，そして相互作用するコアクチ

ベーターの種類もまた異なる(Lannoy et al., 2000)。TTR プロモーターの場合は CBP が，HNF-3β プロモーターの場合は p/CAF が HNF-6 と相互作用して転写活性化を行なう(図12-6)。

このように，HNF-6 は認識するプロモーターの種類に応じて DNA との結合の仕方を変えることにより(一方では両ドメインが結合し，他方では CUT ドメインのみが結合する)，コアクチベーターと相互作用する部位が変化する。そしてプロモーター上で相互作用するコアクチベーターの種類を変更することによって，転写活性化能に違いを生み出している。このような変化は，当然ながら認識するプロモーターの DNA 配列の違いから生まれるが，興味深いことに，これら2種類のプロモーターの HNF-6 が結合する領域の違いは，僅か1塩基対に過ぎない。どのようにして，この1塩基対の差異から DNA 結合様式，そしてコアクチベーターとの相互作用の違いを生み出しているかについては，TTR プロモーターとの複合体の結晶構造から説明される。

前述したように，HNF-6 が TTR プロモーターを認識する時は CUT ドメインとホメオドメインが DNA に結合する。しかしながら，それぞれのドメイン単独ではこのプロモーターに結合することができないことがわかっており，このことから明らかに2つドメインが協調的に DNA に結合することがわかる。そしてこの協調性は，DNA の構造変化によるものであることが

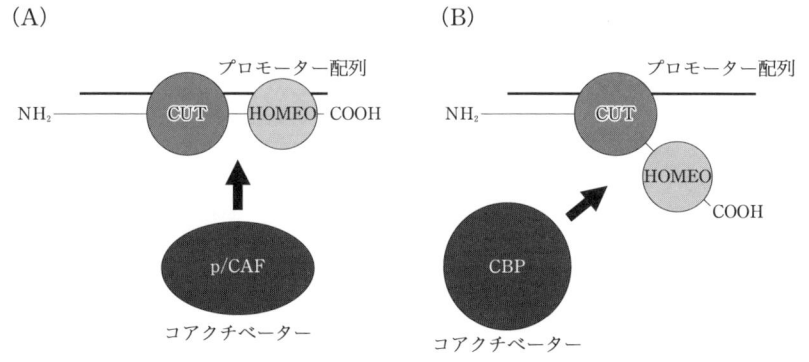

図 12-6 HNF-6 によるプロモーター配列認識の模式図。(A) TTR プロモーターの認識。CUT およびホメオドメインがプロモーターに結合。p/CAF が HNF-6 と相互作用する。(B) HNF-3β プロモーターの認識。CUT ドメインのみがプロモーターに結合。CBP が HNF-6 と相互作用する。

結晶構造から明らかになった(図12-7)。また，2つのプロモーター間で異なる塩基対を認識しているのはホメオドメインのもつアスパラギン残基とアルギニン残基であることがわかった。DNA非結合型の構造と比較すると，DNAと結合することによってCUTドメインが構造変化を起こしており，このことは，すなわちDNAと結合する時，構造変化を起こしているDNAに対して自らも構造を変化しながらDNAに結合している(誘導適合)ことを示唆している。ホメオドメイン単独では，僅か1塩基対の違いによる結合力の差は小さなものである。しかしながら，CUTドメインとホメオドメインが同時にDNAに結合していく過程でDNA構造が変化し，その変化がそれぞれのドメインのDNAへの親和性の変化(CUTドメインの誘導適合を含む)へとフィードバックすることにより，結果的にはまったく異なる結合様式を生み出し，さらにはコアクチベーターとの相互作用の変化を生み出すことになる。このように，HNF-6タンパク質は分子内にある2つのドメインを巧みに用いることによって，DNA構造の変化を介した協調的DNA結合から，配列がほとんど変わらないプロモーターにおいても，転写活性化能の違いを導き出すことを可能にしている。

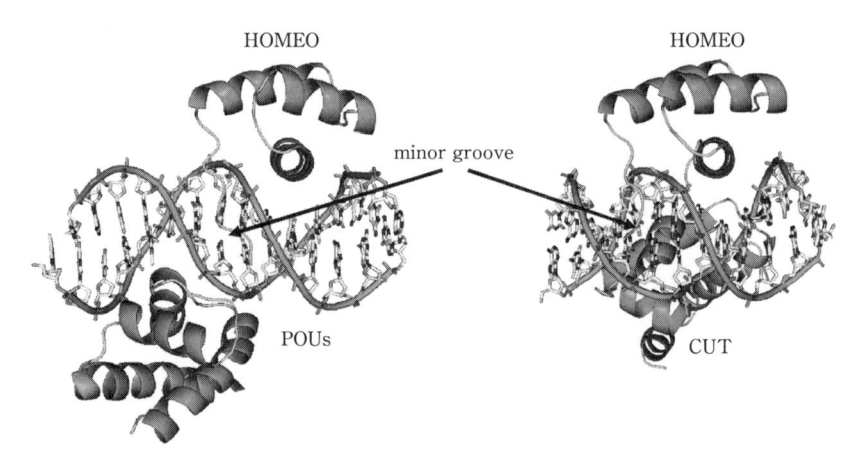

図12-7　Oct-1とHNF-6のDNA複合体構造の比較。DNAの副溝(minor groove)が，HNF-6(右図)ではおよそ1.5倍に拡がっている。一方，Oct-1(左図)では，そのようなDNA構造の変化はみられない。

おわりに

　生体内の多様な生理活動を制御するためには，さまざまな遺伝子の発現を高い選択性をもって制御しなければならない。真核生物では，数少ない転写制御因子を用いて高度な発現制御システムを構築するため，分子間あるいは分子内の異なる DNA 結合ドメイン間の協調性を利用することよって，より高度な配列認識システムを生み出している。このような協調性を含むシステムは，転写制御因子の DNA 配列認識のみならず，生体内のさまざまな場面で利用されており，それらの制御システムの高度化に役立っている。

引用文献

Fraenkel, E., Rould, M.A., Chambers, K.A. and Pabo, C.O. 1998. Engrailed homeodomain-DNA complex at 2.2 A resolution: a detailed view of the interface and comparison with other engrailed structures. J. Mol. Biol., 284: 351-361.

Glover, J.N. and Harrison, S.C. 1995. Crystal structure of the heterodimeric bZIP transcription factor c-Fos-c-Jun bound to DNA. Nature, 373: 257-261.

Jin, C., Marsden, I., Chen, X. and Liao, X. 1999. Dynamic DNA contacts observed in the NMR structure of winged helix protein-DNA complex. J.Mol.Biol., 289: 683-690.

Klemm, J.D., Rould, M.A., Aurora, R., Herr, W. and Pabo, C.O. 1994. Crystal structure of the Oct-1 POU domain bound to an octamer site: DNA recognition with tethered DNA-binding modules. Cell, 77(1): 21-32.

Lannoy, V.J., Burglin, T.R., Rousseau, G.G. and Lemaigre, F.P. 1998. Isoforms of hepatocyte nuclear factor-6 differ in DNA-binding properties, contain a bifunctional homeodomain, and define the new ONECUT class of homeodomain proteins. J. Biol. Chem., 273(22): 13552-13562.

Lannoy, V.J., Rodolosse, A., Pierreux, C.E., Rousseau, G.G. and Lemaigre, F.P. 2000. Transcriptional stimulation by hepatocyte nuclear factor-6. Target-specific recruitment of either CREB-binding protein (CBP) or p300/CBP-associated factor (p/CAF). J. Biol. Chem., 275(29): 22098-22103.

Li, T., Stark, M.R., Johnson, A.D. and Wolberger, C. 1995. Crystal structure of the MATa1 / MAT alpha 2 homeodomain heterodimer bound to DNA. Science, 270: 262-269.

Ma, P.C., Rould, M.A., Weintraub, H. and Pabo, C.O. 1994. Crystal structure of MyoD bHLH domain-DNA complex: perspectives on DNA recognition and implications for transcriptional activation. Cell, 77: 451-459.

Pavletich, N.P. and Pabo, C.O. 1991. Zinc finger-DNA recognition: crystal structure of

a Zif268-DNA complex at 2.1 A. Science, 252: 809-817.
Tan, S. and Richmond, T.J. 1998. Crystal structure of the yeast MATalpha2/MCM1/DNA ternary complex. Nature, 391: 660-666.
van Leeuwen, H.C., Strating, M.J., Rensen, M., de Laat, W. and van der Vliet, P.C. 1997. Linker length and composition influence the flexibility of Oct-1 DNA binding. EMBO J., 16: 2043-53.
Wolberger, C., Vershon, A.K., Liu, B., Johnson, A.D. and Pabo, C.O. 1991. Crystal structure of a MAT alpha 2 homeodomain-operator complex suggests a general model for homeodomain-DNA interactions. Cell, 67(3): 517-528.
Xu, H.E. et al. 1999. Crystal structure of the human Pax6 paired domain-DNA complex reveals specific roles for the linker region and carboxy-terminal subdomain in DNA binding. Genes Dev, 13(10): 1263-1275.

第13章 好中球活性酸素発生系の構造生物学

北海道大学大学院薬学研究院/小椋賢治・稲垣冬彦

はじめに

　好中球は侵入した細菌を貪食し，殺菌するという生体防御の最前線の役割を果たしている。殺菌には，NADPHオキシダーゼという酵素が重要な役割を担っている。NADPHオキシダーゼは，細菌の非貪食状態(休止状態)では不活性型をとるが，細菌貪食時において特異的に活性化される。その機能は，電子供与体としてのNADPHを用いて，酸素から活性酸素への化学反応を触媒することである。その結果生成された活性酸素は活性酸素種へ変換され，強力な殺菌剤として作用する。NADPHオキシダーゼの遺伝的欠損症である慢性肉芽腫症の患者は重篤な感染症を繰り返し，若年の内に死に至ることからも，この酵素の重要性は理解できる。一方，殺菌剤として有用な活性酸素種は自分自身の細胞も傷つけてしまう恐れがあるため，NADPHオキシダーゼの活性化は，厳密に制御される必要がある(Babior, 1999; Nauseef, 1999; Segal et al., 2000)。本章では，NADPHオキシダーゼの機能制御の中枢を担う分子である p47^{phox} の立体構造および分子間相互作用を中心に，NADPHオキシダーゼ活性制御の全体像について述べる。

13-1　NADPHオキシダーゼ活性制御の概要

　NADPHオキシダーゼの触媒作用の本体は，細胞膜に埋め込まれたフラボシトクロム b_{558} である．フラボシトクロム b_{558} は，gp91^{phox} とp22^{phox} の2つのサブユニットから構成されている．gp91^{phox} は，NADPH，FADおよびヘム結合部位をもっているため，活性酸素発生能をもつ触媒作用中心であると考えられている．電子は，NADPH → FAD → ヘム → 酸素分子の経路で伝達され，酸素分子は負電荷を帯びた活性酸素に変換される．ところが，gp91^{phox}（あるいはフラボシトクロム b_{558}）単独では，活性酸素を発生させることはできない．その活性化には，NADPHオキシダーゼに特異的な細胞質因子タンパク質群が必要である．細胞質因子とは，低分子量Gタンパク質であるRacおよび調節サブユニットであるp40^{phox}，p47^{phox} およびp67^{phox} 三者タンパク質複合体のことをいう．NADPHオキシダーゼの活性化の際には，Racおよび調節サブユニットの両者が同時に活性型となり，立体構造変化を起こし，細胞質因子タンパク質群すべてが細胞質から細胞膜へ移動してフラボシトクロム b_{558} と結合することが必要である（図13-1；Koga et al., 1999; Sumimoto et al., 1996; Takeya and Sumimoto, 2003）．

　NADPHオキシダーゼ活性化に必須な細胞質因子タンパク質群の内，p40^{phox}，p47^{phox}，およびp67^{phox} のドメイン構造を図13-2に示す．p47^{phox} は，PXドメイン，2つのSH3ドメイン，塩基性アミノ酸に富む領域（PBR），およびプロリンに富む領域（PRR）から構成されるマルチドメインタンパク質である．一般にPXドメインは，ホスファチジルイノシトールリン酸を結合する機能をもち，細胞膜への局在を決定する働きがあることが知られているが，p47^{phox} のPXドメインの機能はまだよくわかっていない（Ellson et al., 2002）．PXドメインの後方には，SH3ドメインが2個配置されている．SH3ドメインは細胞内シグナル伝達タンパク質に数多くみられ，標的タンパク質のPRRの約10個のアミノ酸配列を特異的に認識して結合する機能をもつ（Pawson and Gish, 1992）．一般にSH3ドメインは，その標的タンパク質と1対1で結合するが，p47^{phox} の2つのSH3ドメインは，協同的に標的

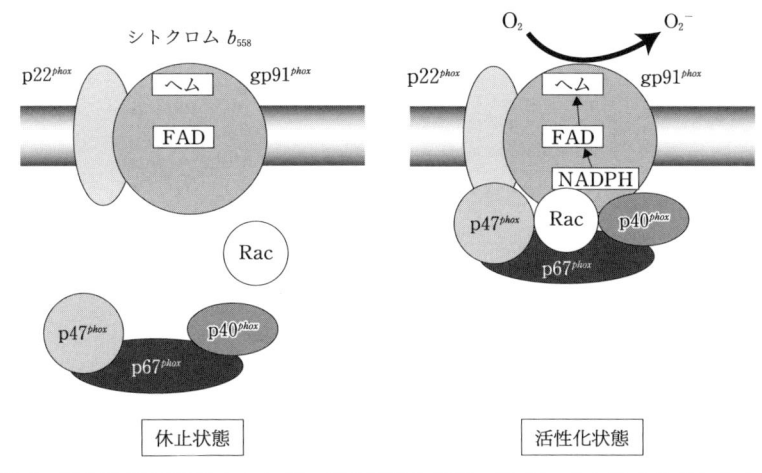

第13章 好中球活性酸素発生系の構造生物学　167

図13-1 好中球NADPHオキシダーゼの活性化機構。膜タンパク質フラボシトクロム b_{558}，Racおよび細胞質因子複合体($p47^{phox}$，$p67^{phox}$，$p40^{phox}$)が細胞刺激により集合し，NADPHオキシダーゼが活性化され，活性酸素発生の触媒として機能する。

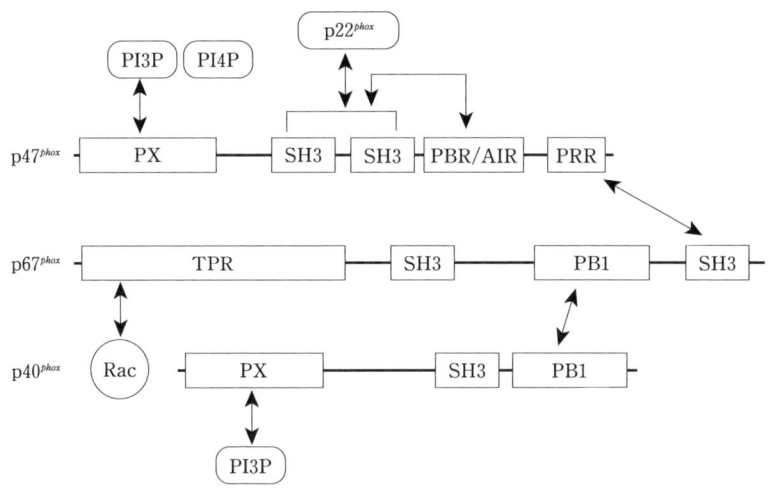

図13-2 NADPHオキシダーゼ細胞質因子のドメイン構成。ドメイン間相互作用を矢印で示す。

タンパク質に対して結合することが知られており(Sumimoto et al., 1994)，本章では，p47^{phox}のSH3ドメインを特別にタンデムSH3ドメインと呼ぶことにする。p47^{phox}のタンデムSH3ドメインが，NADPHオキシダーゼ活性化に重要な役割を担っていることが，多くの実験結果から明らかになっている。p47^{phox}のタンデムSH3ドメインは，活性酸素発生の休止時には，自分自身のPBRと分子内相互作用により結合し，分子内マスクされた状態にある(Huang and Kleinberg, 1999; Leto et al., 1994)。したがって，p47^{phox}のPBRは自己阻害領域(AIR)ともいう。p47^{phox}の分子内マスクは，PBR/AIRに存在する複数のセリン残基(Ser303, Ser304, Ser315, Ser320およびSer328)がPKCによってリン酸化修飾を受けることで解除される。その結果，タンデムSH3ドメインが露出されることにより，p22^{phox}のPRRと結合できるようになり，細胞質因子複合体が膜へと移動する(Hoyal et al., 2003; Shiose and Sumimoto, 2000)。p47^{phox}-p22^{phox}の相互作用が，NADPHオキシダーゼの構成タンパク質を1箇所に集合させるトリガーとなっている。つまり，p47^{phox}の分子内マスクのオン/オフがNADPHオキシダーゼの活性制御において最も重要な部分であるといえる。

　p67^{phox}は，細胞質因子が複合体を形成するために必要なアダプタータンパク質である。p67^{phox}のN末端側に位置するTPRドメインは，GTP結合状態となった活性化Racと特異的に結合する機能をもつ(Lapouge et al., 2000)。この機能により，p67^{phox}は，膜へ移行したRacをフラボシトクロムb_{558}に接近させることができる。また，p67^{phox}とp47^{phox}は，SH3-PRR相互作用により，結合している(Kami et al., 2002)。さらに，p67^{phox}は，PB1ドメイン同士の相互作用により，p40^{phox}と結合している(Noda et al., 2003)。PB1ドメインは筆者らによって初めて立体構造が解明されたドメインである(Terasawa et al., 2001)。PB1ドメインはユビキチン様のフォールドをもち，酸性または塩基性アミノ酸クラスターを分子表面に呈示して，PB1同士で特異的に静電相互作用する。このような相互作用は細胞の極性発現に必須なことが報告されている。

　p40^{phox}は，NADPHオキシダーゼの活性化には必須ではないが，活性酸素発生能を亢進させる機能があることが知られている(Kuribayashi et al., 2002)。

p40^{phox}にはPXドメインが存在することから，細胞質因子複合体の細胞膜への移行に何らかの寄与がある。

このように，NADPHオキシダーゼの活性化は，複数のタンパク質によって巧妙に制御されており，そのことは，活性酸素という諸刃の剣が，必要な時に必要な量だけ供給されるよう，NADPHオキシダーゼが分子進化を遂げてきたことを物語っている。

この後の節では，NADPHオキシダーゼ活性化制御の根幹を担っているp47^{phox}について，分子内マスクのオン/オフ制御およびp22^{phox}との相互作用について，最近解明されたp47^{phox}の立体構造に基づいて議論することにしよう。

13-2　NADPHオキシダーゼ休止状態におけるp47^{phox}のX線結晶構造解析

筆者らは，X線結晶構造解析により，p47^{phox}のタンデムSH3ドメインとPBR/AIRを含む領域(残基：151-340)の立体構造を解析した(Yuzawa et al., 2004b)。本試料では，PBR/AIRはリン酸化修飾されていないため，p47^{phox}のタンデムSH3ドメインが分子内マスクされた状態，すなわち，NADPHオキシダーゼ休止状態における立体構造をみていることになる。図13-3にX線結晶構造解析で得られた全体構造を示す。この立体構造において，タンパク質結晶は非対称単位中に1分子が存在しているが，それは部分的に構造が壊れて延びた立体構造をもっている。さらに，別の分子と結晶学的に二回軸対称をもつホモ二量体を形成しており，それぞれの単量体分子は，N末端側のSH3ドメインのループ部にてお互いのβ鎖を交換した，"ねじれた二量体"構造を形成している。このような二量体構造は，果たして生体内において意味のある立体構造なのであろうか？

　p47^{phox}(151-340)が溶液中において単量体なのか二量体なのかを確認するため，筆者らはゲル濾過クロマトグラフィーを行なった(図13-4)。p47^{phox}(151-340)のアミノ酸組成に基づく分子量が22 kDaであるのに対して，ゲル濾過クロマトグラフィーでは24 kDaとなり，溶液中ではp47^{phox}(151-340)は

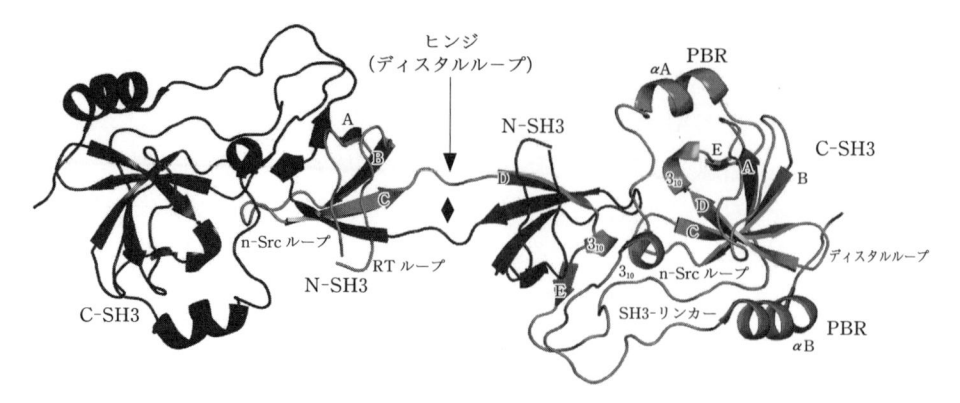

170　第Ⅳ-1部　バイオを極める(1)

図13-3　X線結晶構造解析により得られたp47^{phox}(休止状態)の"ねじれた二量体"立体構造(PDB code 1UEC)。赤および青で着色した単量体がディスタルループ部で各々のストランドを交換して二量体を形成している。黒い菱形は二回対称軸を表わす。口絵7参照

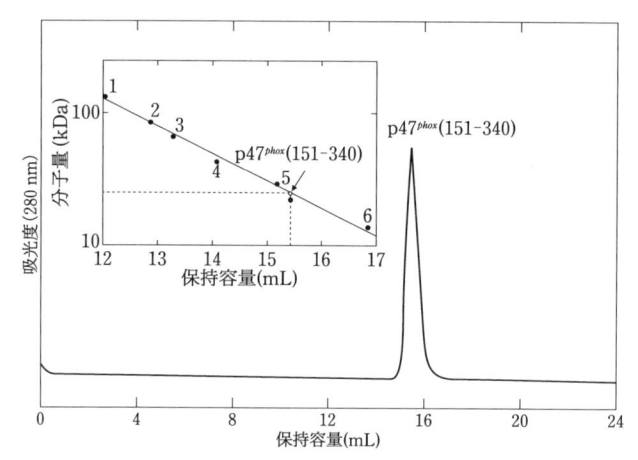

図13-4　ゲルろ過クロマトグラフィー法によるp47^{phox}(休止状態)の分子量測定。囲み部分は、標準タンパク質(1：BSAダイマー　134 kDa, 2：オブアルブミンダイマー　86 kDa, 3：BSAモノマー　67 kDa, 4：オブアルブミンモノマー　43 kDa, 5：カルボン酸脱水酵素　29 kDa, 6：RNase A　13.7 kDa)による分子量検量線を示す。p47^{phox}(休止状態)は、分子量24 kDaの位置で溶出している。

単量体であることが確認された。また，溶出パターンからも，溶液中においては，p47^{phox}(151-340)の二量体以上の高次会合体は存在しないことが明らかとなった。さらに，X線小角散乱データに基づく *Ab initio* 形状解析の結果はサイズおよび形状を含めて，p47^{phox}(151-340)はヒンジ部分で二分割した構造とよく対応することがわかった(Yuzawa et al., 2004a)。図13-3に示した〝ねじれた二量体〟はタンパク質が結晶化する際の〝アーティファクト〟であると解釈でき，結晶構造は溶液中(=生理条件)でのタンパク質の立体構造を正しく反映したものではないといえる。本章では，今後，〝ねじれた二量体〟をヒンジ部分で二分割した単量体構造をp47^{phox}(151-340)の溶液構造と見なすことにする。この構造ではp47^{phox}(151-340)のドメイン構成要素であるタンデムSH3ドメインがPBRにより束ねられ，全体としてコンパクトな形状をとっている。NMR残余双極子の測定結果も，溶液中ではp47^{phox}(151-340)は単量体構造をとることを示している(Yuzawa et al., 2004a)。筆者らとは独立のグループにより行なわれたp47^{phox}の立体構造解析(Groemping et al., 2003)においても，まったく同一の箇所でストランド交換を起こしていたことから，このタンパク質は高濃度条件下でストランド交換を起こしやすい性質をもっているのであろう。

　X線結晶構造解析は，タンパク質の立体構造を解析する手段としては，正確かつ強力な手法であるが，得られた結果には，結晶化にともなう〝アーティファクト〟が起こり得るという事実を常に念頭におく必要があり，そのため，溶液中での試料タンパク質の性質を実験的に明らかにするよう心がけなければならない。p47^{phox}(151-340)の〝ねじれた二量体〟構造は，その好例といえる。

13-3　NADPHオキシダーゼ休止状態におけるp47^{phox}の立体構造の詳細

　以下，p47^{phox}(151-340)の単量体構造(Yuzawa et al., 2004b)に基づいて，p47^{phox}の分子内マスクの詳細をみていくことにしよう(図13-5A)。この立体構造では，N末端側SH3ドメインとC末端側SH3ドメインがお互いにリ

ガンド認識部位を向かい合わせに配置し，単一のリガンド結合溝を形成している。この溝にはPBR/AIRの[296]RGAPPRRSSI[305]が結合している。その内，[297]GAPPR[301]は左巻きポリプロリンII型ヘリックスを形成し，N-SH3とC-SH3によって同時に認識されている。また，[302]RSS[304]は短い3_{10}ヘリックスを形成している。PBR/AIRは，さらに，残基番号287-292および321-331の領域がαヘリックス（αAおよびαB）を形成して，いずれもC-SH3と相互作用しており，その結果，C-SH3は，αAとαBの間に挟まれるような配置をとっている。

　ここで，タンデムSH3ドメインによるポリプロリンII型ヘリックスリガンドの認識機構を詳しくみてみよう。一般的にプロリンは，*cis*型と*trans*型の2つの安定なコンフォメーションをもつ。隣接するプロリンが*cis*型の時ポリプロリンI型ヘリックスとなり，*trans*型の時，II型（PP II）ヘリックスと呼ばれる。PPIIは延びた3回ラセン構造をもつ正三角形のプリズムにたとえることができ，SH3ドメインによる認識においては，正三角形の底辺がSH3ドメインの分子表面に結合し，頂点が外向きに配置することになる。SH3-PPII相互作用のもう1つの特徴は，リガンドにプラスとマイナスの2種類の配向があることである。数多くのSH3ドメインの立体構造解析より，SH3ドメインは，PXXPモチーフをコア配列として，それと共にその隣接する疎水性アミノ酸残基を認識することがわかっている。リガンドペプチドが結合するSH3ドメイン表面の疎水性ポケットは，Yu et al.(1994)により，P_{-1}，P_0，P_{+2}，P_{+3}と命名されている。SH3ドメインには，もう1つのポケットP_{-3}が存在するが，このポケットはRTループ上の酸性アミノ酸に富む領域によって形成され，通常，リガンドペプチドのアルギニン残基が結合する。実は，このアルギニンが，リガンドのプラス/マイナス配向を決定づける役割を担っており，アルギニンがコア配列PXXPのN末端側にあればプラス配向，C末端側にあればマイナス配向をとる。PXXPモチーフのプロリン残基は，プラス配向ではP_0およびP_{+3}に位置し，マイナス配向ではP_{-1}およびP_{+2}に位置することになる。

　p47*phox*(151-340)のN-SH3ドメインはPBR/AIRの[297]GAPPR[301]をプラス配向で認識し，結合している（図13-5B）。Pro299とPro300は正三角形プリ

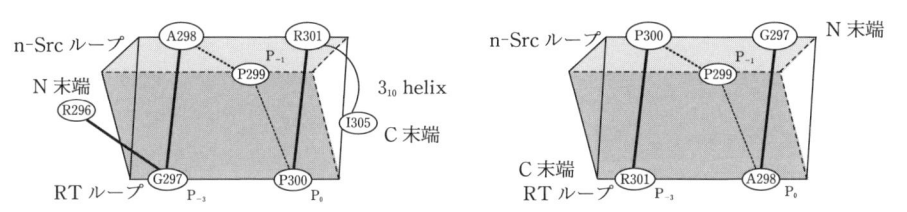

第 13 章　好中球活性酸素発生系の構造生物学　173

図 13-5　p47^{phox}(休止状態)の単量体としての立体構造。(A)全体構造のリボン図表示(ステレオ図)。青：N-SH3, オレンジ：リンカー, 緑：C-SH3, 赤：PBR/AIR でそれぞれ色分けしている。(B, C)PBA/AIR の ^{296}RGAPPRRSSI^{305} 領域と相互作用している p47^{phox}(休止状態)の N-SH3(B)および C-SH3(C)領域の拡大図。下パネルは, PPII ヘリックスを正三角形プリズムと見なした時の各ドメインに対する結合模式図。SH3 ドメインのリガンド結合ポケット名称は Yu et al.(1994) の命名法にしたがった。口絵 3 参照

ズムの底辺に相当する位置にあり，N-SH3 の疎水性ポケット P_{-1} および P_0 に結合している。また，Ala298 と Arg301 は，プリズムの頂点を占めている。N-SH3 のポケット P_{-3} の位置には Arg296 の側鎖が接近している。一般的な SH3 ドメインでは，酸性を帯びたポケットである P_{-3} にはアルギニンの側鎖が強く結合するはずであるが，実は N-SH3 の P_{-3} ポケットは SH3 分類上やや特殊であり，2 つのトリプトファン残基により形成された疎水性ポケットとなっている。したがって，PBR/AIR の Arg296 側鎖は疎水的相互作用で結合しており，その相互作用は，強固ではないものと考えられる。^{302}RSS^{304} は 3_{10} ヘリックスを形成しており，典型的な PPII 認識からははずれているが，より後方の Ile305 は P_{+2} および P_{+3} 近傍に結合している。

一方，C-SH3 は，PBR/AIR の ^{297}GAPPR^{301} をマイナス配向で認識している（図 13-5C）。Pro299 と Ala298 がプリズムの底辺を占め，それぞれ，C-SH3 のポケット P_{-1} および P_0 に結合している。Pro299 は，C-SH3 に結合すると共に，N-SH3 にも同時に結合している。Pro300 および Gly297 はプリズムの頂点を占めている。Arg301 はポケット P_{-3} に結合し，Asp243 および Glu244 と酸塩基相互作用による塩橋を形成している。ところが，C-SH3 のポケット P_{+2} および P_{+3} にはリガンドは結合しておらず，空いたままになっている。

^{297}GAPPR^{301} は PPII ヘリックス構造を形成しているにもかかわらず，その認識は，どちらの SH3 ドメインにおいても，典型的なリガンド認識とは僅かに異なっている。このことは，それぞれの SH3 ドメイン単独では，^{297}GAPPR^{301} を強く結合することはできないが，2 つの SH3 ドメインを同時に使用して結合することで，^{297}GAPPR^{301} に対する特異性を高めているものと考えられる。PBR 領域は PPII を提示し，タンデム SH3 ドメインによる特異的な認識を可能にすると同時に，タンデム SH3 ドメインやリンカー部分と相互作用し，全体としてコンパクトな単量体構造を形成する。相互作用部位にはリン酸化修飾を受けるセリン残基が存在し，それらの側鎖はいずれも N-SH3 または C-SH3 と水素結合を形成し，分子内マスク構造の安定化に寄与している。

13-4 NADPHオキシダーゼ活性化状態におけるp47^{phox}の立体構造

筆者らは，NADPHオキシダーゼの活性化状態に対応する，p47^{phox}のタンデムSH3ドメインとp22^{phox} PRRペプチド複合体の立体構造をNMRにより解析した(Ogura et al., 2006)。立体構造解析に先立って，タンデムSH3ドメインとの結合に必須のp22^{phox}領域を決定するため，数種類のp22^{phox} PRRを含むペプチド断片を合成し，蛍光滴定実験により，p47^{phox}に対する親和性を測定した。その結果，従来，必須とされていた配列(^{149}KQPPSNPPPRPPAE^{162})では，$K_d = 8.67\,\mu$Mであるのに対して，それをC末端側に6残基延長した配列(^{149}KQPPSNPPPRPPAEARKKPS^{168})では，$K_d = 0.64\,\mu$Mと，10倍以上の親和性の増大がみられた。したがって，p47^{phox}のタンデムSH3ドメイン(残基：151-286，p47^{phox}(151-286)と略す)とp22^{phox} PRRペプチド(残基：149-168)の複合体を形成させ，NMRにより立体構造解析を行なった。以下，活性化状態における立体構造の詳細をみることにしよう。

図13-6Aに，p47^{phox}(151-286)とp22^{phox} PRRペプチド複合体の立体構造を示す。2つのSH3ドメインは，分子内マスク状態と同様，お互いに向き合うように配置され，p22^{phox} PRRペプチド結合部位を形成している。p22^{phox} PRRペプチドの^{151}PPSNPPPRPP^{160}配列はPPIIヘリックスを形成し，N-SH3とC-SH3によって同時に認識されている。^{161}AEAR^{164}領域は，短いαヘリックスを形成している。この領域は，上で述べたように，蛍光滴定により，タンデムSH3ドメインに対する親和性を向上することがわかっている。

p47^{phox}(151-286)のN-SH3ドメインは，p22^{phox} PRRの^{151}PPSNPPPRPP^{160}を，プラス配向で認識して結合している。Pro156およびPro157は，それぞれ疎水性ポケットP_{-1}およびP_0に結合する。さらに，Pro159およびPro160は，ポケットP_2およびP_3に結合している。正三角形プリズムの頂点には，Pro155およびArg158が配置されている。N-SH3のポケッ

176　第IV-1部　バイオを極める(1)

(A)

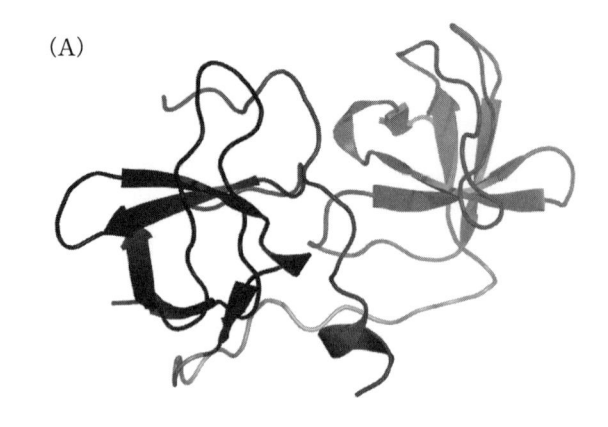

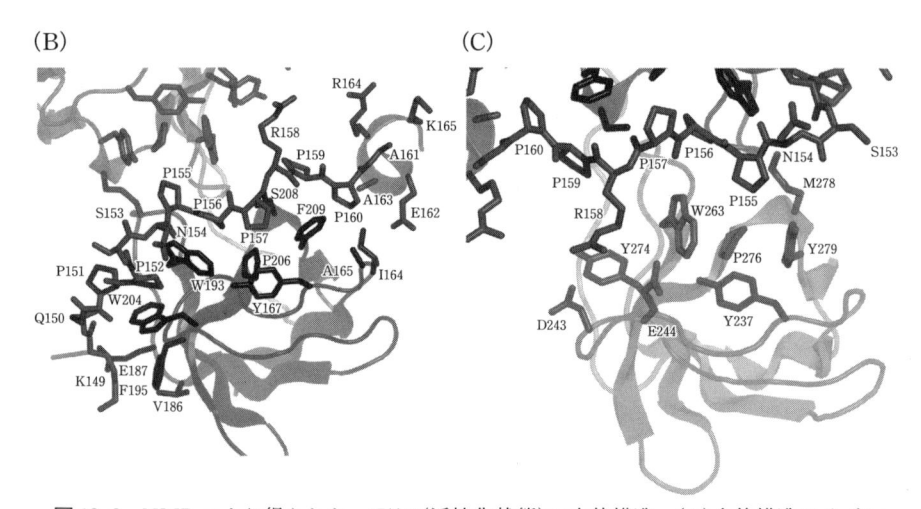

(B)　(C)

図13-6　NMRにより得られたp47^{phox}(活性化状態)の立体構造。(A)全体構造のリボン図表示。青：N-SH3，オレンジ：リンカー，緑：C-SH3，赤：p22^{phox} PRRでそれぞれ色分けしている。(B，C) p22^{phox} PRRの^{149}KQPPSNPPPRPPAEARK^{165}領域と相互作用しているp47^{phox}(活性化状態)のN-SH3(B)およびC-SH3(C)領域の拡大図。口絵4参照

ト P$_{-3}$ は Trp193 と Trp204 によって形成された疎水性ポケットであるが，ここには，p22^{phox} PRR の Pro151 および Pro152 が疎水性相互作用により強く結合している。N-SH3 の Trp204 に相当する位置にトリプトファン残基をもつSH3ドメインとしては，Abl-SH3を挙げることができる(Musacchio et al., 1994)。実際，Abl-SH3 と p47^{phox} N-SH3 はよく似たリガンド認識機構をもっており，Abl-SH3 では，Trp99 と Trp110 によって形成された疎水性ポケット P$_{-3}$ にプラス配向リガンド N 末端のプロリンが結合している。また，αヘリックスを形成している ^{161}AEAR^{164} 領域は，N-SH3 の Ile164 および Ala165 と強い疎水性相互作用で結合している(図 13-6B)。

一方，C-SH3 は，^{155}PPPR^{158} 配列を，マイナス配向で認識して結合している。Pro155 および Pro156 が，それぞれポケット P$_0$ および P$_{-1}$ に結合している。また，プリズムの頂点には，Pro157 が位置している。Arg158 は，C-SH3 に対するリガンド結合のマイナス配向を決定づけている。Arg158 側鎖はポケット P$_{-3}$ に結合し，p47^{phox} の Asp243 および Glu244 と酸塩基相互作用による塩橋を形成している。ポケット P$_{+2}$ および P$_{+3}$ は，休止状態と同様，リガンドは結合しておらず，空いたままになっている。おそらく，C-SH3 の Met278 の大きい側鎖が立体障害となり，ポケット P$_{+2}$ および P$_{+3}$ に対するリガンド結合を阻害していると考えられる。実際，Met278 の位置で p22^{phox} PRR の N 末端領域は C-SH3 を離れ，N-SH3 に結合しやすい配向をとっているようにみえる。多くの SH3 ドメインでは，Met278 に相当する位置には，セリンやアスパラギンといった比較的側鎖の小さい親水性アミノ酸が配置されている。この位置に比較的大きい疎水性側鎖をもつメチオニンが配置されているのは，p47^{phox} C-SH3 が唯一の例である(図 13-6C)。

全体的にみて，p22^{phox} PRR は，N-SH3 に巻きつくように結合している一方で，C-SH3 に対しては部分的な結合のみを示しており，このことは，p47^{phox} - p22^{phox} 相互作用による NADPH オキシダーゼの活性化において C-SH3 よりも N-SH3 が中心的な役割を担っているという実験結果を説明している。

13-5 タンデム SH3 ドメインの活性化機構

p47^{phox} タンデム SH3 ドメインは，休止状態および活性化状態の両状態において，リガンド結合部位を対向させ，リガンドを挟み込んだコンパクトな

立体構造をとる。活性化にはPBR領域がリガンド結合部位よりはずれ，p22^{phox}が結合することが必要である。

　p47^{phox}タンデムSH3ドメイン＋PBR/AIR領域(残基：151-340)およびタンデムSH3ドメイン領域単独(残基：151-286)について，X線小角散乱(SAXS)測定を行なった。得られた散乱強度に基づいて距離分布関数を算出した。その結果，PBR/AIR領域存在時のp47^{phox}の分子形状は，全長60Åのコンパクトな球状であるのに対して，PBR/AIR領域非存在時では，全長80Åの延びた立体構造を形成していることがわかった(Yuzawa et al., 2004a)。このことは，PBR/AIR領域がはずれ分子内マスクが解除された状態では，2つのSH3ドメインの間には相互作用が存在せず，両ドメインは自由な相対配置をとり得ることを示している。

　p47^{phox}はPBR領域のSerがリン酸化されることでNADPHオキシダーゼが活性化される(Shiose and Sumimoto, 2000)。Ser303およびSer304は3$_{10}$ヘリックス，Ser328はαB上に存在し，タンデムSH3ドメインやリンカーと水素結合を形成している。活性化の際にこれらのセリン残基がリン酸化修飾を受けると，PBRとタンデムSH3ドメインやリンカーとの相互作用が順次ゆるみ，p22^{phox}に対する結合部位が露出すると考えられる。セリンのリン酸化がトリガーとなって起こるPBR/AIR領域の開放，立体構造変化，およびp22^{phox}結合によるNADPHオキシダーゼ活性化が一連のプロセスとして行なわれることが必要である。

　　おわりに

　p47^{phox}タンデムSH3ドメインの休止状態および活性化状態の立体構造解析結果より，この系がSH3ドメインを2個協同的に用いることで，NADPHオキシダーゼの活性化という生体にとって危険な過程を厳密に制御していることがわかった。今後，リン酸化の順序，速度を解析することで休止状態から活性化状態への立体構造転移の全容が明らかになると期待される。

引用文献

Babior, B.M. 1999. NADPH oxidase: an update. Blood, 93: 1464-1476.
Ellson, C.D., Andrews, S., Stephens, L.R. and Hawkins, P.T. 2002. The PX domain: a new phosphoinositide-binding module. J. Cell. Sci., 115: 1099-105
Groemping, Y., Lapouge, K., Smerdon, S.J. and Rittinger, K. 2003. Molecular basis of phosphorylation-induced activation of the NADPH oxidase. Cell, 113: 343-355.
Hoyal, C.R., Gutierrez, A., Young, B.M., Catz, S.D., Lin, J.H., Tsichlis, P.N. and Babior, B.M. 2003. Modulation of p47PHOX activity by site-specific phosphorylation: Akt-dependent activation of the NADPH oxidase. Proc. Natl. Acad. Sci. USA., 100: 5130-5135.
Huang, J. and Kleinberg, M.E. 1999. Activation of the phagocyte NADPH oxidase protein p47 (phox). Phosphorylation controls SH3 domain-dependent binding to p22 (phox). J. Biol. Chem., 274: 19731-19737.
Kami, K., Takeya, R., Sumimoto, H. and Kohda, D. 2002. Diverse recognition of non-PxxP peptide ligands by the SH3 domains from p67 (phox), Grb2 and Pex13p. EMBO J., 21: 4268-4276.
Koga, H., Terasawa, H., Nunoi, H., Takeshige, K., Inagaki, F. and Sumimoto, H. 1999. Tetratricopeptide repeat (TPR) motifs of p67 (phox) participate in interaction with the small GTPase Rac and activation of the phagocyte NADPH oxidase. J. Biol. Chem., 274: 25051-25060.
Kuribayashi, F., Nunoi, H., Wakamatsu, K., Tsunawaki, S., Sato, K., Ito, T. and Sumimoto, H. 2002. The adaptor protein p40 (phox) as a positive regulator of the superoxide-producing phagocyte oxidase. EMBO J., 21: 6312-20.
Lapouge, K., Smith, S.J., Walker, P.A., Gamblin, S.J., Smerdon, S.J. and Rittinger, K. 2000. Structure of the TPR domain of p67phox in complex with Rac. GTP. Mol. Cell., 6: 899-907.
Leto, T.L., Adams, A.G. and de Mendez, I. 1994. Assembly of the phagocyte NADPH oxidase: binding of Src homology 3 domains to proline-rich targets. Proc. Natl. Acad. Sci. USA., 91: 10650-10654.
Musacchio, A., Saraste, M. and Wilmanns, M. 1994. High-resolution crystal structures of tyrosine kinase SH3 domains complexed with proline-rich peptides. Nat. Struct. Biol., 1: 546-551.
Nauseef, W.M. 1999. The NADPH-dependent oxidase of phagocytes. Proc. Assoc. Amer. Physicians., 111: 373-382.
Noda, Y., Kohjima, M., Izaki, T., Ota, K., Yoshinaga, S., Inagaki, F., Ito, T. and Sumimoto, H. 2003. Molecular recognition in dimerization between PB1 domains. J. Biol. Chem., 278: 43516-43524.
Ogura, K., Nobuhisa, I., Yuzawa, S., Takeya, R., Torikai, S., Saikawa, K., Sumimoto, H. and Inagaki F. 2006. NMR solution structure of the tandem Src homology 3 domains of p47phox complexed with a p22phox-derived proline-rich peptide. J. Biol. Chem., 281: 3660-3668.

Pawson, T. and Gish, G.D. 1992. SH2 and SH3 domains: from structure to function. Cell, 71: 359-362.

Segal, B.H., Leto, T.L., Gallin, J.I., Malech, H.L. and Holland, S.M. 2000. Genetic, biochemical, and clinical features of chronic granulomatous disease. Medicine, 79: 170-200.

Shiose, A. and Sumimoto, H. 2000. Arachidonic acid and phosphorylation synergistically induce a conformational change of p47phox to activate the phagocyte NADPH oxidase. J. Biol. Chem., 275: 13793-13801.

Sumimoto, H., Kage, Y., Nunoi, H., Sasaki, H., Nose, T., Fukumaki, Y., Ohno, M., Minakami, S. and Takeshige, K. 1994. Role of Src homology 3 domains in assembly and activation of the phagocyte NADPH oxidase. Proc. Natl. Acad. Sci. USA., 91: 5345-5349.

Sumimoto, H., Hata, K., Mizuki, K., Ito, T., Kage, Y., Sakaki, Y., Fukumaki, Y., Nakamura, M. and Takeshige, K. 1996. Assembly and activation of the phagocyte NADPH oxidase. Specific interaction of the N-terminal Src homology 3 domain of p47phox with p22phox is required for activation of the NADPH oxidase. J. Biol. Chem., 271: 22152-22158.

Takeya, R. and Sumimoto, H. 2003. Molecular mechanism for activation of superoxide-producing NADPH oxidases. Mol. Cell., 16: 271-277.

Terasawa, H., Noda, Y., Ito, T., Hatanaka, H., Ichikawa, S., Ogura, K., Sumimoto, H. and Inagaki, F. 2001. Structure and ligand recognition of the PB1 domain: a novel protein module binding to the PC motif. EMBO J., 20: 3947-3956.

Yu, H., Chen, J.K., Feng, S., Dalgarno, D.C., Brauer, A.W. and Schreiber, S.L. 1994. Structural basis for the binding of proline-rich peptides to SH3 domains. Cell, 76: 933-945.

Yuzawa, S., Ogura, K., Horiuchi, M., Suzuki, N.N., Fujioka, Y., Kataoka, M., Sumimoto, H. and Inagaki, F. 2004a. Solution structure of the tandem Src homology 3 domains of p47phox in an autoinhibited form. J. Biol. Chem., 279: 29752-29760.

Yuzawa, S., Suzuki, N.N., Fujioka, Y., Ogura, K., Sumimoto, H. and Inagaki, F. 2004b. A molecular mechanism for autoinhibition of the tandem SH3 domains of p47phox, the regulatory subunit of the phagocyte NADPH oxidase. Genes Cells., 9: 443-456.

第IV-2部

バイオを極める(2)
細胞のバイオサイエンス

生命現象をいろいろな階層レベルで理解する上で，重要な視点の1つが，細胞レベルでの理解である．生物個体を器官，組織，と細かく分解していった時の最も基本となる単位が細胞である．生物個体を構成する多くの種類の細胞が，その構成員として機能するためには各々の細胞が適切な機能を果たす必要がある．そのために，細胞内で，また近隣の細胞と協調してどのような事象が起こっているかを理解することは，生命現象を紐解く上できわめて重要なことである．第IV-2部では，5つの章に分けて，それぞれの研究者が注目している細胞レベルの生命現象を紹介する．

　最初に第14章で川原と嶋田が，最近モデル生物として非常に注目されている線虫を用いて行なった，生殖細胞の分化運命決定の分子機構に関する研究を，彼らが見出したタンパク質ファミリー(MOE-タンパク質群)の役割を中心に紹介する．また生殖幹細胞の分化運命の決定に関与するタンパク質分解経路において，ユビキチンレセプター特異性が存在することも記述する．第15章では鎌田・山本・田中が，単細胞真核生物であり，真核生物のモデルとして古くから遺伝学的解析も含めた研究がなされてきた酵母細胞を用いて，細胞膜の脂質二重層を形成するリン脂質が二層で非対称に存在するその意義について明らかにした最近の研究を紹介する．

　次に第16章では，鈴木が，環状グアノシン3′, 5′-1リン酸(cGMP)の関与する情報伝達機構について，cGMPを産生するグアニル酸シクラーゼ(GC)に関する研究の経緯を含め，膜結合型と可溶性型の2種のGCの構造と機能に関する研究を紹介する．第17章では，山下が，両生類と魚類を用いて，卵母細胞の成熟過程におけるMPFの役割および精子形成の機構に関する研究を紹介している．また，後半で，雑種メダカを用いることで解明される生殖細胞の形成機構の研究を記述する．

　最後に，第18章では，園田・佐藤・山崎・佐古・池田・山口が，さまざまな細胞制御過程で中心的な役割を果たすタンパク質分解過程であるユビキチン・プロテアソームシステムについて概説し，モデル生物であるシロイヌナズナを用いた最新の研究を紹介する．

(鎌田このみ)

第14章 生殖細胞の分化運命決定の分子機構

北海道大学大学院薬学研究院/川原裕之・嶋田益弥

はじめに

　生殖細胞は，個体を構成する膨大な細胞群のなかで唯一，次世代に遺伝情報を伝達することが可能な細胞である(図14-1)。生殖細胞とその他の細胞(体細胞)とを区別する最大の特徴は，生殖細胞(とその幹細胞)が多分化能と不死性をもつ点にある。多分化能とは，1つの細胞が将来，神経・筋肉・表皮・生殖細胞などあらゆる種類の細胞に分化していくことが可能なポテンシャルをもっていることをいうが，どのような機構で生殖細胞にこのような能力が備えられているかは現在でも正確には明らかになっていない。我々は，生殖(幹)細胞の増殖と発生運命決定の機構を分子レベルで解明するために，受精卵から新しい調節遺伝子を同定・解析すると同時に，発生や再生の過程における細胞分化・細胞死や細胞周期を制御する機構について解明を進めている。

14-1　生殖細胞分化モデル系としての線虫 C. elegans

　ヒトを含めた多細胞生物の多くは，雌雄2つの性に特異的な生殖細胞(卵と精子)を形成し，受精によって父母の遺伝的形質を受け継いだ子孫(受精卵)を形成していく。受精卵は細胞分裂につれ，細胞ごとに異なる発生運命をたどるようになるが，生殖細胞を形成する細胞系譜に存在する調節機構を解明

していくためにはどのような方法でアプローチしていくのが有効であろうか。生殖細胞の形成過程を自在に追跡・解析できる優れたシステムを確立して研究を進めていかなくてはならない。

　線虫 *Caenorhabditis elegans* はポストゲノム時代の研究材料としてきわめて優れた特徴を有するモデル生物である。その受精卵の細胞系譜はすべて明らかにされ，生殖系列細胞の分化運命を明確に追跡できる点に加え（図 14-1；Sulston and Horvitz, 1977），伝統的な遺伝学的解析の手法により生殖細胞形成にかかわる多くの遺伝子が同定されている（Brenner, 1974；Hodgkin and Brenner, 1977；Puoti et al., 2001）。さらに近年では，*C. elegans* で RNA 干渉 RNA interference という遺伝子発現の特異的な抑制現象が初めて見出され（Fire et al., 1998），生殖細胞分化に必要な遺伝子産物の網羅的なスクリーニングが可能となってきた。これらの知見・技術を利用して，これまで生殖細胞分化の制御因子として *pie-1* や *pgl-1* などの重要な遺伝子が同定されている（Mello et al., 1996；Kawasaki et al., 1998）。一方，これまでの遺伝学的解析方法には重大な限界もあった。ゲノムにコードされている遺伝子の多くには機能重複性があり，このような遺伝子群に対しては，1つの遺伝子の機能を抑えても，機能重複する遺伝子が正常に働いている限り，明確な表現型を示す個

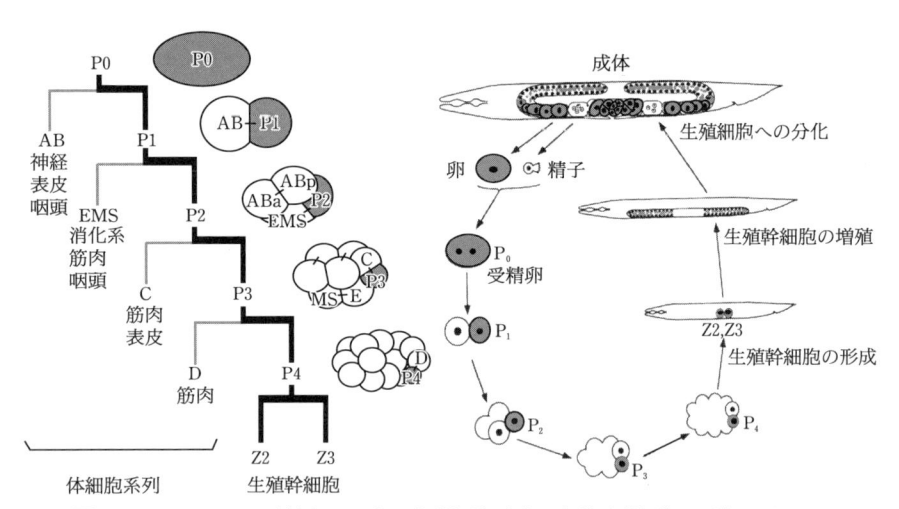

図 14-1　*C. elegans* 受精卵の発生と生殖細胞形成。生殖系列細胞を灰色で示した。

14-2 新規卵成熟制御因子 MOE ファミリータンパク質の同定と解析

我々は，多細胞生物として最初に全ゲノム配列の解読が達成された C. elegans の遺伝子情報を最大限に利用して，複数の関連遺伝子を同時に発現抑制可能な多重 RNA 干渉法を開発し，これまで遺伝学的解析が困難であった機能重複遺伝子群の網羅的解析に取り組んできた。その結果，卵細胞の形成に役割を果たす新規遺伝子ファミリーの同定に成功し，これらを *moe-1, -2, -3* と命名した(図14-2；Shimada et al., 2002)。これらの遺伝子は単独で発現抑制をしてもまったく生殖に異常は生じないが，ファミリー全体を同時に抑圧すると，卵母細胞の減数分裂を前期に停止し，完全な不稔(子孫を形成できないこと)の表現型を示す。MOE タンパク質の発現を調べてみると，減数

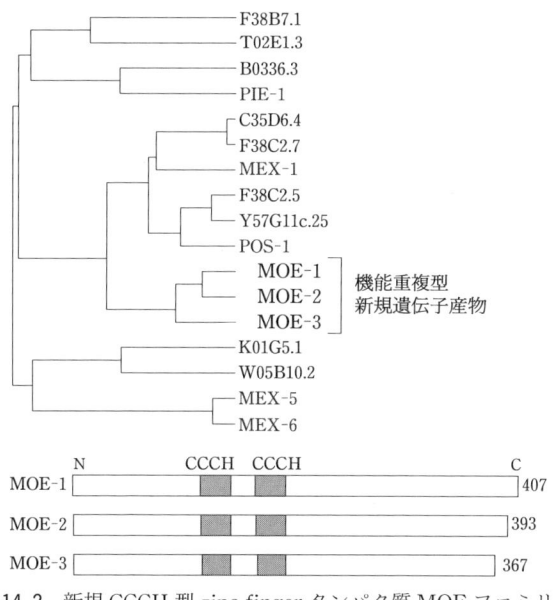

図14-2 新規 CCCH 型 zinc-finger タンパク質 MOE ファミリー

分裂前期の卵母細胞の細胞質に強く発現していることがわかった。これらの結果は，MOE-タンパク質群が卵母細胞の減数分裂前期から中期の進行に必須の役割を有していることを示している。

興味深いことに，受精にともなう減数分裂期からの脱出に同期して，MOE-タンパク質群が特異的に細胞質から分解除去されることを我々は見出した(Shimada et al., 2002, 2006)。この分解はユビキチン・プロテアソーム系(後述)によるものであること，MOE-タンパク質に点変異を導入して分解不能にしたものを卵に発現させると，受精卵の生殖細胞分化に異常が生じることが明らかとなった。すなわち，MOE-タンパク質群の受精後の分解は，減数分裂から胚発生に至る過程でのスイッチングに必須のイベントであると考えられる(Shimada et al., 2002, 2006；Lin, 2003；DeRenzo and Seydoux, 2004)。さらに，最近我々は，MOE-タンパク質群は C. elegans の生殖細胞分化に必須と考えられている母性因子(生殖顆粒 P-granules)の構成成分として機能していること，初期胚の発生過程でダイナミックな局在変動を示すことなど，MOE-タンパク質の役割が卵成熟の過程にとどまらず広く正常な初期発生時の細胞分化に必須の機能を有していることを見出した(Shimada et al., 2006)。

MOE ファミリータンパク質群は，タンデムに並ぶ 2 つの CCCH 型 zinc-finger ドメインを分子のなかほどに有している(図14-2)。このドメインは特定の mRNA の 3′-UTR 配列を認識して結合し，ターゲット mRNA の翻訳と安定性を制御する可能性が提案されている。現在，MOE ファミリータンパク質群が卵母細胞の減数分裂，あるいは生殖細胞分化にどのようなメカニズムで関与しているかは明らかではないが，今後，MOE ファミリータンパク質群の直接のターゲット分子を明らかにしていくことにより，この新しいタンパク質ファミリーが機能するメカニズムについて迫っていきたいと考えている。

CCCH 型 zinc-finger ドメインを有するタンパク質は C. elegans に限らず，ヒトを含む哺乳動物にも存在している。一方，これら哺乳動物ホモログの機能は依然明らかではない。我々は最近，MOE ファミリータンパク質群と部分的なホモロジーを示す高等生物の CCCH 型 zinc-finger ドメインタンパク質が細胞周期依存的な多重リン酸化修飾を受けながら，細胞分裂 M 期進行

の制御にも直接関与していることなどを新しく見出した(近藤ら,未発表)．このように，新規 CCCH 型 zinc-finger タンパク質の研究は，当初の予想を超えた領域にまで拡大しつつある状況であり，今後の研究では，モデル生物を用いての解析を進めると同時に，得られた新知見をヒトを含む高等生物全体の細胞増殖・分化・再生発生制御のための新しい制御システムとして統合的に理解することをめざして解析を進めている．

14-3　生殖幹細胞の分化を制御するユビキチン依存的タンパク質分解系

　ユビキチン・プロテアソーム依存的タンパク質分解系は，MOE タンパク質の受精後の量的調節を司る(前述)だけでなく，細胞の増殖・分化・細胞死の制御に広く重要な役割を果たしていることが続々と報告されつつある (Kawahara and Yokosawa, 1992 ; Kawahara et al., 2000a, b ; Sato et al., 2003 ; Kikukawa et al., 2005)．この系においては，分解されるべきターゲットタンパク質はユビキチンという小さなタンパク質で修飾された後に，ユビキチンが認識シグナルとなって 26S プロテアソームというタンパク質分解酵素複合体に捕捉され，分解反応が進行する(Hershko et al., 2001)．Deveraux et al. (1994)はアイソトープラベルしたユビキチン化タンパク質をプローブに，ユビキチン鎖を認識するプロテアソームサブユニット(ユビキチンレセプター)として Rpn10 を見出した．一方，ユビキチンの認識という最も重要な役割を果たすはずの Rpn10 は，モデル生物酵母の生存およびユビキチン依存的タンパク分解に必須ではないことが続いて報告された．このことはユビキチン鎖を認識する何らかの代替メカニズムがプロテアソームには存在している可能性を示唆している．最近，出芽酵母において *rpn10* 遺伝子変異と合成的な効果を示す興味深い遺伝子がいくつか報告された(Madura, 2004)．たとえば，プロテアソームと物理的に結合することが知られているユビキチン様タンパク質 Rad23 などは，それ単独の変異では酵母の増殖に大きな影響を及ぼさないが，Rpn10 との多重変異により深刻な異常を示す．これらの結果は，酵母には Rpn10 と重複した機能をもつユビキチンレセプターが複数存

在することを示している。それでは，C. elegans をはじめとした多細胞生物のユビキチンレセプター群の多様性，あるいはそれらの機能分担はどのようになっているだろうか？

　我々は，ユビキチンレセプターの機能的重複性と必須性とを検討する目的で，C. elegans のユビキチンレセプターを種々の組み合せで発現抑制してみた。その結果，ユビキチンレセプター遺伝子の発現を単独で抑制しても，当該個体の細胞分裂や生存にはまったく影響がないことがわかった。これは，酵母の場合と同様に，機能的に重複する他の遺伝子産物の存在によると考えられる。一方，ユビキチンレセプター rpn-10 遺伝子を関連因子と共に抑圧すると，当該個体の生存には影響がないものの，ほぼ完全な F_1 不稔(第二世代(孫)を生じない生殖異常)が引き起こされることが新しくわかった。さらに詳しく調べてみると，この不稔性は雄性生殖細胞(精細胞)形成がうまくいっていないことによることがわかってきた。精細胞形成に失敗する理由としては，次の2つの可能性が考えられる。すなわち，①精細胞形成過程に直接の異常が生じている可能性，②生殖幹細胞の性特異的分化経路(図14-3)に異常がみられる可能性のいずれかである。我々はこれを区別するために，RPN-10と生殖幹細胞の分化を制御する経路との関係を解析した。その結果，C. elegans の性決定をコントロールするマスター転写制御因子 TRA-1 およびその上流の膜タンパク質 TRA-2 の機能を抑えると，rpn-10 遺伝子欠損による不稔性が回復することを見出した(図14-3)。この結果は，RPN-10 を欠いたことによる不稔性の原因は，TRA-1，TRA-2 あるいはその制御タンパク質の過剰な活性化(あるいは蓄積)による，生殖幹細胞の分化異常にあることを強く示唆している(Shimada et al., 2006)。

　さらに我々は，ユビキチンレセプター RPN-10 が生殖幹細胞の性特異的分化を直接制御していることを証明するために，FEM-3 タンパク質の変異体(ミュータント)を用いて解析を行なった。このミュータントでは FEM-3 タンパク質の機能が増強され，生殖幹細胞が精細胞のみに分化することが知られている。この FEM-3 変異体に対して rpn-10 遺伝子の発現抑制を行なうと，本来は精細胞にしかなれないはずの生殖幹細胞が卵母細胞へと分化していくことを我々は発見した。この卵母細胞は受精可能で，正常な精子を与え

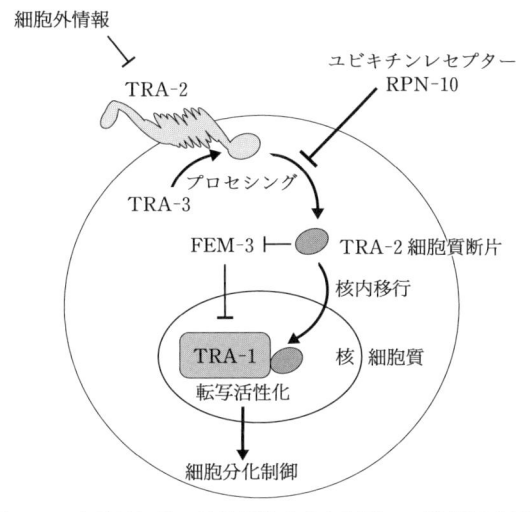

図14-3　生殖幹細胞の性特異的分化を制御する情報伝達経路

られると完全な次世代個体へと発生してゆく．これらの結果は，C. elegans の生殖幹細胞の分化運命の決定に際して，ユビキチンレセプターRPN-10 を中心としたタンパク質分解経路が，他のユビキチンレセプターでは代替できない形で機能していることを示していると同時に，ユビキチンレセプターの機能特異性を生物学的に示した最初の例になる．多細胞生物においては，RPN-10以外のユビキチンレセプター群にも固有の機能が存在する可能性は高く，その具体的なターゲットと生物学的意義が明確に示される時が待たれる．

おわりに

本章で紹介した遺伝子・タンパク質・情報伝達経路群は，ヒトを含む高等生物にも類似経路が存在することが明らかになりつつあり，本研究により解明される成果は，モデル生物の生殖細胞形成機構の理解のみならず，ヒトを含む高等動物の細胞増殖と分化機構にも普遍的に応用可能な現象の基盤になり得る．モデル生物で明らかにし得た情報伝達システムを，ヒトを含む哺乳

類における再生・発生・増殖制御機構という概念に拡大し，新しい細胞分化の調節システムとしての普遍的モデルを確立していく展望を我々はもっている。生殖細胞の分化と形成に関する基礎研究から，医療やタンパク質工学を含めたさまざまな応用研究へと新領域を開拓することは充分に可能と考えられる。未だ未解明な現象の多い生殖医療の今後の発展の基礎研究を進め，細胞の増殖と分化を支配する基本的分子メカニズム解明の新しいブレークスルーをこれからもめざしていきたいと念願している。

引用文献

Brenner, S. 1974. The genetics of *Caenorhabditis elegans*. Genetics, 77: 71-94.
DeRenzo, C. and Seydoux, G. 2004. A clean start: degradation of maternal proteins at the oocyte-to-embryo transition. Trends Cell Biol., 14: 420-426.
Deveraux, Q., Ustrell, V., Pickart, C. and Rechsteiner, M. 1994. A 26S protease subunit that binds ubiquitin conjugates. J. Biol. Chem., 269: 7059-7061.
Fire, A., Xu, S., Montgomery, M.K., Kostas, S.A., Driver, S.E. and Mello, C.C. 1998. Potent and specific genetic interference by double-stranded RNA in *Caenorhabditis elegans*. Nature, 391: 806-811.
Herschko, A., Chichanover, A. and Varshavsky, A. 2001. The ubiquitin system. Nat. Med., 6: 1073-1081.
Hodgkin, J.A. and Brenner, S. 1977. Mutations causing transformation of sexual phenotype in the nematode *Caenorhabditis elegans*. Genetics, 86: 275-287.
Kawahara, H. and Yokosawa, H. 1992. Cell-cycle dependent changes of proteasome distribution during embryonic development of the ascidian, *Halocynthia roretzi*. Dev. Biol., 151: 27-33.
Kawahara, H., Kasahara, M., Nishiyama, A., Ohsumi, K., Goto, T., Kishimoto, T., Saeki, Y., Yokosawa, H., Shimbara, N., Mutrata, S., Chiba, T., Suzuki, K. and Tanaka, K. 2000a. Developmentally regulated alternative splicing of the Rpn10 gene generates multiple forms of 26S proteasomes. EMBO J., 19: 4144-4153.
Kawahara, H., Philipova, R., Yokosawa, H., Patel, R., Tanaka, K. and Whitaker, M. 2000b. Inhibiting proteasome activity causes over-replication of DNA and blocks entry into mitosis in sea urchin embryos. J. Cell Sci., 113: 2659-2670.
Kawasaki, I., Shim, Y.-H., Kirchner, J., Kaminker, J., Wood, W.B. and Strome, S. 1998. PGL-1, a predicted RNA-binding component of germ granules, is essential for fertility in *C. elegans*. Cell, 94: 635-645.
Kikukawa, Y., Minami, R., Shimada, M., Kobayashi, M., Tanaka, K., Yokosawa, H. and Kawahara, H. 2005. Unique proteasome subunit Xrpn10c is a specific receptor for the antiapoptotic ubiquitin-like protein Scythe. FEBS J., 272: 6373-6386.
Lin, R. 2003. A gain-of-function mutation in *oma-1*, a *C. elegans* gene required for oocyte maturation, results in delayed degradation of maternal proteins and embry-

onic lethality. Dev. Biol., 258: 226-239.
Madura, K. 2004. Rad23 and Rpn10: perennial wallflowers join the melee. Trends Biochem. Sci., 29: 637-640.
Mello, C.C., Schubert, C., Draper, B., Zhang, W., Lobel, R. and Priess, J.R. 1996. The PIE-1 protein and germline specification in *C. elegans* embryos. Nature, 382: 710-712.
Puoti, A., Pugnale, P., Belfiore, M., Schlappi, A.C. and Saudan, Z. 2001. RNA and sex determination in *Caenorhabditis elegans*. EMBO Rep., 2: 899-904.
Sato, N., Kawahara, H., Toh-e, A. and Maeda, T. 2003. Phosphorelay-regulated degradation of the yeast Ssk1p response regulator by the ubiquitin-proteasome system. Mol. Cell. Biol., 23: 6662-6671.
Shimada, M., Kawahara, H. and Doi, H. 2002. Novel family of CCCH type zinc-finger proteins; MOE-1, -2 , and -3, participate in *C. elegans* oocyte maturation. Genes Cells, 7: 933-947.
Shimada, M., Yokosawa, H. and Kawahara, H. 2006. MOE-1 / OMA-1 is a P granules-associated protein that is required for germline specification *C. elegans* embryos. Genes Cells, 11: 383-396.
Shimada, M., Kanematsu, K., Tanaka, K., Yokosawa, H. and Kawahara, H. 2006. Proteasomal ubiquitin receptor RPN-10 controls sex determination in *Caenorhabditis elegans*. Mol. Biol. Cell, 17: 5356-5371.
Sulston, J.E. and Horvitz, H.R. 1977. Post-embryonic cell lineages of the nematode, *Caenorhabditis elegans*. Dev. Biol., 56: 110-156.

第15章 細胞の膜リン脂質非対称性の役割

北海道大学遺伝子病制御研究所/鎌田このみ・山本隆晴・田中一馬

はじめに

　生物の基本単位である細胞を構成する膜は脂質二重層という共通な構造をもつ．二重層を構成する脂質の大部分はいろいろな種類のリン脂質であるが，二層のリン脂質の組成は同じではなく，このことはリン脂質の非対称性と呼ばれる．リン脂質の非対称性はこれまで調べられたすべての真核細胞の細胞膜でみられる現象であり，この非対称性の破綻は細胞にさまざまな変化をもたらすことから，何らかの生理的意義があると考えられる．しかしながら，これまでその細胞機能についてはほとんどわかっていない．リン脂質の非対称性の形成や維持には，いくつかの種類のリン脂質輸送体が関与していることが明らかとなってきているが，それらの制御機構，詳細な作用機序もまだほとんど未解明のままである．本章では，リン脂質輸送体の1つであるアミノリン脂質トランスロケースの制御とその役割について，最近筆者らがモデル細胞である出芽酵母を用いて明らかにした知見を紹介する．

15-1 細胞膜のリン脂質非対称性とアミノリン脂質トランスロケース

　生体膜の脂質二重層を構成する脂質分子は，親水性部分によりホスファチ

ジルコリン(PC)，ホスファチジルエタノールアミン(PE)，ホスファチジルイノシトール(PI)，ホスファチジルセリン(PS)に分類されるグリセロリン脂質と呼ばれる一群のリン脂質と，スフィンゴリン脂質，また糖鎖が結合した糖脂質などである。このなかで，PI はシグナル伝達物質を供給する分子としてさかんに研究が行なわれているが，膜における含有量は低い。主要なリン脂質として，PE，PS，PC そしてスフィンゴ脂質があるが，これまでによく調べられている例として細胞膜でのその分布をみると，スフィンゴ脂質や PC は外層に多く存在し，アミノ基をもつアミノリン脂質である PE，PS は内側の層に多く存在する(Rothman and Lenard, 1977；図 15-1)。細胞がアポトーシスを起こすと PS が外層に露出するようになり，それがマクロファージによるアポトーシス細胞の認識・除去のシグナルになることが知られている(Fadok et al., 2000)。また，血小板では PS の外層への露出がその活性化を引き起こすことが知られており(Rosing et al., 1980)，リン脂質の非対称性の制御は，細胞の重要な生理現象に関与していることがわかる。リン脂質の非対称性は何種類かのリン脂質輸送体により制御されていることが知られているが，その内，フリップと呼ばれる外層から内層への輸送を触媒するアミノリン脂

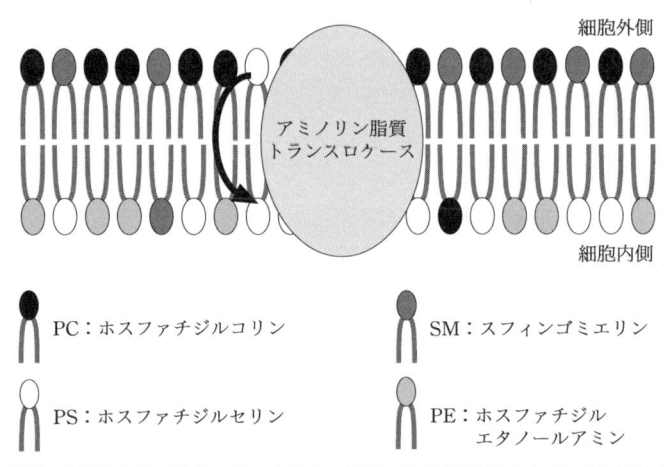

図 15-1 膜リン脂質の非対称性。ヒト赤血球細胞膜における膜リン脂質の組成を示した。アミノリン脂質トランスロケースは，細胞外側の層から細胞内側の層への脂質の移行(フリップ)を触媒する。

質トランスロケースについて，最もよく研究がなされている。

　1980年代に，ヒト赤血球膜やクロマフィン顆粒を用いた研究から，ATP依存的に働くアミノリン脂質トランスロケースの存在が示唆され(Seigneuret and Devaux, 1984；Devaux, 1988；Zachowski et al., 1989)，1996年にTangらがウシのクロマフィン顆粒から，アミノリン脂質トランスロケースとして10回膜貫通型のP型ATPaseであるATPase IIを精製・クローニングした。またTangらは，ATPase IIの出芽酵母ホモログであるDrs2を欠損した酵母細胞では，細胞膜におけるPSのフリップに異常がみられることを報告し，注目を集めたが，その後この実験結果の再現性については相反する結果が提出され(Siegmund et al., 1998；Marx et al., 1999)，決着がつかないままとなっていた。

　これまでに多くの生物種においてアミノリン脂質トランスロケースに分類されるタイプ4 P型ATPaseの存在が明らかにされてきているが，その生理活性や制御機構についてはまだほとんど解明されていない。出芽酵母におけるアミノリン脂質トランスロケースの研究は，筆者らのグループを含め，いくつかのグループが精力的に研究を行なった結果，最近急速に多くのことが明らかとなった。出芽酵母には，アミノリン脂質トランスロケースに分類されるP型ATPaseとして，Drs2, Dnf1, Dnf2, Dnf3, そしてNeo1の5つの分子(Drs2/Neo1ファミリー)が存在する。最近Dnf1とDnf2は細胞膜に局在し，細胞膜におけるリン脂質輸送に関与することが示された(Pomorski et al., 2003)。また，Drs2は上述したように，PSの輸送活性があるのかないのか，議論が分かれていたが，GrahamらおよびHolthuisらのグループ，そして筆者らのグループがDrs2は後期ゴルジ体やエンドソームに局在することを明らかにし，リン脂質の輸送活性に関与していることを明らかにした(後述)。

15-2　Cdc50ファミリーの役割

　筆者らは，細胞の極性形成に関与する因子として2回膜貫通領域をもつ膜タンパク質Cdc50を出芽酵母において同定していた(Misu et al., 2003)。

Cdc50と相同性のあるタンパク質は広く真核生物に存在することから，Cdc50は細胞に普遍的な生命現象に関与する因子である可能性が考えられた。出芽酵母においても，Cdc50と高い相同性のあるタンパク質が他に2つ，Lem3とCrf1が存在する(Cdc50ファミリー)。出芽酵母の*CDC50*遺伝子を欠損した細胞(*cdc50Δ*)は，酵母が通常最も生育しやすい温度30°Cやそれより高い温度においては正常に生育できるが，18°Cなどの低い温度では極性形成できずに生育できない(低温感受性増殖)。興味深いことに，*CDC50*遺伝子と*LEM3*遺伝子両方を同時に欠損した細胞(*cdc50Δ lem3Δ*)はどの温度でも著しく生育が悪くなること，また，さらに*CRF1*遺伝子も欠損した三重変異株(*cdc50Δ lem3Δ crf1Δ*)は致死となることから，これらの3つの因子は共通の機能を有していると考えられた。特に，Cdc50とLem3の2つは生育に重要な機能を共有していることが推測された。筆者らのグループがCdc50を取得しその機能を模索しているころ，東京都臨床医学総合研究所の梅田らのグループ(現，京都大学)は，細胞膜でのフリップによるPEの取り込みに欠損を生じる変異として*lem3*変異(彼らのスクリーニングでは*ros3*と名づけられていた)を取得し，Lem3がATP依存的なリン脂質トランスロケース活性に関与する因子であることを示した(Kato et al., 2002)。しかし，ATP結合領域をもたないLem3がATP依存的なトランスロケース活性にどのように関与するのか不明であった。筆者らは，梅田らの協力を得て*cdc50Δ*株の細胞膜でのフリップによるリン脂質の取り込み活性を測定したが，野生株との間に顕著な違いを見出すことができず，Cdc50のトランスロケース活性への関与は不明であった。

　筆者らは，Cdc50の機能を解析する過程で，*cdc50Δ*細胞の低温感受性増殖が，アミノリン脂質トランスロケースの1つをコードする*NEO1*遺伝子を高発現することで緩和されることを見出した。このことから，Cdc50がアミノリン脂質トランスロケースと何らかの関係があると考えられたため，Cdc50ファミリーとアミノリン脂質トランスロケースであるDrs2/Neo1ファミリーとの関係を詳細に検討した。Cdc50ファミリーとDrs2/Neo1ファミリーとの間には密接な遺伝学的相互作用が存在すること，またそれぞれのタンパク質の局在や変異株の表現形は表15-1のように共通点がみられ

表15-1 Drs2/Neo1ファミリーとCdc50ファミリーとの結合

Drs2/Neo1 ファミリー	Cdc50 ファミリー	細胞内局在	欠失変異株の表現形	文　献
Drs2	Cdc50	後期ゴルジ体 エンドソーム	低温での増殖不能 低温でのアクチン極性異常	Hua et al., 2002； Misu et al., 2003； Pomorski et al., 2003；Saito et al., 2004
Dnf1, Dnf2	Lem3	細胞膜	細胞膜リン脂質輸送の不全	Kato et al., 2002； Hua et al., 2002； Pomorski et al., 2003；Furuta et al., 2006
Dnf3	Crf1	後期ゴルジ体？	単独変異での表現形は観察されない	Hua et al., 2002； Pomorski et al., 2003；Furuta et al., 2006
Neo1	−	小胞体 ゴルジ体 エンドソーム	致　死	Hua et al., 2002； Hua and Graham., 2003

たことから，Cdc50ファミリーとDrs2/Neo1ファミリーが細胞内で物理的にも近いところで機能している可能性が想定できた．そこで，免疫沈降実験を行なったところ，同じ局在を示し，変異株が同様の表現形を示すCdc50ファミリー分子とDrs2/Neo1ファミリー分子との間に相互作用があることが明らかになった(Saito et al., 2004；Furuta et al., 2006)．また，それぞれの遺伝子を欠損した時にパートナーの局在がどのようになるのかを蛍光タンパク質GFPを融合して調べたところ，*cdc50Δ*細胞ではDrs2-GFPが，*lem3Δ*細胞ではDnf1-GFPとDnf2-GFPが，さらに*crf1Δ*細胞ではDnf3-GFPがそれぞれ小胞体に留まることがわかった(Saito et al., 2004；Furuta et al., 2006)．すなわち，Cdc50ファミリー分子非存在下では，その結合パートナーであるDrs2/Neo1ファミリー分子は小胞体から各局在部位に移行できないことが明らかとなった．したがって，Cdc50ファミリーはDrs2/Neo1ファミリーと複合体を形成し，これらの非触媒サブユニットとして機能しているものと考えられる．

15-3 Drs2 の脂質輸送活性

前述したように，ウシクロマフィン顆粒から単離された ATPase II と相同性が高い Drs2 が，実際酵母細胞でアミノリン脂質トランスロケースとしての活性をもつかどうかは，複数のグループから相反する結果が報告されていた。これまで用いられている酵母生細胞におけるリン脂質輸送活性の測定は，蛍光標識したリン脂質（NBD-リン脂質）を外部から添加し，それが細胞膜外層からフリップにより細胞内に取り込まれる量を測定する，という方法で行なってきている。Lem3-Dnf1 あるいは Lem3-Dnf2 複合体はおもに細胞膜に存在するため，この測定法でこれらの因子の欠損によるリン脂質の輸送活性の低下が検出された(Kato et al., 2002；Pomorski et al., 2003)。しかし，Cdc50-Drs2 複合体は，おもに細胞内部のゴルジ体やエンドソームに存在するため，この方法ではその活性の検出は困難であると考えられる。おそらく，この理由でそれまでの報告では Drs2 のリン脂質トランスロケーション活性に関して明確な答えを得ることができなかったと考えられる。

DRS2 遺伝子と *DNF1* 遺伝子の二重欠損株では，*CDC50* 遺伝子と *LEM3* 遺伝子の二重欠損株と同様，増殖が著しく悪くなることから，Cdc50-Drs2 複合体と Lem3-Dnf1 複合体とは重複した機能をもつと考えられる。この2つの複合体が重複した機能を果たすためには，それぞれおもな局在部位は異なっているが，各複合体がお互いの局在部位に一部存在して補いあっている可能性が考えられる。そこで筆者らは，Cdc50-Drs2 複合体が後期ゴルジ体とエンドソームに局在する際に図 15-2 に示すように細胞膜を経由してサイクリングしている可能性を想定した。出芽酵母ではエンドサイトーシスに必要な因子がいくつも同定されており，その欠損株はエンドサイトーシス不全になることが知られている。筆者らはその1つである *VRP1* 遺伝子の欠損株(*vrp1Δ*)を利用して，Cdc50-Drs2 複合体の局在を調べた。すると，*vrp1Δ* 変異によりエンドサイトーシス不全となっている細胞では，Cdc50，Drs2 共に細胞膜に蓄積していることが確認され，筆者らの推測通り Cdc50-Drs2 複合体が少なくとも一時的には細胞膜に存在することが示さ

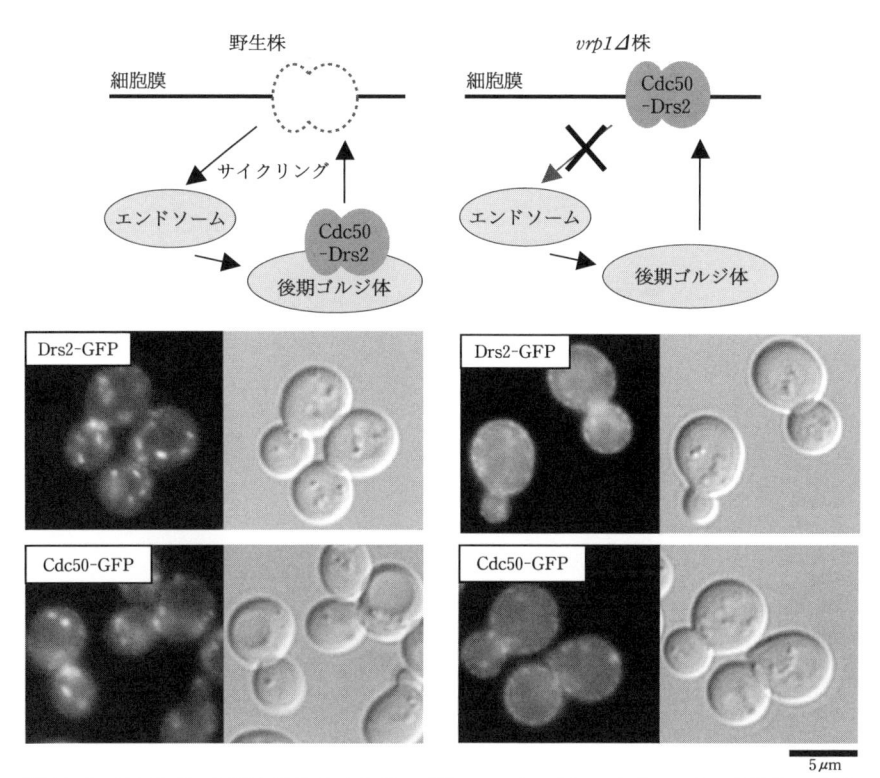

第 15 章 細胞の膜リン脂質非対称性の役割　199

図15-2　Cdc50-Drs2複合体はサイクリングしている。Cdc50とDrs2は，小胞体で複合体を形成後，ゴルジ体 - 後期ゴルジ体へと移動し，その後，細胞膜 - エンドソームを経由し再び後期ゴルジ体へと至る経路を通ってサイクリングしている。Cdc50-Drs2複合体は野生株ではおもに後期ゴルジ体やエンドソームに局在するため細胞内にドット状に観察される。一方，エンドサイトーシス不全である *vrp1Δ* 株では細胞膜上に蓄積する。

れた（図15-2）。そこで，*vrp1Δ* 変異株ではCdc50-Drs2複合体が細胞膜に集積することを利用して，Cdc50-Drs2の細胞膜における脂質輸送活性を測定した。この実験は，Lem3-Dnf1とLem3-Dnf2による脂質取り込み活性を排除するために *lem3Δ* 変異株を用いて行なった。図15-3に示すように，*lem3Δ* 変異株と *lem3Δ vrp1Δ* 二重変異株の取り込み量を比較すると，*lem3Δ vrp1Δ* 二重変異株でNBD-PEとNBD-PS，特にNBD-PSの取り込み量が増加していた。*lem3Δ vrp1Δ* 二重変異株で *CDC50* と *DRS2* 遺伝

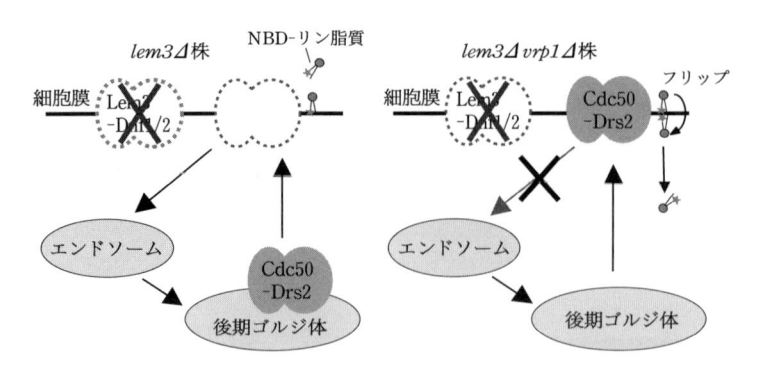

酵母株	野生株を 100 とした時の蛍光強度(%)		
	NBD-PE	NBD-PC	NBD-PS
野生株	100	100	100
lem3Δ 株	46.0±7.4	16.8±4.2	158.2±32.2
lem3Δ vrp1Δ 株	92.4±5.8	36.9±4.8	283.1±22.8
lem3Δ vrp1Δ 株 +DRS2 CDC50*	130.3±27.3	49.4±10.5	342.9±36.0

*Drs2-Cdc50 を高発現させた場合

図 15-3　NBD-リン脂質を用いた Cdc50-Drs2 の脂質輸送活性。lem3Δ 株では細胞膜に Lem3-Dnf1/2 が存在せず，また Cdc50-Drs2 も一過的にしか存在しない。一方，lem3Δ vrp1Δ 二重変異株では，Cdc50-Drs2 のエンドサイトーシスが阻害され，その多くが細胞膜に存在するようになり，細胞膜でフリップ活性を発揮する。

子を高発現させると，さらに取り込み量の増加がみられたことから，Cdc50-Drs2 複合体はこれらの脂質に対する輸送活性を有するものと考えられた。一方，Graham らのグループは，細胞破砕液より分画したゴルジ体含有画分を用いて Drs2 の脂質輸送活性を測定する系を開発し，Drs2 が ATP 依存的に NBD-PS を特異的に輸送することを報告している (Natarajan et al., 2004)。また，Holthuis らのグループは，エキソサイトーシス不全となる分泌変異株から分離した分泌小胞を用いて Drs2 の脂質輸送活性を測定し，Drs2 が ATP 依存的に NBD-PC，NBD-PE，NBD-PS を輸送することを示した (Alder-Baerens et al., 2006)。これらのことから，Drs2 がリン脂質トランスロケース活性を有している可能性は高いと考えられる。

15-4 リン脂質非対称性を制御するアミノリン脂質トランスロケースの機能

　遺伝学的,細胞生物学的,生化学的解析が駆使できる出芽酵母でアミノリン脂質トランスロケースを同定できたことから,これらの変異株を利用して,アミノリン脂質トランスロケースの機能,すなわち,リン脂質非対称性の生理的機能の解析を行なった.

リン脂質膜非対称性とステロール構造はアクチン細胞骨格制御に関与する
　リン脂質膜非対称分布の生理機能を明らかにするために,$cdc50\varDelta$ 変異と合成致死* を示す遺伝子変異を探索した.その結果,エルゴステロール後期合成経路に関与する *ERG3* の遺伝子変異が同定された(Kishimoto et al., 2005)。エルゴステロールは,コレステロールに代表されるステロール類の一種で,出芽酵母ではエルゴステロールがおもなステロールである.*ERG3* を含む,エルゴステロール後期合成経路に関与する酵素をコードする遺伝子の欠損株は生存可能であるが,細胞内にエルゴステロールとは構造の異なる異常なステロールが蓄積することがわかっている(Heese-Peck et al., 2002)。$cdc50\varDelta$ $erg3\varDelta$ 二重変異株では,タンパク質の分泌には異常がみられなかったが,細胞膜-初期エンドソーム-ゴルジ体-細胞膜の経路をサイクルするSnc1が細胞内に蓄積してしまうことがわかった(Kishimoto et al., 2005)。この細胞内蓄積は,エンドサイトーシスを阻害するとみられなくなることから,$cdc50\varDelta$ $erg3\varDelta$ 二重変異株では,エンドサイトーシス-リサイクリング経路に異常が生じていると考えられた.この変異株を電子顕微鏡で観察すると,細胞内に大きな膜構造が蓄積しており,これはエンドソームに由来するものと考えられた.
　さらにこの $cdc50\varDelta$ $erg3\varDelta$ 二重変異株の表現形を詳細に調べたところ,

---

*2つの独立した変異において,それぞれを単独にもつ変異株は生育できるが,二重変異株において致死になる場合,このような現象を合成致死と呼ぶ.これらの遺伝子が細胞増殖において機能的に重複することを示唆している.

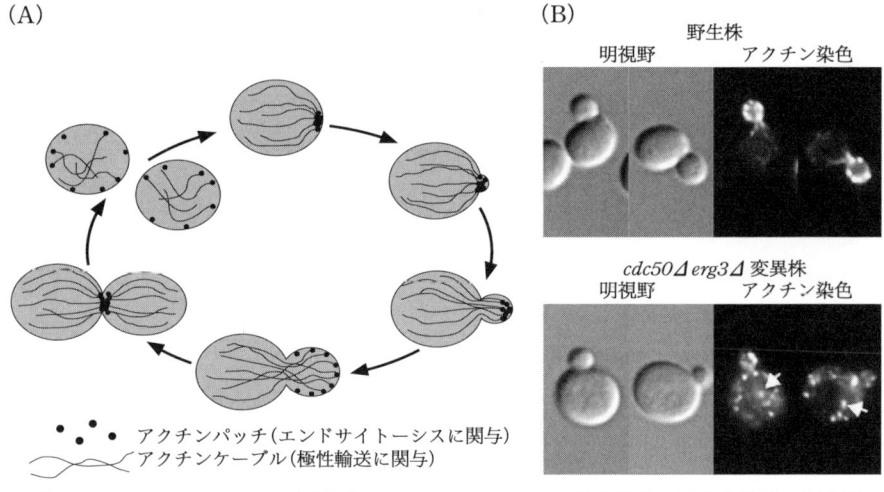

非常に興味深い現象が起きていることがわかった。出芽酵母の増殖過程では，アクチン分子が重合してできたアクチンパッチとアクチンケーブルと呼ばれるアクチン細胞骨格系が重要な役割を果たしている(図15-4A)。アクチンパッチはエンドサイトーシスの初期過程(インターナリゼーション)において，またアクチンケーブルはⅤ型ミオシンに依存した分泌小胞の極性輸送において，それぞれ必須な役割を果たしている。*erg3Δ* 変異株や許容温度(30℃)で培養した *cdc50Δ* 変異株ではアクチン細胞骨格系に異常はみられないが，*cdc50Δ erg3Δ* 二重変異株ではアクチンケーブルが消失していた。また，通常細胞膜直下にしか存在しないはずのアクチンパッチが細胞内部に形成されていた(Kishimoto et al., 2005；図15-4B)。この変異株では，やはり通常細胞膜直下にのみ存在するアクチンパッチ構造の形成にかかわるさまざまな因子も，細胞内部のアクチンパッチと共局在していたことから，異常なアクチンパッチは単にアクチンの非特異的な凝集によってできたものではなく，細胞内部

図15-4 *cdc50Δ erg3Δ* 二重変異株でのアクチンパッチの局在異常。(a)出芽酵母の細胞周期におけるアクチン細胞骨格。アクチンパッチとアクチンケーブルと呼ばれる2つのアクチン繊維構造からなるアクチン細胞骨格は，出芽酵母の細胞周期に依存してダイナミックに変化する。(b) *cdc50Δ erg3Δ* 二重変異株のアクチン構造。ファロイジンによるアクチン染色を示した。野生株でみられるアクチン構造の極性化が *cdc50Δ erg3Δ* 二重変異株では失われている。通常細胞膜直下に存在するアクチンパッチが，*cdc50Δ erg3Δ* 二重変異株では細胞内部にも存在する(矢印)。

でのアクチンパッチのアセンブリー機構の働きにより形成されたものと予想された。また，細胞内アクチンパッチは，前述の細胞内に蓄積した Snc1 とも共局在を示し，通常細胞膜に多く存在するステロールも同じ構造に存在していた。他のエンドサイトーシス-リサイクリング関連因子の変異株について同様の解析を行なったところ，Snc1 の細胞内蓄積を生じるタイプの変異株では，*cdc50Δ erg3Δ* 二重変異株と同様にアクチンパッチの細胞内蓄積とステロールの蓄積が観察された。しかし，エンドソーム由来小胞の後期ゴルジ体への融合に異常が生じるタイプの変異株では，Snc1 を含む異常膜構造やアクチンパッチの蓄積は観察されなかった(Kishimoto et al., 2005)。これらの結果から，*cdc50Δ erg3Δ* 二重変異株では，エンドサイトーシス-リサイクリング経路に異常が生じてエンドソーム由来の異常膜構造が形成され，その膜構造上にアクチンパッチが形成されている可能性が考えられた。この現象を説明する1つの可能性として，ステロールを含む細胞膜型の脂質環境が細胞内に形成されたために，誤ってそこにアクチンパッチが形成されてしまったことが考えられる。アクチンパッチがなぜ細胞膜上にしか形成されないのかは明らかにされておらず，脂質環境がその形成誘導因子である可能性を示唆する結果ではないかと筆者らは考えている。

リン脂質トランスロケースの作用はリサイクリング経路に必須である

　リン脂質トランスロケースの役割を明らかにするためにさらに別のアプローチも行なった。Cdc50 ファミリーの3つの遺伝子をすべて欠損した細胞は増殖できない。このことを利用し，Cdc50 ファミリーの温度感受性変異株(*cdc50-ts lem3Δ crf1Δ*)をつくり，Cdc50 ファミリーと Drs2/Neo1 ファミリーからなるリン脂質トランスロケースの作用が細胞の生存にかかわる現象を明らかにしようとした。*LEM3* と *CRF1* の2つの遺伝子が欠損している状態で，*CDC50* に点変異が導入された *cdc50-ts lem3Δ crf1Δ* 株は，25℃では正常に生育できるが，高温(37℃)では生育できない。それ故，この変異株を25℃で生育させた後37℃に移し，その時に起こる異常を調べることで細胞の生死にかかわるリン脂質輸送制御の役割を知ることができる。膜の構造の調節不全では，細胞内の膜を介した輸送に異常が生じることが予測され

る。また，*cdc50-ts lem3Δ crf1Δ* 変異株の 37℃での生育不能を高発現することで緩和する遺伝子として，膜輸送に関与する *YPT31/32* 遺伝子が取得されたことから，*cdc50-ts lem3Δ crf1Δ* 変異株の 37℃における膜輸送について詳細に調べた。その結果，図 15-5A に実線矢印で示す経路は正常であったが，唯一，前述したエンドサイトーシス-リサイクリング経路に異常が生じていることが明らかとなった(Furuta et al., 2006)。*cdc50-ts lem3Δ crf1Δ* 変異株の高温条件下では，細胞内に Snc1 が存在する異常な膜構造物が蓄積することが，蛍光顕微鏡観察および電子顕微鏡観察から示された(図 15-5B, C)。さらなる実験から，この異常な構造物はエンドソーム由来のものであることが示され，アミノリン脂質トランスロケースの活性は，リサイクリング経路におけるエンドソームから後期ゴルジ体への小胞の形成に重要な役割を果たしていると考えられた。

おわりに

　脂質は，細胞を構成する単なる構造物でなく，細胞内生命現象において重要な役割を果たしているであろうことは古くから考えられていた。膜リン脂質の非対称性制御も，このような脂質の役割の 1 つに関与するものと考えられる。しかし，これまでは生細胞においてリン脂質の膜内での組成や分布を人為的に操作する手段を欠いていたため，現象論以上の解析は進んでいなかった。本章で述べたように，筆者らといくつかのグループでは精密な遺伝学的解析手法を駆使できる酵母細胞を用いて，リン脂質の非対称性制御を操る手段を開発した。また近年，脂質に特異的に結合するさまざまなプローブが開発されると共に，顕微鏡を用いたナノレベルでの観察技法も進展し，脂質の膜動態を時間的・空間的に生細胞で精密に観察できるようになってきている。これらの技法を取り合わせて，今後さらに脂質の非対称性を含めた脂質動態とさまざまな細胞機能との関連が明らかにされていくものと期待される。

(A)

(B)

(C)

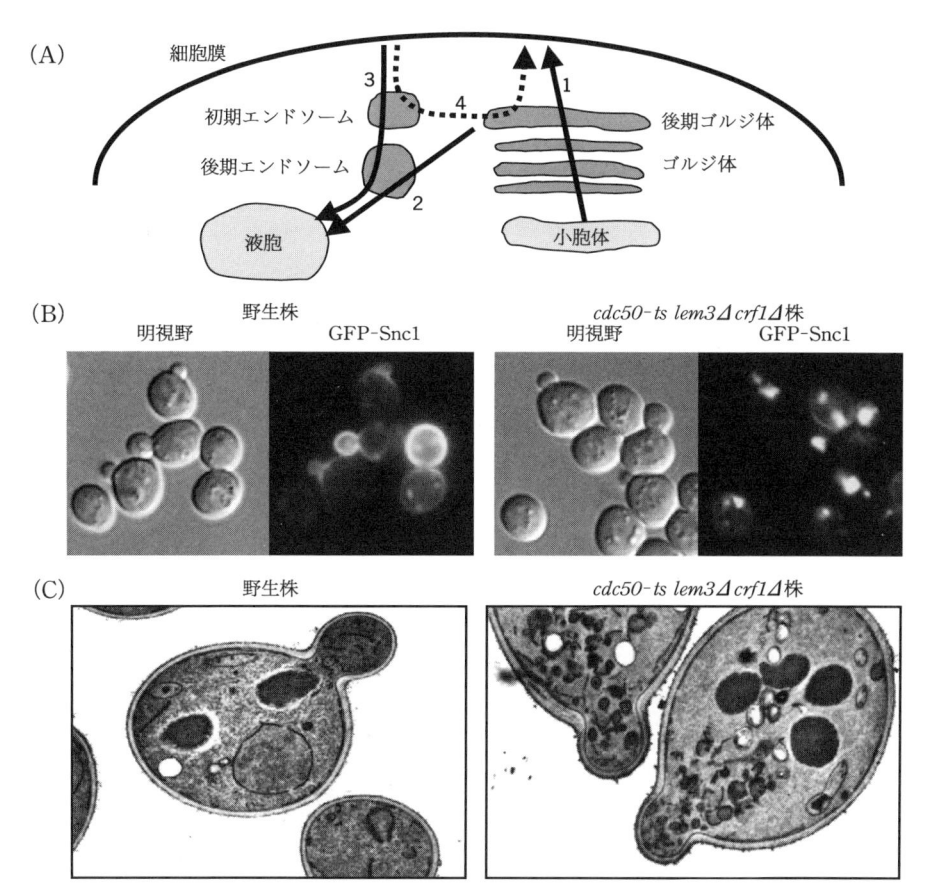

図15-5 温度感受性Cdc50ファミリー変異株（*cdc50-ts lem3Δ crf1Δ*株）の膜輸送の異常。
(a) *cdc50-ts lem3Δ crf1Δ*株での膜輸送経路。小胞体から細胞膜へと向かう分泌経路(1)，後期ゴルジ体から液胞へ向かうvacuolar protein sorting(VPS)経路(2)，細胞膜から液胞へ向かうエンドサイトーシス経路(3)は，高温条件下(37℃)の*cdc50-ts lem3Δ crf1Δ*細胞でも正常に機能する。一方，細胞膜-初期エンドソーム-後期ゴルジ体-細胞膜を通るリサイクリング経路(4)は，*cdc50-ts lem3Δ crf1Δ*細胞を高温条件下にすると異常が生じる。(b)高温条件下，*cdc50-ts lem3Δ crf1Δ*株でのGFP-Snc1の蛍光顕微鏡による局在観察。リサイクリング経路のマーカーであるSnc1は，野生株ではおもに細胞膜に観察されるが，高温条件下(37℃)の*cdc50-ts lem3Δ crf1Δ*細胞では，細胞内に蓄積した異常な膜構造物に局在する。(c)高温条件下の*cdc50-ts lem3Δ crf1Δ*株の電子顕微鏡観察。*cdc50-ts lem3Δ crf1Δ*細胞を37℃に移すと，野生株ではみられない異常な膜構造物が多数，芽の付近に蓄積する。

引 用 文 献

Alder-Baerens, N., Lisman, Q., Luong, L., Pomorski, T. and Holthuis, J.C. 2006. Loss of P4 ATPases Drs2p and Dnf3p disrupts aminophospholipid transport and asymmetry in yeast post-Golgi secretory vesicles. Mol. Biol. Cell, 17: 1632-1642.

Devaux, P.F. 1988. Phospholipid flippases. FEBS Lett., 234: 8-12.

Fadok, V.A., Bratton, D.L., Rose, D.M., Pearson, A., Ezekewitz, R.A. and Henson, P. M. 2000. A receptor for phosphatidylserine-specific clearance of apoptotic cells. Nature, 405: 85-90.

Furuta, N., Fujimura-Kamada, K., Saito, K., Yamamoto, T. and Tanaka, K. 2006. Endocytic recycling in yeast is regulated by putative phospholipid translocases and the Ypt31p/32p-Rcylp pathway. Mol. Biol. Cell, E06-05-0461.

Heese-Peck, A., Pichler, H., Zanolari, B., Watanabe, R., Daum, G. and Riezman, H. 2002. Multiple functions of sterols in yeast endocytosis. Mol. Biol. Cell, 13: 2664-2680.

Hua, Z. and Graham, T.R. 2003. Requirement for Neo1p in retrograde transport from the Golgi complex to the endoplasmic reticulum. Mol. Biol. Cell, 14: 4971-4983.

Hua, Z., Fatheddin, P. and Graham, T.R. 2002. An essential subfamily of Drs2p-related P-type ATPases is required for protein trafficking between Golgi complex and endosomal / vacuolar system. Mol. Biol. Cell, 13: 3162-3177.

Kato, U., Emoto, K., Fredriksson, C., Nakamura, H., Ohta, A., Kobayashi, T., Murakami-Murofushi, K., Kobayashi, T. and Umeda, M. 2002. A novel membrane protein, Ros3p, is required for phospholipid translocation across the plasma membrane in *Saccharomyces cerevisiae*. J. Biol. Chem., 277: 37855-37862.

Kishimoto, T., Yamamoto, T. and Tanaka, K. 2005. Defects in structural integrity of ergosterol and the Cdc50p-Drs2p putative phospholipid translocase cause accumulation of endocytic membranes, onto which actin patches are assembled in yeast. Mol. Biol. Cell, 16: 5592-5609.

Marx, U., Polakowski, T., Pomorski, T., Lang, C., Nelson, H., Nelson, N. and Herrmann, A. 1999. Rapid transbilayer movement of fluorescent phospholipid analogues in the plasma membrane of endocytosis-deficient yeast cells does not require the Drs2 protein. Eur. J. Biochem., 263: 254-263.

Misu, K., Fujimura-Kamada, K., Ueda, T., Nakano, A., Katoh, H. and Tanaka, K. 2003. Cdc50p, a conserved endosomal membrane protein, controls polarized growth in *Saccharomyces cerevisiae*. Mol. Biol. Cell, 14: 730-747.

Natarajan, P., Wang, J., Hua, Z. and Graham, T.R. 2004. Drs2p-coupled aminophospholipid translocase activity in yeast Golgi membranes and relationship to in vivo function. Proc. Natl. Acad. Sci. USA, 101: 10614-10619.

Pomorski, T., Lombardi, R., Riezman, H., Devaux, P.F., Van Meer, G. and Holthuis, J. C. 2003. Drs2p-related P-type ATPases Dnf1p and Dnf2p are required for phospholipid translocation across the yeast plasma membrane and serve a role in endocytosis. Mol. Biol. Cell, 14: 1240-1254.

Rosing, J., Tans, G., Govers-Riemslag, J.W., Zwaal, R.F. and Hemker, H.C. 1980. The role of phospholipids and factor Va in the prothrombinase complex. J. Biol. Chem., 255: 274-283.

Rothman, J.E. and Lenard, J. 1977. Membrane asymmetry. Science, 195: 743-753.

Saito, K., Fujimura-Kamada, K., Furuta, N., Kato, U., Umeda, M. and Tanaka, K. 2004. Cdc50p, a protein required for polarized growth, associates with the Drs2p P-type ATPase implicated in phospholipid translocation in *Saccharomyces cerevisiae*. Mol. Biol. Cell, 15: 3418-3432.

Seigneuret, M. and Devaux, P.F. 1984. ATP-dependent asymmetric distribution of spin-labeled phospholipids in the erythrocyte membrane: relation to shape changes. Proc. Natl. Acad. Sci. USA, 81: 3751-3755.

Siegmund, A., Grant, A., Angeletti, C., Malone, L., Nichols, J.W. and Rudolph, H.K. 1998. Loss of Drs2p does not abolish transfer of fluorescence-labeled phospholipids across the plasma membrane of *Saccharomyces cerevisiae*. J. Biol. Chem., 273: 34399-34405.

Tang, X., Halleck, M.S., Schlegel, R.A. and Williamson, P. 1996. A subfamily of P-type ATPases with aminophospholipid transporting activity. Science, 272: 1495-1497.

Zachowski, A., Henry, J.P. and Devaux, P.F. 1989. Control of transmembrane lipid asymmetry in chromaffin granules by an ATP-dependent protein. Nature, 340: 75-76.

第16章 NO/cGMP 情報伝達系分子の構造と機能

北海道大学大学院理学研究院/鈴木範男

はじめに

　実験科学ではそれまでに蓄積された実験事実を統一して説明するための論理を組み立てる。その論理にしたがって目の前の問題(現象)を理解・説明するためにどのような実験をすればよいかを考え，必要な準備をして実行する。これを研究という。生物学も同じ論理で研究を行なう。生物学では20世紀中ごろから新しい実験技術が次々と開発され，それまでの観察主体の研究から実験主体の研究がさかんになり，現象を理解し，説明するための実験事実が多くなった。多くの生物現象が分子のレベルで説明されるようになった。その結果，今や一人の研究者が生物学の全分野について概念だけでも理解することが困難な状況になっている。

　1つの分野の発展の歴史を振り返ってみると，その勃興期には互いにまったく関係がないと考えられていた研究分野の成果が互いに影響し合いながら，研究者間の反発，批判，ねたみを繰り返しながら，徐々に融合して1つの統一された理解(概念)に到達していることがわかる。いくつかの個別分野の統合によって形成された概念に基づいて研究がさらに進展し，また再び細部の相違点が明らかになり，それらをさらに統合する概念が提出されてくる。そして，その概念はやがて〝常識〟となり，その常識の確立に貢献した多くの

人たちの個別の研究成果は忘れられていく。

　環状グアノシン 3′, 5′—リン酸 cyclic guanosine monophosphate(cGMP)は環状アデノシン 3′, 5′—リン酸 cyclic adenosine monophosphate(cAMP)とほぼ同時期の 1960 年代に発見された物質である(図 16-1)。しかし、"二次伝達物質説 second messenger theory" の主役であった cAMP(この研究で Sutherland は 1971 年ノーベル賞を受賞)と異なり、その研究の進展は遅々としていた。一時期、cGMP は cAMP の働きを補完する二次伝達物質である可能性が検討され、cAMP と cGMP の細胞内における機能を説明するために "陰陽説" が提出されたこともあった。しかし、"陽" の cAMP の研究はすばらしい勢いで進んでいったが、"陰" の cGMP についての研究の進捗状況ははかばかしくなかった。その原因は cGMP を産生する酵素(グアニル酸シクラーゼ guanylyl cyclase：GC)に対する生理活性物質の発見が遅れたことにあったと思われる。この章では GTP を cGMP に変換する GC に関する研究の経緯と GC の構造と機能について概観する。

　1860 年代に、ノーベル賞の設立者である Alfred Nobel のダイナマイト工場で働く労働者の内、狭心症持ちの労働者の発作が労働日には少なく、休日に多発することが知られていた。しばらくすると、その原因はダイナマイトの製造原料であるニトログリセリン蒸気の吸引にあることがわかり、狭心症の発作を軽くするためにニトログリセリンが処方されるようになった。現在

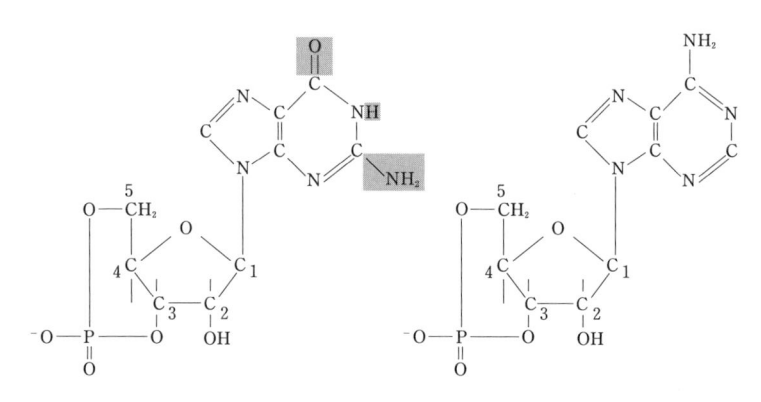

3′, 5′-サイクリック GMP(cGMP)　　　3′, 5′-サイクリック AMP(cAMP)

図 16-1　二次伝達物質としての環状ヌクレオチド

でもニトログリセリンは狭心症の発作軽減の特効薬として処方されている。しかし長い間，ニトログリセリンの薬理作用の機構は不明であった。狭心症の発作は血管平滑筋の収縮が主たる原因で起こる症状であることから，平滑筋弛緩剤(拡張剤)の開発研究が進められていた。1970年代には，Murad 研究室の勝木，木村らによって，また日本の三木らによってニトログリセリンも含め各種の含窒素化合物の作用機構が研究され，血管拡張剤によって平滑筋内の cGMP 濃度が上昇することが明らかにされた。

一方，1960年代前後に血管内皮細胞から血管の弛緩を引き起こす因子(血管内皮弛緩因子 endotherial releasing factor：EDRF)が分泌されていることが示唆された。この因子の実体は長い間不明であったが，含窒素平滑筋拡張剤は NO 基をもっているので，一酸化窒素 nitric oxide(NO)に変換されてから効果を発揮するのではないかという考えが提出された。1970年代中ごろから血管系の cGMP の機能の解明研究を行なっていた Ignarro や Moncada によって NO による GC の活性化モデルが提唱された。1980年代には Furchgott によって，EDRF と呼ばれていた因子の実体が気体分子である NO であることが同定された。1982年，出口武夫によって塩基性アミノ酸であるアルギニンから NO が生成される可能性が示された。この NO 合成酵素につながる研究が発展し，NO の生体内合成機構の概略が明らかになった。また，ニトログリセリンを含む含窒素血管拡張剤の作用機構についてもその概略がわかってきた(図16-2, 3)。

ところで，それぞれ個別の研究に携わっていた研究者同士は互いに意識することはなかったと思われるが，EDRF の実体解明の研究と平行して，心臓が合成して分泌するホルモン様因子である心房性ナトリウム利尿因子 atrial natriuretic factor(ANF)の実体の解明とその作用機構の研究が進められていた。1981年 de Bold らによって心房が利尿作用を示す ANF をつくることが発見されるまで，心臓は長い間全身に血液を送り出す単なるポンプであると考えられていた。しかし，de Bold による ANF の発見によって心臓はポンプとしての臓器の機能を保護するために，血管にかかる負担を軽くする(血圧を下げる)ためのホルモンを分泌していることがわかったのである。ANF の実体の解明と作用機構の解明に多くの研究者グループ(Matsuo ら；

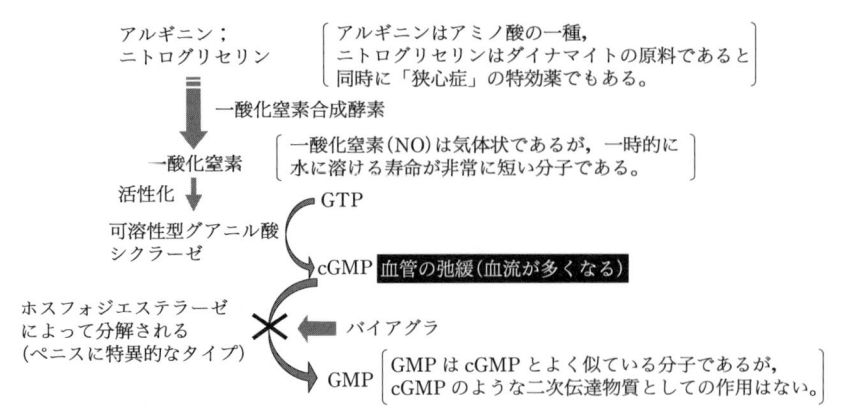

図16-2 ニトログリセリンなどの含窒素化合物が血管の弛緩を引き起こす過程の模式図

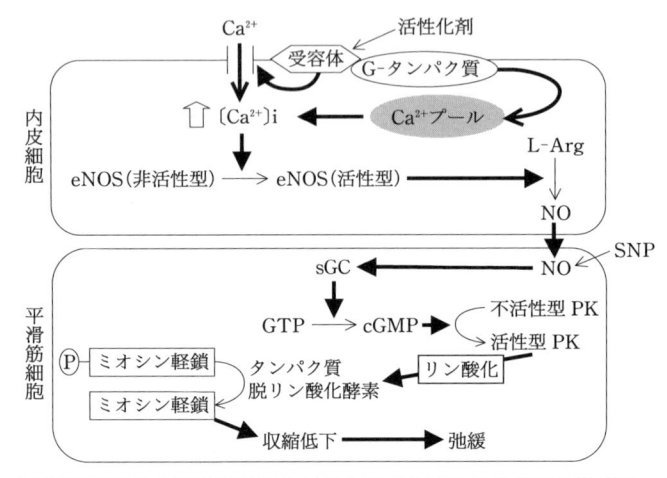

図16-3 血管内皮細胞と平滑筋細胞におけるNOの合成とその作用の模式図。eNOS：内皮細胞NO合成酵素，LArg：L-アルギニン，SNP：ニトロプリシッドナトリウム塩，PK：タンパク質キナーゼ

Muradら；Inagamiら；Sharmaら；Shenkら；Hiroseら）が強い関心をもってこれに取り組み，激しい先陣争いが行なわれた。その結果，活性のあるANFはアミノ酸残基数28のペプチドatrial natriuretic peptide(ANP)であり，標的細胞の表面にある受容体に結合して，細胞内cGMP濃度を増加させる作用を示すことがわかった。しかし，受容体の構造と受容体結合後の情報伝達の

カスケードについては諸説が入り乱れ，その概要すら得られていなかった。

そんな折，筆者を含めてウニを使って受精の生化学的機構の解明をめざしていた何人かの研究者はウニ卵外被(卵ゼリー層)に存在する精子の呼吸促進因子の実体の解明とその作用機構の研究を細々と行なっていた。1981年，野生動物(ウニもその一種？)保護の観点からは眉をひそめられるほどの雌雄のウニ(合計数万個体に上ると思われる)を使って，その因子がアミノ酸10残基からなるペプチドであることが明らかになった。このペプチドは精子活性化ペプチドsperm-activating peptide(SAP)と命名された(Suzuki et al., 1981)。SAPはさまざまなウニ卵ゼリー層から単離・構造決定され，ウニ精子の呼吸や運動性を高めるだけでなく，受精に必須の現象である精子先体反応の誘起にも関与していることも明らかになった。さらに，SAPは精子細胞表面の160 kDaタンパク質に特異的に結合して，精子細胞内のcGMP濃度を一過的に増加させることも明らかになった。SAPと特異的に結合する精子細胞表面タンパク質のcDNAがクローニングされ，SAPの受容体は細胞膜を1回貫通する領域をもつ膜結合型グアニル酸シクラーゼmembrane-bound guanylyl cyclase(mGC)であることが明らかになった(図16-4；Singh et al., 1989)。アメリカのバンダービルト大学のGarbersらはこのcDNAをプローブにしてラットからクローニングしたmGCを，内在性cGMP産生能がきわめて弱い，すなわちGC活性が弱いCOS細胞に発現させ，ANPを作用させた。その結果，細胞内cGMPが劇的に増加した。この実験はANPの受容体がmGCであること示す決定的なものであった。

16-1 グアニル酸シクラーゼの構造と機能

ANP受容体の確立に関する研究で，結果の解釈を混乱させた大きな原因は，cGMPをつくる酵素活性が可溶性分画にも膜分画にも存在することにあった。実態のわからないことを明らかにすることが研究であるが，因果関係が明確でないということは，研究者にとって厄介なことである。ANPというホルモンの標的タンパク質(この場合はGC)が1種類であるかどうかに自信がもてない状態であったのである。また，膜分画の活性も分子の大きさが

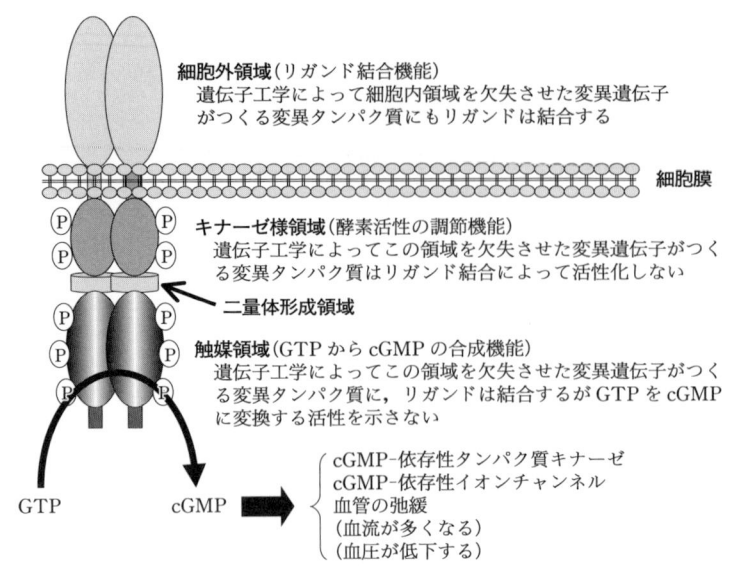

細胞外領域(リガンド結合機能)
遺伝子工学によって細胞内領域を欠失させた変異遺伝子がつくる変異タンパク質にもリガンドは結合する

細胞膜

キナーゼ様領域(酵素活性の調節機能)
遺伝子工学によってこの領域を欠失させた変異遺伝子がつくる変異タンパク質はリガンド結合によって活性化しない

← 二量体形成領域

触媒領域(GTPからcGMPの合成機能)
遺伝子工学によってこの領域を欠失させた変異遺伝子がつくる変異タンパク質に, リガンドは結合するがGTPをcGMPに変換する活性を示さない

GTP cGMP → { cGMP-依存性タンパク質キナーゼ
cGMP-依存性イオンチャンネル
血管の弛緩
(血流が多くなる)
(血圧が低下する) }

図16-4　膜結合型グアニル酸シクラーゼ

微妙に異なっていたことがいっそう解釈を混乱させる原因でもあった。現象に関与する物質的基盤が明確にならない限り, どの分野でもしばらく混迷が続くが, cGMPに関係する研究分野もその例外ではなかった。

　GCには膜結合型(mGC)と可溶性型(sGC)の2種類がある。mGCは膜貫通領域を分子のほぼ中央に1つもち, 細胞外領域にホルモンなどの作用物質(リガンド)の結合部位があり, 細胞内領域にはプロテインキナーゼ様ドメインと触媒ドメインがある。ラットやマウス, ヒトなどの哺乳動物には7種類, メダカやゼブラフィッシュなどの魚類では10〜11種類のmGCが存在する。これらのmGCはリガンドに対する特異性と構造の特性が異なり, さらに, (1) ANP, BNP, CNPなどのナトリウム利尿ペプチド(NP)受容体型(GC-A, GC-B), (2)大腸菌の産生するペプチド毒素(エンテロトキシン, STa)と内在性のペプチド性リガンドであるグアニリン・ウログアニリン受容体型(GC-C), (3)特別なリガンドが発見されておらず, 感覚器官に特異的に発現するmGC (GC-D, GC-E, GC-F), および(4)オーハン受容体型(GC-G)の4つのカテゴリーに分けられる。これらのカテゴリーのmGCはオーハン受容体型を除き,

リガンドあるいは細胞内領域に結合して触媒ドメインを活性化するタンパク質(感覚器官特異的mGC)によってその活性が調節されている。mGCの細胞外領域の一次構造は変異に富んでいるが，S-S架橋されるシステイン残基の位置は保存されている。また，細胞外領域には糖付加部位が数箇所あり，S-S架橋と共にリガンドの結合部位の形成に重要である。細胞内領域，特に，触媒領域はすべてのmGCで高度に保存されている。

活性のあるmGCはオリゴマー(NP受容体型では二量体，エンテロトキン/グアニリン受容体型では三量体)を形成しており，各単量体は細胞内領域のアミノ酸残基が高度にリン酸化されている。ウニ精子のmGCでは24残基のセリンがリン酸化されている。このリン酸化アミノ酸は，リガンドの結合によるmGCの活性化直後に内在性プロテインホスファターゼによって脱リン酸化され，mGCは不活性型に転換される。ウニ精子のmGCでは20残基のリン酸化セリンが脱リン酸化され，不活性型になる。したがって，活性の高いmGCを精製する際には，プロテインホスファターゼの阻害剤を用いて行なう必要がある。

血圧の調節には多くの遺伝子産物が関与しており，その詳細は現在でも明らかではないが，レニン-アンギオテンシン-アルドステロン系は，重要な調節系の1つである。GC-AとGC-Bが関与するcGMP情報伝達系は，その発見の経緯からも体液の恒常性の維持に関与していることは明らかであり，事実，レニン-アンギオテンシン-アルドステロン系に拮抗する系の1つである。しかし，遺伝子ターゲッティングによる研究結果は，ANP遺伝子ノックアウトマウスでは塩感受性高血圧が生じ，GC-A遺伝子ノックアウトマウスでは塩抵抗性高血圧が生じる。したがって，ANPの作用機構と，GC-Aの機能にまだ解明されていない情報伝達経路が関与しているものと思われる。また，GC-C遺伝子ノックアウトマウスでは下痢を引き起こすSTaに対する感受性がなくなるだけで，他にこれといった異常はみられていない。このことは，GC-Cの生理的な役割は何かという問題を提起している。常識的には，GC-C遺伝子産物が担っていた機能を他の〝系〟が代行していることになるが，それで本当にいいのかという疑問が残る。この疑問に答えるための実験については専門家にもアイデアがないのが現実である。目に特異的に発

現する GC-D や GC-E，GC-F 遺伝子もそれらを欠失させると，発現組織に異常が生じる．しかし，ダブルノックアウトやトリプルノックアウト実験は行なわれていないので，これらの遺伝子産物の働きが単に光受容の際の cGMP 濃度の増加にだけあるのか（光量子を受容すると cGMP 濃度が減少し，直ちに cGMP 濃度は元に戻る），それ以外にも役割があるのかについての詳細は今後の解析を待たなければならない．一時，cAMP の影武者から表舞台に躍り出た感のあった mGC の研究も，容易にできる実験はほぼすべて行なわれてしまい，時代の勢いに乗って行なっていたと思われる実験は少なくなり，実行に大きな困難がともなう課題だけが残ったともいえる．こうなると，限られた研究者が再び細々と研究を継続することになるのかもしれない．しかし，毎月あるいは毎年発表される cGMP 関連の論文数はとても一人の研究者がすべてを読みこなせる数ではない．cGMP 関連の発表論文数がいかに多いかは，ある総説の執筆者がその冒頭で敢えて記述していた次の文章に如実に表われている．

「関係すると思われる論文数百を読み総説を書き始め，途中で確認のために関連する論文の検索を行なってみたら，新たに引用が必要な数十編の論文が発表されていた．それらの結果を取り込んで書き直した後，再度関連する論文を検索したら，さらに数十編の新たな論文が発表されていた．これを繰り返していると原稿を完成させることができないので脱稿できない．したがって，この総説は書き始めた時点までの成果を纏めたものであることを関係者は了解してほしい．」

一方，sGC は α-サブユニットと β-サブユニットからなるヘテロ二量体であって，ヘムを含む（図16-5）．ヘムの含量については，しばらくの間議論があったが，現在では二量体あたり1個であると結論されている．ヘムが結合するアミノ酸残基は β-サブユニットにあるが，ヘテロ二量体を形成しないとヘムは結合しない．このヘムに NO が結合すると酵素は活性化される．α-サブユニットにも β-サブユニットにもそれぞれ2つのアイソフォーム（α_1，α_2，および β_1，β_2）がある．多くの組織に発現しているのは α_1/β_1 のヘテロ二量体である．しかし，組織によっては活性のある α_2/β_1 二量体も発現している．α_2/β_2 や α_1/β_2 が発現している組織は知られていない．β_2 サブユニット

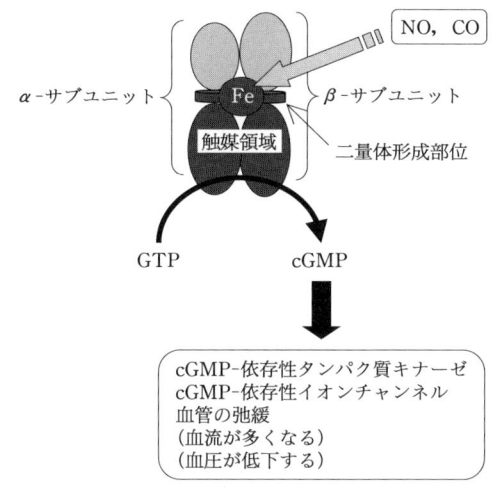

第 16 章　NO/cGMP 情報伝達系分子の構造と機能　217

図 16-5　可溶性型グアニル酸シクラーゼ

は活性のないホモ二量体で存在しているのではないかといわれているが，α_1/α_1 や β_1/β_1，α_2/α_2 のようなホモ二量体は細胞内には存在しない。血管拡張剤あるいは内在性のアルギニンのような含窒素化合物に由来する NO は sGC のヘムに結合し，細胞内 cGMP 濃度を増加させ，その下流に位置する cGMP 依存性タンパク質キナーゼ(PKG)を活性化する。PKG は標的タンパク質をリン酸化し，血管壁を拡張して血液の流れをスムーズにするというのが現在の理解である。リン酸化後どのような機構によって血管が拡張されるのかについての詳細な機構は現在研究が進められている課題である。

　mGC 遺伝子の構造研究が進展するにつれ，sGC 遺伝子に関する研究も急速に進展した。α-サブユニットと β-サブユニットからなる活性酵素をそれぞれのサブユニットに解離させ，再会合させても活性のあるヘテロ二量体は得られない。また，α-サブユニット cDNA と β-サブユニット cDNA を培養細胞で発現させた後に，その可溶性分画を混ぜ合わせても活性酵素は得られない。この再会合実験の際，過剰のヘムを加えても結果は同じである。活性酵素をつくるためには，転写・翻訳後直ちに両サブユニットが会合する必要がある。これを可能にするには，α-サブユニット遺伝子と β-サブユニット遺伝子の転写・翻訳が同調していることが必要である。メダカの α-サブ

ユニット遺伝子と β-サブユニット遺伝子はゲノム上986塩基対 base pair (bp)の介在配列によって隔てられているだけである．この特性をいかして，2つの遺伝子の替わりに2種類の蛍光タンパク質遺伝子をレポーターとしてつないだ融合遺伝子の転写発現実験が行なわれた．その結果，遺伝子としてはそれぞれ別個ではあるが，β-サブユニット遺伝子の発現はおもに α-サブユニット遺伝子の上流が制御していることがわかった．この実験には，ゲノムサイズがヒトやマウスの20％しかないメダカは格好の実験動物であった．メダカはゲノムサイズは小さくても，遺伝子のコード領域は哺乳動物と同じであり，介在配列やイントロンと呼ばれる配列が少ないだけである．因に，マウスでは両サブユニット遺伝子は同じ染色体に局在しているが，両遺伝子間には30 kbp もの長い介在配列がある．

　現在，遺伝子ノックアウト実験法が確立されているのは，脊椎動物ではマウスだけで，メダカではノックアウト実験ができない．しかし，哺乳動物と異なり，メダカは温度と光を調節するだけで毎日数百個の卵を産ませることができる．したがって，メダカは発生過程における遺伝子の発現機構や遺伝子産物の機能を知るには格好の実験動物である．メダカ卵は直系が2 mm もあるので，受精後の2細胞期胚に外来 DNA を顕微注入することも容易である．ヘテロ二量体のどちらかのサブユニット cDNA に変異を導入した融合遺伝子を顕微注入して活性のない sGC を大量に発現させ，正常な遺伝子産物の働きを阻害することもできる．「悪貨は良貨を駆逐する」という考えのこのような実験を dominant-negative 実験あるいはノックダウン実験という．α_1/β_1 および α_2/β_1 の各サブユニットについてこのような実験を行なった結果，変異を導入するサブユニットによって違いはあるが，すべてのケースで異常胚が出現し，すべての胚は発生途中で死んでしまった．この結果は sGC が胚発生で重要な働きをしていることを示しているだけでなく，sGC に関しては遺伝子ノックアウト実験ができないことも示している．マウスを用いての NO 合成酵素遺伝子のノックアウト実験でも結果は致死性であったとのことである．cGMP 情報伝達系において，sGC の下流に位置する PKG（実際は PKG のアイソフォームの一種である PKG-Iα）のノックダウン実験では胚の異常がより限定され，単眼の出現など頭部により多くの異常が

みられた。メダカはsGCやPKG, あるいはこの情報伝達系では上流に位置するNO合成酵素のノックダウン実験が容易にできるので, 胚発生過程におけるcGMP情報伝達系の研究にはマウスよりも優れている。

16-2 特異な構造のグアニル酸シクラーゼと進化

現存するほとんどすべての生物にATPやGTPを環状化する酵素(シクラーゼと呼ぶ)が存在する。これらにはⅠ-Ⅵ型までの6種類が知られているが, Ⅲ型はすべての生物に存在する。ATPをcAMPに転換するアデニル酸シクラーゼは, 一部の細菌や精子の可溶性分画に存在するものを除き, すべて膜に結合している(membrane-bound adenylyl cyclase：mAC)。mACは1本のポリペプチドに6つの膜貫通領域と2つの触媒ドメイン(C1とC2)があり, 2つの触媒ドメインは互いに逆平行に会合して1つの活性部位を形成する(図16-6)。このmACの触媒活性の発現には金属結合部位(M1とM2), 基質選択部位(S1とS2)および結合した基質を安定化する部位(T1とT2)が必要である。これらの部位はmGCやsGCにも存在し, これらのシクラーゼ活性に必須である。図16-1に示したようにシクラーゼの反応産物であるcGMPとcAMPは構造的にも非常によく似ている物質である。したがって, 基質であるGTPやATPの環化反応に必要な部位がACとGCに保存されていることは理解できる。実際に, mGCの基質選択部位に変異を導入してAC活性を示すシクラーゼをつくることができ, mACの基質選択部位に変異を導入してAC活性とGC活性の両方を示すシクラーゼをつくることができる。これらのことはGCはACと共通の祖先遺伝子から進化してきたことを想像させる。ACもGCも2つの触媒ドメインが会合することによって触媒活性を示す。これはACとsGCに関しては必須であり, mGCについても, 細胞内で活性状態にあるものは二量体を形成しているので, 同じことがいえる。これらの事実から敢えて想像を逞しくすると, sGCはACの触媒ドメインC1とC2がそれぞれ異なるタンパク質になったもので, mGCはACの触媒ドメインのC1あるいはC2のどちらか1つと, 1つの膜貫通領域を含む部分が独立したタンパク質として発現されるようになったものと思われる。

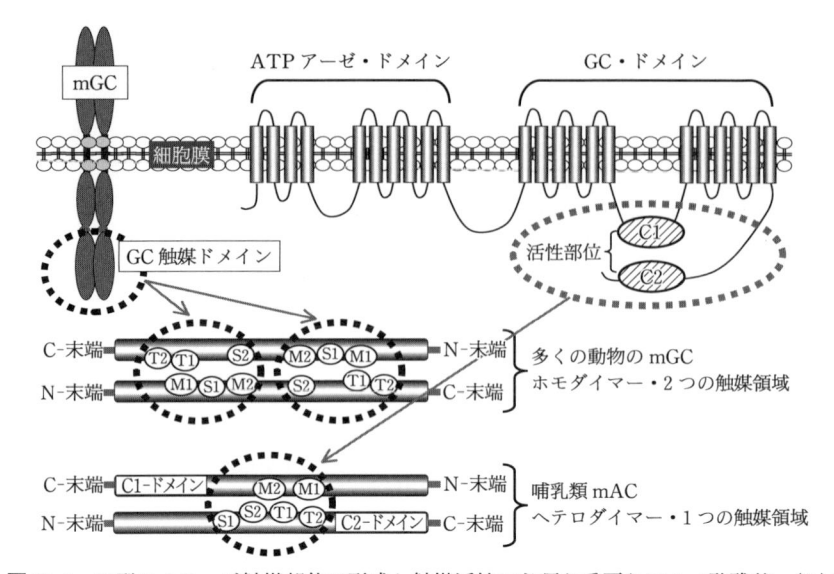

図 16-6 Ⅲ型シクラーゼ触媒部位の形成と触媒活性に必須な重要なアミノ酸残基。(A) 2つの触媒部位をもつホモダイマーと1つの触媒部位をもつヘテロダイマー。点線の円で囲んだ部分は触媒中心。M1,M2：金属結合残基，S1,S2：基質選択残基，T1,T2：転位状態安定化残基。(B) Ⅲ型シクラーゼ(AC：アデニル酸シクラーゼ，GC：グアニル酸シクラーゼ，C1：C1-様残基だけをもつ領域(sGC-α1-サブユニット)，C2：C2-様残基だけをもつ領域(sGC-β1-サブユニット)

　GC 活性は原核生物，真核生物を問わずほとんどすべての生物に存在し，ほとんどすべての生物が sGC と mGC の2種類をもっている。しかし，単細胞生物に存在する GC の構造は多細胞生物とはかなり異なっている。マラリア原虫の mGC の構造は mAC と非常によく似ており，アミノ末端部分に ATP アーゼとよく似た構造がある(図 16-6)。粘菌(真核細胞)や進化的に下位に位置づけられる後生動物には膜に結合する状態の異なる mGC と sGC(sGC 様というべきか)が存在するので，生成した cGMP の標的タンパク質の生理的機能は高等動物と同じであっても(未解明なことが多いが)，その構造は高等動物のものとはずいぶん異なる(図 16-7)。したがって，高等動物にみられる cGMP を二次伝達物質とする情報伝達系の起源は cAMP を二次伝達物質とする情報伝達系と同じように古いもので，進化の過程でその構成要素に多くの変化が生じてつくられたものと考えられる。全ゲノム解析結果が公表され

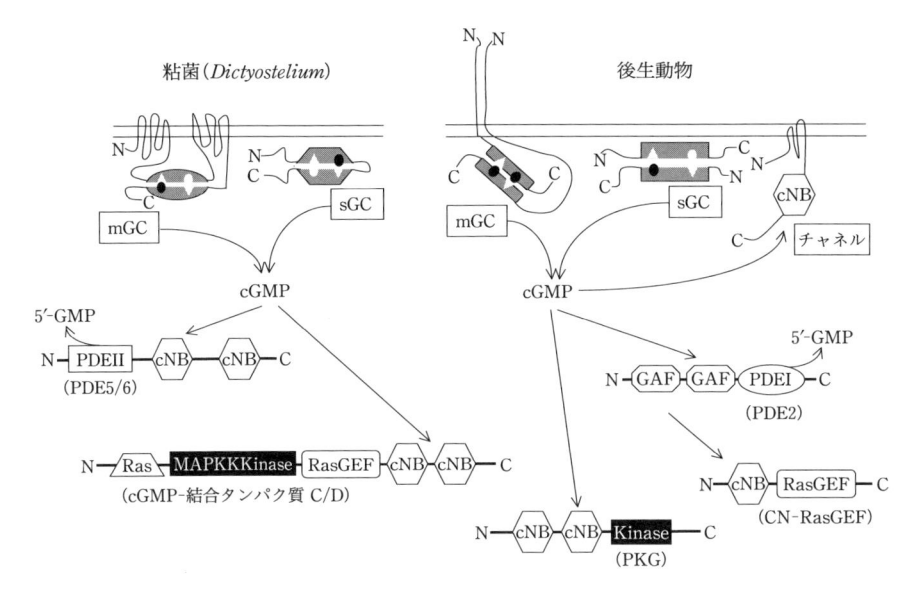

図 16-7 粘菌と後生動物(多細胞体制をもつ動物の総称。単細胞性の〝原生動物〟と対置するものとしてヘッケルの造語。生物五界説における〝動物界〟と同じ)のcGMP情報伝達系。各酵素タンパク質のNおよびCはそれぞれアミノ末端、カルボキシル末端を示す。cNB：ancient cyclic AMP-binding protein, GAF：cyclic GMP-adenylyl cyclase-Fh1A, CN-RasGEF：ion channel and Ras guanine nucleotide exchange factor, MAPKKK：mitogen-activated protein kinase kinase kinase, PDE：phosphodiesterase, PKG：cGMP-dependent protein kinase

ている動物種を中心に、GC遺伝子の数を比較してみると、例外的に多くのGC(27種のmGCと7種のsGC)をもつ線虫を除くと、魚類でGC遺伝子の数が比較的多い他は、GC遺伝子数はほぼ同じようなものである。進化の過程で魚類になった時に全染色体が倍化し、それからの進化の過程で不要な遺伝子が消失したという考えにしたがうと、メダカをはじめとする魚類にGC遺伝子数が多いのはその名残ではないかと思われる。さらに、哺乳動物のmGCのなかには感覚器官に特異的に発現するタイプがあるが、哺乳動物と同じ器官をもたない無脊椎動物にも、その器官の原型ともいえるmGCが存在しているのではないかとも思われる。

おわりに

1998年にNOの生体内機能解明の功績に対して3人の研究者(R. F. Furchgott, L. J. Ignarro, F. Murad)にノーベル賞が贈られた。NOの機能の解明についてはS. Moncadaの功績はきわめて大きなものであったが，ノーベル賞は3人に贈るという規則のために，S. Moncada博士は選に漏れてしまった。過去に誤った研究成果がノーベル賞の対象になったこともあったが，Furchgottらのノーベル賞を契機に，NO/cGMP情報伝達系の生体内の役割には重要なものがあるという認識が広がり，研究はさかんになった。これに加えて，cGMP分解酵素(ホスホジエステラーゼPDE)の特異的阻害剤が，インポテンツの治療薬バイアグラとして売り出されるようになって，NO/cGMP関連の研究はいっそうさかんになってきたように思われる。しかし，それに至る過程ではさまざまな実験動物で，さまざまな研究が行なわれ，それらの成果が相互に影響し合っていたことを述べて本章を閉じたい。

引用文献

現代化学編集部．1998．バイアグラを化学の目でチェックすれば．現代化学，332：22-23.
星元紀．1980．精子と卵が融合するまで I．科学，50：481-487.
日下部岳広・鈴木範男．2000．グアニル酸シクラーゼ/cGMP情報伝達系の多様化と進化．蛋白質・核酸・酵素，45：265-270.
Singh, S., Lowe, D.G., Thorpe, D.S., Rodriguez, H., Kuang, W.J., Dangott, L.J., Chinkers, M., Goeddel, D.V. and Garbers, D.L. 1988. Membrane guanylate cyclase is a cell-surface receptor with homology to protein kinases. Nature, 334(6184): 708-712.
鈴木範男．2004．分子細胞生物学の基礎．三共出版．
Suzuki, N., Nomura, K., Ohtake, H. and Isaka, S. 1981. Purification and the primary structure of sperm-activity peptides from the jelly coat of sea urchin eggs. Biochem. Biophys. Res. Commun., 99(4): 1238-1244.

下記は定期的に刊行されている専門雑誌だが，cGMP関連の総説だけが掲載されている特別号である：

Felipo, V. (ed.). 2004. Neurochemistry International, vol. 45, Issue 6. Nitric Oxide and Cyclic GMP Signal Transduction in Brain.
Garbers, D.L. (ed.). 1999. Methods, vol. 19. Special Issue on Guanylyl Cyclase.

Murad, F. (ed.). 1994. Cyclic GMP: Synthesis, Metabolism, and Function. Advances in Pharmacology.
Schultz, G. (ed.). 1999. Reviews of Physiology, Biochemistry, and Pharmacology vol. 135. Special Issue on Cyclic GMP.
Sharma, R.K. (ed.). 2002. Molecular and Cellular Biochemistry, vol. 230 (1 and 2). Focussed Issue on Guanylyl Cyclase.

第17章 生殖細胞形成の分子細胞生物学

北海道大学大学院先端生命科学研究院/山下正兼

はじめに

　人はせいぜい100年程度しか生きられないが、ヒト Homo sapiens という種は10万年以上も存続している。この矛盾は、卵と精子をつくり、それらを合体(受精)させて新たな個体を生み出す有性生殖によって解決されている。多くの生物において、有性生殖は個体の限られた寿命を超えて種を存続させる(生命を連続させる)上で必須の事柄である。人体を構成する約60兆の細胞(体細胞)は、個体の死と共にその役目を終える細胞である。一方、卵と精子(生殖細胞)は世代を超えて連続する細胞で、生殖細胞形成や受精で起こる遺伝子の再編は、多種多様な生物を生み出す大きな要因になっている。つまり、生殖細胞は生命の二大特質である「連続性」と「多様性」の両方に貢献する細胞といえる。

　生殖細胞がどのような仕組みでつくられ、受精可能になるかを解明することは、バイオサイエンスに課せられた基本命題の1つで、その応用は人工受精、避妊、有用生物種の作出などの種々の生殖操作に直結する。生殖生物学は生命の連続性と多様性を保証する仕組みの探求という純粋科学的側面と、生殖を人為的にコントロールする技術の開発という応用科学的側面をもち、クローン生物や内分泌攪乱化学物質に代表されるように、社会的関心も高い発展途上の学問分野である。本章では、魚類や両生類を実験材料として、生

殖細胞形成の制御機構を分子細胞生物学的手法で解析している我々の研究を紹介する。

17-1 卵成熟の制御機構

MPF 形成の分子機構

卵原細胞は体細胞分裂で増殖した後，減数分裂を行なう卵母細胞となる。卵母細胞は第一前期で減数分裂を停止し，その間に将来の胚発生に必要な卵黄などの物質を蓄積する。卵巣内に存在する卵黄蓄積を終えて完全に成長した卵母細胞を，体外に取り出して精子と混ぜても受精しない。卵巣内の卵母細胞は未成熟であり，これが受精・発生可能な成熟卵となるためには，卵母細胞を取り囲む体細胞(濾胞細胞)が合成・分泌する卵成熟誘起ホルモンの刺激により，卵細胞内で卵成熟促進因子 Maturation-promoting factor(MPF)がつくられる必要がある。MPF は卵を成熟させる(第一前期で停止した減数分裂を再開させる)物質のみならず，体細胞分裂の誘起にもかかわるすべての真核生物に共通の物質で，M 期促進因子 M-phase-promoting factor とも呼ばれる。MPF の分子実体はサイクリン依存性キナーゼ Cyclin-dependent kinase(Cdk)で，Cdc2 とサイクリン B の複合体である(Suwa and Yamashita, 2006)。

卵成熟過程における MPF の形成機構は，未成熟卵に不活性型の MPF(Pre-MPF)が存在するか否かで大きく異なる(Yamashita et al., 2000)。多くの魚類や両生類の未成熟卵には Pre-MPF は存在しない。すなわち，Cdc2 は存在するがサイクリン B は存在せず，その mRNA のみが存在する。卵表にホルモンが作用すると mRNA の翻訳が起こり，サイクリン B がつくられ，既に存在する Cdc2 と結合する。次に Cdc2 の 161 番目のトレオニン残基が Cdk 活性化キナーゼ Cdk-activating kinase(CAK)によってリン酸化されて MPF ができる(図 17-1)。

アフリカツメガエル *Xenopus laevis* やマウス *Mus musculus* のように，未成熟卵に充分量の Pre-MPF が存在する場合は，Cdc2 の脱リン酸化により MPF ができる。すなわち，Pre-MPF は Cdc2 とサイクリン B の複合体で，Cdc2 の 161 番目のトレオニンはリン酸化されているが，不活性化を引き起

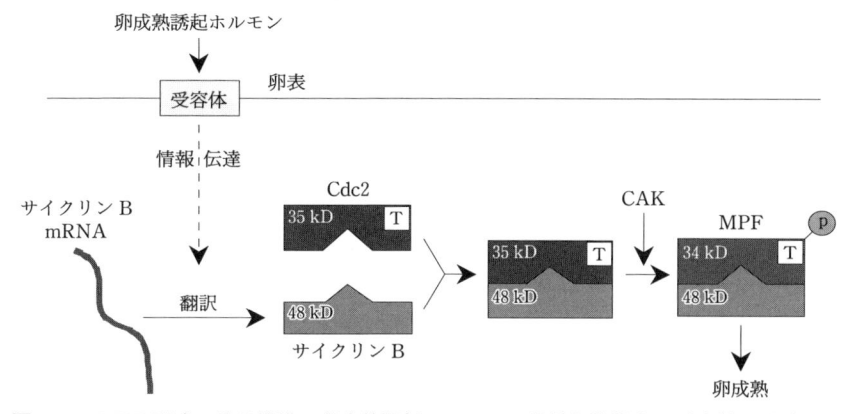

図 17-1　MPF 形成の分子機構。卵成熟誘起ホルモンは卵母細胞膜上の受容体で受容され，その刺激は未解明の情報伝達系を通じて細胞内に伝えられる。多くの魚類や両生類の卵母細胞内には Cdc2 タンパク質は存在するが，サイクリン B タンパク質は存在せず，翻訳抑制状態のサイクリン B mRNA が存在する。ホルモン刺激によってサイクリン B の翻訳が開始する。合成されたサイクリン B タンパク質が，既に存在する不活性型 Cdc2 と結合すると，CAK はこの複合体を認識して Cdc2 の 161 番目のトレオニンをリン酸化する。このリン酸化修飾により，Cdc2 の電気泳動上の分子量は 35 kD から 34 kD に変化する。このようにして形成された MPF は，種々のタンパク質をリン酸化することで卵母細胞の減数分裂を進行させ，卵を成熟させる。

こす 14 番目のトレオニンと 15 番目のチロシンもリン酸化されているため，結果として不活性の状態にある。ホルモン刺激で Cdc25 ホスファターゼが機能し，これらの不活性化リン酸基がはずれることで，Pre-MPF はキナーゼ活性をもつ MPF となる。

　未成熟卵に存在する Pre-MPF の量によって MPF 形成の鍵分子がサイクリン B の場合と Cdc25 の場合があるが，メキシコサンショウウオ（アホロートル）*Ambystoma mexicanum* のような中間的な例も知られている（Vaur et al., 2004）。いずれにせよ，MPF の作用で卵母細胞は第一前期で停止していた減数分裂を再開し，卵母細胞核（卵核胞）の崩壊，染色体の凝縮，紡錘体の形成，第一極体の放出を経て第二分裂中期に至り，受精可能な卵となる（Kotani and Yamashita, 2002, 2005a, 2005b）。

サイクリン B の翻訳開始機構

　未成熟卵に Pre-MPF が存在しない種では，mRNA の翻訳によりサイク

リンBが合成されることが卵成熟の必要十分条件である。Pre-MPFが存在する種でも卵成熟誘起にサイクリンBの新規合成が関与する可能性が指摘されている(Yamashita et al., 2000)。また，Pre-MPFの有無にかかわらず，卵成熟過程におけるサイクリンBの合成は，減数分裂の特徴であるDNA複製なしの連続した2回の分裂を保証する重要なできごとである。ツメガエルを用いた我々の研究により，サイクリンBの翻訳制御にPumilioが関与することが判明した(Nakahata et al., 2001, 2003)。Pumilioのリン酸化が引き金となって起こる他の翻訳制御因子との相互作用の変化が，サイクリンBの特異的な翻訳開始をもたらすと予想される(図17-2)。

　ゼブラフィッシュ*Danio rerio*，キンギョ*Carassius auratus*，メダカ*Oryzias latipes*などの魚類の未成熟卵では，サイクリンB mRNAは動物極細胞質中に微小繊維依存性の凝集体として存在し，翻訳開始直前に凝集体は分散する(Kondo et al., 2001)。高濃度のサイトカラシンBで凝集体を分散させると，ホルモン刺激なしでサイクリンBの翻訳が起こり，卵は成熟する。また，低濃度のサイトカラシンBで凝集体の細胞内局在を乱すと，ホルモン刺激を

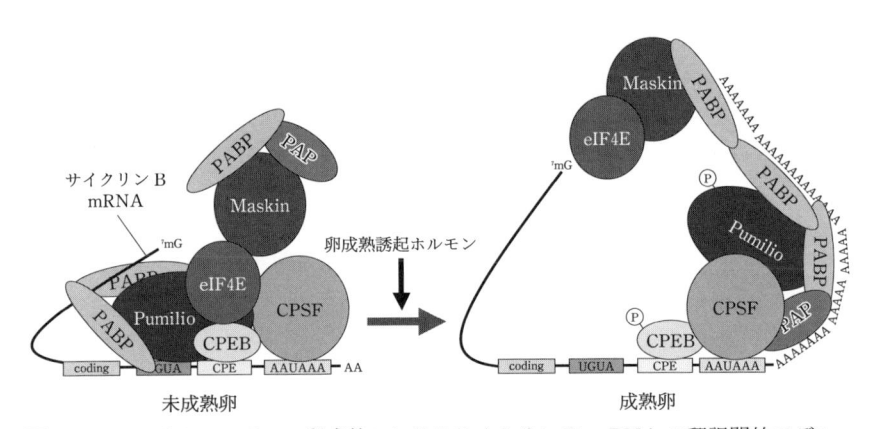

図17-2　アフリカツメガエル卵成熟におけるサイクリンB mRNAの翻訳開始モデル。サイクリンBの翻訳には3′非翻訳領域に存在するUGUA配列に結合するPumilioや細胞質ポリアデニル化エレメント(CPE)に結合するCPEBが関与する。これらのタンパク質の相互作用がリン酸化によって変化することで翻訳開始の引き金が引かれる。これに続き，他の翻訳調節因子(Maskin，切断・ポリアデニル化因子(CPSF)，ポリA結合タンパク質(PABP)，ポリA合成酵素(PAP)，真核生物開始因子4E(eIF4E))の相互作用の変化とサイクリンB mRNAのポリA鎖伸長が起こり，翻訳が開始される。

しても卵成熟は起こらない。以上のことから，動物極に局在するmRNAの凝集体が分散するという形態学的な変化が，サイクリンBの翻訳開始にかかわると結論される。

MPFの作用機構

　MPFは種々のタンパク質をリン酸化することで卵を成熟させ，体細胞を分裂に導く。しかし，その作用機構は未だ不明の点が多い。試験管内でMPFによってリン酸化されるタンパク質は多数報告されているが，細胞内でMPFによって直接リン酸化され，かつ，そのリン酸化の細胞分裂における生理的意義が明確なものは，それほど多くはない(Ubersax et al., 2003)。MPFの基質認識の分子機構もよくわかっていない(Loog and Morgan, 2005)。最近，我々はMPFの作用機構に迫る新たな実験系を手にいれた。それは，ニホンメダカ O. latipes とハブスメダカ O. hubbsi の雑種である(ハブスメダカはジャワメダカ O. javanicus に含まれていたが，近年，独立した種として再記載された)。

　この雑種では胚発生中に異常な細胞分裂が起こる。その原因が，異なる種由来のCdc2とサイクリンBからなる雑種型MPFによる間違ったリン酸化にあることを我々は発見した(図17-3)。雑種型MPFと野生型MPFで異なるリン酸化を受けるタンパク質を調べることで，MPFの内在基質で細胞を分裂に導くタンパク質を同定できると期待される。さらに，ニホンメダカCdc2との組み合せで発生異常を起こすハブスメダカサイクリンBと，発生異常を起こさないハイナンメダカ O. curvinotus サイクリンBのアミノ酸配列を比較することで，MPFの基質特異性を決めるサイクリンBの機能部位を知ることが可能である。これらの研究は，MPFの作用機構を探る上で，重要なデータを提供する。

17-2　精子形成の制御機構

プロタミンの機能

　魚類や両生類の精子形成過程は試験管内で再現できる(Miura and Miura, 2001)。メダカの精巣から一次精母細胞を単離して培養すると，3日くらいで

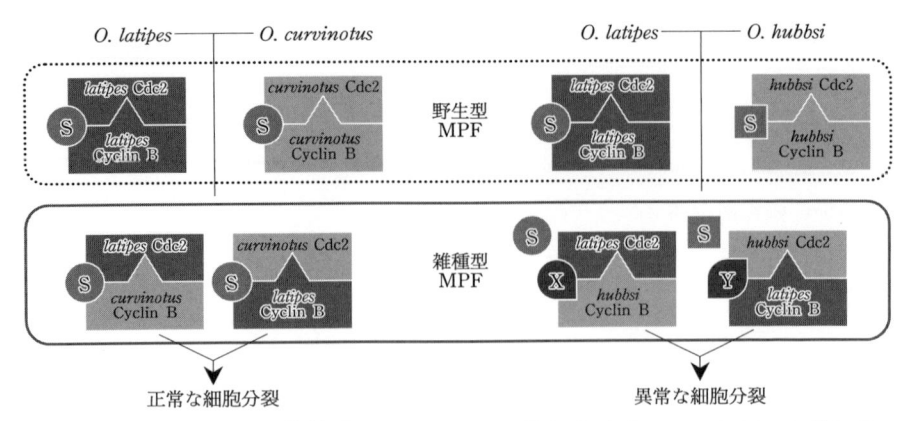

図 17-3 野生型 MPF と雑種型 MPF。ニホンメダカ *O. latipes*，ハイナンメダカ *O. curvinotus*，ハブスメダカ *O. hubbsi* の細胞には，それぞれ野生型 MPF が存在し，基質(S)をリン酸化することで正常な細胞分裂を誘起する。ニホンメダカとハイナンメダカの雑種型 MPF は基質認識部位の構造がそれほど変化しないため，リン酸化するタンパク質は野生型 MPF のそれと変わらない。一方，ニホンメダカとハブスメダカの雑種型 MPF は基質認識部位が変化し，本来ならばリン酸化しないタンパク質(X や Y)をリン酸化してしまう。これが原因で異常な細胞分裂が起こると予想される。

精子になる。我々は，この実験系を用いてプロタミンの機能を解明した(Shimizu et al., 2000a)。精子はコンパクトに凝縮した核をもつ。プロタミンは精子核が凝縮する直前に出現するため，従来，核凝縮にかかわると考えられてきた。細胞培養でプロタミンをもたないメダカ精子をつくったところ，プロタミンなしでも精子核は凝縮することがわかった。しかし，プロタミンを欠いた精子を水に放すと，正常な精子に比べて，核はすぐに崩壊した(図17-4)。つまり，少なくともメダカでは，プロタミンは核凝縮には関与せず，水中に放精された後，卵にたどり着くまで精子核を保護する働きをもつことが明らかになった。

新しい遺伝子改変生物作製法

培養系で精子形成を再現する技術は精子形成の制御機構を解析するための強力な武器になるが，遺伝子改変(トランスジェニック)生物を効率的につくることにも利用できる。遺伝子改変生物はさまざまな基礎研究に不可欠のみならず，「動物工場」のように応用面からも重要である。しかし，微小注射(マ

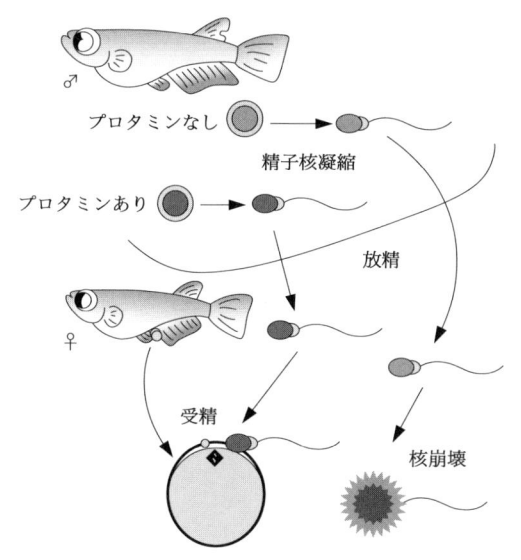

図17-4 メダカ精子におけるプロタミンの機能。プロタミンは精子核凝縮には関与せず，放精された精子が水中を泳ぐ際，水の進入で核が崩壊するのを防ぐ。

イクロインジェクション），エレクトロポレーション，ウイルスなどを利用した現行技術は成功率が低く，適用可能な種も限られている。また，外来遺伝子がすべての細胞に導入されないモザイク形成の問題もある（図17-5）。

メダカで開発された精母細胞から精子をつくる技術やゼブラフィッシュで開発された精原細胞から精子をつくる技術(Sakai, 2002)を利用すれば，従来法の問題を解決できる可能性がある(Kurita et al., 2004)。すなわち，まず細胞培養系で精原細胞や精母細胞に遺伝子を導入して精子まで変態させる。次に，この精子で卵を媒精して成魚を得ると，生物界で自然に起こっているきわめて効率的な遺伝子ターゲッティング（相同組換え）と遺伝子導入（受精）を利用することになり，従来法よりも簡単に，かつ効率的に遺伝子改変生物をつくることができると期待される（図17-5）。

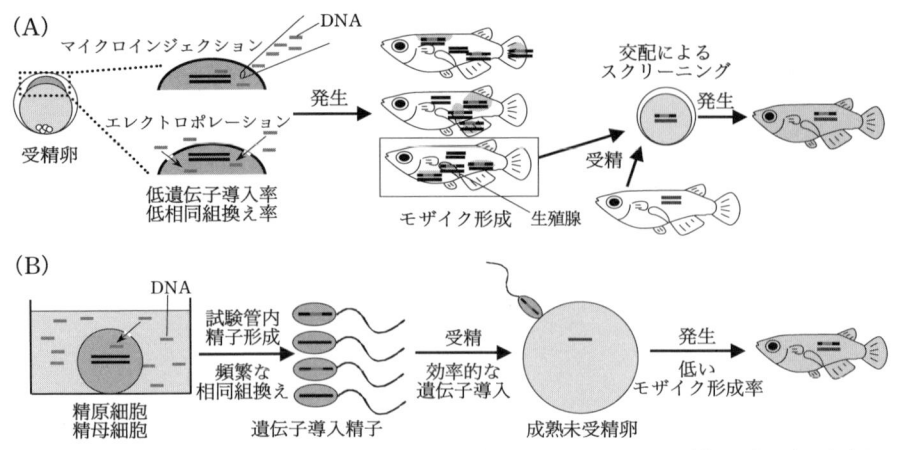

図17-5 トランスジェニックメダカの作製法。従来の方法(A)では，遺伝子導入率や相同組換え率の低さ，ならびにモザイク形成が問題となる。細胞培養系で作製した遺伝子導入精子を通常の受精により卵に導入する方法(B)で，従来法の問題点を解決できると期待される。

17-3 雑種メダカを利用した生殖細胞形成機構の解明

雑種メダカにおける生殖細胞形成異常の細胞生物学的解析

　メダカ属内では人工受精により簡単に雑種をつくることができ，親の組み合せによって雑種にさまざまな異常が生じる(岩松，1997)。前述のニホンメダカとハブスメダカの雑種では，胚発生過程でハブスメダカ由来の染色体の消失が起こり，致死となる。ニホンメダカとハイナンメダカの雑種では，体細胞分裂に異常はなく，正常に発生して成体になるが，生殖細胞形成が異常である。雑種にみられるさまざまな異常の原因を分子や細胞レベルで解明することで，正常個体における制御機構の詳細に迫ることができる(岩井ら，2006)。

　ニホンメダカとハイナンメダカの雑種雌では，大多数の卵母細胞は減数分裂の初期(ザイゴテン期)で卵形成を停止する。しかし，少数ではあるが，核内有糸分裂によって染色体の複製を1回だけ余分に起こした卵母細胞が，通常の減数分裂を行なうことで二倍体(2 C)の卵をつくる(Shimizu et al., 2000b)。つ

まり，この雑種の卵巣では，多くの卵母細胞は染色体の対合不全のため卵形成を停止するが，核内有糸分裂で対合可能な染色体のペアをもつ卵母細胞は成長して排卵されるのである（図17-6A）。

本雑種の精巣でも染色体がうまく対合せず，紡錘体の赤道面に整列しない染色体が観察される。しかし，卵形成とは異なり，精子形成は停止せず，頭部が異常に大きな精子に似た細胞（精子様細胞）がつくられる（Shimizu et al., 1997）。これは，減数分裂において細胞質分裂が完了せず，1個の精母細胞から1個の4C細胞がつくられるためである（図17-6B）。

本雑種における生殖細胞形成異常の細胞生物学的な原因は，雌雄共に染色体の対合不全にあるが，減数分裂におけるチェックポイントの厳格さが雌雄で異なるため，上述のような雌雄で異なる生殖細胞形成異常が観察される。すなわち，雌ではチェックポイント機能により減数分裂（卵形成）はザイゴテン期で停止し，対合可能な特殊な卵母細胞のみが減数分裂を進行させて2C

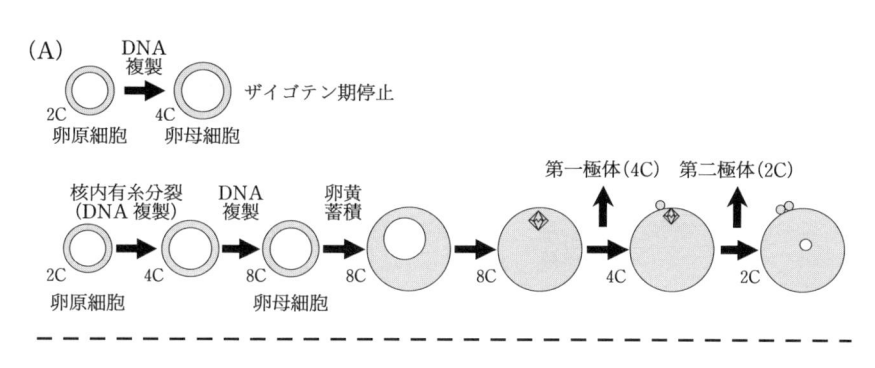

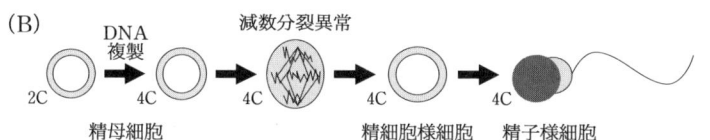

図17-6 ニホンメダカとハイナンメダカの雑種における生殖細胞形成異常。雑種雌（A）では，大多数の卵母細胞はザイゴテン期で減数分裂を停止し，それ以降は成長しない。核内有糸分裂（細胞質分裂をともなわない分裂）により通常の2倍の染色体をもつ少数の卵母細胞は，正常な減数分裂を経て二倍体（2C）卵となる。一方，雑種雄（B）では，減数分裂異常とは関係なく精子形成が進行するため，1個の精母細胞から4個の精子がつくられる通常の精子形成とは異なり，1個の精母細胞から1個の精子様4C細胞ができる。

卵となるのに対し，雄ではチェックポイント機能が甘く，減数分裂は特定の時期で停止せず，また減数分裂とは無関係に精子形成（精子変態）が進行するため，4C精子様細胞がつくられる．

雑種メダカにおける生殖細胞形成異常の分子生物学的解析

雑種メダカにおける生殖細胞形成異常の原因分子を特定するため，相同染色体の対合を担う対合複合体（シナプトネマ構造）の構成タンパク質を調べた（図17-7）．対合複合体は，染色体と直接結合する側方要素と2本の側方要素をつなぐ中心要素からなり，側方要素にはSYCP3が存在し，中心要素には

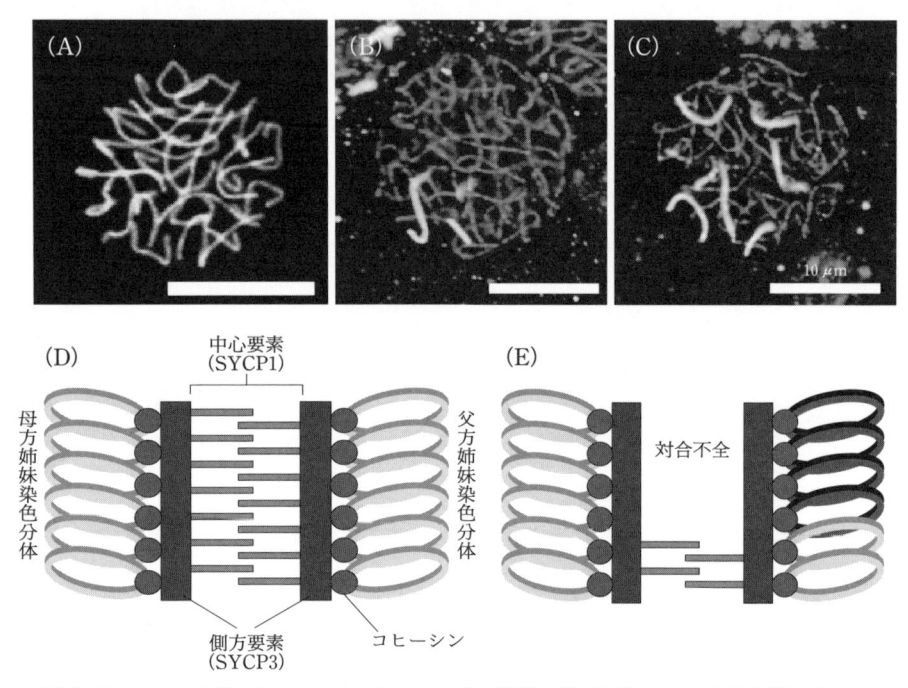

図17-7 ニホンメダカとニホン/ハイナンメダカ雑種の精母細胞における対合複合体．ニホンメダカではSYCP1もSYCP3も相同染色体の全長にわたって同所的に存在して線状構造をとるのに対し(A)，雑種メダカではSYCP3は染色体の全長に存在するがSYCP1は一部にしか存在せず，そのパターンも細胞によって異なる(B, C)．DとEは両親種と雑種の対合複合体を模式的に示したもので，両親種では中心要素が染色体の全長にわたって存在して対合を安定化させるが(D)，雑種では染色体の一部にしか存在せず，対合不全となる(E)．口絵5参照

SYCP1が存在する(図17-7D)。この構造は姉妹染色分体を結合するコヒーシンと複合体をつくることで,母方と父方の姉妹染色分体(相同染色体)を対合させる(Iwai et al., 2004)。SYCP1もSYCP3も減数分裂の初期(レプトテン期)から発現し(Iwai et al., 2006),ザイゴテン期やパキテン期になると対合に沿った線状構造をとる(図17-7A)。

雑種の精母細胞では,SYCP3は両親種と同様の発現パターンを示すが,SYCP1は発現量が少なく,染色体の一部にしか局在しない(図17-7B,C)。コヒーシンの構成タンパク質には両親種と雑種で差異は認められない。したがって,雑種の精母細胞では中心要素が不完全な対合複合体が形成されるために,染色体の対合が維持できないと結論される(図17-7E)。本雑種の卵母細胞の多くはザイゴテン期で減数分裂を停止するが(図17-6A),この時期にSYCP1の発現異常がみられる。したがって,卵巣における異常にもSYCP1が関与すると予想され,卵形成と精子形成のいずれにおいても,この分子が異常の原因となっている可能性が強い。

雑種における染色体の対合不全は,父親由来と母親由来の染色体のDNA配列が相当に違い,いわゆる相同な染色体が存在しないことに起因する。しかし,同一個体から得た細胞でも,SYCP1の発現様式が細胞によって異なることから(図17-7B,C),DNA配列の相違のみでSYCP1の局在異常を説明できない。SYCP1の異常には,ゲノム情報だけでは一義的に規定されないエピジェネティクな要因がかかわると考えられ,その詳細の解明は今後に残された課題である。

おわりに

生殖細胞(卵と精子)は生命の連続性と多様性に貢献する重要な細胞であるが,その形成と成熟の分子レベルの制御機構は未だ不明の点が多い。特に,脊椎動物については多くの謎が残されている。詳細な解析を阻む大きな理由の1つは,突然変異体などの適切な実験系が不足していることにある。本章で紹介した雑種メダカにおける生殖細胞形成異常は,その原因究明から正常個体での機構解明に切り込むことができる絶好の実験系を提供する。対合複

合体構成タンパク質などのステージ特異的マーカーのさらなる充実，染色体挙動の生細胞での観察，生殖細胞での特定遺伝子の強制発現や発現抑制，ならびに新規遺伝子改変メダカ作製法などの技術的サポートを得て，今後，この系は生殖細胞の形成機構について多くのことを教えてくれるものと期待される。

引用文献

Iwai, T., Lee, J., Yoshii, A., Yokota, T., Mita, K. and Yamashita, M. 2004. Changes in the expression and localization of cohesin subunits during meiosis in a non-mammalian vertebrate, the medaka fish. Gene Expression Patterns, 4: 495-504.

岩井俊治・横田雄洋・酒井千春・金野芙美子・山下正兼. 2006. メダカ雑種の特殊な生殖と発生から学ぶ細胞分裂と生殖細胞形成の分子細胞機構. 水産育種, 35：101-112.

Iwai, T., Yoshii, A., Yokota, T., Sakai, C., Hori, H., Kanamori, A. and Yamashita, M. 2006. Structural components of the synaptonemal complex, SYCP1 and SYCP3, in the medaka fish *Oryzias latipes*. Exp. Cell Res., 312: 2528-2537.

岩松鷹司. 1997. メダカ学全書. 360 pp. 大学教育出版.

Kondo, T., Kotani, T. and Yamashita, M. 2001. Dispersion of cyclin B mRNA aggregation is coupled with translational activation of the mRNA during zebrafish oocyte maturation. Dev. Biol., 229: 421-431.

Kotani, T. and Yamashita, M. 2002. Discrimination of the roles of MPF and MAP kinase in morphological changes that occur during oocyte maturation. Dev. Biol., 252: 271-286.

Kotani, T. and Yamashita, M. 2005a. Behavior of γ-tubulin during spindle formation in *Xenopus* oocytes: requirement of cytoplasmic dynein-dependent translocation. Zygote, 13: 209-226.

Kotani, T. and Yamashita, M. 2005b. Overexpression of truncated γ-tubulins disrupts mitotic aster formation in *Xenopus* oocyte extracts. Biochem. J., 389: 611-617.

Kurita, K., Burgess, S. and Sakai, N. 2004. Transgenic zebrafish produced by retroviral infection of *in vitro*-cultured sperm. Proc. Natl. Acad. Sci. USA, 101: 1263-1267.

Loog, M. and Morgan, D.O. 2005. Cyclin specificity in the phosphorylation of cyclin-dependent kinase substrates. Nature, 434: 104-108.

Miura, T. and Miura, C. 2001. Japanese eel: A model for analysis of spermatogenesis. Zool. Sci., 18: 1055-1063.

Nakahata, S., Katsu, Y., Mita, K., Inoue, K., Nagahama, Y. and Yamashita, M. 2001. Biochemical identification of *Xenopus* pumilio as a sequence-specific cyclin B1 mRNA-binding protein that physically interacts with a nanos homolog, Xcat-2, and a cytoplasmic polyadenylation element-binding protein. J. Biol. Chem., 276: 20945-20953.

Nakahata, S., Kotani, T., Mita, K., Kawasaki, T., Katsu, Y., Nagahama, Y. and Yamashita, M. 2003. Involvement of *Xenopus* Pumilio in the translational regulation

that is specific to cyclin B1 mRNA during oocyte maturation. Mech. Dev., 120: 865-880.
Sakai, N. 2002. Transmeiotic differentiation of zebrafish germ cells into functional sperm in culture. Development, 129: 3359-3365.
Shimizu, Y.-H., Shibata, N. and Yamashita, M. 1997. Spermatogenesis without preceding meiosis in the hybrid medaka between *Oryzias latipes* and *O. curvinotus*. J. Exp. Zool., 279: 102-112.
Shimizu, Y.-H., Mita, K., Tamura, M., Onitake, K. and Yamashita, M. 2000a. Requirement of protamine for maintaining nuclear condensation of medaka (*Oryzias latipes*) spermatozoa shed into water but not for promoting nuclear condensation during spermatogenesis. Int. J. Dev. Biol., 44: 195-199.
Shimizu, Y.-H., Shibata, N., Sakaizumi, M. and Yamashita, M. 2000b. Production of diploid eggs through premeiotic endomitosis in the hybrid medaka between *Oryzias latipes* and *O. curvinotus*. Zool. Sci., 17: 951-958.
Suwa, K. and Yamashita, M. 2006. Regulatory mechanisms of oocyte maturation and ovulation. In "The fish oocyte: from basic studies to biotechnological applications" (eds. Babin, P.J., Cerdà, J. and Lubzens, E.), in press. Kluwer Academic Publishers, New York.
Ubersax, J.A., Woodbury, E.L., Quang, P.N., Paraz, M., Blethrow, J.D., Shah, K., Shokat, K.M. and Morgan, D.O. 2003. Targets of the cyclin-dependent kinase Cdk1. Nature, 425: 859-864.
Vaur, S., Poulhe, R., Maton, G., Andéol, Y. and Jessus, C. 2004. Activation of Cdc2 kinase during meiotic maturation of axolotl oocyte. Dev. Biol., 267: 265-278.
Yamashita, M., Mita, K., Yoshida, N. and Kondo, T. 2000. Molecular mechanisms of the initiation of oocyte maturation: general and species-specific aspects. In "Progress in Cell Cycle Research" (eds. Meijer, L., Jézéquel, A. and Ducommun, B.), Vol. 4, pp. 115-129. Kluwer Academic/Plenum Publishers, New York.

第18章 プロテアソームを介した細胞制御
高等植物の細胞サイズ制御を中心として

北海道大学大学院先端生命科学研究院/園田　裕・佐藤長緒・山崎直子・佐古香織・池田　亮・山口淳二

はじめに

　プロテアソーム proteasome は，真核生物においてユビキチン化されたタンパク質の分解を実行する巨大複合型プロテアーゼである．分解されるタンパク質は，ユビキチンというペプチドが共有結合すること(ユビキチン化)によって他のタンパク質と識別されるが，このユビキチン化の一連の過程は，ユビキチンカスケードと称される．最終的な分解の実行機械であるプロテアソームとあわせて，一般的にはユビキチン・プロテアソームシステムと総称されている．このシステムは，多様な生体反応を迅速に，順序よく，一過的かつ一方向に決定する合理的手段として，細胞周期，シグナル伝達，DNA修復，免疫応答など，さまざまな細胞制御過程で中心的な役割を果たしている．しかし，2004年ノーベル賞の主要な受賞対象となったユビキチン研究に比べ，プロテアソーム自体の研究の進展はそれほど顕著ではないのが実情である．

　本章では，まずユビキチン・プロテアソームシステムの概要について記した後，プロテアソームの一般論，すなわち構造と機能についての概論を述べ，続いて植物におけるプロテアソーム研究の現状，特に細胞周期と細胞サイズ

の制御に関する話題について詳述したい。

18-1 ユビキチン・プロテアソームシステム

　ユビキチン ubiquitin は，76 個のアミノ酸からなるタンパク質であり，進化的な保存性が高く，真核生物全般にわたりほぼ同じアミノ酸配列を有する。ユビキチン(図 18-1 では Ub と略記)は，標的タンパク質に共有結合するモディファイヤーとして作用する。この過程は，ユビキチン活性化酵素 E1，ユビキチン結合酵素 E2 ならびにユビキチンリガーゼ E3 より構成される複合酵素系(ユビキチンシステム)によるカスケード反応である(図 18-1)。すなわち，ユビキチンが，E1 → E2 → E3 の順序で転移し，最終的に標的タンパク質に転移・共有結合される。さらに，この反応が繰り返されることによって，多数のユビキチン同士が共有結合したポリユビキチン鎖が形成される。このようにポリユビキチン化された標的タンパク質は，最終的に 26S プロテアソームによって分解されることになる(図 18-1)。ユビキチンシステムならびに 26S プロテアソームの反応過程は，ATP 分解によるエネルギー要求性であることから(図 18-1)，以前より報告されていたエネルギー不要の加水分解型タンパク質分解システムとは一線を画す新規なシステムの発見であった。

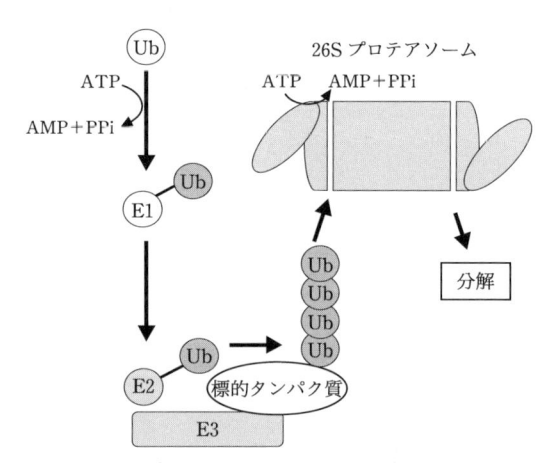

図 18-1　ユビキチン・プロテアソームシステムの概要(田中，2004 を改変)

上記のユビキチンシステムの詳細については，成書を参照されたい(田中，2004)。

18-2　26S プロテアソーム

さまざまな細胞制御の中心となる標的タンパク質の分解は，26S プロテアソームの ATP 依存性プロテアーゼ活性が実質を担っている。26S プロテアソームは，巨大なタンパク質複合体であり，プロテアーゼ活性を有する中央筒状の 20S プロテアソーム(図 18-2A)の両端に，この活性を調節する制御サブユニット複合体(19S プロテアソーム；図 18-2A)が配置された構造をとる。

20S プロテアソームの概要

真核生物の 20S プロテアソームは，それぞれ 7 種のサブユニットから構成される α リングおよび β リングが $\alpha\beta\beta\alpha$ の順で会合している分子量約 700 kD の円筒型複合体である。β リングによって形成される円筒空洞内の表面がペプチダーゼ活性を示す(図 18-2C)。真核生物の 20S プロテアソームの最大の特徴は，基質の入り口となる α リングが構成サブユニットの N 末端ポリペプチドによって閉鎖されるため，単独では活性をもてない点にある。

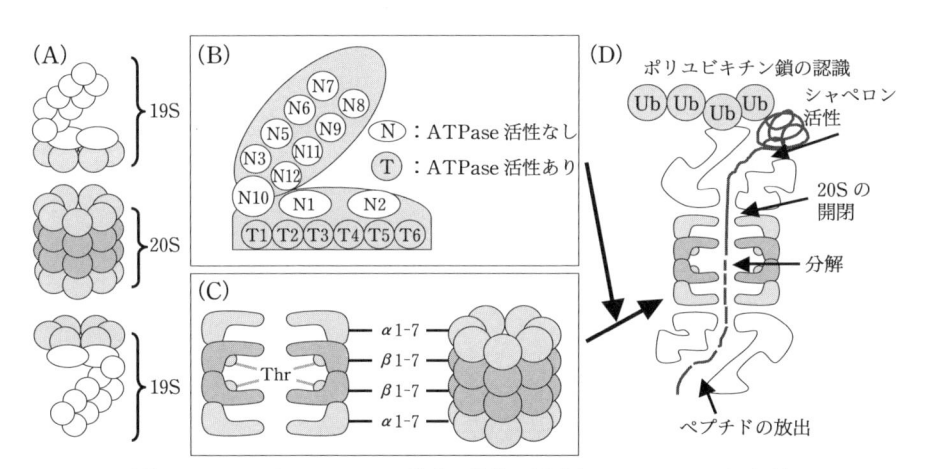

図 18-2　26S プロテアソーム構造と機能の概要(Vierstra, 2003 を改変)

すなわち20Sが機能を発揮するためには，19Sに代表されるプロテアソーム調節複合体との会合が必要となる。また，20Sの両端に19Sが常に会合するわけではなく，片端だけに会合する場合もあるし，PA28のような異なるプロテアソーム調節複合体が会合する場合もある。

19Sプロテアソームの概要

19Sプロテアソームは，ユビキチン化された基質タンパク質をATP依存的に分解するために必要不可欠な分子量約700 kDの調節複合体である。19Sを構成するサブユニットは，ATPase活性をもつ6種のRPT(regulatory particle triple-ATPase subunit；図18-2BではTと略記)タンパク質群とATPase活性をもたない11種のRPN(regulatory particle non-ATPase subunit；図18-2BではNと略記)タンパク質群に分類される。19Sは，さらに構造上から，基底部baseおよび蓋部lidと呼ばれる構造体に分けることができ，両者は機能的にも明確に区別されている。

蓋部はRPN3，5，6，7，8，9，11，12から構成され，真核生物以降，正確にはユビキチンシステムの登場以降に出現した複合体である。そのため，蓋部は，ユビキチン化されたタンパク質の認識・捕捉に必要不可欠と考えられている。蓋部サブユニットの1つであるRPN11は脱ユビキチン化活性を保持している。これに対し，RPN10は，基底部と蓋部をつなぐ役割を果たすサブユニットであると同時に，標的タンパク質のポリユビキチン鎖と直接結合するドメインをもっている(Deveraux et al., 1994)。

基底部は，RPT1〜6から構成されるATPaseリングとRPN1およびRPN2からなる複合体で，20Sのαリングに直接会合する。蓋部が標的タンパク質のポリユビキチン鎖を認識すると考えられるのに対し，基底部が担う機能は，ATP依存的に基質タンパク質の高次構造をアンフォールディングし(シャペロン活性)分解しやすくすること，さらに20Sのαリングの開口にある(図18-2D；Ferrell et al., 2000)。

19Sプロテアソームサブユニットの進化学的特徴

19Sプロテアソーム基底部と類似の複合体は進化上高度に保存されており，

表 18-1 酵母とシロイヌナズナにおける RPT サブユニット遺伝子群

遺伝子	酵母	シロイヌナズナ
RPT1	ScRPT1	AtRPT1a
		AtRPT1b
RPT2	ScRPT2	AtRPT2a
		AtRPT2b
RPT3	ScRPT3	AtRPT3
RPT4	ScRPT4	AtRPT4a
		AtRPT4b
RPT5	ScRPT5	AtRPT5a
		AtRPT5b
RPT6	ScRPT6	AtRPT6a
		AtRPT6b

先に述べた機能はそれら複合体が担う機能と基本的に一致する。しかし，真核生物以降の基底部は，真核生物以前の単一タンパク質からなる基底部様複合体と異なり，それぞれが個別の遺伝子にコードされたヘテロサブユニットの集合体である(表18-1；Sibahara et al., 2004)。出芽酵母(*Saccharomyces cerevisiae*)の *RPT* 遺伝子欠損変異体ではそれぞれ異なった表現型を示すことから，それぞれのサブユニットが特異的な機能をもつように進化した結果，プロテアソーム機能の多様性が獲得されたと考えられる。さらに，植物を含めた多くの多細胞生物においては，RPT サブユニットの多くが 2 種類のアイソザイムタンパク質からなることが明らかとなり，サブユニット構造変化を介した制御システムの存在が予想されるようになった(表18-1；シロイヌナズナの項；Sibahara et al., 2004)。これは，植物を含めた多細胞生物に特有のプロテアソーム機能制御システムと考えられている。

18-3 植物プロテアソーム

植物では，細胞周期に始まり器官の形態形成といったさまざまな段階の生命事象が，特定の標的タンパク質を能動的に分解することにより直接的に制御されている。高等植物，たとえばモデル植物であるシロイヌナズナ

*Arabidopsis thaliana*では，このタンパク質分解の実質を担うユビキチン・プロテアソームシステムに関与する遺伝子群がゲノム全遺伝子の5％以上（1300遺伝子以上）も存在しており，他の生物種と比較しても類をみないほど多い（表18-2；Vierstra, 2003）。これはゲノムワイドでみた高等植物の特徴の1つである。特にユビキチンリガーゼE3酵素の遺伝子数が1200個近くあることは注目に値する。E3は，標的タンパク質との基質特異的認識に関係する。このような豊富なバリエーションによって，多様な標的タンパク質との結合・認識が生み出されると考えられている。実際，オーキシン，ジベレリンなどすべての植物ホルモンのシグナル伝達系，あるいは光形態形成や花芽形成などの発生過程において，特異的なE3が標的タンパク質をユビキチン化し，分解を促進することで制御されていることが明らかとなっている。このような事実は，植物がもつ優れた環境適応能力は，上述のタンパク質の分解系を媒介とした環境シグナル制御系が一翼を担うとする仮説を裏づけるものである。また植物と異なり，動物ではこれに関連する構成タンパク質分子の欠損は致死性を示すことが多く，研究進展の大きな障害となっている。したがって，高等植物はユビキチン・プロテアソームシステム研究のモデル生物とし

表18-2 シロイヌナズナにおけるユビキチン・プロテアソーム遺伝子群（Vierstra, 2003を改変）

タンパク質	シロイヌナズナ遺伝子の数
ユビキチン	16
E1	2
E2 and E2-like	〜45
E3	
HECT	7
SCF F-Box	694
RBX-Cullin-ASK	33
Ring finger	〜387
U-Box	37
APC	>20
DUBs	32
26Sプロテアソーム	
20S CP	23
19S RP	31
合計	>1327

て位置づけられ，この分野の研究成果は植物のみに留まらず，真核生物全般におけるこの分野の進展に大きく貢献するものと期待されている。

ここでは，その一例として，RPN10によるアブシジン酸シグナル伝達制御，ならびにRPT2aによる糖シグナル制御を例にとり，概説しよう。

RPN10によるアブシジン酸シグナル伝達の制御 (Smalle et al., 2003)

19Sプロテアソームの蓋部と基底部の結合に関与するRPN10は，ポリユビキチン鎖に対する結合能力を有する。RPN10を分子進化の点からみてみると，単細胞生物から多細胞生物へと進化する過程において，ポリユビキチン鎖認識に関係するRPN10のC末配列部分を獲得し，また脊椎動物に至る過程において，選択的スプライシングにより分子的多様性の仕組みが発展してきたと考えられる。26Sプロテアソームは，その構造と性質において真核生物間で高度に保存された機能性構造体であるが，上述のように，RPN10は，例外的に多様性に富むサブユニットといえる (Kawahara, 2002)。

Smalle et al. (2003) は，シロイヌナズナを用いてRPN10のポリユビキチン鎖結合能の機能解析を進めた。彼らは，C末のみを欠損させることによりポリユビキチン結合能をもたない*rpn10*変異体 (*rpn10-1*) を作出した。この*rpn10-1*では，発芽率・成長率の低下，紫外線-Bに対して高感受性を示すことが明らかとなった。また*rpn10-1*では，植物ホルモンに対する感受性，特にアブシジン酸に対する高感受性形質が顕著であった。詳細な解析の結果，*rpn10-1*ではアブシジン酸シグナル伝達分子であるABI5が発生初期に蓄積していることが明らかとなった。この報告は，プロテアソーム構成サブユニットが植物ホルモンのシグナル伝達に直接関与する報告例として興味深い。

RPT2aによる糖シグナル伝達制御

RPTタンパク質群はA，BモチーフからなるWalkerタイプのATPaseをもつ。Aモチーフ中のリシン残基は，ATPと直接結合し，その加水分解に必須のアミノ酸残基である。Rubin et al. (1998) は，出芽酵母のすべてのRPTサブユニットにおいて，このリシン残基のアミノ酸置換変異体を作製した。その結果，*rpt2*変異体のみがどのようなアミノ酸に置換しても致死

性を示すことが明らかとなった。また，RPT2アミノ酸置換変異体のサプレッサー変異体を単離したところ，そのすべてにおいてプロテアソーム依存性プロテアーゼ活性が観察できなかった。これらの結果は，出芽酵母RPTはそれぞれ独自の機能をもち，なかでもRPT2のATPase活性は，唯一生存に必須であり，プロテアソーム機能の調節に主要な役割を担うことを意味している。その後の実験により，出芽酵母RPT2は20Sプロテアソームの開閉を制御することでプロテアーゼ活性を調節していることが示された(Köhler et al., 2001)。

筆者らは，19SプロテアソームサブユニットであるRPT2の機能解析を中心とした研究を進めている。出芽酵母と異なり，シロイヌナズナ*A. thaliana*ゲノムには2種類のRPT2(それぞれRPT2a，RPT2b)が存在する(表18-1)。したがって，RPT2aで構成されたプロテアソームとRPT2bを含むプロテアソームでは，特異性あるいは機能性が異なるのでは，と予想された。そこで，両サブユニット欠損変異体の単離・解析と糖応答制御に関する研究を開始した。

RPT2欠損変異体の単離と解析

シロイヌナズナRPT2a，RPT2bは僅かに4残基のアミノ酸のみが異なる，きわめて相同性の高いサブユニット同士である。まず，両サブユニット機能欠損(KO)シロイヌナズナ変異体(以下それぞれ*rpt2a*，*rpt2b*と略)を単離した。*rpt2a*変異体では，2種類のアレルがみつかり，それぞれ第一エクソン，第四エクソン部分にT-DNA断片が挿入されていた。一方，*rpt2b*変異体では，第四エクソンに挿入があった。これらの変異体は，いずれも当該遺伝子転写産物が検出されないことから，完全なKO(null)変異体と結論した。

まず，人工ペプチドを用いたプロテアソーム依存ペプチダーゼ活性の測定を実施した。その結果，*rpt2a*変異体では，野生型と比較して，プロテアソーム特異的ペプチダーゼ活性に顕著な差がみられなかった。さらに，ポリユビキチン鎖特異抗体を用いた解析により，*rpt2a*変異体ではユビキチン化されたタンパク質の蓄積量の変化がほとんど観察されなかった。これらの結果は，RPT2aが特定の標的タンパク質の分解に関与する可能性を示唆して

いる。

糖応答制御

シロイヌナズナ RPT 遺伝子群に関して詳細な発現解析を実施した。種子に 0, 2, 4, 6％のスクロースを添加して発芽させたところ，シロイヌナズナ RPT1～RPT6 のすべてのサブユニット(表18-1参照)のなかで，RPT2a のみが糖添加によって顕著に発現誘導された。一方，この KO 変異体(rpt2a)では，過剰な糖に対する発芽時のストレス応答の感受性が高くなる。これに対し，パラログ遺伝子 RPT2b の KO 変異体 rpt2b では同様の糖高感受性形質は観察されなかった。また，糖耐性変異体 gin2 (Leon and Sheen, 2003)では，野生型植物で観察される RPT2a の糖誘導が観察されなかった。これらの結果を総合すると，RPT2a が GIN2 を介した糖シグナル経路に関与していることが考えられた。

後述するように，RPT2a サブユニットは，細胞周期制御との関係を示唆するデータも得られている。rpt2a 変異体の変異形質は多岐にわたるが，おそらくこれは，RPT2a サブユニットが複数の標的タンパク質の特異的分解に関与することを示唆している。RPT2a 機能の解明のためには，標的の同定を含めて上記糖応答の分子機構の解明が重要であろう。

18-4　細胞サイズ制御とプロテアソーム

出芽酵母や動物細胞では，成熟した細胞のサイズは比較的制限されており，せいぜい 2 倍程度にしか増大しない(例外は後述する)。したがって，組織・器官サイズを増すためには，細胞分裂をともなう細胞数の増加が必要となる。これに対し，植物細胞では，分裂当初のサイズから 100 倍，あるいはそれ以上に巨大化する場合がある(Sugimoto-Shirasu and Roberts, 2003)。このような仕組みは，組織・器官サイズの簡便な肥大化方法と考えられる。細胞サイズの増大には，通常核相，すなわち核 DNA 量の増大をともなう。これは，細胞分裂をともなわない DNA 複製，いわゆるエンドリデュプリケーション endoreduplication(以下 ERD と略)が促進された結果と考えられる(Anisimov, 2005)。

エンドリデュプリケーションによる細胞サイズの増大

　幼植物体における下胚軸の伸長は，このような ERD の典型と考えられている．植物は陽のあたらない土中で発芽するが，この時は従属栄養状態にある．その後，下胚軸を伸長させ，子葉が地上に現われることにより，光合成が可能となり，初めて無限のエネルギー生産を保証された独立栄養生物となる．したがって植物は，下胚軸を伸長させることで，危機的な従属栄養状態を脱することができる．この下胚軸の伸長は，細胞分裂がともなわず，ERD による細胞の縦方向への伸長が原動力となっている．暗所下で発芽させたシロイヌナズナ黄化植物体の下胚軸は，明所下で発芽させた緑化植物体のそれと比べて，9 倍近く伸長する（図 18-3；Gendreau et al., 1998）．緑化植物体の下胚軸細胞の核相について調べてみると，二倍体細胞(2C)が 18％を占めるのに対し，四倍体細胞(4C)は 28％，8 倍体細胞(8C)は 54％を占めることになる．したがって，植物ではこのような倍数化がごく頻繁に起こっていることが理解できよう．これに対し，黄化植物体の下胚軸細胞の核相について調べてみると，8C だけでなく，16 倍体細胞(16C)が出現し，しかもそれが全体の 34％を占める（図 18-3）．このことから，核 DNA 量の倍数化にともなう縦方向の細胞伸長が黄化植物体の伸長の主要因であることが証明されている（Gendreau et al., 1998）．エネルギー的に制限された土中の幼植物にとって，

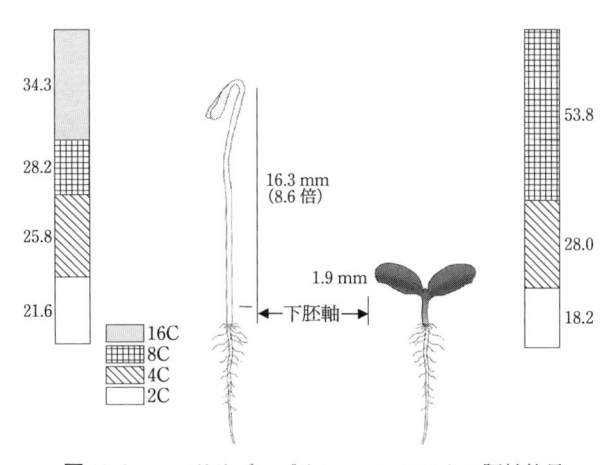

図 18-3　エンドリデュプリケーションによる胚軸伸長

ERDによる下胚軸の伸長は，最も効率的な器官伸長方法として選ばれたのであろう．

　ERDによる細胞サイズの増加は，植物種によっても異なっており，このような仕組みをまったく用いない植物種も数多い(Barow, 2006)．また植物に限らず，昆虫(ユスリカ・ショウジョウバエ)唾線における巨大染色体もERDが関与すると考えられるし，神経系のニューロン形成も倍数化による細胞の巨大化が関係する．ゲノムが倍数化することにより，細胞サイズが巨大化するだけでなく，遺伝的変異に対する耐性が高まる，あるいは環境条件に適応する能力が高くなるなどの利点も指摘されている．一般的に，ゲノムサイズの小さい生物では，DNA含量を補正するためにERDが起こりやすいとされる．植物のなかでも飛び抜けてゲノムサイズの小さいシロイヌナズナの場合，ERDが頻繁に起こるのもこのような理由からなのかもしれない．したがって，植物は，倍数化による細胞サイズの巨大化という特性を，成長や発達の段階で効果的に利用していると考えられる．

rpt2a変異体における表皮細胞サイズの増大

　*rpt2a*変異体は，糖応答異常と共に，さまざまな形態異常を示す．その1つが葉器官の巨大化である(図18-4A，Bの右がそれぞれ*rpt2a*変異体)．詳細な解析を続けるなかで，DAPIによる核染色の結果，*rp2a*変異体では，巨大化した表皮細胞において核DNA量の増加が観察された(図18-4C)．すなわち，気孔細胞(図18-4Cの右下の細胞)では二倍体のDNA量を示す2Cなのに対し，図18-4Cの中央に位置する巨大な表皮細胞では，明瞭な核DNA量の増加が観察された．フローサイトメーターは，細胞の核相の定量化が可能となる．通常のシロイヌナズナロゼット葉(図18-5A参照)では，8Cをピークとして，32Cまでの核相を示す細胞が観察される．これは，葉器官を構成する細胞が，成熟にともなう細胞分裂直後の二倍体2CからERDにより倍数化が進行し，最終的に巨大化したことを意味する．これに対し*rpt2a*変異体では，ピークが核相を増加させる方向にシフトし，32Cが増えるだけでなく，64Cを有する細胞が検出されるようになる(図18-5Bの矢印)．これらの結果から，*rpt2a*変異体が示す葉器官肥大化現象は，ERDの促進による核相増大に起因する

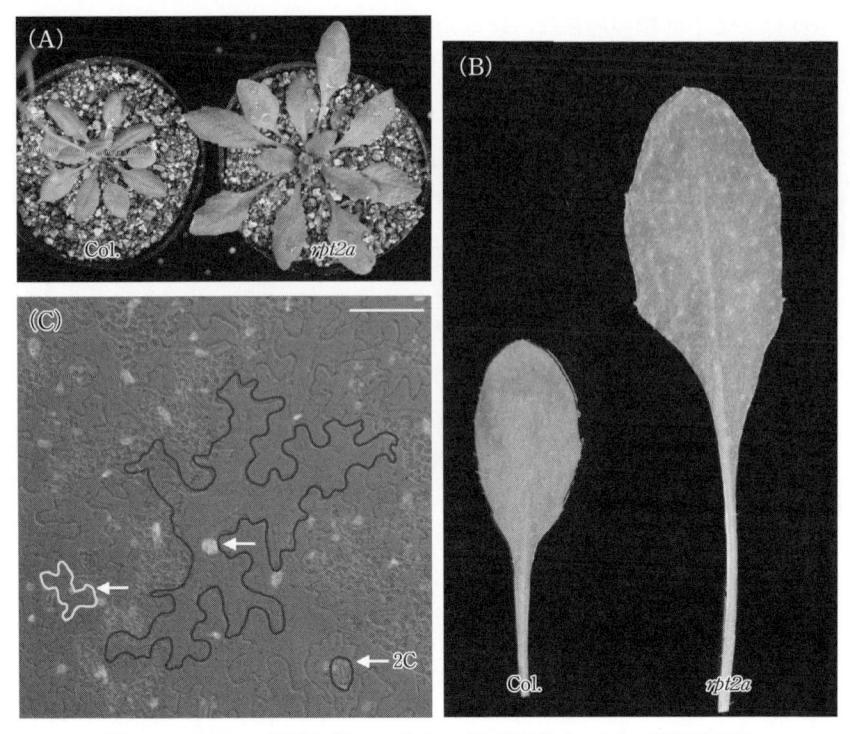

250　第Ⅳ-2部　バイオを極める(2)

図18-4　RPT2a機能欠損シロイヌナズナ変異体(*rpt2a*)の形態的特徴

ことが示された。

rpt2a変異体におけるトライコーム分枝数の増大

　トライコームtrichomeは，葉の表皮細胞が分化・巨大化した，通常3本に枝分かれした単細胞構造体である(図18-5C)。ハーブなどでは，このトライコームに香気成分が蓄積し，それが物理的刺激によって破壊されることにより，香料が気化することも多い。*rpt2a*変異体では，トライコームが巨大化すると同時に，分枝数が4ないし5本に増加する(図18-5D)。これにともない，トライコームのDNA量(DAPI染色による核領域の増加)の増大が観察される(図18-5Fの矢印。図18-5Eの野生型の核と比較せよ)。既存のトライコーム形成異常変異体を用いた交配実験より，*rpt2a*変異体が示すトライコーム形成異

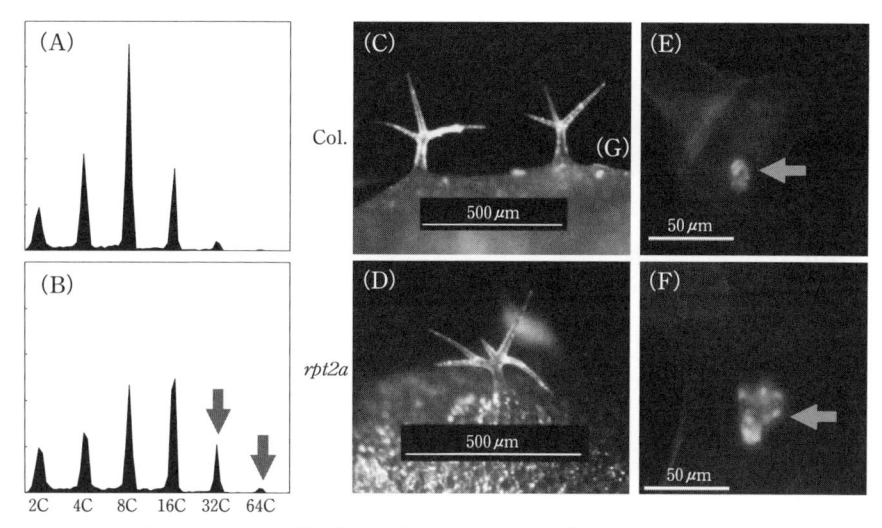

図 18-5　*rpt2a* 変異体におけるトライコーム形成異常と核相増大

常は核相の増大が原因であると結論した．これらの知見を総合すると，*rpt2a* 変異によるプロテアソーム構造の異常が，ERD を促進し，緑葉表皮細胞やトライコーム細胞のような特定の細胞を巨大化させたと結論できる．

細胞サイズと細胞周期制御

　エンドリデュプリケーション(ERD)は，細胞分裂をともなわない DNA 複製であるので，細胞周期制御と深いかかわりをもつ．生物は，細胞周期を厳密に制御するため，チェックポイント機構を中心とする数々の調節システムを発達させてきた．細胞周期制御に関与する主要なチェックポイントは，G_1/S 期と G_2/M 期にある．G_1/S 期は，S 期における DNA 複製の前段階であり，この時期は，細胞が分裂の方向に向かうのか，それとも分裂を停止して分化の方向に向かうのか，を決定する段階にあたる．したがって，生物体内の生理状況(エネルギー状態，細胞活性，ホメオスタシス状態など)と共に環境条件が良好か劣悪かという点についての情報(環境シグナル)などを統合し，最終的な判断(チェックポイントを通過するか留まるか)を下すことになる．と同時に，自らの遺伝情報(DNA)に損傷がないかについてチェックも行なう．これらの

情報をもとに，問題がなければ最終的な GO サインが発せられ，このチェックポイントを通過し，細胞は分裂に向かう。一方，G_2/M 期は，DNA 複製が終了した時点にあたる。したがって S 期に実施した DNA 複製が完了したのか，あるいは複製された DNA に損傷がないかについてチェックし，問題がなければ M 期の染色体分配・細胞分裂が進行する (Albert et al., 2004)。

ERD は，M 期の細胞分裂過程を迂回し，S 期の DNA 複製過程が何度も繰り返される回路（これをエンドサイクル endocycle と称する場合がある）と定義される。本章で示した *rpt2a* 変異による細胞サイズ制御システムの破綻は，M 期の抑制，または S 期の促進，あるいはその両方が起こった結果と考えられる。

ここで，*rpt2a* 変異による ERD 促進について，トライコーム形態形成を例に考えてみよう（図 18-6）。通常の細胞周期は，$G_1 \to S \to G_2 \to M \to$ 再び G_1 と進行し，それにより 2 個の娘二倍体細胞ができる。これに対し，ERD により M 期が迂回され，S 期が繰り返されることにより，細胞核の倍数化

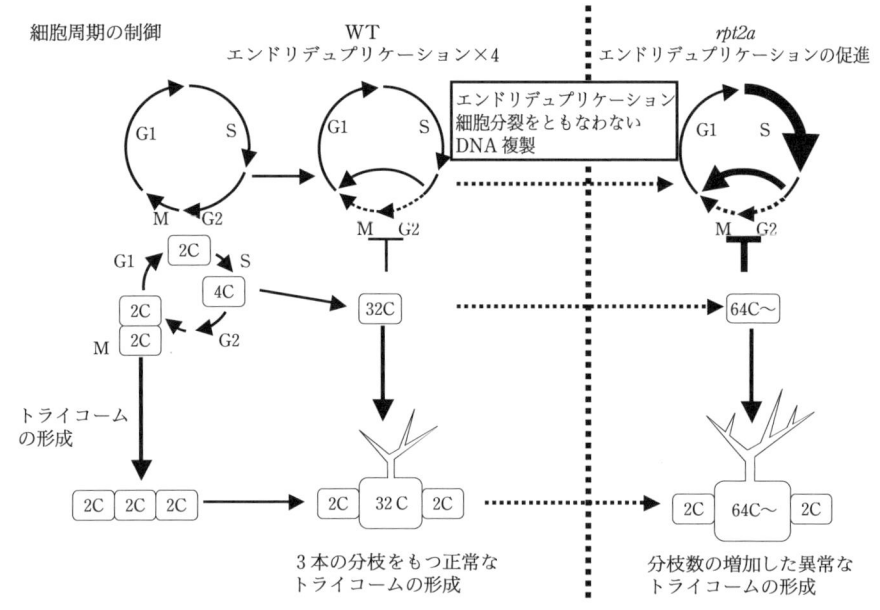

図 18-6 エンドリデュプリケーションによる細胞周期制御の破綻とトライコーム形成

が進行する(Albert et al., 2004)。トライコームへと運命決定された表皮細胞では，ERDにより2C→4C→8C→16C→32Cと倍加が進み，最終的には32Cの状態で倍数化が終了する。この際，トライコームの分枝は3本となる。これに対し，*rpt2a*変異体では，ERDの終了が何らかの理由で遅れ(あるいはERDが促進した結果)，32C→64Cのエンドサイクル，あるいはさらに先のエンドサイクルが進行したと考えられる(図18-6)。

　細胞周期を制御するチェックポイント機構には，サイクリンとサイクリン依存性キナーゼ(CDK)が直接的に関与する。チェックポイントを通過した細胞では，26Sプロテアソームによるサイクリンの分解によって周期過程の進行が阻止される。また，サイクリンの分解以外にも，細胞周期制御に関与する数多くのタンパク質がユビキチン・プロテアソームシステムによる分解を受けることが知られている。*rpt2a*変異体に代表されるプロテアソームサブユニット構造の異常は，さまざまな細胞分裂異常を誘発するが，これらは，おそらく本来分解されるべき細胞周期制御タンパク質の異常蓄積に起因すると考えられる。Imai et al.(2006)は，シロイヌナズナにおいてS期の開始に関与するサイクリンCYCA2；3の機能欠損がERDを促進するとの報告を発表している。詳細な実験より，このCYCA2；3がエンドサイクルの抑制因子として働く可能性を示唆されている。細胞周期制御に関与するタンパク質は，きわめて多様であり，RPT2aの標的がCYCA2；3の周辺にあると断定することは時期尚早の感があるが，有力な可能性と考え現在検証を進めている。これ以外にも，M期の抑制因子であるKRP2の過剰発現がERDを促進するとの報告(Verkest et al., 2005)もあり，RPT2aとの関連性について検討している。植物は，ERDが促進しやすい傾向がある。おそらくこれは，本来厳密であるべきM期の進行を迂回する植物独自の仕組みを発達させてきた結果と考えられる。RPT2aの機能を研究することにより，その分子機構の詳細について理解していきたい。

おわりに

　19Sプロテアソームを構成するサブユニットであるRPT2aに着目した研

究を行なった。シロイヌナズナ *rpt2a* 変異体における器官の肥大化という表現形質は，細胞周期制御という生命現象の根本命題についての研究を進める契機となった。しかも，このような基礎研究ばかりでなく，細胞・器官サイズの制御という研究課題は，種子などの巨大化，すなわち生産性の向上という応用面に直接結びつく研究課題でもある。また，プロテアソームという巨大タンパク質複合体を構成するサブユニットの組み合せを変化させることで，多様な機能性を呈示される可能性も示された。このような高次タンパク質複合体におけるサブユニット間同士の相互作用と機能性の解明を進めることにより，新たなナノとバイオの境界領域が開拓されるものと期待される。

引用文献

Albert, B., Johnson, A., Lewis, J., Raff, M., Roberts, K. and Walter, P. (中村桂子・中村謙一監訳). 2004. 細胞の分子生物学(第4版). 第17章. Newton Press.
Anisimov, A.P. 2005. Endopolyploidy as a morphogenetic factor of developement. Cell Biol. Internat., 29: 993-1004.
Barow, M. 2006. Endopolyploidy in seed plants. BioEssays, 28: 271-281.
Deveraux, Q., Ustrell, V., Pickart, C. and Rechsteiner, M. 1994. A 26S protease subunit that binds ubiquitin conjugates. J. Biol. Chem., 269: 7059-7061.
Ferrell, K., Wilkinson, C.R.M., Dubiel, W. and Gordon, C. 2000. Regulatory subunit interactions of the 26S proteasome, a complex problem. Trends Biochem. Sci., 25: 83-88.
Gendreau, E., Höfte, H., Grandjean, O., Brown, S. and Traas, J. 1998. Phytochorome controls the number of endoreduplication cycles in the Arabidopsis thaliana hypocotyl. Plant J., 13: 221-230.
Imai, K.K., Ohashi, Y., Tsuge, T., Yoshizumi, T., Matsui, M., Oka, A. and Aoyama, T. 2006. The A-type cyclin CYCA2; 3 is a key regulator of ploidy levels in Arabidopsis endoreduplication. Plant Cell, 18: 382-396.
Kawahara, H. 2002. 26S プロテアソームの分子多様性とその意義. 薬学雑誌, 122: 615-624.
Köhler, A., Cascio, P., Leggett, D.S., Woo, K.M., Goldberg, A.L., and Finley, D. 2001. The axial channel of the proteasome core particle in gated by the RPT2 ATPase and controls both substrate entry and product release. Molecular Cell, 7: 1143-1152.
León, P. and Sheen, J. 2003. Sugar and hormone connections. Trends Plant Sci., 8: 110-116.
Rubin, D.M., Glickman, M.H., Larsen, C.N., Dhruvakumar, S. and Finley, D. 1998. Active site mutants in the six regulatory particle ATPases reveal multiple roles for ATP in the proteasome. EMBO J., 17: 4909-4919.
Sibahara, T., Kawasaki, H. and Hirano, H. 2004. Mass spectrometric analysis of

expression of ATPase subunits encoded by duplicated genes in the 19S regulatory particle of rice 26S proteasome. Arch. Biochem. Biophys., 421: 34-41.

Smalle, J., Kurepa, J., Yang, P., Emborg, T.J., Babiychuk, E., Kushnir, S. and Vierstra, R.D. 2003. The pleiotropic role of the 26S proteasome subunit RPN10 in Arabidopsis growth and development supports a substrate-specific function in abscisic acid signaling. Plant Cell, 15: 965-980.

Sugimoto-Shirasu, K. and Roberts, K. 2003. "Big it up": endoreduplication and cell-size control in plants. Cur. Opin. Plant Biol., 6: 544-553.

田中啓二(編). 2004. ユビキチンがわかる. 138 pp. 羊土社.

Verkest, A., Manes, C.-L.O., Vercruysse, S., Maes, S., Schueren, E.V.D., Beeckman, T., Genschik, P., Kuiper, M., Inzé, D. and Veylder, L.D. 2005. The cyclin-dependent kinase inhibitor KRP2 controls the onset of the endoreduplication cycle during Arabidopsis leaf development through inhibition of mitotic CDKA; 1 kinase complexes. Plant Cell, 17: 1723-1736.

Vierstra, R.D. 2003. The ubiquitin / 26S proteasome pathway, the complex last chapter in the life of many plant proteins. Trends Plant Sci., 8: 135-142.

第IV-3部

バイオを極める(3)
個体のバイオサイエンス

生命体が示す多様な現象は，人間によって制御されるべき対象ともなり，人間生活を向上させるための技術的応用の対象ともなり得るが，そのためにはまず現象の構造的基盤とそこでの機能的因果関係を知る必要がある。生命現象は，ナノスケールの分子から，細胞，組織，器官，個体を経て，地球スケールの種など，各階層レベルで観察され，それぞれが高次の複雑系を構成するため，各レベルでの理解が必要となっている。第Ⅳ部では，生命現象の代表的な諸相を，タンパク質分子，細胞，個体の各レベルで紹介し，ナノサイエンス，バイオサイエンスの将来展望と両領域の融合可能性を探求している。

　第Ⅳ-3部では，動物の行動・発生という高次の生命現象における調節制御メカニズムの実験解析を取り上げる。第19章(浦野)では，本能行動の遺伝子プログラムの実体を解明する目的で，サケの母川回帰行動における神経ホルモンの働きを調査した。第20章(若原)は，同じ遺伝子型から発生成長過程で環境適応のために生じる表現型可塑性の例としてエゾサンショウウオの幼形成熟および可塑的肉食形態を取り上げ，ゲノムと環境の相互作用を解析した。第21章(青沼)では，昆虫の適応行動をナノテクノロジーとバイオロジーの接点として位置づけ，環境と脳の相互作用としての個体間情報伝達にかかわる脳内神経機構を調べた。第22章(西野)では，生物界における聴覚の進化のなかで昆虫の聴覚器官を捉え，その構造と機能を脊椎動物と比較しながら実験生物学的に解析すると共に，ナノサイエンスとの協働による研究の可能性を指摘した。第23章(濱・高畑・土田)は，自然条件における動物行動の脳機構を解析する目的で新たに開発した光テレメータの詳細を述べると共に，その水中での甲殻類の無麻酔全体標本への適用の実際を報告し，行動生理学研究における微細加工技術の重要性を議論した。

　本来的にナノスケールでの分子の働きに基づく生命現象は，個体のレベルで統合されて初めて生物学的に意味のある機能・形態を現わす。また，個体レベルでの生命現象の解析には，ナノスケールの微細諸技術も頻繁に用いられる。このようなバイオサイエンスとナノサイエンスとの間の密接な関係を反映して，第Ⅳ-3部に含まれる5つの章には，生物科学研究とナノサイエンスのかかわりあいの諸相が非常に明確な形で示されている。

(高畑雅一)

第19章 本能行動のナノバイオサイエンスをめざして

北海道大学大学院理学研究院/浦野明央

はじめに

　ヒトも含めて，脊椎動物の高次神経活動の根底には，無意識的に本能的な行動を制御している中枢機構—いわゆる視床下部神経分泌系—がある。脳の働きをその根底から本質的に明らかにするためには，この視床下部神経分泌系による本能行動の制御機構の解明を避けては通れない。このような中枢機構の本質を明らかにするためには，大脳皮質が未発達で高次神経活動による本能行動への干渉が少ない下等脊椎動物を実験材料として情報を得ることが必要である。一方で，研究者にとっては，対象とする本能行動が魅力的で挑戦心をそそるものであることも重要である。そこでサケの回遊，特に産卵回遊，を研究対象に選んだ。

　サケを研究対象に選んだ理由は他にもある。その1つは，稚魚期に放流され外洋にでていったサケの時間経過を追った連続的なサンプリングは不可能であっても，分類学的にごく近縁でしかも養殖されているニジマスやサクラマスのような種を，モデル系として使えるからである。モデル系としてのニジマスやサクラマスでは，メダカやゼブラフィッシュのような小型のモデル動物では不可能な，成長期から成熟し産卵するまでの時間経過を追ったさまざまな実験が可能であり，ナノバイオサイエンスを基盤とした分子生物学的，

生理学的，形態学的な知見を得ることができる。それに加えて，モデル動物ほどではないにしても，サケ・マス類についての情報の蓄積は，バイオインフォマティクスを取り込んだ研究の展開を可能にしてくれる。

これまでも，サケが産卵のために生まれた川に回帰する回遊行動，母川回帰についての研究は少なくないが，その多くは行動そのものに関するもので，その制御機構についての細胞レベルあるいは分子レベルの研究はほとんどない。それはフィールドワークと塩基配列の解析の両方がこなせる研究室が世界的にみても，ごく僅かしかないからである。フィールドワークはなかなか論文にならないという既成概念も，先端的な分野に携わる研究者の野生動物への取り組みの壁になっている。

私見ではあるが，絶滅危惧種も含めた野生動物の研究には，最高の技術をもつ研究者が取り組むべきだと考えている。特に海洋環境の変動は二度と同じ状況での試料採取を許してくれない。したがって，たまたま手にいれることができた試料は，何よりも貴重な一期一会のものであり，同一個体から可能な限り多くの情報を得なければならないものである。だからこそ，サケの回遊機構についての研究は，現時点で利用できるナノバイオサイエンスとバイオインフォマティクスの研究手法を可能な限り取り入れて進めなければいけないと思っている。

本能行動は遺伝的にプログラムされた個体の生存と種の存続のための行動であるとされている。したがって，本能行動の研究の最終目標は，いわゆる本能行動の遺伝子プログラムの実体を明らかにすることである。そこで，21世紀COEプログラム「ナノとバイオを融合する新生命科学拠点」では，その遺伝子プログラムを解明するために，母川回帰途上のシロザケの脳を北洋で採取し，脳内特定領域のニューロンにおける神経ホルモンとその受容体をコードする遺伝子の発現を定量的に表現することを試みた。一方で，モデル系としてのニジマスおよびサクラマスを用い，神経ホルモンの中枢ニューロンへの作用機構，神経ホルモンおよびステロイドホルモンによる遺伝子発現の調節機構などの解析も進めた。

19-1 研究の進め方とその背景

　サケの産卵回遊は生殖にかかわる本能的な行動で，その発現は視床下部 - 下垂体を中心とする神経内分泌系により制御されている。視床下部ニューロンは，神経ホルモンを用いて内分泌系を介する性成熟の促進および中枢ニューロンを介する行動の発現にかかわるため，産卵回遊にかかわる神経系と内分泌系の機能を同調させている(図19-1)。そこで，本研究では「遺伝的にプログラムされている」といわれている産卵回遊の遺伝子プログラムの実体を理解することを最終目標に，生殖にかかわる神経ホルモン産生ニューロンの機能とその制御機構を，回遊行動の時間軸にそって分子レベルで明らかにすることをめざしてきた。なお，上述のように産卵回遊は生殖にかかわる本能的な行動なので，生殖腺刺激ホルモン放出ホルモン(GnRH，サケのGnRHはsGnRHと表記)とバソトシンをおもな研究対象とした。これらの神経ホルモンは生殖に深いかかわりをもつだけでなく，その産生ニューロンが図19-2にあるような特徴をもつ。

　回遊行動を調べるための研究対象はシロザケであるが，沿岸を離れ北洋を回遊している個体を，生活史を追って捕獲するのは大変難しい。これは野生

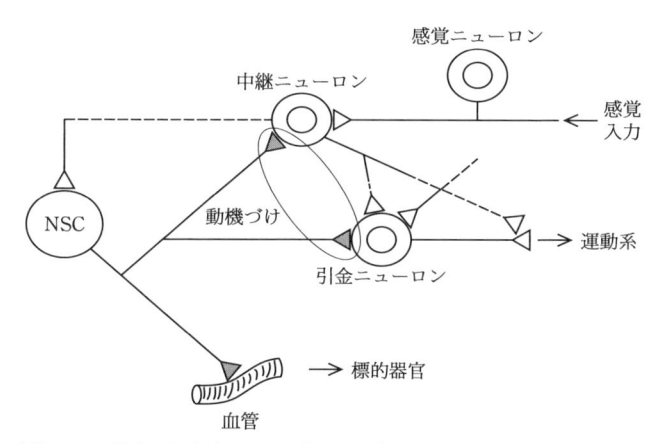

図 19-1　視床下部神経分泌細胞による神経系と内分泌系の多元支配
（石居・浦野，1980 より）

262　第Ⅳ-3部　バイオを極める(3)

[sGnRH]　　　　　　　　　　　　　　　　[バソトシン]

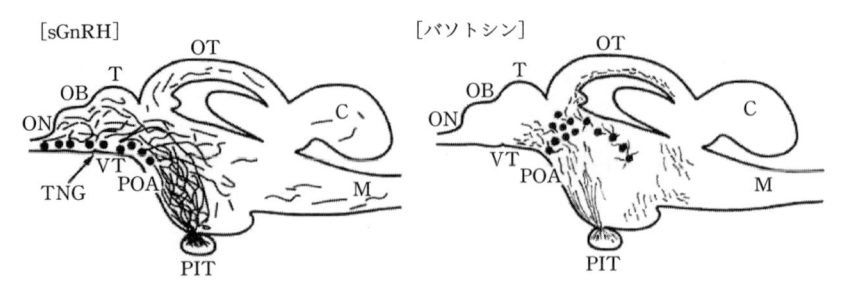

図19-2　サケ科魚類の脳内におけるsGnRHおよびバソトシン線維の投射。いずれも下垂体だけでなく，脳内各部位に広く分布している。

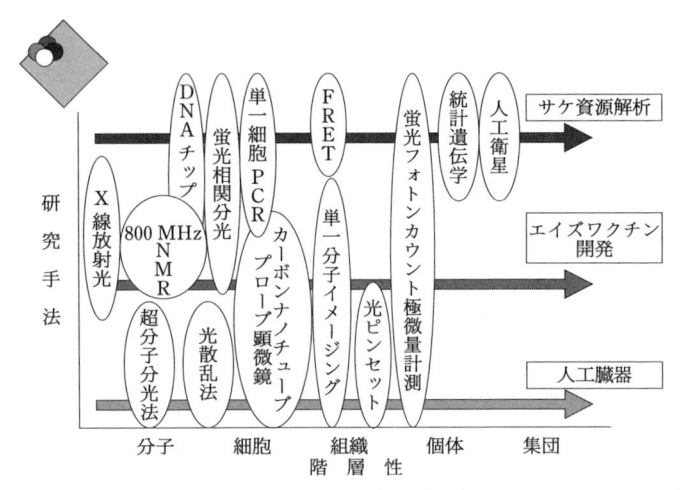

図19-3　ナノとバイオを融合したサケの産卵回遊機構の解明。分子レベルから個体群までの現象を総合的にみるためのアプローチ。

　動物の研究では避けられない問題であるが，サケの回遊の研究では，これまでの経験から同じサケ属のサクラマスがよいモデル系になることがわかっている(浦野ら，2004)．本研究課題では，それを踏まえて，シロザケでは困難な細胞レベルおよび分子レベルの解析を，ニジマスあるいはサクラマスを用いる実験で補完した．研究に用いたおもな手法は定量リアルタイムPCR法による超微量のmRNAの定量および共焦点レーザー顕微鏡を用いる形態学的手法で，これらを組み合わせて，同一個体の脳内各領域におけるさまざまな遺

伝子の発現と機能を定量的に表現すると共に，遺伝子発現の制御機構を，生活史あるいは回遊の時間経過を追って解析した．一方で，細胞レベルおよび分子レベルの現象を，個体レベルさらには海洋環境，特に海洋の表面水温と関連づけるために気象衛星 NOAA の画像データを利用した(図19-3)．

19-2 モデル系から得られた主要な知見

成長と成熟にともなうホルモン遺伝子の発現変動

sGnRH 遺伝子と下垂体ホルモン遺伝子の発現およびそれぞれのホルモン遺伝子の GnRH に対する反応が，サケの成長と性成熟にともないどう変化するのかを知っておくことは大変重要である．そこで，周年サンプリングが可能な池産のサクラマスを回遊するサケのモデル系として用い，それを解析した．実験に用いたサクラマスの系群(森系)は孵化放流の効率化のために選抜育種されたもので，2歳魚の秋に性的に成熟し繁殖するが，ほとんどの雄が1歳魚の秋にも早熟雄として成熟して繁殖活動を行なう．雌は2歳魚の秋にならないと成熟しない．この系群を用いて，1歳魚の4月からほぼすべての魚が成熟する2歳魚の9月まで毎月サンプリングを行ない，脳と下垂体におけるそれぞれのホルモンの mRNA 量を定量リアルタイム PCR 法によって解析した．また，下垂体ホルモン遺伝子の発現に対する GnRH の影響を調べるため，毎月のサンプリングにあわせて GnRH アナログを投与し mRNA 量の変化を解析した．

得られた結果の重要な点をまとめたものを図 19-4(浦野ら，2004)に示す．雄(上段)でも雌(中段)でも前脳部における sGnRH mRNA 量(―)は似た変動パターン，すなわち1年の間に春と秋の2度，ピークが存在することを示した．sGnRH mRNA 量は2歳魚の秋が最大値であったが，成熟前の1歳魚の雌も既に高い値で似た変動パターンを示していた．一方，下垂体中では，生殖腺刺激ホルモンの LH(図中ではGTH II)を構成する α サブユニット(GP α)と β サブユニット(LH β，図中ではGTH II β)をコードするそれぞれの mRNA の量(…)が，雄では1歳魚の夏から秋にかけて(早熟魚)と2歳魚の秋に，雌では2歳魚の秋に高まっていた．GnRH アナログの投与は LH サブ

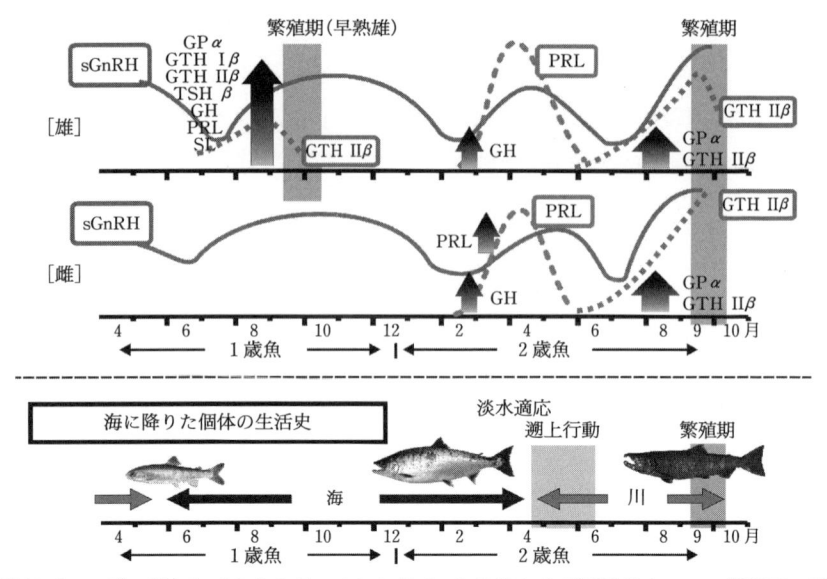

図19-4 モデル系としてのサクラマスにおけるsGnRHおよび下垂体ホルモン遺伝子の発現の年周変動。説明は本文参照。

ユニットそれぞれのmRNA量が高まっていく時期にのみ遺伝子発現を増加させた(↑)。プロラクチン(PRL)mRNA量(…)は2歳魚の春に一過性に上昇し，その上昇時期だけGnRHアナログの投与による増加が雌でみられた。

これらの結果は，sGnRH遺伝子の発現は最終性成熟が始まる前の春と秋に既に二峰性に高まっていること，下垂体では特定の時期にホルモン遺伝子特異的にsGnRHが作用することを示すものであろう。下垂体ホルモン遺伝子の発現調節にはsGnRH遺伝子の発現とホルモン遺伝子のGnRHへの応答能獲得の両方が重要であると考えられる。興味深いことに，塩基配列から5種類あることが見出されたサクラマスGnRH受容体のmRNA量は，前脳および下垂体において，受容体のタイプおよびsGnRH遺伝子の発現時期に対応した変動を示す(Jodo et al., 2005a, b)。しかもGnRHアナログの投与実験は，sGnRHが性および季節特異的に自身の受容体の遺伝子発現をアップレギュレーションしている可能性を示している。

図19-4の下段は未成熟期に海に降りたサクラマスの生活史である。2歳

魚の春のsGnRH遺伝子の発現がピークとなる時期は，ちょうど降海した個体が遡上する時期にあたり，淡水適応ホルモンといわれるPRLの遺伝子発現がやはりその時期に高まっている。したがってsGnRH遺伝子の発現には年2回，春と秋にピークがあり，春の遺伝子発現が高まる時期は遡上行動に，秋の遺伝子発現が上昇する時期には最終性成熟に対応すると考えられる。大回遊をするシロザケでは，前者が北洋から母川に向けて産卵回遊を開始する時期に，後者が沿岸から母川に遡上し産卵する時期にあたると考えてよい。

GnRHによる下垂体ホルモン遺伝子の発現調節機構

GnRHの分子レベルでの作用の背景には図19-5に示すような機構が予想される。それを詳細に解析するため，LHβサブユニット遺伝子の発現調節機構をサクラマスの一次培養下垂体細胞を用いた実験を行なった（小沼ら，2006）。下垂体細胞は上述の森系サクラマスから，性成熟の開始期(3月)，性成熟前期(5月)，性成熟後期(7月)，産卵期(9月)に採取し，LHβサブユニット遺伝子のプロモーター領域とレポーター遺伝子のコンストラクトを導入して転写活性を調べた。培養液中にsGnRHを加えてこの細胞を培養したとこ

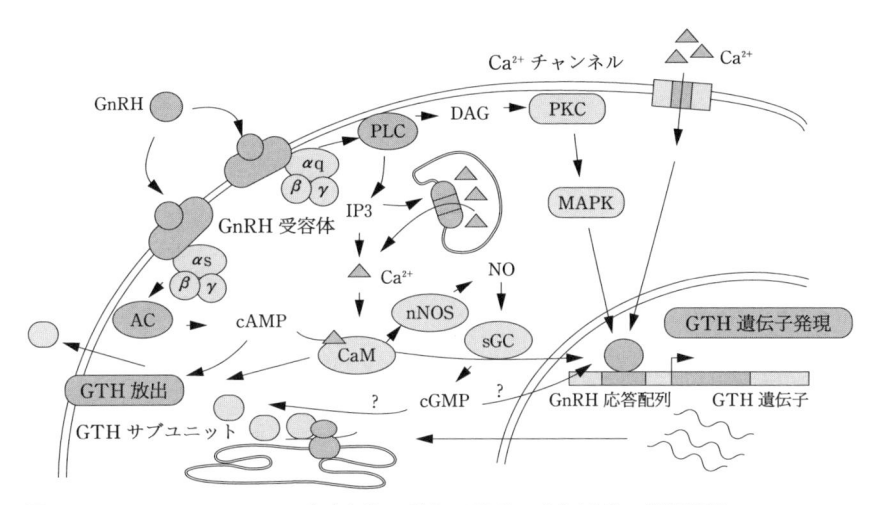

図19-5 GnRHによるGTH産生細胞の遺伝子発現と分泌活動の制御機構。Gタンパク質共役7回膜貫通型受容体にGnRHが結合した後の細胞内情報伝達系にみられるカスケード。

ろ，5月にはLHβサブユニット遺伝子の転写活性が増加したが，7月には逆に減少した。さらにLHβサブユニット遺伝子の転写を促進するという転写因子 Fushi tarazu factor 1 ホモログ(sFF1-I)とエストロゲン受容体α(ERα)のmRNA量を解析したところ，3月と5月の雌においてsGnRHと性ステロイドホルモンがその遺伝子発現を高めることがわかった。したがって，生殖腺が発達し始める時期にはGnRHが転写因子sFF1-IとERαの遺伝子発現を高め，自身の受容体遺伝子，続いてLHβサブユニット遺伝子の転写活性を高めているのであろう。なお，この系群では図19-4に示したように7月後半に下垂体細胞中のLHβ mRNA量がほぼピークに達するが，この時期にはsGnRHと性ステロイドホルモンがLHβサブユニット遺伝子の転写を抑制的に調節していると考えざるを得ない結果が得られている。

19-3　遡上時のシロザケにおけるホルモン遺伝子の発現変動

池産のサクラマスでは〝生殖腺が発達し始める時期〟と〝最終性成熟の時期〟にsGnRH遺伝子の発現が高まっていた。〝最終性成熟の時期〟はシロザケが母川を遡上する時期と対応する。そこで沿岸から母川上流の孵化場への回帰経路までのいくつかの地点でシロザケを捕獲し，sGnRH，バソトシン，sFF1-IおよびPit-1，下垂体ホルモンなどをコードするそれぞれの遺伝子の発現を定量的に解析した。本節では，そのなかでも最終性成熟に深くかかわるGnRHとGTHの遺伝子発現について触れる。

シロザケの遡上にともなうsGnRH遺伝子発現の上昇

脳の腹側に散在しているsGnRHニューロン(図19-2)について，領域ごとにsGnRH mRNA量を測定した。北海道の石狩川-千歳川水系では，沿岸の厚田沖から上流に到達する間に前脳のほぼすべての領域でsGnRH mRNA量が上昇していた(小沼ら，2006)。一方，沿岸から産卵場までの距離が大きく異なる石狩川と岩手県の大槌川のいずれに回帰するシロザケでも，沿岸の厚田沖あるいは田老沖から産卵場に到達するまでに下垂体中のLHβ mRNA量が上昇し，さらに血中では最終性成熟誘起ホルモンのDHP濃度が高まっ

た．三陸の田老沖から産卵場までの地理的距離は厚田沖から千歳孵化場までの距離とほぼ同じなので，最終成熟の遺伝子プログラムは母川の長さよりもむしろ時間経過に依存している現象だといえる．最終性成熟にかかわるホルモン遺伝子の発現調節機構の時間経過は，太平洋サケに共通のものなのかもしれない．

　太平洋サケでは，終脳腹側部および視索前野のsGnRHニューロンが神経下垂体に投射し，生殖腺の最終成熟をはじめとする生殖機能を調節するとされている．上述のように，母川回帰時のシロザケでは，前脳のほぼすべての領域で遡上行動にともないsGnRH mRNA量が上昇している．この遺伝子発現の上昇は複数年にわたって採取した試料に共通してみられる再現性の高い結果である．一方，図19-2に示したように，嗅球や終神経のsGnRHニューロンは多くの脳内領域に投射している．sGnRHニューロンは産卵行動の調節にかかわると考えられる視索前核のバソトシンニューロンにも線維を送っている．そこで，厚田沖と千歳孵化場で入手したシロザケの脳を用いてCaイメージングによる解析を行なったところ，sGnRHがバソトシンニューロンの細胞内Ca^{2+}の濃度を高めることが確かめられた(Abe and Urano, 2005)．遡上時のシロザケでは，前脳のほぼすべての領域のsGnRHニューロンが活性化することで脳内の多くのニューロンの活動水準を高め，遡上行動および産卵行動を促進しているのではないだろうか．

母川回帰の開始に先立つ視床下部-下垂体系の活性化

　サクラマスでみられた春から夏にかけての"生殖腺が発達し始める時期"は，季節的にはシロザケがベーリング海から母川に向かい回帰行動を開始する時期に対応する．そこで2001年から5年間にわたり水産庁の資源量調査に参加して，ベーリング海のシロザケから試料を採取した．なお，これらの試料を用いた分子内分泌学的な解析では，ベーリング海には複数の年級群の個体が混在しており，その年に回帰する個体群だけではなく成長途上の個体群も含まれていることに留意し，年齢を査定する必要がある．また日本系だけでなく，ロシア，アラスカ，カナダおよび北米を含むいわゆる環北太平洋の多くの母川に回帰する個体群の存在も考慮する必要がある．残念ながら，

これらについての情報の蓄積があまりにも不充分であったため，分子レベルの解析の前に，生態学的および生物学的な基礎データを解析するのに多くの時間を費やさざるを得なかった。

6月から7月にかけて採取した魚について生殖腺重量と体重の比率(GSI)を求め，その頻度分布図を作成したところ，雌雄共に成熟度が異なる複数の集団から構成されていることがわかった。この内GSIが小さい個体群は生殖腺の未発達な未成熟魚であった。一方，GSIが大きい個体群の生殖腺では配偶子形成が進行していた。このGSIが大きい成熟魚群は，9月に採取したベーリング海の集団中にはほとんどみられないので，成熟に達し得たベーリング海のシロザケでは，初夏には生殖腺がよく発達し，晩夏までにベーリング海を離脱して母川に向かうのであろう。

ベーリング海から回帰する最終成熟前の個体について，下垂体中のGTHサブユニット mRNA 量を測定したところ，成熟途上の個体では GP $\alpha2$ および FSHβ の mRNA 量が未熟魚の約10倍，LHβ mRNA 量は100倍以上になっていた。血中の主要な性ステロイドホルモンの濃度も未成熟魚の10倍以上に高まっており，その値はそれぞれの受容体の平衡解離定数を充分に越えていた。シロザケ・ミトコンドリア DNA の SNP を検出するためのマイクロアレイを用いて系群識別を行なったところ，GTH サブユニット mRNA 量および血中ステロイドホルモン濃度の上昇が，同時期の日本，ロシア，アラスカ，カナダ，北米いずれの集団においても共通にみられた。おそらく，その年に産卵回遊する個体では，母川国に関係なく，晩春から初夏にかけて，母川回帰の開始に先立つ視床下部-下垂体系の活性化が起きているのであろう。GTH サブユニット遺伝子の発現および血中性ステロイドホルモン濃度の上昇は，母川回帰しようとしている個体の脳内で，遺伝子発現も含めて sGnRH ニューロンが活性化していることを示すものであろう。そこで，現在，それを確認するために，ベーリング海で採取した個体の脳内各領域の sGnRH mRNA 量を測定している。

おわりに

ページ数の都合で個々のデータには触れていないが，サケの産卵回遊にかかわる脳と下垂体の神経内分泌的なつながりは，図19-6に示した実線の部分のところまで確認できている。今後は，相互の関係がまだ確認できていない点線で示した部分の関係を実証すると共に，それぞれの箇所でみられる遺伝子レベルの変動を，回遊と関連させて解明していくことで，本能行動の遺伝子プログラムを垣間みることができると考えている。

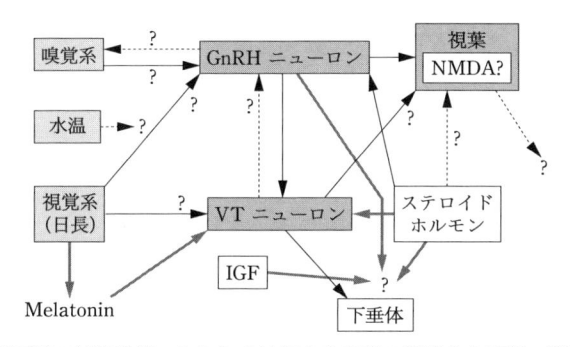

図19-6 産卵回遊の制御機構にかかわる神経内分泌系の機能的な関係。説明は本文参照

引用文献

Abe, M. and Urano, A. 2005. Neuromodulatory action of GnRH on preoptic neurosecretory cells in homing chum salmon. Prog. Jpn. Soc. Comp. Endocrinol., 20: 44.
石居進・浦野明央．1980．神経分泌：脳がつくるホルモン．UPバイオロジー41．140 pp. 東京大学出版会．
Jodo, A., Kitahashi, T., Taniyama, S., Ueda, H., Urano, A. and Ando, H. 2005a. Seasonal changes in expression of genes encoding five types of gonadotropin-releasing hormone receptors and responses to GnRH analog in the pituitary of masu salmon. Gen. Comp. Endocrinol., 144: 1-9.
Jodo, A., Kitahashi, T., Taniyama, S., Bhandari, R.K., Ueda, H., Urano, A. and Ando, H. 2005b. Seasonal variations in expression of five subtypes of gonadotropin-releasing hormone receptor genes in the brain of masu salmon from immaturity to

spawning. Zool. Sci., 22: 1331-1338.
小沼健・安東宏徳・浦野明央．2006．特集 サケの生理学「産卵回遊の分子内分泌学的基盤」．海洋と生物，28：31-41．
浦野明央・安東宏典・北橋隆史．2004．サケ科魚類の生活史と進化 (3)母川回帰の機構と遺伝的背景．サケ・マスの生態と進化(前川光司編)，pp. 107-135．文一総合出版．

第20章 エゾサンショウウオの表現型可塑性
ゲノムと環境の相互作用

北海道大学大学院先端生命科学研究院/若原正己

はじめに

　生物の「かたち」は普通，個体発生を通じて発現するが，多くの場合遺伝子型が教示的 instructive にその形態を決めて，環境の影響は許容的 permissive である。わかりやすくいえば，どんな環境で育っても「カエルの子はカエル」であり，「トビがタカを産む」ことはなく，「ウリの蔓にはナスビはならぬ」わけだ。しかし，場合によっては生物の形づくりにおいて遺伝子型が許容的で，環境の影響が教示的な場合もある(Gilbert, 2003；Hall, 1999)。生物がその適応度を最大にするために環境の変化に対して，同じ遺伝子型をもちながら自らの表現型を変化させる場合がそれで，表現型可塑性 phenotypic plasticity と呼ばれている(Hall, 1999)。たとえば，チョウの翅の紋様の季節型(Kingsolver, 1995)，ミジンコやカエルオタマジャクシの捕食者依存の表現型多型(Dadson, 1989；McCollum and Van Buskirk, 1996)，スキアシガエルの肉食性と雑食性の二型(Pfennig, 1990)や池の干上がりによる変態期間の調節，サンショウウオの共食い型と標準型(Collins and Cheek, 1983)，さらにもう少し視野を広げると社会性昆虫のカースト分化(Brian, 1980)，社会的地位による魚類の性転換(Badura and Frieden, 1988)や有尾両生類の環境依存的ネオテニー(Dent, 1968)など枚挙にいとまがない。

現在多くの生物のゲノムプロジェクトが進行中であり，いくつかの実験生物ではそのゲノムの全塩基配列が解明されている．しかし，ゲノムの塩基配列がすべて決定されたとしても，もちろんその生物の生きざまがすべて解明されるわけではない．なかでも表現型可塑性の問題は同じ遺伝情報をもちながらも環境依存的にその発現が変化するわけだから，ポストゲノムプロジェクトの大きな課題の1つであるといってよい．その表現型可塑性の研究は，進化生物学と分子発生生物学そして生態学が融合したいわゆる EVO-DEVO-ECO(Gilbert, 2003)という研究枠組みでなされるべき大きな課題であるが，現在までにそのような総合的な視点から表現型可塑性を取り上げた研究はきわめて少ない．今回は発生生物学的なアプローチで研究をしているテーマとしてエゾサンショウウオの幼形成熟(ネオテニー)と温度依存の性分化について，進化生態学的なアプローチとして可塑的肉食形態(頭でっかち)の問題を取り上げる．

20-1　ネオテニー現象

ネオテニー(幼形成熟)は，文字通り外部形態は幼形のまま性的に成熟して，生殖行動を行ない繁殖する現象である．ネオテニーは体細胞の発生・分化と生殖細胞の発達・成熟が時間的にずれるので，ヘテロクロニー(異時性)の問題としてとらえられる(Wakahara, 1996)し，変態の有無と生殖腺の成熟をめぐる問題なので変態と生殖の内分泌学観点から議論することもできる(Dent, 1968)．さらにはネオテニー個体と通常変態個体の適応度や繁殖成功をめぐる生態学的なアプローチもあり得る(Sprules, 1974)分野である．

有尾両生類のネオテニーは，その程度に応じて永久ネオテニーと環境依存的ネオテニーに分けられる．環境依存的ネオテニーは，たとえば北米のロッキー山中に生息するトラフサンショウウオ *Ambystoma tigrinum* やヨーロッパアルプスに生息するイモリ(*Triturus alpestris* や *T. helvetica*)のように高地に生息する集団は変態をせずに幼形のまま生殖活動を行なういわゆるネオテニーを示すが，低地に生息する集団はネオテニーを示さず通常に変態してから生殖活動を行なう(Dent, 1968)．つまり環境依存的ネオテニーは，同一の遺伝情

報をもちながら環境依存的にその表現型が異なることになり，表現型可塑性の典型的な例である。

エゾサンショウウオのネオテニー

　実は日本にもネオテニーを行なうサンショウウオが生息していた。それが北海道登別温泉近くのカルデラ湖であるクッタラ湖で報告されたエゾサンショウウオのネオテニー個体群である(Sasaki, 1924)。残念ながらこのクッタラ湖のネオテニー個体群は，湖への養殖魚の導入により絶滅してしまい，現在では記録が残っているだけで生体をみることはできない。このクッタラ湖で採集されたネオテニー個体を札幌にもち帰り飼育したところすべての個体が変態したので，この集団は環境依存的なネオテニーだったと考えられている。環境依存的ネオテニーは，その環境に応じて変態の時期を調節し，その個体の適応度を高める生存戦略の一種なので，典型的な表現型可塑性の問題であるが，これまで表現型可塑性の観点から議論されることは少なかった。エゾサンショウウオのネオテニーが分子発生生物学的にどこまで解明されたか，整理しておこう。

幼生型と成体型

　図20-1にエゾサンショウウオの代表的な細胞やタンパク質の幼生型形質から成体型形質への転換パターンを示す。第一は幼生皮膚の表皮を構成するライディッヒ細胞で，この細胞は変態時には甲状腺ホルモン依存的にアポトーシスを起こして除去される(図20-1A)が，その変態を甲状腺除去もしくは甲状腺阻害剤処理で人為的に抑制すると，アポトーシスは起こらず幼生型細胞のままとどまる。つまり，ライディッヒ細胞は甲状腺ホルモン依存で変態する典型的な幼生型細胞である。第二は，成体皮膚の真皮を構成する2種類の腺細胞(漿液細胞と粘液細胞)で，これらの細胞は幼生にはみられず，サンショウウオが変態して陸上生活に移行する時に出現し，体を乾燥から守り陸上での移動を容易にするための分泌物を放出する分泌細胞である。変態抑制個体では，最初はまったく出現しないが不思議なことに少し遅れて出現するようになる(図20-1B)。つまりこれらの2種類の腺細胞は，基本的には甲状

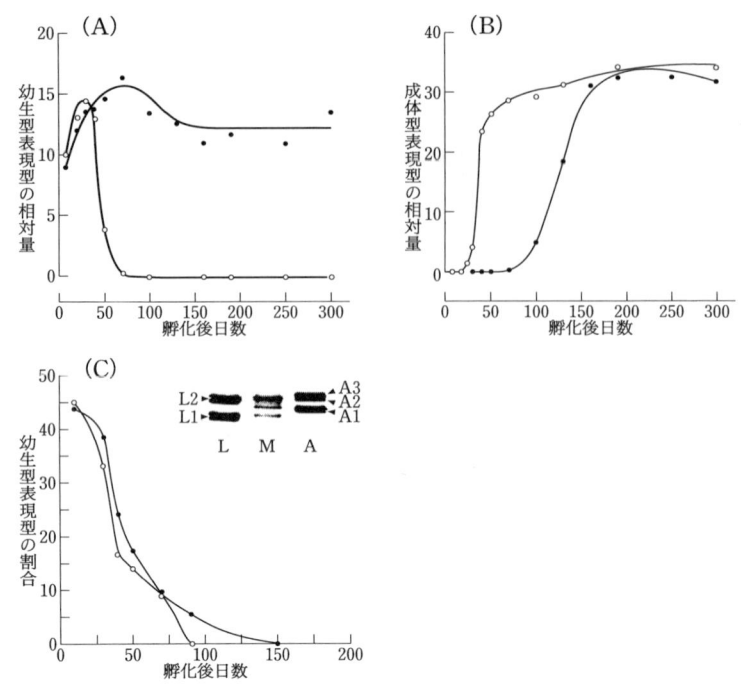

図20-1 エゾサンショウウオ表現型の幼生型から成体型への転換(Wakahara, 1996 より改変)。表現型によってはその転換が甲状腺ホルモンに依存しない場合があり、無尾両生類の変態と様相をことにする。(A)幼生特異的な表皮細胞であるライディッヒ細胞。(B)変態個体の真皮に存在する腺細胞。(C)赤血球中のヘモグロビン。白丸は正常変態個体群、黒丸は変態抑制個体群。

腺ホルモンに依存せずに分化することのできる成体型細胞である(Ohmura and Wakahara, 1998)。そのために人為的に変態を抑制すると、表皮には幼生型のライディッヒ細胞があり、真皮には成体型の腺細胞が分布するというきわめて不思議な皮膚ができあがる。

　第三は赤血球に含まれるグロビン分子である。多くの動物で、個体発生の途中でヘモグロビンが幼生型から成体型へと転換する。棲んでいる環境(水中か陸上か)に応じて、ヘモグロビンの酸素結合能などが違った方が都合がよいからである。無尾両生類では、甲状腺ホルモンにより誘導される変態にともなって、水中生活に適した幼生型ヘモグロビンから、地上生活に適した成体型ヘモグロビンへと転換する。しかし、エゾサンショウウオでは変態を完

全に抑制された個体でも，対照群とほとんど同じ時期に成体型へと転換する(図20-1C)ので，この転換は甲状腺ホルモン非依存であると考えられる(Satoh and Wakahara, 1997)。これはメキシコサンショウウオの幼形成熟個体であるアホロートルが外形は幼生型を保ちながらもヘモグロビンは成体型へと転換するのと基本的に同じ現象である。さらに人為的に変態を抑制したエゾサンショウウオでは，外部形態は幼生にもかかわらず生殖腺は成熟する(Yamaguchi et al., 1996)。つまりエゾサンショウウオでは，外形は幼生型を保ったままでも，生殖器官が成熟することが確かめられた。

越冬幼生

標高の高いところで産卵されたエゾサンショウウオの卵は，低温のために秋までに変態することができずに幼生のまま越冬する。もし越冬幼生が幼生のまま生殖腺を発達させたなら，それはネオテニー現象の原型と考えられる。そこで越冬幼生と当年幼生の下垂体を用いて，変態を促進する甲状腺刺激ホルモン(TSH)と生殖腺の発達成熟を促す2種類の生殖腺刺激ホルモン(FSH・LH)遺伝子発現を半定量的RT-PCR-Southern blot法で解析した。TSHβmRNA量は当年幼生と越冬幼生ではまったく違いがみられないが，FSHβmRNAの発現は越冬幼生で圧倒的に高い(図20-2)。また，もう1つの生殖腺刺激ホルモンであるLHβmRNAには差がみられない。要するに，変態を促進するためのTSHは越冬幼生をつくりだす環境では時間が経ってもあまり発現せず，そのため変態ができない。だが生殖腺の発達を促すFSH遺伝子は，TSH遺伝子が働かない環境でもきちんと発現してその結果として生殖腺が発達すると考えられる。2種類ある生殖腺刺激ホルモンの内，LHはおもに生殖腺の成熟に働くホルモンなのでこの時期には発現しない。ネオテニーはこの越冬幼生の延長線上にあり，今述べた内分泌学的仕組みによって変態が抑制されたまま生殖腺が成熟するものと予想される(Kanki and Wakahara, 2001)。

両生類の変態は体全体の大規模なつくりかえであり，そのためには大きなコストがかかるし，鰓呼吸から肺呼吸の切り替え時には生命の危険もともなう。だから安定的な水中生活を送ることができるような永続的な水環境が保

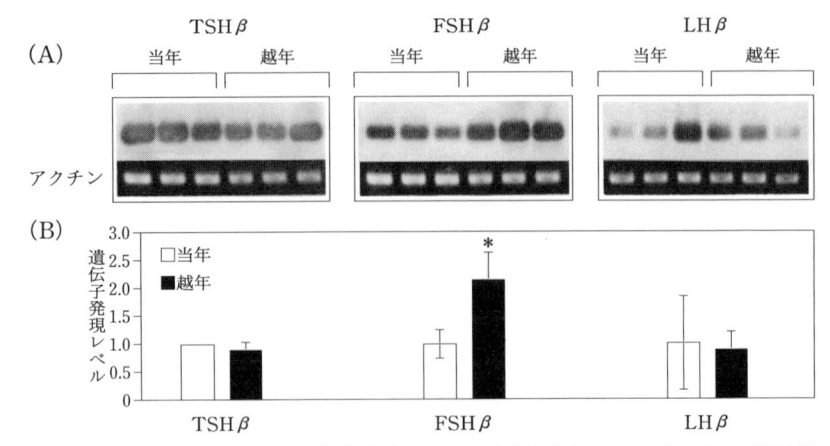

図20-2 エゾサンショウウオの越冬幼生における下垂体ホルモン遺伝子の発現様式 (Kanki and Wakahara, 2001 より改変)．(A) TSHβ，FSHβ，LHβ mRNA量のRT-PCR-Southern blot 解析．当年と越冬幼生から下垂体を取り出し，RNAを抽出して特異的プライマーを用いて増幅し，特異的cDNAで検出した．内部標準としてアクチンを用いた．(B) 上のバンド濃度を定量化したもの．TSHβとLHβの発現量は当歳幼生と越冬幼生とでは変わらないが，FSHβ遺伝子の発現量は越冬幼生個体で有意に大きい．

障され，天敵が存在せず，かつ餌が豊富な環境では，幼生のまま生殖を行なうネオテニーが有利である (Whiteman, 1994)．サンショウウオはそのように環境をモニターして，遺伝子発現を調節し，変態せずに生殖を行なう能力をもっている．

20-2 温度依存性分化

両生類では，ヒト (SRY) やメダカ (DMY) のような性決定遺伝子はみつかっておらず，環境因子で性が比較的容易に変化することが知られている．爬虫類でも孵卵温度で性が決定される温度依存性決定が有名である．いずれにせよ，同じ遺伝子型をもちながらまったく違った表現型を発現するわけで，この温度依存の性分化は表現型可塑性の一変種と考えることができる．たとえば，ヨーロッパワルトリイモリ *Pleurodeles waltl* は，ZZ/ZW型の性染色体構成を示し，その幼生を高温で飼育するとと雄性化するが，近縁の *Pleurodeles poireti* は同じZZ/ZWでありながら逆に高温で雌化する．

Spemannの実験で有名な *Triturus cristatus* の性染色体構成はXX/XYだが，ワルトリイモリと同様に高温で雄性化を示す。このように，性染色体構成と温度依存の性分化との関係は一義的には決まっておらず，ましてその背景にある分子的なメカニズムはほとんどわかっていない。

エゾサンショウウオの温度感受性性分化

野外で採集したエゾサンショウウオ個体や，正常飼育をした個体群では性比が1：1であるが，幼生を28℃という高温で飼育すると，すべての個体の生殖腺が卵巣へと発生する(Sakata et al., 2005)。その温度感受性の時期を知るために，孵化から変態期までを15日ごとに区切って，さまざまな時期に高温飼育を試みた。常温(20℃)で飼育を続けると性比は1：1，また最初の15日間を28℃で飼育し，その後20℃で飼育するとやはり性比は1：1になるが，たとえば最初は20℃，次に28℃にして15日間飼育し，再度20℃に戻すという処理をするとすべての個体が雌となる。つまり，孵化後15日から30日の間に温度感受性の時期があることがわかった。

性分化関連遺伝子

今回は性分化に関与する遺伝子の代表として，エゾサンショウウオP450アロマターゼ(*P450arom*)遺伝子と*Dmrt1*遺伝子を調べた。*P450arom*はテストステロンをエストロジェンへと転換する酵素の遺伝子であり，雌への分化・卵巣への分化に必要な遺伝子といわれる。*Dmrt1*遺伝子は多くの動物の精巣分化に関与する遺伝子に共通のDMドメインをもつ遺伝子である。メダカで発見された精巣決定因子*DMY*にも含まれる配列であり，精巣の決定・分化に関連した転写調節遺伝子である。

正常発生個体で*P450arom*の発現を定量的競合RT-PCR法で詳細に調べたところ，雌で高発現，雄で低発現という明瞭な性的二型が観察された(図20-3)。それに対して*Dmrt1*は雄特異的に発現し，雌ではまったく発現しない遺伝子である(図20-3)。幼生を孵化後15日から30日という温度感受性期間中28℃で飼育すると，当然すべての個体は卵巣を形成し，さらに全個体で*P450arom*を強発現するようになる(表20-1)。また，正常発生個体群では

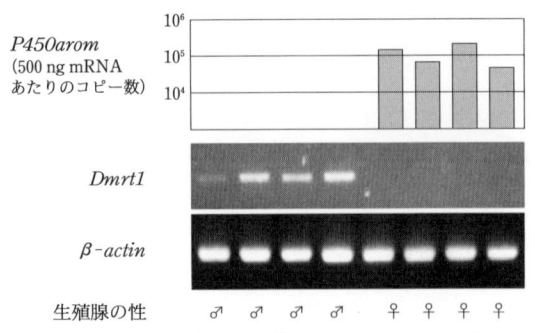

図 20-3　エゾサンショウウオ幼生正常発生個体での *P450arom* と *Dmrt1* 遺伝子の発現パターン（Sakata et al., 2006 より改変）。*P450arom* の発現量は定量的競合 RT-PCR 法で，*Dmrt1* の発現量は Conventional RT-PCR 法で解析された。*P450arom* は雌（♀）特異的に，*Dmrt1* は雄（♂）特異的に発現することが確かめられた。一方，高温処理個体では，遺伝的な雌雄に関係なく，*P450arom* は全個体で強発現し，*Dmrt1* は全個体で抑制される（表 20-1 参照）。

表 20-1　高温処理個体の *P450arom* および *Dmrt1* 遺伝子の発現（Sakata et al., 2006 より改変）

孵化後日数	使用幼生	生殖腺の性*	*P450arom*[2] ($\times 10^4$) 平均	範囲	*Dmrt1*[3] 幼生数
30	10	卵巣 (10)	5.3	2.3-13.1	1
35	10	卵巣 (10)	14.7	7.3-28.6	0
40	10	卵巣 (10)	8.0	4.3-15.5	0

* 生殖腺の性は，実験個体の左側の生殖腺の組織学的な観察で決定された。（　）内の数字はその性を示す個体数。本実験では，28℃で飼育されたのですべてが卵巣をもつ個体へと発生した。残りの右半分を遺伝子発現の実験に用いた。

*[2] *P450arom* の発現量は定量的競合 RT-PCR 法で調べた。数字は 500 ngRNA あたりのコピー数を示す。

*[3] *Dmrt1* の発現は通常の RT-PCR 法で調べられ，数字は実験個体中の発現個体数。

雄特異的に発現していた *Dmrt1* の発現が全個体で完全に抑制された（表20-1）。つまり高温処理によって，*P450arom* は遺伝的雄でも強発現が誘導され，その逆に *Dmrt1* 遺伝子は，遺伝的な雄でも完全に抑制されることによって全個体が雌化すると思われる（Sakata et al., 2006）。ただし温度そのもの

が *P450arom* と *Dmrt1* 遺伝子の発現調節しているとは考えにくく，その上流にある何らかの調節遺伝子(*SF1*, *Sox9* など)が温度依存的に発現調節されるらしい。

20-3 可塑的肉食形態(頭でっかち)

エゾサンショウウオ幼生には，以前から同種の高密度化によって誘導される「共食い型」が知られていた。この共食い型は正常型と比較して顎の幅が広がっており，共食いに有利な形態だと思われる(図 20-4A)。しかし最近の研究で必ずしも共食いのための形態ではないことがはっきりしたので，今ではこの形態を broad-headed morph すなわち頭でっかちと呼んでいる。

頭でっかちの誘導要因

まず，エゾサンショウウオ幼生の頭でっかちの誘導因子をまとめておこう。室内実験の誘導因子として同種の幼生密度，餌の量，幼生間の血縁度を調べてみたところ，餌の量は関係なく幼生密度と血縁度が関係していた。周りがすべて非血縁固体であれば，幼生密度が高くなるほど頭でっかちの発生率が高くなる。ところが周りが兄弟姉妹であれば，実験の幼生密度が高くなると逆に頭でっかちの発生は抑制されるということがわかった。もし兄弟間で過密になった時に頭でっかちが頻繁に誘導されれば，その結果共食いが起こり，それでは包括適応度が下がるのでそのような事態は抑制されていると考えられる(Michimae and Wakahara, 2001)。

エゾサンショウウオが生息する実際の池には同種の幼生だけではなく，エゾサンショウウオの餌となるエゾアカガエル *Rana pirica* のオタマジャクシも棲んでおり，当然エゾサンショウウオの幼生はオタマジャクシを捕食している。そこで，エゾサンショウウオの餌となっているオタマジャクシの存在が，エゾサンショウウオの頭でっかち形成にどう関係するかも調べてみた。

エゾサンショウウオ幼生の頭でっかちの発生率に対する効果は，同種の密度の効果よりも，エゾアカガエルの幼生密度の効果の方が大きいことが確かめられた(図 20-4B)。さらに，異種・同種の幼生の体の大きさによる効果も

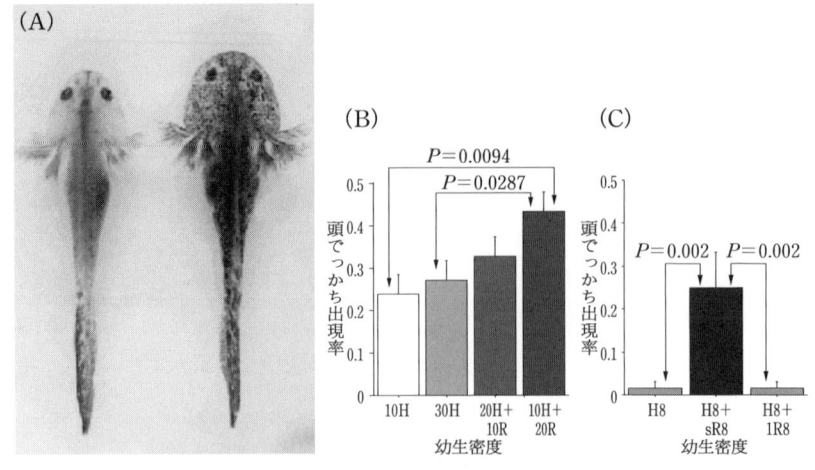

図20-4 エゾサンショウウオ幼生に誘導される可塑的肉食形態(頭でっかち)(Michimae and Wakahara, 2002 より改変)。(A)外部形態写真。左が正常個体、右が頭でっかち。(B)頭でっかちの誘導条件。実験幼生密度を同種(エゾサンショウウオ H)と他種(エゾアカガエル R)幼生の密度を4水準に変えて実験した(同種低密度 10H, 同種高密度 30H, 異種高密度 20H+10R, 異種高密度 10H+20R)。(C)頭でっかち誘導に及ぼす幼生の体サイズ効果。同じ幼生密度でも大きいアカガエルの幼生(lR)はまったく誘導効果はなく、もっぱら小さいアカガエルの幼生(sR)によって誘導された。

調べたところ、異種・同種共に大きい幼生はエゾサンショウウオの頭でっかちの誘導能が有意に低く、小さい幼生の方が効果が高いこともわかった(図20-4C)。これらの結果から、それまで「共食い型」と考えられてきた形態は、共食いのための形態ではなく、より有効にいろいろな餌を食べるための可塑的肉食形態 broad headed morph(頭でっかち)と呼ぶこととした(Michimae and Wakahara, 2002)。

環境要因(池の幼生密度と血縁者との遭遇頻度)

頭でっかちの進化生態学的な意味をさらに詳しく分析するために、自然条件下で幼生密度と血縁度の異なる4つの集団での頭でっかちの発生率を調べた。全道各地から襟裳、当丸、野幌、小沼という4集団を選び、そこで採集された卵嚢から孵化した幼生の頭でっかち出現率を比較した。これらの集団は、密度と血縁度に関してそれぞれ高・低の典型的な組合せをもった集団で

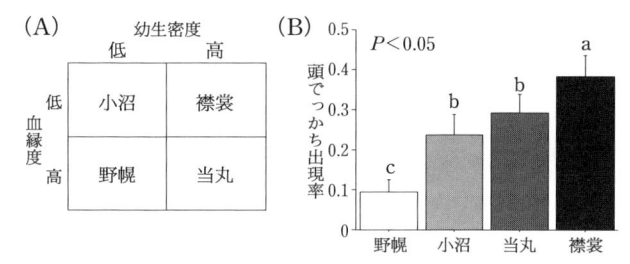

図 20-5 エゾサンショウウオ幼生の頭でっかちに及ぼす生息環境の影響(Michimae, 2003 より改変)。(A)全道各地からそれぞれ幼生密度と血縁度の違う典型的な4つの池：小沼(低密度・低血縁度)，襟裳(高密度・低血縁度)，野幌(低密度・高血縁度)，当丸(高密度・高血縁度)を選んだ。(B)それぞれの池から採集した卵嚢から孵化した幼生の頭でっかち出現率。棒グラフの上のアルファベットの違いはそれぞれ統計学的に有意であることを示す。

ある(図 20-5A)。たとえば襟裳(高密度・低血縁度)の幼生と野幌(低密度・高血縁度)の幼生を比較すると，同じ実験条件下でも頭でっかちの発生率は極端に異なっており，襟裳個体では高く，野幌個体では低かった(図 20-5B)。つまり同じエゾサンショウウオの幼生でも出身池によって頭でっかちになりやすい集団となりにくい集団があることが確かめられた。当丸(高密度・高血縁度)と小沼(低密度・低血縁度)は襟裳と野幌の中間値を示す(Michimae, 2003)。

幼生密度が高い環境は，身の周りにたくさんの被食者(同種・他種の幼生)がいるわけだから攻撃的な頭でっかちが高い適応度をもつが，逆に密度の低い環境では頭でっかちの適応度は低い。多分頭でっかちを維持するコストがかかりすぎるのだろう。また血縁度の低い環境では，周りには血縁が少ないので攻撃的な頭でっかちは有利で高い適応度をもつけれども，逆に高い血縁度を示す環境では頭でっかちの存在は血縁を攻撃することになるので不利になると考えられる。しかし，エゾサンショウウオの幼生がどのように血縁を認知しているのかはまだわからない。

卵サイズと頭でっかち

一般に環境の変異が異なる卵サイズの進化要因であることはよく知られている。特に親の保護のない動物では，幼生期の生存率は孵化サイズに依存しており，孵化サイズは卵サイズで決定されることから，幼生期の環境が厳し

いと卵は大きいほど有利であるからだと考えられる。エゾサンショウウオでは大きい幼生は大きな餌を食べるのに有利であり，大きな餌が豊富にある環境では大きな幼生，すなわち大きな卵が有利であると予想される。逆に適当な餌があまりないような環境では大きな卵を産むのは無駄であり，血縁との遭遇頻度の高いところでは小さい卵の方が有利だと予想される。

そこで先程の4つの池から卵を採集して，卵サイズと一腹の卵数を正確に比較した(図20-6A)。統計学的な解析によれば，卵サイズと卵数は集団間で有意に異なっていた。卵サイズを例に取ると，襟裳と野幌の卵サイズは平均して2.5倍もの差があり，襟裳の集団は圧倒的に大きい卵を産む。これは池の幼生密度と血縁者との遭遇頻度の差に依存しており，襟裳のように幼生密度が高く血縁との遭遇頻度が低い環境では大きい卵を産む個体が有利であり，野幌のように幼生密度が低く血縁との遭遇頻度が高い環境では小さい卵をたくさん産む個体が有利となり，そうした個体が選択されると考えられる。また，同じ実験条件下では，大きな卵からは頭でっかちがでやすく，小さい卵からは頭でっかちの出現率は低いことも確かめられた(図20-6B)。つまり，卵サイズの変異と頭でっかちの出現率は相関して進化してきたと考えらる(Michimae, 2003)。卵サイズはどの程度遺伝的に決まっているのか，あるいは母親はどのように環境を予測して卵サイズと卵数を操作するのか，研究すべ

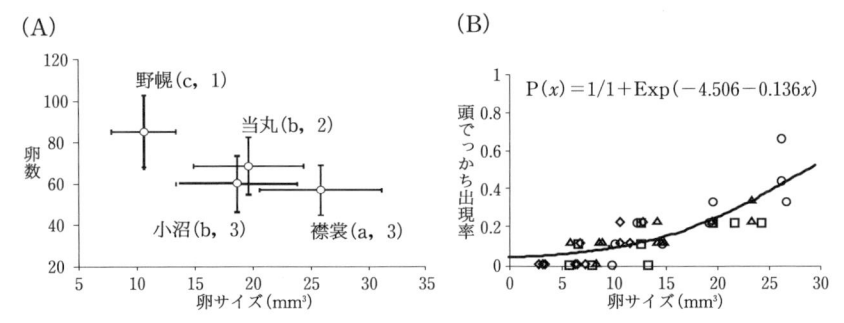

図20-6 エゾサンショウウオ幼生頭でっかち誘導に及ぼす卵サイズの影響(Michimae, 2003 より改変)。(A)幼生密度と血縁との遭遇頻度がそれぞれ異なる野幌，小沼，当丸，襟裳の4池から採集された卵嚢に含まれる卵サイズと卵数。グラフ上のアルファベット(卵数)と数字(卵サイズ)は，それぞれ統計学的に有意であることを示す。(B)頭でっかち発現に及ぼす卵サイズの効果。大きい卵からは頭でっかちがでやすく，小さい卵からはでにくい。

き課題は多く残されている。

おわりに

　生物の初期発生は僅かなミスも許されないので二重・三重の安全 fail safe 機構によって保護されており，多くの場合遺伝的変異や環境の攪乱にもかかわらず標準的な表現型へと至るように，つまり正常に発生するように仕組まれている。そのためには発生経路にある程度の融通性が働く必要があり，遺伝子型には「冗長性 redundancy」がなければならない。そこに表現型可塑性の余地があり，ゲノムと環境の相互作用の問題があると考えている。だから表現型可塑性の理解と解明には，そのゲノム DNA の塩基配列を左から右へ直線的に読んでも何も解決しない。どうしても分子発生生物学な方法と進化生態学的な方法を合体させた総合的なアプローチにより研究が進められる必要がある。

　エゾサンショウウオの生活環は非常に長く，生殖年齢に達するまでに雄で6年，雌で8年もかかり，飼育して次世代の表現型を調べることすら難しいうえに，その繁殖成功度を測ることも困難だ。そうした意味では本種は大変扱いにくい材料ではあるがそれを上回る利得がある。今回述べたようにネオテニー，温度依存の性分化，そして可塑的肉食形態(頭でっかち)というように，1種で数多くの表現型可塑性を示す大変貴重な材料であり，いわば表現型可塑性の宝庫である。たぶんその背景には異常に大きいゲノムサイズ(ヒトやカエルでは3〜5 pgだが，イモリでは38 pg，エゾサンショウウオでも16 pg)があり，さらにはその巨大なゲノムサイズが有尾類の再生力の強さと相関しているらしい。そう考えるとエゾサンショウウオへの期待が高まるばかりである。

引用文献

Badura, L. L. and Frieden, H. 1988. Sex reversal in female *Betta splendens* as a function of testosterone manipulation and social influence. J. Comp. Physiol., 102: 262-268.
Brian, M. V. 1980. Social control over sex and caste in bees, wasps and ants. Biol. Rev., 55: 379-415.

Collins, J. P. and Cheek, J. E. 1983. Effects of food and density on development of typical and cannibalistic salamander larvae in *Ambystoma tigrinum neburosum*. Am. Zool., 23: 77-84.

Dadson, S. I. 1989. The ecological role of chemical stimuli for the zooplankton: predator-induced morphology in *Daphnia*. Oecologia, 78: 361-367.

Dent, J. N. 1968. Survey of amphibian metamorphosis. In "Metamorphosis" (eds. Etkin, W. and Gilbert, L. I.), pp. 271-311. North-Holland Publ. Co., Amsterdam.

Gilbert, S. F. 2003. Developmental biology. 7th ed., Sinauer Associates, Sunderland, Massachusetts.

Hall, K. B. 1999. Evolutionary developmental biology. 2nd ed., Chapman & Hall, London.

Kanki, K. and Wakahara, M. 2001. The possible contribution of pituitary hormones to the heterochronic development of gonads and external morphology in overwintered larvae of *Hynobius retardatus*. Int. J. Dev. Biol., 45: 725-732.

Kingsolver, J. G. 1995. Viability selection on seasonal polyphenism traits: wing melanin pattern in western white butterflies. Evolution, 49: 932-941.

McCollum, S. A. and Van Buskirk, J. 1996. Costs and benefits of a predator-induced polyphenism in the gray treefrog *Hyla chrysoscelis*. Evolution, 50: 583-593.

Michimae, H. 2003. Evolution of an adaptive phenotypic plasticity in the salamander *Hynobius retardatus*. Doctoral thesis, Hokkaido University.

Michimae, H. and Wakahara, M. 2001. Factors which affect the occurrence of cannibalism and the broad-headed "cannibal" morph in larvae of the salamander *Hynobius retardatus*. Behav. Ecol. Sociobiol., 50:339-345.

Michimae, H. and Wakahara, M. 2002. A tadpole-induced polyphenism in the salamander *Hynobius retardatus*. Evolution, 56: 2029-2038.

Ohmura, H. and Wakahara, M. 1998. Transformation of skin from larval to adult types in normally metamorphosing and metamorphosis-arrested salamander, *Hynobius retardatus*. Differentiation, 63: 237-246.

Pfennig, D. W. 1990. The adaptive significance of an environmentally cued developmental switch in an anuran tadpole. Oecologia, 85: 101-107.

Sakata, N., Tamori, Y. and Wakahara, M. 2005. P450 aromatase expression in the temperature-sensitive sexual differentiation of salamander (*Hynobius retardatus*) gonads. Int. J. Dev. Biol., 49: 417-425.

Sakata, N., Miyazaki, K. and Wakahara, M 2006. Up-regulation of *P450arom* and down-reguration of *Dmrt-1* genes in the temperature-dependent sex reversal from genetic males to phenotypic females in a salamander. Dev. Genes, Evol., 216: 244-228.

Sasaki, M. 1924. On a Japanese salamander, in Lake Kuttarush, which propagates like the axolotl. J. Coll. Agr. Hokkaido Imp. Univ., 15: 1-36.

Satoh, S. J. and Wakahara, M. 1997. Hemoglobin transition from larval to adult types in a salamander (*Hynobius retardatus*) depends on activity of the pituitary gland, but not that of the thyroid gland. J. Exp. Zool., 278: 87-92.

Sprules, W. G. 1974. The adaptive significance of paedogenesis in North American species of *Ambystoma* (Amphibia: Caudata): a hypothesis. Can. J. Zool., 52: 393-400.

Wakahara, M. 1996. Heterochrony and neotenic salamanders: possible clues for understanding the animal development and evolution. Zool. Sci., 13: 765-776.

Whiteman, H. H. 1994. Evolution of facultative paedomorphosis in salamanders. Quart. Rev. Biol., 69: 205-221.

Yamaguchi, M., Tanaka, S. and Wakahara, M. 1996. Immunohisto- and immunocytochemical studies on the dynamics of TSH and GTH cells in normally metamorphosing, metamorphosed, and metamorphosis-arrested *Hynobius retardatus*. Gen. Comp. Endocrinol., 104: 273-283.

第21章 昆虫の適応行動の発現機構から学ぶナノとバイオの融合

北海道大学電子科学研究所/青沼仁志

はじめに

　昆虫の行動発現機構とナノテクノロジーは一見接点がみあたらないように思われがちであるが，私たちは，昆虫のような小さな体をした無脊椎動物の研究から生物学的な発見ばかりではなく，ナノテクノロジーの発展に役立つアイディアを数多くみつけられることに気がつく。特に昆虫の適応行動の発現機構の研究はナノテクノロジーとバイオロジーの発展には欠かすことのできないヒントを与えてくれる。

　私たちヒトも含めてすべての動物は状況に応じて適切に行動することでさまざまな環境の変化に適応している。状況に応じた適切な行動を発現するために体の各部位の協調的な運動制御を行なう器官が脳神経系である。では，どのような仕組みで脳神経系は環境の変化に応じた実時間での運動や行動の制御を行なっているのだろうか。動物は環世界のさまざまな情報を刺激として感覚器で受容し，その感覚情報は求心性の神経細胞を経て中枢神経系に伝えられ，そこで情報の処理・統合を経て運動系(効果器)に出力される。動物は，環世界を調査し認知するばかりではなく積極的に働きかけることで適応的な行動を発現している。すなわち，身体と脳と環境の相互作用により動物は適応的な行動を発現している。この能力を私たちは「移動知」と呼んでい

る．近年，移動知の発現メカニズム解明に向けた研究に関心が高まっている（高草木・淺間，2005）．

中枢神経系には多形回路のなかから実時間で適切な行動プログラムを抽出するような仕組みがあるに違いない．神経系は動物が変異と淘汰を繰り返しながら進化の過程で獲得してきた適応機構の１つである．したがって，この神経系の設計原理を理解することで動物が進化の過程で獲得した脳の情報処理機構を解明することができるに違いない．昆虫は，ヒトの脳に比べて10万分の１以下という少ない数の神経細胞しかもたないにもかかわらず，とてもバラエティに富んだ行動を示す．脊椎動物とは異なる進化をたどり独自の神経系を獲得した昆虫の神経機構を明らかにすることは「ナノとバイオの融合や実用化」に向けて不可欠な課題といえる．

21-1　昆虫の神経系

昆虫の体の大きさは小さなものでは僅か数mm，大きなものでも十数cm程度しかないにもかかわらず，非常に優れた感覚受容のメカニズム，感覚情報を処理・統合する中枢神経系のメカニズム，刻々と変化する環境に応じた適応的な行動発現にかかわる運動プログラムの抽出機構，一連の行動発現にかかわる協調的な運動制御のメカニズムなどを備えている．このようなさまざまな機能の基盤となる昆虫の神経系は僅か10^6個程度の神経細胞からできている．たとえば，夏から秋にかけてよく鳴き声を耳にするコオロギは，体長は３cm程度，体重が１g程度であり，その脳は重さが１mgほどしかない．一方，ヒトの脳はというと，1200gから1400g程度もある．ヒトをはじめとした哺乳類の脳はおよそ10^{12}個もの神経細胞からなり，「巨大脳」と呼ばれているのに対して，昆虫など無脊椎動物の脳はサイズも小さく，構成している神経細胞数も少ないことから「微小脳」とも呼ばれている．

昆虫の神経系は，梯子状神経系で無脊椎動物のなかでは最も複雑化した集中神経系である．昆虫の頭部にある脳神経節が一般に脳と呼ばれ，前大脳，中大脳，後大脳の３つの領域に分けられる．それぞれの領域にはニューロパイルと呼ばれる内部構造があり機能的な役割をもちながら互いに連絡してい

る。前大脳には，キノコ体，中心体，前大脳側葉，副側葉などのニューロパイルがある。また，複眼からの視覚情報処理にかかわる視葉も前大脳に含まれる。中大脳の領域には触角葉と背側葉がある。嗅覚，味覚などの化学受容器，機械感覚，温度感覚，湿度感覚などの受容器が配置された触角からの感覚情報の信号は，触角神経により中大脳のニューロパイルに運ばれる。特に，触角葉には触角神経の終末と触角葉ニューロンの突起により構成された糸球体が存在する。触角葉の糸球体構造は哺乳類の嗅球にある糸球体と非常によく似ているため，昆虫の化学情報処理機構は脊椎動物の匂い情報処理の研究のモデル系として用いられている。匂いの情報は一次中枢である触角葉で処理された後，投射ニューロンによりさらに上位の中枢であるキノコ体や側葉へと運ばれる。つまり，前大脳はより高次の中枢として機能し，中大脳，後大脳とそれに続く食道下神経節や胸部神経節そして腹部神経節などを支配している。

　昆虫は，このような神経系を駆使してさまざまな適応行動を発現する。昆虫の行動は反射行動や一連の定型行動ばかりではなく，食物や交尾相手の探索行動，食物や交尾相手，縄張りなどを確保するための闘争行動などもよく知られている。そして時には学習や記憶といった高次脳機能にかかわる行動もさまざまな昆虫で報告されている。また，ミツバチやアリの仲間のように女王を頂点としたカーストを形成し，超個体と呼ばれるような社会を形成する昆虫もよく知られている。このような社会性昆虫をはじめ単独生活をする昆虫でも，多くの種でフェロモンのような化学物質，振動，音など種独自の手段で相互にコミュニケーションを行なう。動物の学習・記憶・知能をはじめ，動機づけによる行動の修飾，階層的ルールに基づく行動選択や決定など，高次行動制御の神経生理学的機序を解明するためには，昆虫のような個々の神経細胞や神経回路網が同定可能な神経系をもち，行動の発現や切り替え機構の分子レベルから細胞レベル，そして個体レベルでの研究が可能で，飼育や取り扱いの容易な動物を実験動物として採用することがとても有効である。昆虫の神経回路網の形成・可塑性のメカニズムを解明し，行動プログラムの実時間選択の神経機構を明らかにすることで，動物がいかにして環境の変化に対して適応的な行動を発現するのかが理解できるであろう。従来の行動観

察や細胞レベルでの生理学的な解析に加え，構成論的なアプローチにより，神経系の設計原理を解明することがバイオロジーとナノテクノロジーの融合と発展を支える基盤として必要である．

21-2 昆虫の感覚系

昆虫の体の構造，昆虫が外界から受容する感覚器の形態や機能，一連の行動発現にかかわる運動制御の仕組みなどには，ナノテクノロジーにより発達した技術でさえも及ばない多くの素材(デザイン)がぎっしりと詰まっているといっても過言ではない．たとえば，センサーについて考えてみると，昆虫は匂いや味といった化学センサーや体に伝わる振動や接触による体の歪みなどの機械感覚センサー，温度や湿度センサーなど多くのセンサーをもっている．また，いくつかのセンサーを組み合せることで非常に高感度な能力を発揮することも知られている．たとえば，カイコの雄は非常に僅かな量の性フェロモンに応答し雌の居場所を突き止めることができる．カイコの触角にあるフェロモン受容細胞は，1分子のフェロモン物質に対して1発のスパイクをだすほどの感度といわれている(Minor and Kaissing, 2003)．また，雄のカイコは1秒間に200分子のフェロモン物質を受容すると雌の探索行動を始めることが知られている．最近，カイコの性フェロモンの受容体は，性フェロモンの受容体と匂い受容体の組み合せで感度を100倍以上高めていることがわかってきた(Nakagawa et al., 2005)．近年，細胞内の1分子の動作を捉える技術開発に力が注がれているが，生物の感覚受容器は既に1分子の動きを捉えることに成功している．化学感覚器ばかりではなく，機械感覚器についても非常に高感度なものが知られている．たとえば，コオロギの腹部の末端には尾葉と呼ばれる1対の付属肢がある．尾葉には気流感覚毛と呼ばれる太さ1〜10 μm，長さ30〜1500 μm の細長い感覚毛が数百本，放射状に突き出し気流刺激を受容している．気流感覚毛の根元には感覚細胞があり，感覚毛が気流により倒れると，その基部が感覚細胞の先端を機械的に歪ませ，感覚細胞はこの機械的な歪みを膜電位に変換し神経パルスを発射する．この時のエネルギー閾値が常温の $k_B T (4\times10^{-21}$J$)$ に近いことから，気流感覚細胞はブラ

ウン運動レベルのエネルギー感度をもっていることが示された(Shimozawa et al., 2003)。すなわち，昆虫の機械感覚系は，ブラウン運動レベルのきわめて微弱な信号さえ検出することができるのである。ナノテクノロジーの発展はめざましいものがあるとはいえ，ブラウン運動レベルの感度をもった検出器を開発することは容易ではないだろう。また，感覚器と効果器のマニピュレーションについても昆虫は巧みにこなしている。たとえばジガバチを例に取ってみよう。ゴキブリを捕らえて巣に運び，卵を産み付けるジガバチ *Ampulex compressa* がいる。ジガバチは，宿主となるゴキブリをみつけると攻撃を仕掛けゴキブリの頭部にある脳神経節の特定の領域に神経毒のカクテルを注入する。毒を注入されたゴキブリは，逃避行動の発現機構を阻害されるが，それ以外は機能する状態で生きたままジガバチの巣穴に連れて行かれ，卵を産み付けられる。Libersat(2003)によると，ジガバチはゴキブリ頭部のクチクラを貫いて針を刺し，さらに，前大脳の150 μm ほどの大きさのニューロパイルである中心体に正確に毒を注入しているのである。毒を注入されたゴキブリが，特定の行動発現を阻害され，飼い犬の散歩のように巣穴に連れて行かれる行動発現も非常に興味深いが，ジガバチに目を向けると，その針を刺す行動の巧みさに驚かされる。不透明なクチクラを貫き目視できないにもかかわらずジガバチは中心体の位置を正確に捉えることができるのである(Rosenberg et al., 2006)。ナノテクノロジーの発展にともないナノレベルの操作が可能になったとはいえ，目視して操作しなければ私たちは何も操作することができない。ところが，昆虫は視認できなくても非常に細かい操作をやってのけてしまう。ジガバチの針の先端には非常に小さな穴状の形態をした感覚受容器がみつかっている。おそらく，機械的な刺激や化学的な刺激などを頼りに正確に針を目的の領域に刺入しているに違いない。このように，昆虫の感覚系だけとってみても私たちが学ぶべき点がまだまだたくさん残されている。

21-3 昆虫の社会的経験にともなう行動の変容

昆虫のフェロモン行動は，刺激となるフェロモン物質が特定できること，

解発される行動が明瞭であることから古くから行動発現のメカニズムを探る研究対象として扱われてきた．フェロモンは生体内でつくられ，種特異的に働いて特定の行動や生理現象を引き起こす化学物質である．カイコガの雌が放出する性フェロモンに応答する雄の行動がその一例といえる．カイコガのフェロモン物質は既に同定されており，ボンビコールとボンビカールと呼ばれるアルコールの一種である．雄のカイコガでは神経細胞の生理応答と形態学的な特徴から，これらフェロモン物質により解発される行動とその基盤となる神経回路の同定が進んでいる．フェロモン行動は一般的に〝Hard-wired〟と呼ばれ，特定のフェロモン刺激に対して常に同じ行動が解発されると考えられてきた．ところが近年，他個体との相互作用，すなわち社会的経験によりフェロモン行動がかなり修飾を受けることがわかってきた．コオロギでみられるフェロモン行動は社会的経験による修飾を受ける行動の一例といえる．

　秋の夜長によく耳にするコオロギの鳴き声は，雄が交尾相手となる雌を呼び寄せるために奏でる誘引歌 calling song である．雌は雄の奏でる calling song を聴く（検知する）と calling song の音源に向かって歩き始める（音源定位）．雄コオロギは，近寄ってきた雌の体表を触角で触り雌の体表物質を受容すると誘因歌から求愛歌 courtship song へと発現行動を切り替える．雌が雄の求愛を受け入れると，雄は雌の下に潜り込むようにして精子がはいった精包を雌に渡し交尾行動が終決する．このように，一連の行動が解発されるのには体表物質の受容が不可欠である．そこで，このような一連の行動の解発にかかわる体表物質を体表フェロモンと呼んでいる．

　ところで，雄が別の雄個体に遭遇するとかなりの確率で喧嘩（図 21-1）を始める．コオロギの喧嘩行動は古くから知られており，中国では 1000 年以上も前から闘蟋と呼ばれる賭け事の対象にもなっている．このコオロギの喧嘩行動もやはり相手の体表物質を受容すると解発される一連の行動である．すなわち，雄コオロギは他の雄個体に遭遇すると，お互いに触角を激しく打ち振るわせながら脚を踏ん張り前傾姿勢をとる．これはアンテナフェンシングと呼ばれる威嚇行動で，威嚇に対してどちらの個体も退かなければ闘争性は増し，大顎を開き相手に突進して更には相手の体に嚙みつき喧嘩行動へと発

図 21-1 雄コオロギの喧嘩行動。お互い退かなければ，アンテナフェンシングによる威嚇行動から噛みつき合いの喧嘩行動へと発展する。

展する。喧嘩行動では，どちらか一方の個体が引くことで決着がつき喧嘩行動は終決する。その後，喧嘩での勝者である雄コオロギは闘争歌 aggressive song を奏でながら喧嘩に負けた個体を追い払う。喧嘩行動は数秒から数十秒で決着が着いてしまう短い行動であるが，雄同士は相手の体表物質を受容することでこれらの一連の行動が解発されることから，やはり雄の喧嘩行動もフェロモン行動の1つと捉えることができる。

コオロギ外骨格のクチクラ表面は炭化水素で覆われていることから，コオロギの体表物質の主成分は炭化水素だと考えられている。コオロギは，このような体表物質を検出して雌雄や相手個体の状態などを識別している (Nagamoto et al., 2005；図 21-2)。

喧嘩行動の勝者となったコオロギは，再び雄のコオロギに遭遇するとやはり闘争行動を解発する。すなわち，雄体表物質に対しては常に闘争行動で応答する。ところが，喧嘩行動でいったん負けた雄が再び雄個体に遭遇すると，闘争行動ではなく回避行動を解発するようになる。つまり，一連の喧嘩行動により2匹の雄コオロギの間には優劣の順位が形成され，その順位は数十分間維持される。ここで注目すべき点は，喧嘩を経験する前の雄コオロギは他の雄の体表フェロモンに対して闘争行動で応答するが，闘争行動が喧嘩に発展し，その結果負けて敗者となったコオロギは雄コオロギの体表物質に対し

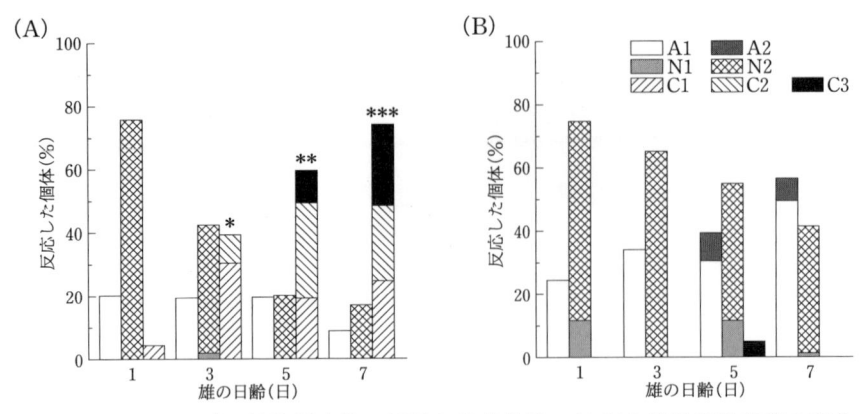

図21-2 雄コオロギの最終脱皮後の日齢と体表物質に対する行動発現応答の変化 (Nagamoto et al., 2005)。雄の求愛行動や威嚇行動パターンの切り替えは，雄の最終脱皮後からの日齢にもかかわり，日齢が経つにつれて雌または雄の体表物質に対する応答が変化する。A：雌体表物質に対する応答。B：雄体表物質に対する応答。A1-A2：闘争行動，N1-N2：応答なしまたは回避行動，C1-C2：求愛行動。

て回避行動で応答するようになる点である（佐倉，未発表）。すなわち，喧嘩に負けたという社会的な経験によりフェロモン刺激に対する応答としての行動が変容したことになる。このような，喧嘩や生殖行動などの社会的経験により変容するフェロモン行動は他の昆虫でもみられ，ショウジョウバエでは交尾経験によりフェロモン行動が変容することが知られている。このようなフェロモン行動は，「状況に応じて適切に行動を切り替える神経機構」を理解する上で有効な実験モデル系となり，脳の多形回路から特定の行動プログラムを抽出する神経機構の解明につながる。また，フェロモンは化学物質を用いた昆虫のコミュニケーションツールと捉えることができる。したがって，フェロモン行動の解発機構の解明により，いかに動物が他者を識別し認知するのかを理解する手がかりを与えてくれるに違いない。

21-4　昆虫の脳におけるフェロモン情報処理とNOシグナル

　昆虫の触角は機械刺激感覚や化学刺激感覚を受容する器官である。コオロギは触角で体表フェロモンを受容する。そのフェロモン情報は，神経パルス

の信号として触角神経を通り一次中枢である触角葉(図21-3)に送られ，さらに高次中枢であるキノコ体や前大脳側葉などで処理された後，運動プログラムの抽出や選択が行なわれて一連の行動が解発される。昆虫の触角葉では，これまでに組織化学的な研究から一酸化窒素(NO)が化学感覚情報処理に重要な役割を担うことが示唆されている。

　一般的に NO は生体にとって有害な物質とされているが，内在性の NO は NO 合成酵素(NOS)の働きで合成される拡散性の生理活性物質で細胞間の情報伝達分子として機能することが明らかになった。哺乳類では，NOS のアイソフォームは3種類に分類され nNOS(アイソフォームⅠ)，iNOS(アイソフォームⅡ)，eNOS(アイソフォームⅢ)が知られている。神経系で働く NOS は，細胞内 Ca^{2+} 濃度に依存して活性が制御されていると考えられている。すなわち，NOS 含有細胞が興奮性の入力を受け細胞内に Ca^{2+} が流入すると NOS が活性化し，L-アルギニンと酸素からシトルリンがつくられる過程で NO が合成される(図21-4)。脊椎動物では，グルタミン酸により NMDA 型

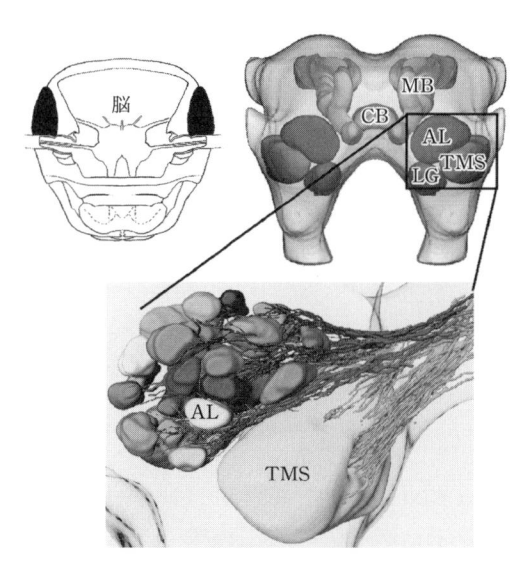

図21-3　コオロギの脳の3次元再構築。MB: mushroom body(キノコ体)，AL: antennal lobe(触角葉)，CB: central body(中心体)，TMS: terminal of mechano sensories(機械感覚神経終末)，LG: lobus glomerulatus

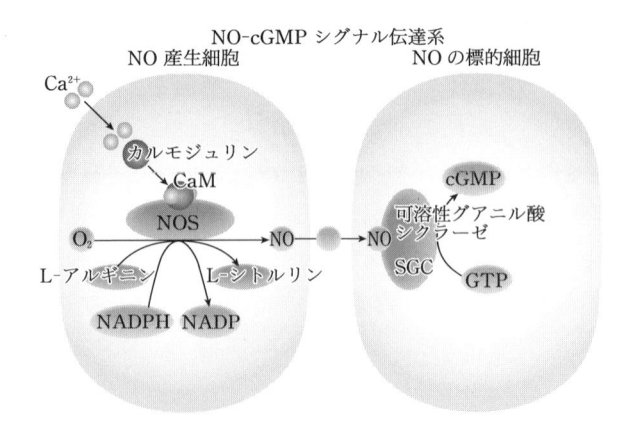

図 21-4 NO の産生細胞と標的細胞における cGMP の合成。NO 産生細胞に Ca^{2+} が流入しカルモジュリンと共に NOS を活性化しアルギニンからシトルリンを合成する過程で NO を産生する。拡散した NO は標的細胞の SGC を活性化して細胞内の cGMP のレベルを上げる。

受容体が開き細胞内 Ca^{2+} 濃度が上昇することでアイソフォーム I が活性化すると考えられている。昆虫の神経系では，NOS は Ca^{2+} 依存性であると考えられているが NMDA 型受容体が関与しているかは未だ不明である。

　神経細胞で合成された NO はフリーラジカルとして存在し，化学的な活性に富み生体内での寿命は数秒から十数秒程度だと考えられている。また，NO は拡散性の情報伝達分子であり，神経組織内をおよそ 100-200 μm/sec の速さで細胞膜を通過し三次元的に拡散する(Philippides et al., 2000)。NO 産生細胞の周囲にある細胞はほとんどすべて NO に曝されることになるが，実際には可溶性グアニル酸シクラーゼ(sGC)をもつ細胞だけが標的細胞となり得る。可溶性グアニル酸シクラーゼは，NO の標的となる受容タンパク質で α 鎖と β 鎖からなるヘテロダイマーの酵素である。また，可溶性グアニル酸シクラーゼはヘムを含み NO が到達するとヘムが酸化され酵素が活性化する。すると今度は，可溶性グアニル酸シクラーゼが細胞内で GTP から cGMP の合成を始める(Moncada et al., 1991；East and Garthwaite, 1991；Bredt and Snyder, 1992)。cGMP はセカンドメッセンジャーとして働き，細胞内 Ca^{2+} 濃度を調節して細胞の生理状態を変化させ神経伝達物質の放出量を制御するように働く。このような性質から NO は逆行性の伝達物質としても

働き，脊椎動物では学習や記憶の基盤となる神経の可塑性の成立に関与するとも考えられている(Zorumski and Izumi, 1993)。

　昆虫をはじめとした節足動物の神経系では，NO はどのような生理学的な作用をもつのだろうか。節足動物で最初に NO の神経修飾効果が報告されたのはザリガニの神経系で，神経筋接合部において NO が抑制性修飾物質としてシナプス抑圧の形成に関与することが示された(Aonuma et al., 2000)。甲殻類や昆虫類など節足動物の神経筋接合部は，神経伝達物質にグルタミン酸を用いていることから，脊椎動物の中枢神経系におけるシナプス伝達機構を研究するのモデル系としてしばしば使われている。また，ザリガニの中枢神経系でも NO の修飾作用についてよく調べられており，多くの場合 NO が抑制性修飾物質であると考えられている(Aonuma and Newland, 2001, 2002)。

　昆虫の脳では，おもに触角葉やキノコ体など化学感覚の情報処理にかかわる領域で NO 産生細胞や標的細胞がみつかっている(Ott and Elphick, 2002)。昆虫の NOS は 130 kDa 程度のタンパク質(Imamura et al., 2002)であり，NOS 含有細胞の局在は，免疫組織化学染色法や NADPH-diaphorase 組織化学染色法などで確かめられている。NADPH-diaphorase 組織化学染色法によりコオロギの脳における NOS 含有細胞を標識すると，特に触角葉やキノコ体で強い染色シグナルが検出される(青沼，2005a；図 21-5)。また，触角葉で

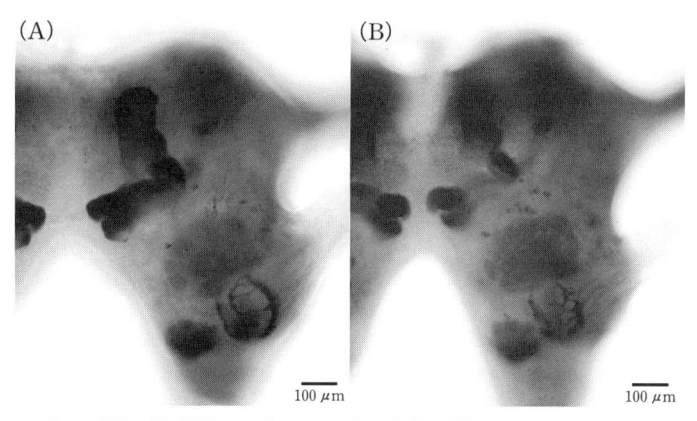

図 21-5　コオロギ脳の触角葉における NO 産生細胞の同定。NADPH-diaphorase 組織化学染色陽性細胞。

は局所介在神経や，触角の機械感覚神経の終末で特に強いシグナルが検出される。キノコ体ではケニオン細胞の内，細胞体の大きなタイプで強いシグナルが検出される。

　昆虫の神経系でもNOは可溶性グアニル酸シクラーゼを活性化してcGMPの合成を行なう。コオロギの可溶性グアニル酸シクラーゼもやはりαサブユニット（NCBI, AB207897）とβサブユニット（NCBI, AB207898）をもつことが示されている。つまり，NOによりcGMP量を増加させる細胞があれば，その細胞はNOの標的細胞の候補といえる。コオロギの脳を使い，NO供与剤で脳を刺激し速やかに固定した後cGMP抗体を用いて免疫組織化学染色を行なうと中大脳では触角葉，前大脳ではキノコ体や中心体，前大脳側葉などの領域でNO誘導型cGMP免疫陽性のシグナルが検出される。また，NO供与剤で脳を刺激した時の脳内cGMPレベルを計測すると，脳内のcGMPレベルはNO供与剤濃度に依存して上昇する（青沼，2005a；図21-6）。

　コオロギの触角葉の表面に拡散したNOの濃度をNO電極法でリアルタイムに計測すると，常にある程度のNOが放出されていることが観察できる。また，触角を体表物質で刺激するとNO濃度が上昇することなどが調べられている（北村・青沼，未発表）。同様の結果は，軟体動物のナメクジの匂

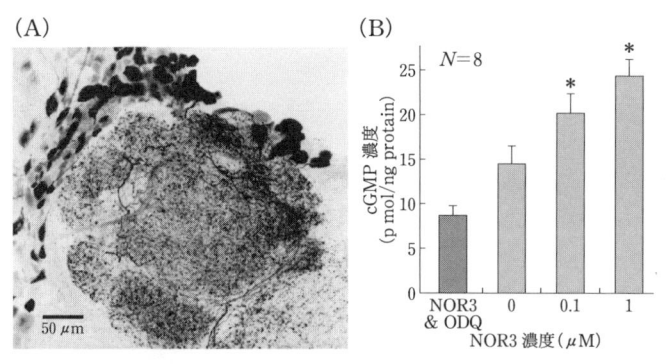

図21-6　コオロギ脳のNO/cGMPシグナル。A：触角葉におけるNOの標的細胞。NO誘導型cGMP免疫組織化学染色。B：コオロギの脳内cGMP濃度。ELISA法を用いて脳内のcGMP濃度を計測すると，NO供与剤（NOR3）の濃度に依存して脳内のcGMPレベルが上昇した。

い情報処理にかかわる中枢でもみられ，触角神経の電気刺激により数nMオーダーの変化が計測され(Fujie et al., 2002)，NOが化学感覚中枢における神経活動のオシレーション調節に関与することが示唆されている(Gelperin, 1994)．コオロギの脳におけるNOシグナルの機能的な役割については，まだ不明な点が数多く残されているが，少なくとも，NOは脳内のある特定の領域で常に一定量産生され，フェロモン刺激や接触刺激，匂い刺激など特定の入力があった時に，NO濃度が変化し標的細胞のcGMPレベルを調節することで特定の生理作用を引き起こすことが示唆された．また，昆虫の触角葉やキノコ体は，学習や記憶の中枢だとも考えられており，学習や記憶の形成過程でもNOシグナルの重要性が示唆されている．実際，昆虫や軟体動物など多くの動物でNOシグナルが長期記憶の形成に関与することが示されている(Müller, 1997；Matsumoto et al., 2006)．NOによる神経系の修飾作用という観点から考えると，感覚情報の入力により放出されるNOのタイミングと放出量が学習や記憶の基盤となる神経可塑性に重要なのだろう．

　触角葉が嗅覚情報処理研究のモデル実験系として扱われているのは触角葉の糸球体が構造的にも機能的にもほ乳類の嗅覚中枢と似ているからであり，タバコスズメガやカイコガなどのフェロモン受容についての研究が数多く行なわれている．近年，性フェロモン情報処理にNO/cGMPカスケードが関与することがわかってきた．タバコスズメガでは，DAF 2と呼ばれるNO感受性色素を用いて触角葉におけるNOの放出が計測されている(Collmann et al., 2004)．タバコスズメガやカイコガの雄の触角葉には，大糸球体と呼ばれる性フェロモン情報処理の一次中枢がある．この大糸球体から前大脳のキノコ体や側葉に信号を伝える投射ニューロンは，NO誘導性のcGMP免疫組織化学により強い陽性シグナルを示す(図21-7)．すなわち，匂い情報やフェロモン情報処理の脳内メカニズムにはNO/cGMPカスケードが重要な機能的役割を担っていることが示唆された(Seki et al., 2005)．

　コオロギの闘争行動を解発する体表フェロモンの情報処理はどのように行なわれているのだろうか．実はほとんど解明されていない．コオロギの中大脳にある触角葉とカイコの触角葉を比べると，1つの大きな違いに気がつく．カイコの触角葉には図21-7にみられるような大きな構造の大糸球体がある．

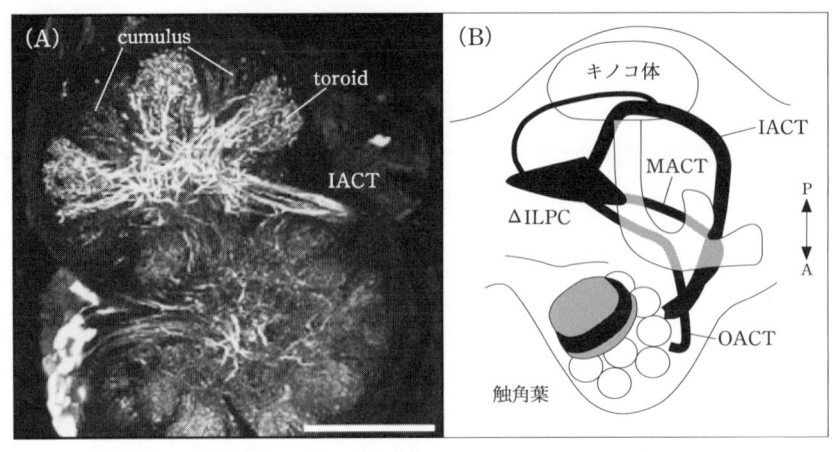

図 21-7　カイコガの触角葉糸球体にみられる NO 誘導性 cGMP 含有細胞（Seki et al., 2004 を改変）。A：NO 誘導性 cGMP 抗体染色，B：投射ニューロンの脳内走行経路

　カイコやゴキブリなどの触角葉にはフェロモン情報処理の一次中枢としての大糸球体があるが，コオロギの触角葉には大糸球体はみつかっておらず，触角葉のどの領域で体表フェロモンの情報が最初に処理されているのか未だ明らかにはなっていない。コオロギの脳内におけるフェロモン情報処理機構を明らかにする１つの糸口になるのが NO/cGMP シグナル系と考えられる。コオロギの触角葉でも NO/cGMP シグナル系が機能的な役割を担うことが組織化学的な研究から明らかになり，体表フェロモンを含んだ刺激で実際に NO が合成されることが示されている。さらに，電気生理学的な方法で触角葉における NO の修飾効果を調査すると，触角葉の特定の領域で NO の修飾効果が現われることも明らかになっている（図 21-8）。また，NO の修飾を受ける触角葉の領域は，雄コオロギの体表物質に特異的に応答する領域であることも示される（青沼，2005 b）などコオロギの体表フェロモン情報の処理機構が明らかにされつつある。

21-5　社会的経験の記憶と NO/cGMP シグナル

　「社会的経験」についてまず述べておこう。生物学的な「社会性」の定義

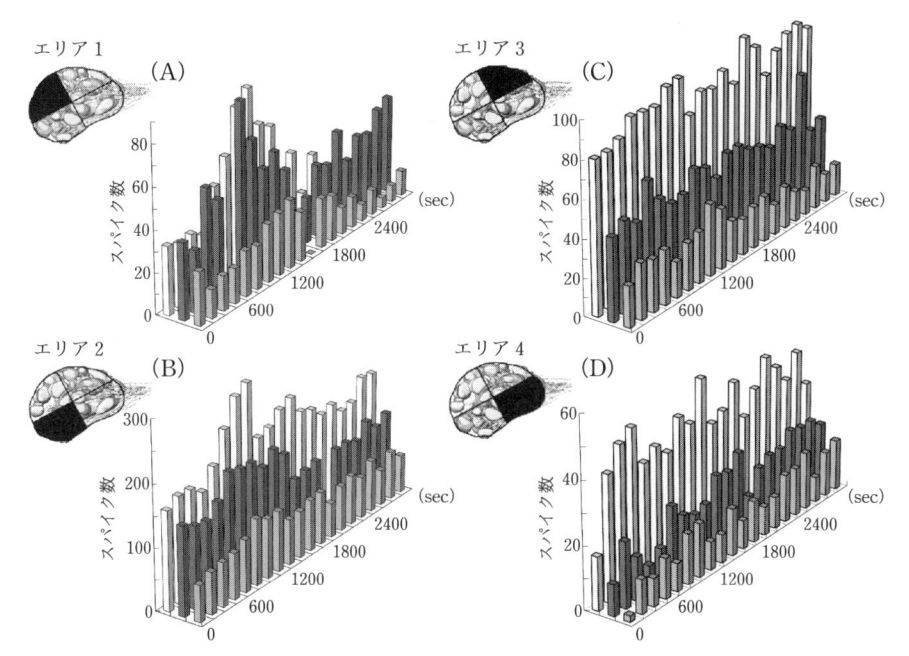

図21-8 コオロギの脳の触角葉におけるNOの修飾効果。NOは，自発性インパルスの発射頻度を増加させた。A：NO供与剤(NOR3)の効果，B：除去剤(PTIO)の効果，C：細胞膜透過型cGMP(8-Br-cGMP)の効果，D：sGC阻害剤(ODQ)の効果

からすれば，コオロギのような単独生活をする昆虫は社会性をもたないといわれる。つまり，カーストを形成しないし，栄養交換なども行なわないからである。ここで扱う「社会的」とは，社会性昆虫でみられるようなカースト制などではなく，他個体を認知し，また他個体との相互作用により適応的に行動が切り替わるメカニズムとする。すなわち，社会的経験とは，このような他者(他個体)との相互作用を示す。ヒトの社会においても社会的経験がいかに記憶されるのか，また，その記憶でいかに行動が変容するのかについての研究はさまざまな分野で進められている。

　学習や記憶の能力は，ミツバチやアリなどの社会性昆虫をはじめ多くの昆虫やさまざまな無脊椎動物でみられる。コオロギでもオペラント学習をする能力をもつことが既に確かめられている。たとえば，コオロギの連合学習実験の1つに，水を報酬として匂いとの関係を覚えさせる例がある。連合学

の記憶は長期記憶として数週間維持されることも示されている。この連合学習において短期記憶から長期記憶に移行する過程で一酸化窒素(NO)シグナルが関与している(Matsumoto et al., 2006)。昆虫の記憶の成立過程でNO/cGMPカスケードが機能することはミツバチでも示されており(Müller, 1997)，NOが神経可塑性に関与する行動学的な証拠となっている。

　では，社会的経験の記憶についてはどうだろうか。コオロギの喧嘩行動は，階層的な行動パターンの解発により起こる。激しく突進し嚙み付き合う喧嘩にまで発展しなくとも，喧嘩で一度負けた経験をすると，コオロギはその後しばらくの間は他個体の雄に対して威嚇行動を示さず回避するようになる。この闘争行動から回避行動への行動の変容は，最初の喧嘩から数十分持続する。また，喧嘩に負けた後，相手に繰り返し威嚇され続けると10時間以上も勝者のコオロギに対して回避行動を示すようになる。これは，記憶の強化ともいえ喧嘩に負けた経験が，中期的な記憶として保持されることを示す(Aonuma et al., 2004)。

　コオロギの喧嘩行動の実験から，社会的経験の記憶と行動変容の神経機構にはNOシグナルが重要な役割を担うことがわかってきた(青沼，2005 a, b；Aonuma et al., 2004)。行動学実験により，脳内のNO/cGMPカスケードを薬理学的に阻害し行動評価した実験を紹介する。2匹の雄コオロギを行動観察用アリーナに移すとすぐに喧嘩を始める。そこで，最初の試行(喧嘩)を始める前に，あらかじめNOS阻害剤のL-NAMEを頭部に注入する。2匹の雄コオロギが落ち着いたところで同時にアリーナにいれると両者は無処理の時と同様にすぐに喧嘩を始める。喧嘩の決着がついたところで一端両者を隔離し，その後再びアリーナに移す。最初の喧嘩で敗者となった雄がどのような振る舞いをするのか観察すると，再び闘争行動を発現する個体が多く出現するようになる(図21-9)。ところが，NOS阻害剤のL-NAMEと共にNO供与剤NOR 3を頭部注射し補完実験を行なうと，1回目の敗者はほとんどが回避行動を示す。すなわち，脳内のNO合成が喧嘩経験による行動変容に重要なことがわかる。さらに，NOの標的タンパク質である可溶性グアニル酸シクラーゼの阻害剤ODQを頭部注射して実験を行なうと，L-NAMEと類似した結果が得られた。このような薬理学的な行動学実験からNO/

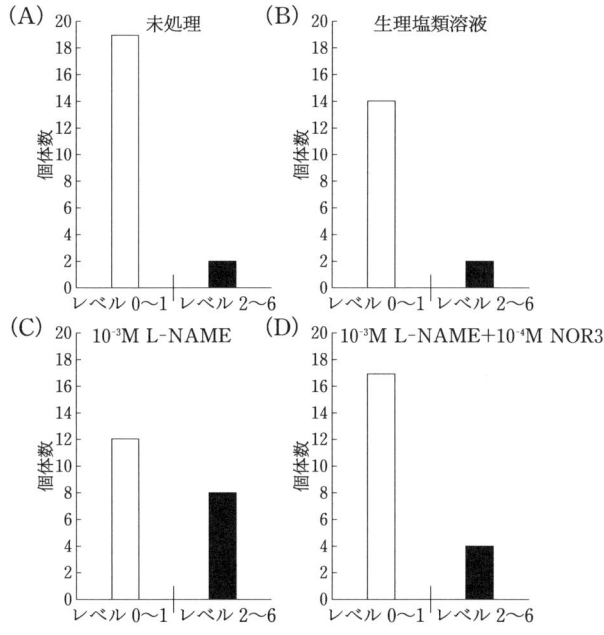

図 21-9 喧嘩行動の発現と NO 産生(Aonuma et al., 2004)。A：頭部に何も注入していないコオロギの応答，B：生理塩類溶液を注入した時の応答，C：NOS 阻害剤 L-NAME を注入した時の応答，D：L-NAME と NOR3 を注入した時の応答

cGMP シグナルが，定型的といわれていたフェロモン行動の変容，そして社会的経験の記憶形成に深く関与することが示された。敗者の雄コオロギにとって，負けた経験はある種の嫌悪的な記憶となる。したがって，NO は短期的な嫌悪学習や記憶の形成にも関与することが示唆される。

ところで，さまざまな行動発現や行動の修飾の神経機構には生体アミンが機能的な役割を担うことが知られている。特に，コオロギの闘争行動にはオクトパミンが関与することが示されている(Stevenson et al., 2000)。では，NO による行動発現の調節と生体アミンによる行動発現の調節は独立して進行するのだろうか。実はこれまでに議論されてきたことはほとんどなかった。コオロギの喧嘩行動の発現機構や行動の変容にかかわる研究から神経系における NO の役割と生体アミンの役割が少しずつ明らかにされ始めた。最近の研究では，薬理学実験により脳内の NO 濃度を操作することで，脳内の生

体アミンレベルが変化することがわかってきた(村上・長尾・青沼,未発表)。特にオクトパミンの脳内レベルはNOR3により減衰し，L-NAMEにより増加する。似た結果は別の昆虫でも示されている。カイコのフェロモン行動の発現機構にセロトニンが関与すること，NOにより脳内セロトニンレベルが変化することが示されている(Gatellier・青沼・神崎,未発表)。このように，NO/cGMPカスケードが生体アミン系を調整していることが少しずつ明らかにされてきているが，今後，より詳細な研究が必要である。

NO/cGMPカスケードは，フェロモンや匂いなどの化学情報処理にかかわるばかりではなく学習や記憶そして社会的な経験の記憶や行動切り替えなど，高次脳機能において重要な役割を担っていることがわかる。NOは，拡散性があり放出部位だけではなく空間的に離れた場所の細胞活動をも制御することが可能であることから，神経伝達の修飾や神経の可塑性に関与しネットワークの特性をダイナミックに変えることが可能な物質といえる。この性質によりNOは神経ネットワークのなかで状況に適したプログラムを多形回路のなかから抽出するように機能するのではないだろうか。

おわりに

環世界における適応行動の発現メカニズムの研究は生物学の分野ばかりではなく，工学系の分野でもさかんになってきている。昆虫は分子や細胞レベルから行動レベルに至るまでの研究が可能なモデル動物である。脊椎動物では不可能な大胆な実験も昆虫では可能なこともある。神経行動学と呼ばれる研究分野とロボット工学やシステム工学の分野が融合しつつある。新しい知識や解析方法は複数の異分野が融合することでみつかることがある。動物がどのように環世界を調査し，認知するのか，そして，状況に応じた行動プログラムを抽出し発現するのかを理解することで，進化によって動物が獲得した脳の設計原理を理解することができる。脳の設計原理を理解することは新しい情報処理概念の構築への道を開くに違いない。ナノとバイオの融合，そしてそれが新しい研究領域として発展するためには進化の過程で自然がつくりあげてきた神経系の設計原理を学び理解する必要がある。

引 用 文 献

青沼仁志．2005a．昆虫に見る行動の動的選択機構．「特集」能動的な移動機能がもたらす創発的知能　計測と制御，44(9)：621-627.
青沼仁志．2005b．昆虫の行動決定にかかわる神経機構．「特集」ロボティクスのための生命理解―行動と運動生理から．日本ロボット学会誌，23(1)：6-10.
Aonuma, H. and Newland, P.L. 2001. Opposing actions of nitric oxide on synaptic inputs of identified interneurones in the central nervous system of the crayfish. J. Exp. Biol., 204: 1319-1332.
Aonuma, H. and Newland, P.L. 2002. Synaptic inputs onto spiking local interneurons in crayfish are depressed by nitric oxide. J. Neurobiol., 52: 144-155.
Aonuma, H., Nagayama, T. and Takahata, M. 2000. Modulatory effects of nitric oxide on synaptic depression in the crayfish neuromuscular system. J. Exp. Biol., 203: 3595-3602.
Aonuma, H., Iwasaki, M. and Niwa, K. 2004. Role of NO signaling in switching mechanisms in the nervous system of insect. Proc. SICE Ann. Conf: 2477-2482, CD-ROM.
Bredt, D.S. and Snyder, S.H. 1992. Nitric oxide, a novel neuronal messenger. Neuron, 8: 3-11.
Collmann, C., Carlsson, M.A., Hansson, B.S. and Nighorn A. 2004. Odorant-Evoked Nitric oxide signals in the antennal lobe of *Manduca sexta*. J. Neurosci., 24(27): 6070-6077.
East, S.J. and Garthwaite, J. 1991. NMDA receptor activation in rat hippocampus induces cyclic GMP formation through the L-arginine-nitric oxide pathway. Neurosci. Lett., 123: 17-19.
Fujie, S., Aonuma, H., Ito, I., Gelperin, A. and Ito, E. 2002. The nitric oxide / cyclic GMP pathway in the olfactory processing system of the terrestrial slug *Limax marginatus*. Zool. Sci., 19: 15-26.
Gelperin, A. 1994. Nitric oxide mediates network oscillations of olfactory interneurons in a terrestrial mollusc. Nature, 369: 61-63.
Imamura, M. Yang, J. and Yamakawa, M. 2002. cDNA cloning, characterization and gene expression of nitric oxide synthase from the silkworm, *Bombyx mori*: Insect Mol. Biol., 11(3): 257-265.
Libersat, F. 2003. Wasp uses venom cocktail to manipulate the behavior of its cockroach prey. J. Comp. Physiol. A, 189: 497-508.
Matsumoto, Y., Unoki, S., Aonuma, H. and Mizunami, M. 2006. Critical role of nitric oxide-cGMP cascade in the formation of cAMP-dependent long-term memory. Learn Mem., 13: 35-44.
Minor, A.V. and Kaissing, K.-E. 2003. Cell responses to single pheromone molecules may reflect the activation kinetics of olfactory receptor molecules. J. Comp. Physiol. A, 189: 221-230.
Moncada, S., Palmer, R.M. and Higgs, E.A. 1991. Nitric oxide: physiology, phatho-

physiology, and pharmacology. Pharmacol. Rev., 43: 109-142.
Müller, U. 1997. The nitric oxide system in insects. Prog. Neurobiol., 51: 363-381.
Nagamoto, J., Aonuma, H. and Hisada, M. 2005 Discrimination of conspecific individuals via cuticular pheromones by males of the cricket *Gryllus bimaculatus*. Zool. Sci., 22: 1079-1088.
Nakagawa, T., Sakurai, T., Nishioka, T. and Touhara, K. 2005. Insect sex-pheromone signals mediated by specific combinations of olfactory receptors. Science, 307: 1638-1642.
Ott, S.R. and Elphick, M.R. 2002. Nitric oxide synthase histochemistry in insect nervous systems: Methanol/formalin fixation reveals the neuroarchitecture of formaldehyde-sensitive NADPH diaphorase in the cockroach *Periplaneta americana*. J. Comp. Neurol., 448: 165-185.
Philippides, A., Husbands, P. and O'Shea, M. 2000. Four-dimensional neuronal signaling by nitric oxide: a computational analysis. J. Neurosci., 20: 1199-1207.
Rosenberg, L.A., Pfluger, H.J., Wegener, G. and Libersat, F. 2006. Wasp venom injected into the prey's brain modulates thoracic identified monoaminergic neurons. J. Neurobiol., 66: 155-68.
Seki, Y., Aonuma, H. and Kanzaki, R. 2005. Pheromone processing center in the protocerebrum of *Bombyx mori*. J. Comp. Neurol., 481: 340-351.
Shimozawa, T., Murakami, J. and Kumagai, T. 2003. Cricket wind receptors: Thermal noise for the highest sensitivity known. In "Sensors and sensing in biology and engineering" (eds. Barth, F.G., Humphrey, J.A.C and Secomb, T.W.), pp. 145-157. Springer Verlag, Wien.
Stevenson, P.A., Hofmann, H.A., Schoch K. and Schildberger, K. 2000. The flight and fight responses of crickets depleted of biogenic amines. J. Neurobiol., 43: 107-120.
高草木薫・淺間一. 2005. 移動知:行動からの知能理解-構成論的観点と生物学的観点から.「特集」能動的な移動機能がもたらす創発的知能. 計測と制御, 44(9):580-579.
Zorumski, C. and Izumi, Y. 1993. Nitric oxide and hippocampal synaptic plasticity. Biochem. Pharmacol., 46: 777-785.

第22章

進化がうみだしたもう１つの耳
昆虫の聴覚器官研究の最前線

北海道大学電子科学研究所/西野浩史

はじめに

　広い動物界にあって聴覚を有し，これを同種間のコミュニケーションに役立てている動物は前口動物の頂点に位置づけられる昆虫と，後口動物の頂点に位置づけられる脊椎動物に限定される(図22-1)。これが他の感覚に比べて聴覚が"進化した感覚"と定義されるゆえんであろう。系統的に大きく隔てられたこれらの動物が聴覚を発達させたことは，収斂進化の典型例と見なされてきた。しかし本当に聴覚は進化した感覚なのであろうか？　我々が通常耳にする音は空気の振動である。音源から空気分子の疎密部分が生じ，これが伝播する疎密波である。それ故，音は水中へは水の非圧縮性の性質のために伝わりにくく，途中吸収されやすい。一方で空気中の弾性体を共振させることにより，音は伝わる(Michelsen and Larsen, 1985)。したがってこれらの物理的要件を満たす動物が固い外骨格をもつ陸生昆虫や，内骨格をもつ脊椎動物に限定されるのはむしろ自然なことかもしれない。

　昆虫の聴覚系の研究は聴覚器官へのアクセスが容易なこと，聴覚情報の処理にあたる神経細胞(ニューロン)の数が哺乳類よりもはるかに少ないという利点により，神経科学の分野においては古い歴史がある。とりわけ，刺激受容部位の１Åの変位を感覚細胞が検出し得るという発見(Michelsen and Larsen,

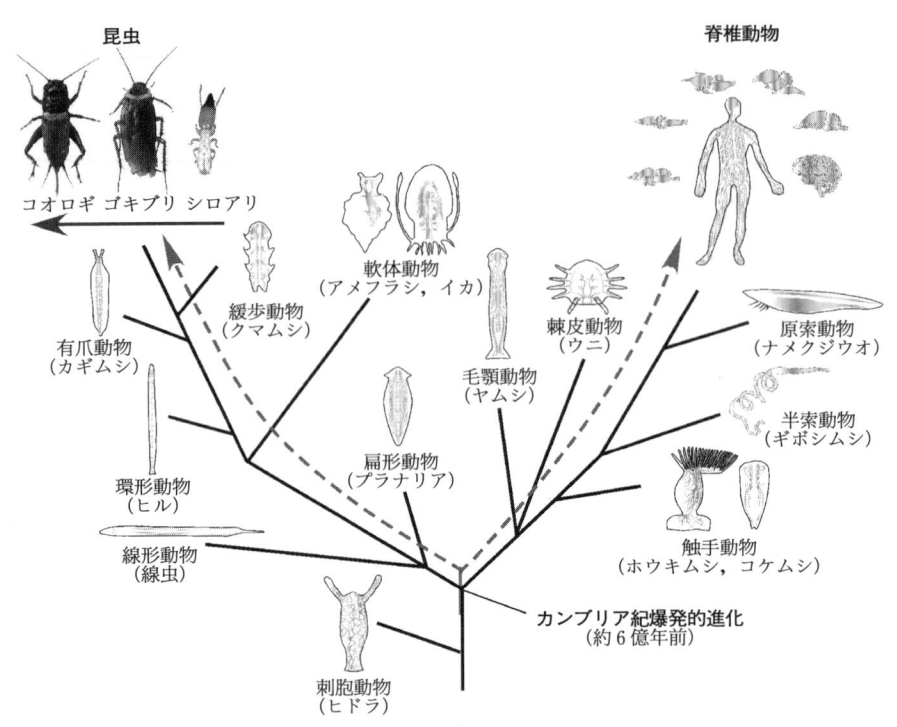

図 22-1　動物の進化系統樹(Mizunami et al., 1999を改変)。約6億年前に前口動物と後口動物に分かれて以来，昆虫と脊椎動物は独自の進化をたどってきた。聴覚器官の進化は共通の起源をもつ機械感覚細胞の進化(点線矢印)と陸生昆虫が出現してから起こった音伝達装置の進化(実線矢印)の2つの流れからなる。

1985)は，昆虫の聴覚器官が超高感度のひずみ受容センサーとしてバイオミメティクスの研究対象となり得ることを示した。

　最近10年の間に分子遺伝学的手法，生物物理学的手法を含む多面的なアプローチにより，音受容細胞の刺激処理過程は動物間共通の分子機構をもつことが明らかとなってきた。これにより，従来の考え方は大きく修正され，昆虫が聴覚を獲得した過程においては2つの進化の流れが存在することが明らかになりつつある。1つ目は音受容細胞の基本設計をつくる進化で，これは昆虫が出現する以前に長い時間をかけておきた進化である(図22-1，点線矢印)。2つ目は音を伝達するための体構造の進化で，昆虫出現後に起きた進化である(図22-1，実線矢印)。昆虫はまず感度のよい機械受容ニューロンを手

にいれてから，音を機械的な変位に効率よく変換できる体構造にこれを付着させることで，鋭敏な聴覚を獲得してきたのである。

今や昆虫の聴覚器官は聴覚動物共通の原理を探求するための格好のモデルシステムとして興味をもたれ始めている。本章では自然が長い進化を経てうみだしてきたもう1つの耳，"昆虫の聴覚器官"の所在，構造，機能を最新の知見と共に広く紹介することを目的とする。おわりにナノサイエンスを聴覚研究に導入するための現在の我々の取り組みを紹介したい。

22-1 昆虫の聴覚器官

鼓膜をもつ耳は原始的な昆虫（シミやトンボ）を除く，少なくとも12種の昆虫において独立して進化してきたことが知られている（Yager, 1999）。その出現時期はさまざまであるが，古いものでは3億年前の石炭紀には既に鼓膜をもつコオロギやキリギリスが出現している（図22-2A）。耳の独立進化は近縁昆虫間にも見出される。たとえばバッタの耳は後肢付け根に存在するのに対し，コオロギでは前肢の脛節に存在する。また，ヤガの耳は翅の付け根にあるのに対し（図22-2B），スズメガでは口器の基部にある。変わったところではカマキリの耳は中胸と後胸腹側の窪みのなかに（図22-2C），ハンミョウの耳は腹部の付け根に，コガネムシの耳は頭部付け根にある。

なぜ昆虫の耳はこのように体のいたるところに出現するのだろうか？　そこには何か共通の機能モジュールが存在するのではないだろうか？　この推定は正しい。なぜなら昆虫の耳は各体節に遍在し，外骨格のひずみに応じる弦音器官と呼ばれる機械受容器を修飾してつくられているからである。逆にいえば弦音器官の存在する場所に音伝達体として利用できる薄いクチクラや気管が存在すれば，そこに将来耳が進化する可能性があることを示唆している。

弦音器官を構成する感覚ニューロンは末梢側に刺激受容部位である樹状突起をもち，基部側に軸索をもつ双極性のニューロンである。1つの弦音器官は通常1～数千個の感覚ニューロンからなる（Field and Matheson, 1998）。樹状突起の付着する構造の違いにより，昆虫には2つの異なるタイプの耳が存在

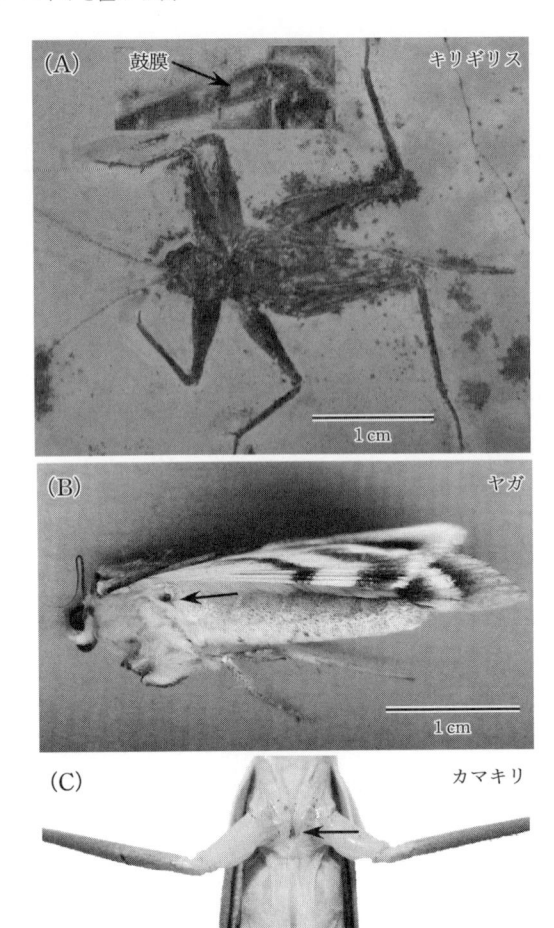

310　第IV-3部　バイオを極める(3)

図 22-2　昆虫の聴覚器官(鼓膜器官)の所在の多様性(A：北九州自然史博物館・下村通誉学芸員提供)。キリギリスの鼓膜器官(写真は白亜紀の化石)は前肢の脛節に(A，矢印)，ヤガの鼓膜器官は翅の付け根下に(B，矢印)，カマキリの鼓膜器官は中胸・後胸部の腹側の窪みのなかにある(C，矢印)。

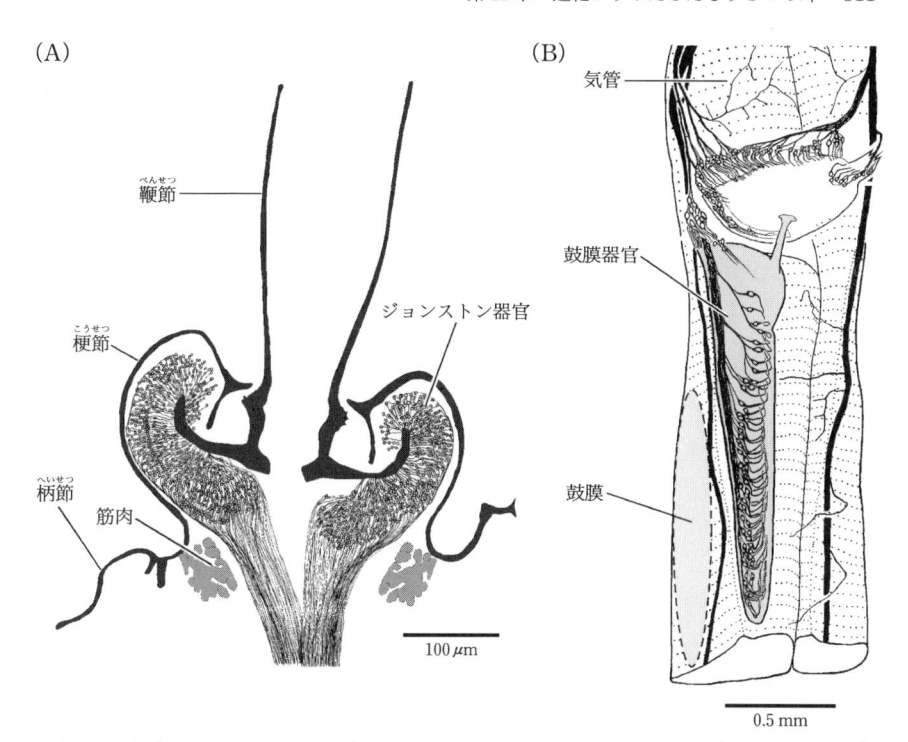

図 22-3 昆虫にみられる 2 タイプの聴覚器官。(A) カ T. brevipalpis のジョンストン器官。飛翔昆虫の触角の梗節内の感覚ニューロンの集団の刺激受容部位(樹状突起)は鞭節基部に付着する。鞭節の先端はしばしば低周波の音の速度成分を検出しやすいように広がる。(B) ウェタ Hemideina femorata の鼓膜器官。音の圧力成分によって生じる鼓膜の振動を気管の体積変化を通じて検出する。

する。それがジョンストン器官と鼓膜器官である(図 22-3)。ジョンストン器官はカやハエ，ミツバチといった飛翔昆虫の触角基部によく発達し，近接場の音の速度成分を拾うのに適した構造をもつ。同種のだす羽音と共に触角が共振すると，触角基部のクチクラがたわみ，クチクラ内壁に付着している感覚ニューロンの樹状突起に機械的ひずみが加わる。カのジョンストン器官(図 22-3A)の応答閾は触角先端の 7 nm の変位である。これは触角を高さ 330 m のエッフェル塔にたとえた時の，先端の僅か 0.7 mm の変位に相当するという (Robert and Göpfert, 2002)。

　一方，鼓膜器官は文字通り外骨格(クチクラ)の一部が薄くなってできた鼓

膜を刺激入力部位にもつ弦音器官であり，バッタ目の昆虫でよく発達している(Field and Matheson, 1998；Yager, 1999)．この種の昆虫が通常コミュニケーションに利用する音(数kHz)の加速度，速度成分は容易に減衰してしまうが，圧力成分は遠方まで届く．したがって薄い鼓膜は圧力変化を捉えるのに適した構造といえる．ウェタ(原始的なキリギリス：図22-8写真参照)の鼓膜器官を例にとると，鼓膜の裏側には脛節内部の空間全体を占めるほど発達した気管が張りついている(図22-3B)．鼓膜に加わる圧力変化は気管の体積変化に変換され，その表面に付着した感覚ニューロン群が刺激される．その応答閾は最適周波数の音刺激に対し，おおむね20～30 dBで，哺乳類の聴覚器官より少し高い感度をもっている．

22-2 弦音器官の構造と音受容の分子機構

弦音器官の基本構造は単純ではない(図22-4A)．付着細胞，感覚ニューロン，有桿体細胞は発生学的には同じ母細胞由来であり，3つの細胞で1つの機能単位を形成する．キャップは有桿体細胞の分泌によってつくられる．付着細胞，キャップは微小管の密に詰まった弾性体を形成し，音や振動を感覚細胞に伝える機能をもつ(図22-4B)．付着細胞の形態は多様性に富み，クチクラ内壁に張りつくタイプのものはしばしば弦のように細く長い形状を示す．これが弦音器官の名前の由来となっている．

樹状突起の断面には中心微小管の欠落した9×2+0の繊毛構造がみられる(図22-4C)．一方，有桿体細胞は音の伝達には直接関係しないが，細胞外にK$^+$を排出することにより，樹状突起の外液環境をK$^+$に富んだものにする．この特徴は，哺乳類の内耳有毛細胞がやはりK$^+$に富んだリンパ液中におかれていることとよく似ている．

近年，ショウジョウバエのジョンストン器官において受容器電位の発生しない変異体が数多くスクリーニングされるようになり，その機械受容の分子機構が明らかになりつつある(Caldwell and Eberl, 2002)．その多くは刺激受容部位の構造異常が起こる変異体である(図22-4A)．たとえば*Nomp*(non mechanoreceptor potential)*A*や*NompB*の変異は弦音器官のみならず，機械感覚

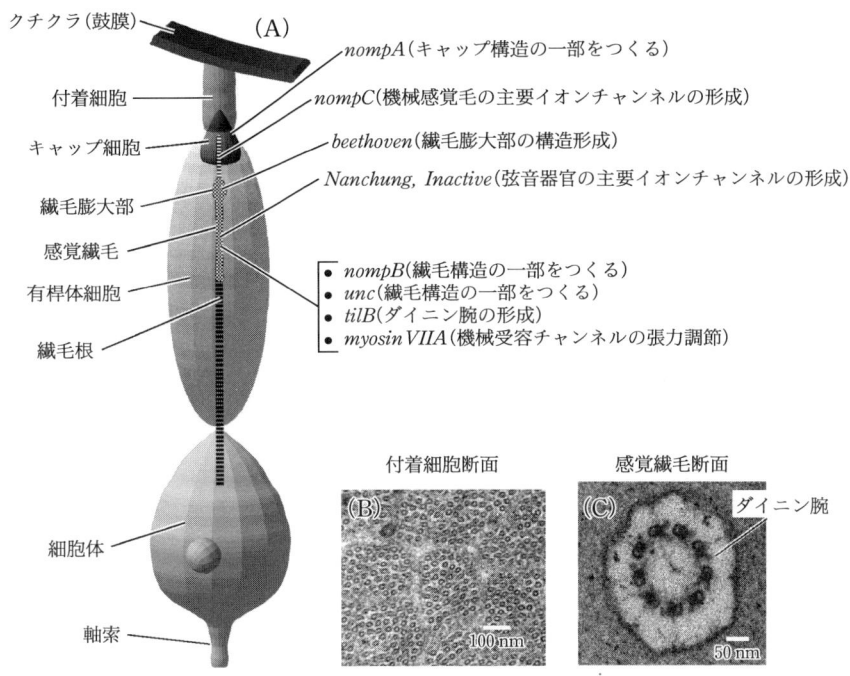

図22-4 (A)弦音器官の基本構造の形成とシグナル伝達にあずかる遺伝子。機械受容チャンネルをコードする *NompC* 遺伝子は感覚繊毛の末梢領域(横線)に，*Nanchung/Inactive* 遺伝子は基部領域(格子)に発現する。(B)付着細胞の横断切片。チューブ状の微小管が多数みられる。(C)感覚繊毛の横断切片。9×2+0の微小管構造をもつ。

毛の受容器電位を消失させる。一方で，*Beethoven*，*Unc*，*TilB*，*MyosinVIA* の変異は弦音器官のみに影響を与える。これらの知見は聴覚と接触覚の刺激受容過程において一部共通，一部独立した分子機構が利用されていることを示唆している。

感覚繊毛の構造変異(*Beethoven*，*Unc*，*TilB*)はいずれも感覚ニューロンの受容器電位発生に異常をきたすので，微小管構造が樹状突起の構造的な支持にあずかることは間違いない。9対の周辺微小管は機械受容チャンネルの細胞質側の末端側をつなぎとめるアンカーとして機能することで，チャンネルの張力保持にあずかるのではないかと推定されている。刺激に際し，イオンチャンネルそのものが膜と一緒に動いてしまうとチャンネルに機械的なひず

みが加わらないからである．事実，微小管と細胞膜との間には部分的に架橋構造が認められる(図22-4C)．Myosin7A はこの機能を担う有力なタンパク質と考えられてきたが，ショウジョウバエを用いた最新の研究からは機械受容チャンネルとの直接の相互作用はもたず，付着細胞とクチクラとの接着や有桿体細胞と感覚ニューロンの接着に関係することがわかってきている(Todi et al., 2005)．

一方で受容器電位発生には異常が生じるにもかかわらず，その微細構造には異常がまったく認められない変異体がとられており，これらの原因遺伝子は機械受容チャンネル本体をコードしている可能性がきわめて高い．たとえば *NompC* は機械感覚毛の主要イオンチャンネルタンパク質のサブユニットをコードしているが(Walker et al., 2000)，そのチャンネルは弦音器官においては繊毛膨大部より末梢側のみに局在していて(図22-4A, 横縞領域)，受容器電位発生には弱い影響しか与えない．このチャンネルは TRP(transient membrane potential)チャンネル(もともとショウジョウバエの光受容細胞の受容器電位発生が一過性にしか起こらなくなる変異の原因チャンネルとして同定された)のサブタイプ(TRPN)で，樹状突起に加わる機械的ひずみに対して直接開口する(Walker et al., 2000)．

一方，弦音器官において機械受容器電位がまったく発生しなくなる2つの原因遺伝子(*Nanchung*, *Inactive*)が最近発見され，これらの遺伝子は分子系統的には TRPN に最も近い TRPV(vanilloid)受容体のサブユニットをコードしていることが明らかとなった(Gong et al., 2004；Kim et al., 2003)．TRPV は多様な侵害刺激に応じる受容体ファミリーで，哺乳類の感覚神経においては，唐辛子の辛み成分であるカプサイシンや熱，酸，機械的ひずみによって開口し，陽イオンの流入を促すことが知られている(Moran et al., 2004)．*Nanchung*/*Inactive* チャンネルは感覚繊毛の基部側の膜に広く存在する(図22-4A, 格子縞領域；Gong et al., 2004)．樹状突起に加わる機械的ひずみによってこれらの受容体が開口し，K^+ を中心とした陽イオンの流入が起こることで，脱分極性の受容器電位が発生する．

TRP 受容体は下等な真核生物である酵母菌から哺乳類に至るまで広く存在する(Moran et al., 2004)．刺激が直接開口を起こす点，陽イオンであれば何

でも通す非選択性はその原始性を示している。下等動物の感覚受容器が多種侵害刺激に応答するという性質はこの受容体の性質に依存しているといってよい。

22-3　音受容細胞は動く——生きた圧電素子，プレスチン

前述した音受容の分子機構と並んで近年急速に研究が進んでいるのが，感覚細胞の音圧増幅機構である。爬虫類や哺乳類の耳においては外有毛細胞の不動毛が音波と同じ周波数で自発共振し，蓋膜 tectrial membrane を振動させることが発見されている(図22-6A 参照)。これにより内有毛細胞は強く刺激され，結果として聴力を100〜1000倍に増幅する。

最近になって，類似の現象が昆虫の弦音器官でも起こることがレーザドップラー振動計を用いた微小変位計測により証明されている。たとえば雄のカの触角基部にはこれを動かすための筋肉構造は一切みられず，1万5000個ものジョンストン器官の感覚ニューロンの樹状突起部が触角基部のクチクラに張りつくことで，これを支えている(図22-3参照)。さまざまな周波数の音刺激を与えた時の空気の変位量に対する触角の変位量(df/dp)を求めることで応答ゲインを計測すると，雌の羽音の周波数に近い300 Hz の音刺激に対して触角の共振運動が強く起こることがわかる(図22-5A)。ところが，奇妙なことに強い刺激を与えた時よりも弱い刺激を与えた方がその応答ゲインが向上するという応答の非線形性が見出される(図22-5A)。この応答の非線形性はカを殺してしまうと(*post mortem*)消失することから，感覚ニューロンの側にアクティブに触角運動を増幅する仕組みがあるようである(Robert and Göpfert, 2002)。そしてこの仕組みは刺激を与えない条件下でも感覚ニューロンの集団が触角を300 Hz で揺らしているという驚くべき発見によって実証されたのである(図22-5B)。同様の現象はショウジョウバエのジョンストン器官，バッタやガの鼓膜器官においても確かめられている。ショウジョウバエのジョンストン器官の感覚ニューロンの軸索同士にはギャップ結合が認められ，電気的相互作用をもつことが強く示唆されている(Sivan-Loukianova and Eberl, 2005)。おそらく局所的な刺激を細胞集団の運動を通じて増幅する

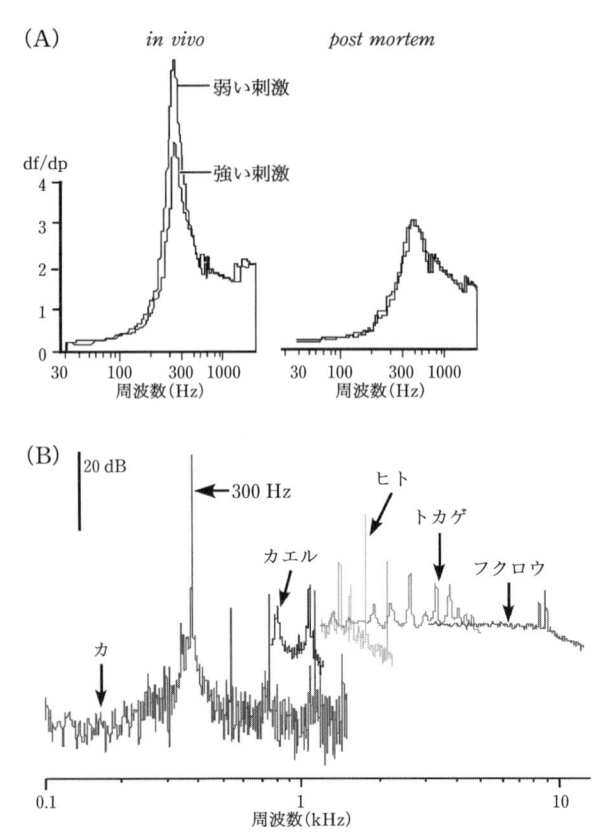

図 22-5 弦音器官の音圧増幅機構（Robert and Göpfert, 2002 を改変）。(A)カのジョンストン器官においては種特異的に利用する周波数帯（約 300 Hz）において，強い強度の刺激よりも弱い強度の刺激に対して応答ゲインが上がるという応答の非線形性が見出される。カを殺すと（*post mortem*），この現象は消失する。(B)刺激を与えない条件下でも触角は約 300 Hz で自律振動している。類似の現象は自発性音響放射として，脊椎動物においても計測されている。

ようなメカニズムにより，感度を向上させているのであろう。脊椎動物においては有毛細胞の刺激増幅はより高い周波数帯で起こり，自発性音響放射 otoacoustic emission として知られる（図 22-5B）。余談になるが，ヒトにおいて音響放射は時として耳鳴りの原因となることが知られる。

　それではこの感覚ニューロンの自律運動を引き起こすメカニズムは何であろうか？　2000 年に Dallos らのグループにより，これまでの常識を覆す運

動タンパク質が発見された。それがプレスチン prestin である(Zheng et al., 2000)。プレスチンは陰イオンの輸送タンパク質のファミリー(solute carrier (SLC)26)に属する12回膜貫通型のタンパク質である。プレスチン分子は外有毛細胞(図22-6A)の細胞膜全体に広く分布しており(10^7/cell)，電位依存的な細胞の伸縮運動を引き起こす。細胞内の塩素イオンを除去してしまうと運動機能が完全に損なわれることが証明され(Oliver et al., 2001)，以下のようなモデルがつくられている。まず，膜が機械的ひずみによって脱分極すると塩素イオンは細胞質側に押しやられ，細胞質側の受容体によって捕捉されると，その表面積が減少するような立体構造の変化が起こり，プレスチンは短い構造をとる(図22-6B)。膜が再分極すると塩素イオンは電位勾配によって細胞外へでていこうとするが，この時細胞外側の受容体によって捕捉されるとプレスチンは長い構造をとるというものである(図22-6 B)。この可逆的な構造変化が細胞膜全体で起こることで，外有毛細胞は伸縮し，振動する。イオンの移動によってその立体構造の変化が起こる点ではリガンド結合性のイオン

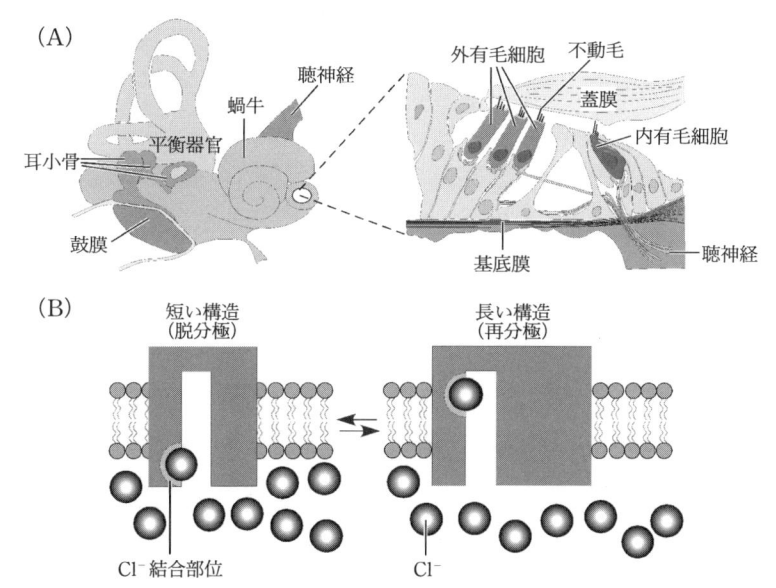

図22-6 (A)ヒトの聴覚器官。(B)プレスチンの電位依存性の構造変化。塩素イオンを中心とした陰イオンが細胞質側の受容体で捕捉されると短い構造を，細胞膜の外側の受容体で捕捉されると長い構造をとる。

チャンネルと似ているが，細胞内外へのイオンの実質的な移動は起こらないので，いわばイオン捕捉型チャンネルといってよいかもしれない。酵素反応を利用する他の運動タンパク質（ダイニン，キネシン）とは異なり，膜を隔てた塩素イオンの僅かな移動が直接プレスチンの構造変化をトリガーするため，理論的には 70 kHZ の高周波数の音にすら共振し得るという(Oliver et al., 2001)。プレスチンはまさに生きた圧電素子である。

　このプレスチン（様）タンパク質は動物界に広く存在することが *in situ hybridization* を用いた研究により明らかになりつつある。魚の平衡器官（内耳）の感覚上皮細胞は従来運動性をもたないと考えられてきたが，実際には細胞集団全体にプレスチン遺伝子が発現していた(Weber et al., 2003)。また，驚くべきことにショウジョウバエやカのジョンストン器官の感覚ニューロン群全体にも発現していた(Weber et al., 2003)。この知見は脊椎動物の平衡器官と昆虫の弦音器官が相同器官であることを強く示唆する。プレスチンがどの程度下等な動物にまで存在するのか，昆虫のすべてのタイプの弦音器官に存在しているのかどうか，今後の研究の展開に興味は尽きない。

22-4　音伝達構造の進化

　弦音器官のもつ繊毛構造，機械受容チャンネル，プレスチンのいずれをとってもその起源はおそらく前体腔動物に求めることができる。つまり聴受容センサーの本体である感覚ニューロンは古い進化的起源をもつことが強く示唆される。

　それでは昆虫の体節に遍在している弦音器官はどのようにして高周波の音を受容できるように進化してきたのであろうか？　いかなるタイプの弦音器官でも強い音刺激であれば応じることから，感覚ニューロンは潜在的に聴覚応答性を有している(Field and Matheson, 1998)。重要な点は音選択的な感度の向上であり，それには音を伝達する構造の修飾が関係している。Shaw は系統的に近縁関係にある多新翅類昆虫の肢の脛節のなかにある弦音器官の構造を比較することにより，鼓膜器官は地面の振動を受容する弦音器官（膝下器官）から進化してきたことを示した（図 22-7A：Shaw, 1994）。原始的な形質を

もつシロアリにおいては膝下器官の感覚ニューロンの樹状突起はクチクラ内壁に付着しており，地面の振動を拾いやすくなっている。ゴキブリの膝下器官はその基部側で気管との弱い結合をもつことにより，低周波(1.3～2.6 kHz)の音に対する感受性を獲得する。コオロギの鼓膜器官においては気管が大きく発達し，そこに特定の感覚ニューロングループが陥入して張りついた構造をもつ。これにより，これらのニューロン集団は気管を伝播する高周波の音に特異的に応じることができるようになる(図22-7A)。

　このような昆虫間にみられる聴覚器官の系統進化とよく似た過程はその発生過程にも見出される(図22-7B)。キリギリスの鼓膜器官の後胚発生において，前駆細胞はまず上皮近傍にクラスターを形成する。次にこれらは陥入し(陥入地点：矢印)，膝下器官の原基(灰色の細胞群)となる。さらにそのなかから末梢側に1つの細胞集団が分離し(図22-7B，黒の細胞群)，樹状突起が上皮側から内側にその方向を変える。最後に，個々の細胞が異なる位置を占めるようになることで，鼓膜器官の機能的分化が進行する(Meier and Reichert, 1990)。つまり，多新翅類昆虫の聴覚器官の進化の鍵となったのは感覚ニューロンの陥入とそれにともなう気管との結びつきにある。

　筆者はウェタの聴覚器官において振動受容から音受容へ至る進化の道筋がその感覚ニューロンの配列のなかにきれいに保存されていることを発見した(図22-8；Nishino and Field, 2003)。聴覚器官は複数の弦音器官によってつくられる。まず，アクセサリー器官の感覚ニューロン群は脛節後方のクチクラ直下にクラスターを形成する(図22-8A)。その樹状突起はクチクラと強く結びついているので，クチクラを伝わる機械的ひずみや振動に応じると推定される(図22-8D)。一方，膝下器官の背側基部の感覚ニューロン群はなおもクチクラとの強い結合性を保っているが，末梢の感覚ニューロンほどその樹状突起の方向が徐々にクチクラ側から気管側を向くようになる(図22-8A)。膝下器官の末梢側の感覚ニューロン群は体内に深く陥入し，気管との直接の結びつきが生じる(図22-8D)。そして陥入地点のすぐ末梢側に鼓膜器官が出現する。鼓膜器官中の感覚ニューロンは基部側よりも末梢側のものほど徐々に気管との結びつきを強めてゆく(図22-8D)。周囲の構造との結びつきの違いを反映して，感覚ニューロンの軸索終末はグループごとに隣接しつつも，異な

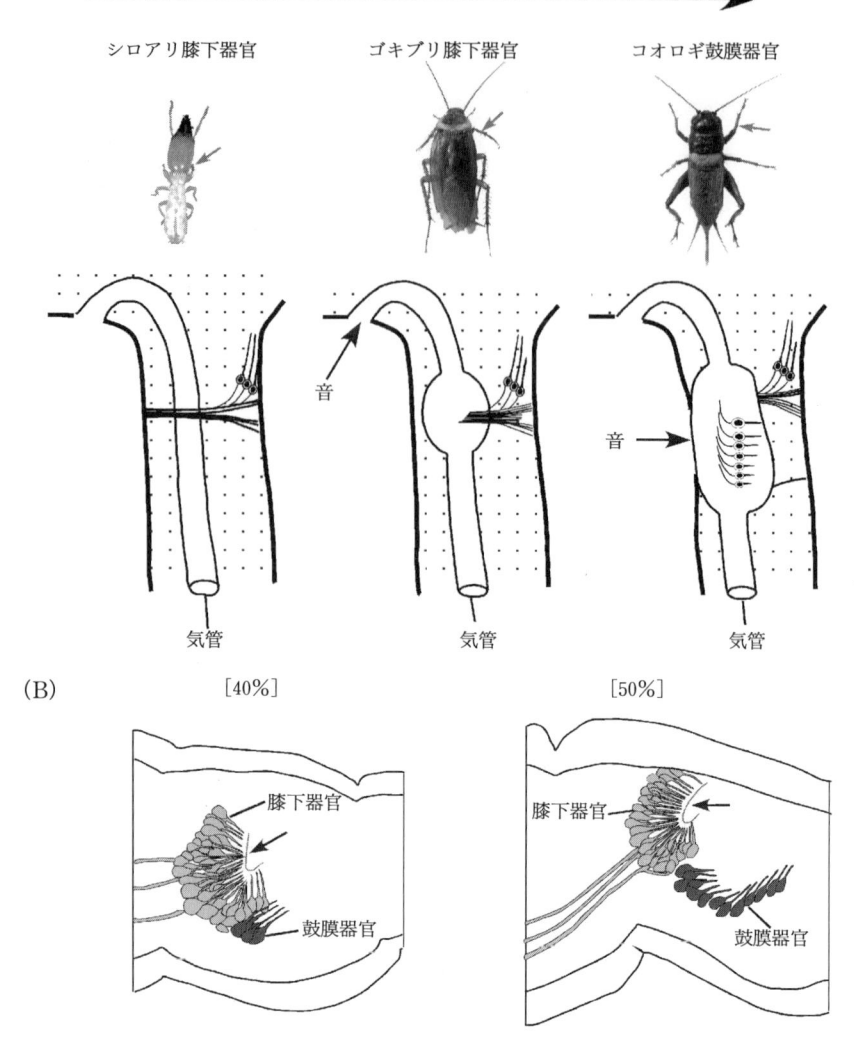

図 22-7 音伝達構造の進化（A：Shaw, 1994 を改変，写真は福岡大学磯貝秀俊氏提供；B：Meier and Reichert, 1990 を改変）。(A)シロアリの膝下器官はクチクラを伝わる振動，もしくは体液振動に応じると推定されているが，ゴキブリでは感覚ニューロンの一部が気管と付着し，低周波の音（1.3〜2.6 kHZ）に対する感受性をもつようになる。コオロギではさらに一部の感覚ニューロン群と気管との結びつきが生じ，高周波の音に対する感受性を獲得する。黒い繊維の束は感覚ニューロンを周囲の組織に固定する結合組織を示す。器官の所在は矢印で示す。(B)個体発生に見出される系統発生の一例。キリギリスの後胚発生が 40％，50％進行した時点で，前肢の弦音器官を観察したもの。まず上皮から膝下器官の原基が陥入する（矢印）。鼓膜器官は膝下器官の原基の一部から生じ，樹状突起の方向を気管へ向け，細胞の位置が末梢へ移動することで，特徴的な配列構造を示すようになる。

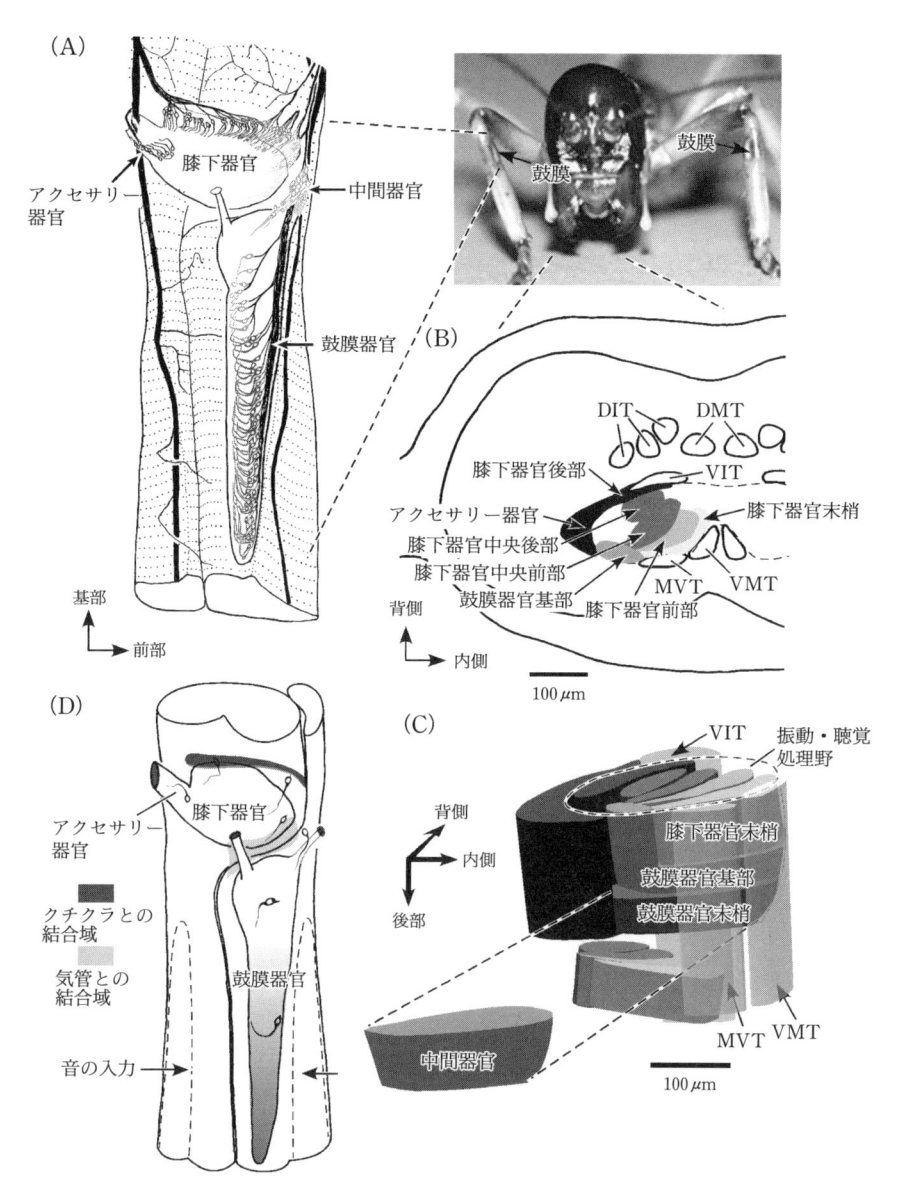

図 22-8 ウェタの聴感覚地図．アクセサリー器官，膝下器官，鼓膜器官を構成する感覚ニューロングループ（A）の軸索終末は中枢（前胸神経節）内で異なる領域を占める（B は前方からの図，C は腹側からの図）．投射領域の連続性に注意．膝下器官は後部から前部にかけて徐々にクチクラとの結合を弱める一方で，気管との結びつきを強める．膝下器官のすぐ末梢側から生じる鼓膜器官の感覚ニューロンは末梢のものほど気管との強い結合をもつ（D）．神経節内を走行するトラクト（medial ventral tract: MVT，ventral intermediate tract: VIT，ventral medial tract: VMT）を示す．

る領域を占めていた(図22-8B, C；Nishino and Field, 2003)。鼓膜器官においては末梢にあるニューロンほど高い周波数の音に応じることが知られている(Lakes and Schikorski, 1990)。このような末梢の細胞体の位置の違いに依存した軸索終末の配列は somatotopic organization と呼ばれるが，各々の生理学的性質に着目すれば応答周波数依存的な配列 tonotopic organization と言い換えることもできる。これらの特徴は中枢における周波数弁別を可能にする重要な神経基盤であり，聴覚動物に普遍的にみられる。

　以上の知見は昆虫の聴覚器官は発生学的に独立して出現するわけではなく，既存の弦音器官に付加的に生じるということを示している(図22-7, 8)。このことは古い遺伝プログラムを捨てたり，書き換えたりするわけではなく，その上に新しい遺伝プログラムを付け足すことで，新たな機能が加わることをよく反映していると思われる。つまり，聴覚器官においても遺伝子重複とその修飾が進化の背景に存在することが強く示唆される。

おわりに

　以上，"進化した感覚"とされる聴覚を担う感覚細胞が驚くほど古い進化的起源をもつことを紹介してきた。今や感覚細胞のもつ鋭敏な感度すらも古い進化的起源をもつ分子によって支えられていることは明白である。これと矛盾しない提案は他の機械感覚ニューロンにおいてもなされている。たとえばコオロギにおいて気流に応答するニューロンは分子の熱運動にすら揺すられてパルスをだす，センサーとしては"高すぎる感度"をもつことが発見されている(Shimozawa et al., 2003)。下澤は原始の生命が原始のスープから熱遙動(k_BTオーダー)レベルのエネルギーを情報に変換する装置であったことにまで考え至れば，究極の感度は進化の結果ではなく，むしろ生物の起源に遡る拘束であろう，という興味深い視点を提供している。

　石炭期に起こった昆虫の爆発的な種の多様化にともない，種特異的な音声コミュニケーションのためには狭い周波数帯を利用する必要性が生じた。昆虫の音受容ニューロンは強い淘汰圧のなかで周波数弁別能を向上させてきたのである。しかしこの周波数弁別をつくりだす解剖学的基盤はまったく解明

第 22 章　進化がうみだしたもう 1 つの耳　323

されていない．筆者はここにナノサイエンスを導入する余地があると考える．改めて哺乳動物と昆虫の聴覚器官を比較してみよう．鼓膜器官は蝸牛を平らに引き伸ばして，基部と末梢を入れ替えた状態に似ている（図 22-9A，B）．しかし，両者の音伝達体は構造的，質的にまったく異なる．筆者は機能の異なる弦音器官の微細構造を詳細に比較した結果，キャップの構造には大きな違いが認められないのに対し，付着細胞の構造は大きく異なることを発見している．たとえば，鼓膜器官の付着細胞は柱状で気管の上に整然と並べられており，末梢のものほど徐々に小さくなる（図 22-9B，E）．一方，低周波の音や振動に応じる中間器官や膝下器官の付着細胞は不定形で，これらが集合して

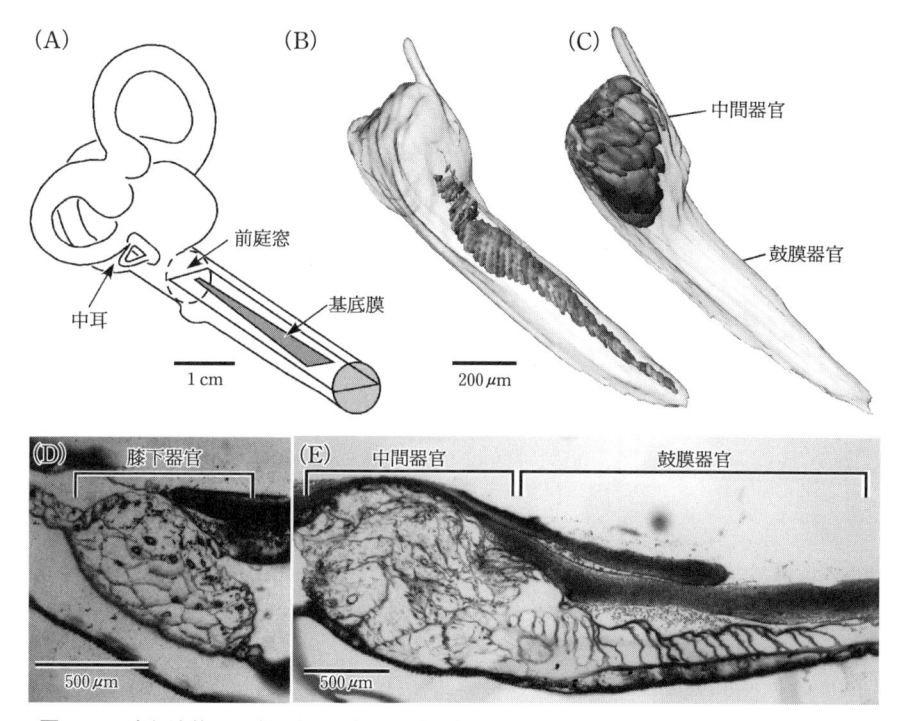

図 22-9　音伝達体の三次元（A～C）および 2 次元構造（D，E）．ヒトの蝸牛基底膜は先端ほど広くなり，その共振周波数はより低周波にシフトするが（A），昆虫の鼓膜器官の付着細胞は末梢のものほど小さくなり，高周波にシフトする（B，D）．一方，膝下器官や中間器官の付着細胞は不定形で，複数の付着細胞が集合した楕円体を形成する（C～E）．口絵 6 参照

楕円状の塊をつくる(図22-9C〜E)。これら特徴的な形態をもつ付着細胞の共振周波数の帯域はどれくらいであろうか？　付着細胞にも感覚ニューロンと同じような動的な音圧増幅過程が存在するのだろうか？　ナノサイエンスの強力なツールである原子間力顕微鏡は生細胞の粘弾性や周波数特性を直接的に計測することを可能にする。この小型・高感度の耳の構造や材料の精査が，バイオミメティクスへの第一歩となることが期待される。

引 用 文 献

Caldwell, J.C. and Eberl, D.F. 2002. Towards a molecular understanding of *Drosophila* hearing. J. Neurobiol., 53: 172-189.

Field, L.H. and Matheson, T. 1998. Chordotonal organs of insects. Adv. Insect Physiol., 27: 1-228.

Gong, Z., Son, W., Chung, Y.D., Kim, J., Shin, D.W., McClung, C.A., Lee, Y., Lee, H.W., Chang, D.-J., Kaang, B.-K., Cho, H., Oh, U., Hirsh, J., Kernan, M.J. and Kim, C. 2004. Two interdependent TRPV channel subunits, Inactive and Nanchung, mediate hearing in *Drosophila*. J. Neurosci., 24: 9059-9066.

Kim, J., Chung, Y.D., Park, D.-Y., Choi, S., Shin, D.W., Soh, H., Lee, H.W., Son, W., Yim, J., Park, C.-S., Kernan, M.J. and Kim, C. 2003. A TRPV family ion channel required for hearing in *Drosophila*. Nature, 424: 81-84.

Lakes, R. and Schikorski, T. 1990. 10. Neuroanatomy of Tettigoniids. In "The Tettigoniidae: Biology, systematics and evolution" (eds. Bailey, W.J. and Rentz, D.C.F.), pp. 166-190. Crawford House Press, Bathurst.

Meier, T. and Reichert, H. 1990. Embryonic development and evolutionary origin of the orthopteran auditory organs. J. Neurobiol., 21: 592-610.

Michelsen, A. and Larsen, M. 1985. Hearing and sound. In "Comprehensive insect physiology, biochemistry and pharamacology" (eds. Kerkut, G.A. and Gilbert, L.I.), pp. 495-556. Pergamon Press, Oxford.

Mizunami, M., Yokohari, F. and Takahata, M. 1999. Exploration into the adaptive design of the arthropod "Microbrain". Zool. Sci., 16: 703-709.

Moran, M.M., Xu, H. and Clapham, D.E. 2004. TRP ion channels in the nervous system. Curr. Opin. Neuobiol., 14: 362-369.

Nishino, H. and Field, L.H. 2003. Somatotopic mapping of chordotonal organ neurons in a primitive ensiferan, the New Zealand tree weta *Hemideina femorata*: II. Complex tibial organ. J. Comp. Neurol., 464: 327-342.

Oliver, D., He, D.Z.Z., Klöcker, N., Ludwig, J., Schulte, U., Waldegger, S., Ruppersburg, J.P., Dallos, P. and Fakler, B. 2001. Intracellular anions as the voltage sensor of prestin, the outer hair cell motor protein. Science, 292: 2340-2343.

Robert, D. and Göpfert, M.C. 2002. Novel schemes for hearing and orientation in insects. Curr. Opin. Neurobiol., 12: 715-720.

Shaw, S.R. 1994. Detection of airborne sound by a cockroach 'vibration detector': a possible missing link in insect auditory evolution. J. Exp. Biol., 193: 13-47.

Shimozawa, T., Murakami, J. and Kumagai, T. 2003. Cricket Wind Receptors: Thermal Noise for the Highest Sensitivity Known. In "Sensors and Sensing in Biology and Engineering" (eds. Barth, F.G., Humphrey, J.A.C. and Secomb, T.W.), pp. 145-157. Springer-Verlag, Wien.

Sivan-Loukianova, E. and Eberl, D.F. 2005. Synaptic ultrastructure of *Drosophila* Johnston's organ axon terminals as revealed by an enhancer trap. J. Comp. Neurol. 491: 46-55.

Todi, S.V., Franke, J.D., Kiehart, D.P. and Eberl, D. 2005. Myosin VIIA defects, which underlie the Usher 1B syndrome in humans, lead to deafness in *Drosophila*. Curr. Biol., 15: 862-868.

Walker, R.G., Willingham, A.T. and Zuker, C.S. 2000. A *Dorosophila* mechanosensory transduction channel. Science, 287: 2229-2234.

Weber, T., Göpfert, M.C., Winter H., Zimmermann, U., Kohler, H., Meier, A., Hendrich, O., Rohbock, K., Robert, D. and Knipper, M. 2003. Expression of prestin-homologus solute carrier (SLC26) in auditory organs of nonmammalian vertebrates and insects. Proc. Natl. Acad. Sci. USA, 100: 7690-7695.

Yager, D. 1999. Structure, development, and evolution of insect auditory systems. Micros. Res. Tech., 47: 380-400.

Zheng, J., Shen, W., He, D.Z.Z., Long, K.B., Madison, L.D. and Dallos, P. 2000. Prestin is the motor protein of cochlear outer hair cells. Nature, 405: 149-155.

第23章 行動遂行中の動物からの中枢神経活動記録と解析
水棲動物用光テレメータの開発

北海道大学大学院理学研究院/濱　徳行・高畑雅一,
北海道大学電子科学研究所/土田義和

はじめに

　多様で複雑な動物行動を制御する脳・中枢神経系の働きは，多数の神経細胞(ニューロン)が形成する神経回路網構造によって支えられている。神経回路網の働きの基盤となるのは，ミクロンオーダーの個々のニューロンやその樹状突起，またナノオーダーのチャンネルタンパク質や受容体，神経伝達・修飾物質分子などである。このような構造的特徴を念頭におくならば，情報処理装置としての脳・中枢神経系は，自然が創り出したマイクロデバイスあるいはナノデバイスと見なすことができよう。行動生理学 behavioral physiology あるいは神経生理学 neurophysiology と呼ばれる学問領域は，マイクロ/ナノデバイスとしてのニューロンおよび神経回路網の構造と機能を解析することによって，脳の働きを明らかにすることを目的としている。

　解析の対象がマイクロ/ナノオーダーである以上，対象を実時間で直接的に観察しマニピュレートする生理学的研究においては，同じオーダーのデバイスや解析システムが用いられてきた。たとえばニューロンの細胞膜を貫いて細胞内にいれた電極を用いてそのシナプス活動を記録するためには，先端

外径が数百 nm 以下といわれるガラス管微小電極や金属電極が用いられている。単一チャンネル分子のコンダクタンスを計測するためには先端外径が数 μm 程度のパッチ用ガラスピペットが用いられる。これらの電極を駆動するための水圧式あるいは油圧式マニピュレーターはミクロンオーダーで操作される。

　研究が進むにつれて，より自然な状況での脳内ニューロン活動の記録が必要となり，そのための種々の記録・解析装置が新しく開発されている。私たちが開発した水棲動物用の光テレメータ装置は，自由行動を遂行している水面下の甲殻類から脳内神経活動を細胞外的に誘導し，これを光信号に変換して水中の受光装置に伝え，水槽外部の受信器で再度電気信号に変換して元の神経活動を再現させるための装置である。被験体は自由に動き回るため，脳内神経活動をその時々の動物の行動と直接的に関連づけながら解析することができる。光あるいは電波テレメータは，これからの行動生理学研究において重要な解析手段となるであろう。本章では，私たちが開発した光テレメータ装置の概要とその適用例を述べる。

　現時点では，私たちが開発した光テレメータは，発信器と電池や防水コートなどを含んで数 cm のオーダーであり，動物の自由な行動をまったく妨げていないとは言い切れない。ある程度以下のボディサイズの動物には本装置を適用することは困難であろう。昆虫や鳥で用いられているテレメータ装置に匹敵する相対的大きさのものが水棲動物にも切に望まれる。一般に，神経生理学研究の発展は，従来，連続あるいは不連続法による膜電位固定実験やパッチクランプ実験などで明らかなように，電子回路技術の発展に負うところが多大であったが，今後は，さまざまな形での微細化技術(マイクロ/ナノテクノロジー)の進展に頼る局面も続出するものと想像される。テレメータについていうならば，送信するべき神経信号の記録をいかにして慢性的に持続するかという難題が残されている。本章の末尾では，行動生理学，神経生理学分野で期待される実験解析装置微小化の具体例について言及したい。

23-1　光テレメータ装置の作動原理

　行動生理学研究において，自由に行動する動物より筋活動，脳波や神経活

動などの種々の生体信号を記録し解析することは非常に重要な手法である。そのため，これまで多くの研究者がさまざまな手法を用いてこのような研究を行なってきた。それらの手法の内，最も簡便なものは通常のリード線を用いた有線記録である。しかしながら，有線記録においては，動物の行動の自由を保障することが困難で，さまざまな障害が生じる。たとえば，行動範囲をできる限り広くとるためには記録用ワイヤーが充分長くなければならないが，それは同時にワイヤー重量の増加，すなわち動物にかかる負荷の増加につながる。このような問題を解決するための手法として，テレメータ装置の開発が行なわれてきた。テレメータ装置では有線記録で生じる問題の多くを解決する一方で，新たに送信器の重量や信号を伝達する媒介の選択等の問題を抱えることになる。

光と電波

これまで，電波を用いて信号を伝播するラジオテレメータ装置が広く用いられており，飛翔する昆虫からの筋電図記録が可能なほど，小型軽量化が進んでいる(Fisher et al., 1996; Ando et al., 2002)。一方，ザリガニや魚などの水棲生物などにラジオテレメータ装置を適用する場合，水，特に海水ではその伝導性の高さのため非常に困難である(Stasko and Pincock, 1977; Winter et al., 1984; Sisak and Lotimaer, 1998)。そこで，私たちは新たに電波にかわり光を媒介とする光テレメータ装置を開発した。光も電波と同様に水中では大きく減衰するが，水の吸収係数は非常に低いため(Hale and Querry, 1973)，淡水，海水共に安定した記録が可能である(Tsuchida et al., 2004；濱ら，2005)。

今回開発した光テレメータ装置では信号の媒介として近赤外光(波長880 nm)，信号の変調方式としてmodified pulse duration modulation/pulse interval modulation(PDM/PIM)法を用いている(図23-1)。これにより，容易に多チャンネル化が可能でかつ消費電力を押さえることができる。以下に今回作成した2チャンネルおよび4チャンネルの光テレメータ装置の概要を紹介する。

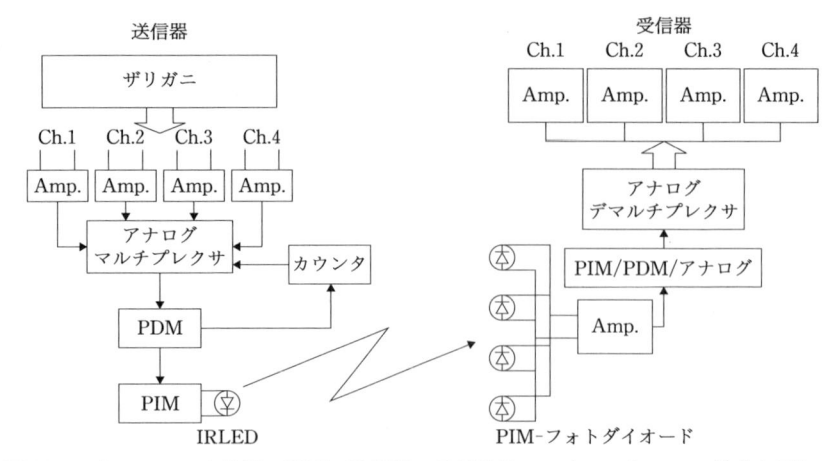

図23-1 光テレメータ装置の概要。送信器，受信器共に4チャンネルでの構成を示している。2チャンネルでは送信器側の2個の増幅器，アナログマルチプレクサとカウンタが不要になるため，より小型，軽量化が可能である。受信器は2チャンネル，4チャンネル共に共通である。

送 信 器

　送信器は入力された各チャンネルの信号を増幅するアンプ，各チャンネルの信号を順次切り替えるアナログマルチプレクサ，PDM変調器，PIM変調器と赤外発光ダイオードを駆動するドライバーで構成されている(図23-1)。

　PDM変調器は2個の単安定マルチバイブレータ(以下，モノマルチ。TC458, Toshiba)を接続することで構成されている。モノマルチが発生する矩形波の幅を決定する外付けCR充電回路に，奇数チャンネルおよび偶数チャンネルの信号を加重することで，それぞれのモノマルチが発生する矩形波の幅が，入力されたアナログ信号の振幅に応じて短縮または延長される(図23-2)。

　4チャンネル送信器ではPDM変調器が発生する矩形波によってカウンタ(TC74HC107, Toshiba)を駆動しこれによってアナログマルチプレクサ(TC74HC4052, Toshiba)を切り替えることでPDM変調器に入力される信号が1，2チャンネルから3，4チャンネルへと切り替えられる。このようにして，矩形波のHレベルの持続時間に奇数チャンネル，Lレベルには偶数チャンネルがコードされたPDM信号が生成される(図24-2, PDM)。各チャンネルの信号には一定のオフセット電位(690 mV)が付加されているが4チャンネル

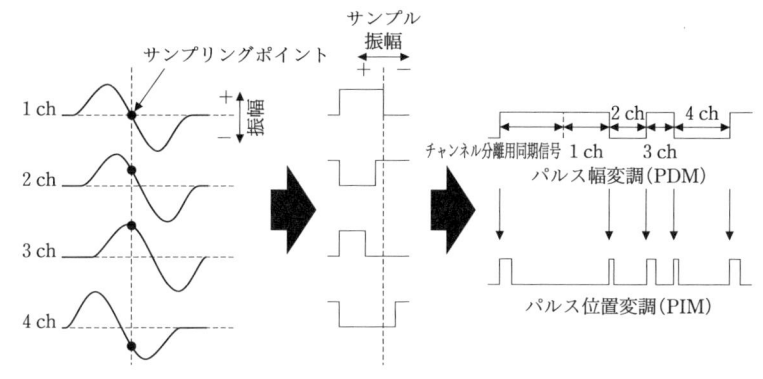

図 23-2　送信器における信号変調。PDM 変調器であるモノマルチが各チャンネルに入力された信号に応じた幅の矩形波を発生し，アナログ信号が PDM 信号に変調される。PIM 変調器は入力された PDM 信号の立ち上がり時に 4 μsec，立ち下がり時に 2 μsec のパルスを発生し PDM 信号を PIM 信号に変調する。

送信器では1チャンネルめのみ他のチャンネルよりこのオフセット電位が低く設定されているため(300 mV)，PDM 信号の1チャンネルめをコードする部位が極端に長くなる。これは後述するが，受信器でチャンネル分離用の同期信号として用いる。PIM 変調器も2個のモノマルチで構成されており，それぞれ4 μsec と2 μsec の矩形波を発生するよう設定されている。PDM 信号の立ち上がり時に4 μsec，立ち下がり時に2 μsec のモノマルチをそれぞれ駆動し，矩形波間の間隔にもとのアナログ信号の振幅をコードする PIM 信号が生成される。PIM 信号を用いて赤外発光ダイオード(CL-1CL3, Kodenshi Corp.)を駆動し光のパルスとして信号を発信する。

受　信　器

送信器から発信された光信号は，受信器の PIN (p-intrinsic-n) フォトダイオード(S6967-01, Hamamatsu photonics)によって検出され，電流/電圧変換回路(LF6365, National Semiconductor)，増幅器(LF357, National Semiconductor)を経て電圧比較器(LF311, National Semiconductor)によって波形整形を行ない PIM 電圧信号に変換される。PIM/PDM 復調器はデュアル D 型フリップフロップ(TC4013, Toshiba)で構成されており，これのクロック信号として PIM

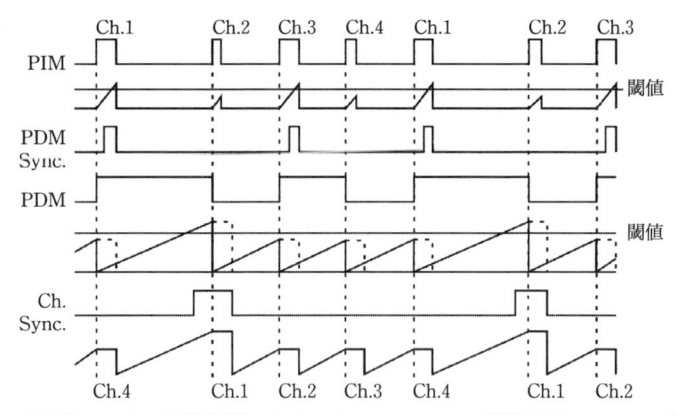

図 23-3 受信器における信号復調のタイムチャート。PIM 信号を用いてランプ波を発生させ、その高さの違いから 4 μsec のパルスを検出し、PDM 同期信号 (PDM Sync.) とし、これと PIM 信号を用いて PDM 信号を復調する。PDM 信号からも同様にランプ波を用いて最も持続時間の長いパルスを検出し、これをチャンネル分離信号とする。このチャンネル分離信号と PIM 信号を用いて復調されたアナログ信号を各チャンネルに分離する。

信号を、リセット信号として PIM 信号から検出された 4 μsec のパルスを用いることで PIM 信号から PDM 信号を復調する（図 23-3, PDM Sync., PDM）。PDM 信号からその持続時間に比例した振幅のランプ波を生成し、アナログ信号がチャンネル順に並んだ信号が得られる。ここで、4 チャンネルでは 1 チャンネル目の信号は最も振幅が高くなっているため、これを検出しチャンネル分離用の同期信号として用いる（図 23-3, Ch. Sync.）。アナログ信号は 8 チャンネルアナログディマルチプレクサ (TC4051, Toshiba) を用いて各チャンネルへと分離される。この時チャンネル切り替えには PIM 信号をクロック信号、PDM 信号から検出された同期信号をリセット信号とする 4 ビットバイナリカウンタ (TC40163, Toshiba) を用いている。分離された各チャンネルの信号はチャンネルごとに用意されたサンプルホールド、オフセットアダーおよび増幅器を経て出力される。

光テレメータ装置の特性

今回作成した光テレメータ装置の特性を表 23-1 に示す。信号を記録するためのサンプリング周波数は 2 チャンネルで約 27 kHz、4 チャンネルでも

表23-1 2チャンネルおよび4チャンネルテレメータ装置の特性

	送信器	
	2チャンネル	4チャンネル
メインキャリア：	880 nm (赤外光)	880 nm (赤外光)
サンプル周波数：	26.7±3.5 kHz	14±2.5 kHz
消費電力：		
回路	1.98 mW	6.8 mW
LED	27 mW	36 mW
供給電源：		
回路	3 V	3 V
LED	3 V	3 V
持続時間：	6 hrs	4 hrs
入力信号の周波数帯域：	150 Hz-8.7 kHz	150 Hz-8.7 kHz
入力抵抗：	1000 MΩ	1000 MΩ
増幅器の利得：	67.6 dB	64.8 dB (1 ch), 67.4 dB (2,3,4 ch)
最大入力電圧：	±250 μV	±250 μV
送信器の外観：		
(2個の電池を含む)：		
大きさ：	4 cm³	10 cm³
重量：	13 g	16.2 g
水中での重量：	9 g	6.2 g

約14 kHzで，細胞外記録法で記録される活動電位が約1 kHzであることを考えると充分な性能をもっていることがわかる．今回は回路駆動用，ダイオード駆動用に市販のリチウムボタン電池(CR2032, Panasonic)を用いており，この条件下では2チャンネルで約6時間，4チャンネルでも約4時間電池の交換なしに使用することが可能である．重量も電池を含め水中では10 g以下で，私たちが普段使用するザリガニの重量の約20%であり，動物の行動を大きく妨げないと考えられる．

　次に光テレメータ装置を用いて実際に各種生体信号の記録が可能かどうかを確認するため，市販の生体信号増幅器(MEG-1000, Nihon Kohden)を用いた有線記録との比較を行なった．1対の銀線(直径125 μm)を電極とし，それを筋電図記録ではザリガニ歩脚の長-腕節屈筋，神経活動記録では囲食道縦連合近傍に挿入し，光テレメータ装置の送信器とMEG-1000に同時に接続し，同一の信号で比較を行なった(図23-4)．筋電図記録では光テレメーター装置は有線での記録に対して何ら遜色がない記録が行なえることが確認できた

(A)

```
                                          MEG-1000

                          20 msec    光テレメータ装置
```

(B)

```
                                          MEG-1000

                          20 msec    光テレメータ装置
```

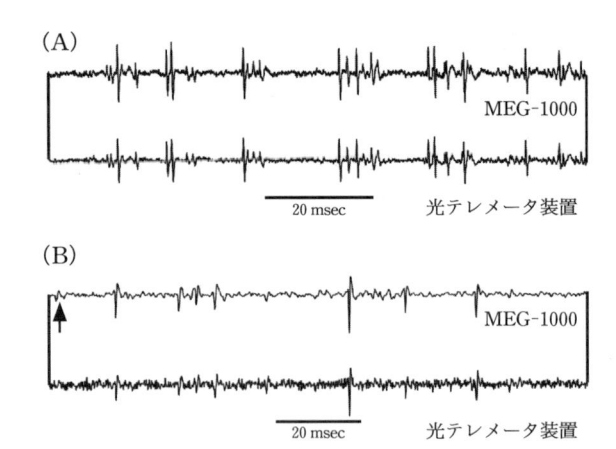

図 23-4 有線(MEG-1000)および光テレメータ装置を用いた筋電図記録(A)および細胞外記録(B)の比較．動物から導出された信号を2分し，一方を生体増幅器，他方を光テレメータ装置に入力することで，同一の信号での比較を行なった．

(図23-4A)．一方，神経活動の記録では有線では明確に確認できる活動電位が光テレメータ装置では確認できない(図23-4B，矢印)．これは，送信器に使用している増幅器のS/N比が低いため，このような小さな信号はノイズと区別できなくなるためである．そのため，神経活動の記録では充分な大きさの信号が得られるようさまざまな工夫を加える必要がある．

23-2 光テレメータ装置の適用

ザリガニの姿勢制御運動

アメリカザリガニ *Procambarus clarkii* は体が傾くとその傾きを検知し，姿勢を維持しようと歩脚や尾扇肢を運動させる(Kühn, 1914; Schöne, 1954; Davis, 1968; Yoshino et al., 1980；図23-5A)．しかしこの運動は常に発現するわけではなく，腹部伸展運動など動物の行動状態に依存してその発現が制御されている(Takahata et al., 1984)．私たちの研究室ではこのような行動状態に依存した運動制御がどのような神経機構によって実現されているのかを明らかにすることを目的として研究を行なっている．これまでの研究はおもに固定した動物を用い仮想的な行動下で行なってきており，動物が示す行動は限定され

(A)

眼柄
歩脚

尾扇肢

(B)

平衡胞

脳

囲食道縦連合(CC)

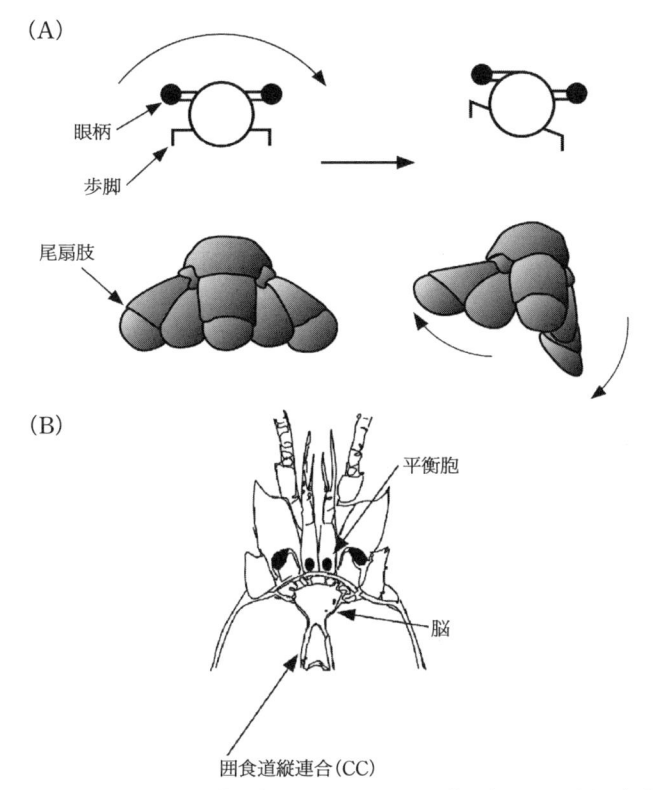

図 23-5　アメリカザリガニの姿勢制御運動。ザリガニは体が傾くと眼柄，歩脚や尾扇肢を運動させ，姿勢を回復しようとする(A)。平衡胞で検知された体の傾きは，脳に伝達され他の感覚情報と統合・処理され囲食道縦連合(CC)を通る複数の下行性介在ニューロンによって体の各部に伝達される(B)。

ていた。そのためより自然な条件下で，自由に行動するザリガニを用いて姿勢制御運動にかかわる神経機構が行動状態よってどのように修飾されるのかを解析する必要が生じてきた。

　ザリガニでは体の傾きはおもに頭部第一触角基部に存在する平衡胞で受容され，脳内で歩脚自己受容器や視覚など他の感覚器官からの情報と統合され，囲食道縦連合を通る複数の下行性介在ニューロンを通じて歩脚や尾扇肢へと伝達される(図 23-5B)。複数存在する平衡胞感覚を伝達する下行性介在ニューロンのなかでも C_1 ニューロンと呼ばれるニューロンは細胞外記録に

よって容易に同定が可能で，詳細な研究がなされている(Takahata and Hisada, 1982)。今回，光テレメータ装置を用いて，C_1ニューロンの体の傾きに対する応答が動物の行動状態によってどのように変化するのかを解析したので，それを光テレメータ装置の適用例として紹介する。

電　極

　アメリカザリガニ用に2チャンネル，4チャンネル送信器を作成したが(図23-6A)，本実験では動物の行動をモニターするための歩脚からの筋電図記録と細胞外記録法で囲食道縦連合よりC_1ニューロン活動を記録するため，2チャンネル送信器の使用を選択した。筋電図記録は歩脚長節クチクラに虫ピンを用いて穴をあけ，そこにテフロンで絶縁された銀線を挿入することで導出する。一方，囲食道縦連合からの細胞外記録の手順は若干複雑である。まず，先端をフック状に加工したプラスチックチューブに筋電図記録で用いたのと同様の銀線を固定し，電極を作成する。ザリガニ頭部に開けた穴よりこのフック状の電極を挿入し，これで囲食道縦連合を引っ張ることで動物が行動しても安定した記録が可能となる。さらに電極周囲をワセリンで覆うことで周囲から絶縁し，充分に大きな信号が得られるようにする。これらの手術の後，電極をクチクラに固定し，頭部の穴を塞ぐ。ザリガニはこのような状態でも少なくとも2日は生存が可能であった(図23-6B)。

実験用アリーナ

　記録用電極および送信器を装着したザリガニを実験用水槽(図23-7)に放し，自由に行動させ，この時記録される神経活動と行動との関連を解析した。実験水槽の底を約10°傾けてあるため，上からザリガニを撮影することで，ザリガニの体の傾きを推測することができる。今回，受信器を30 cm四方に設置したが，この領域を含む40 cm四方で光テレメータ装置での記録が可能である。復調器から出力された信号はデジタルオーディオテープレコーダ(RD-135T, TEAC)に記録した後，パーソナルコンピュータ(Power Machintosh 7300, Apple)にA/Dコンバータ(PowerLab, AD Instruments)と付属のソフトウェア(Chart v4.2, AD Instruments)を使用して取り込み，解析した。

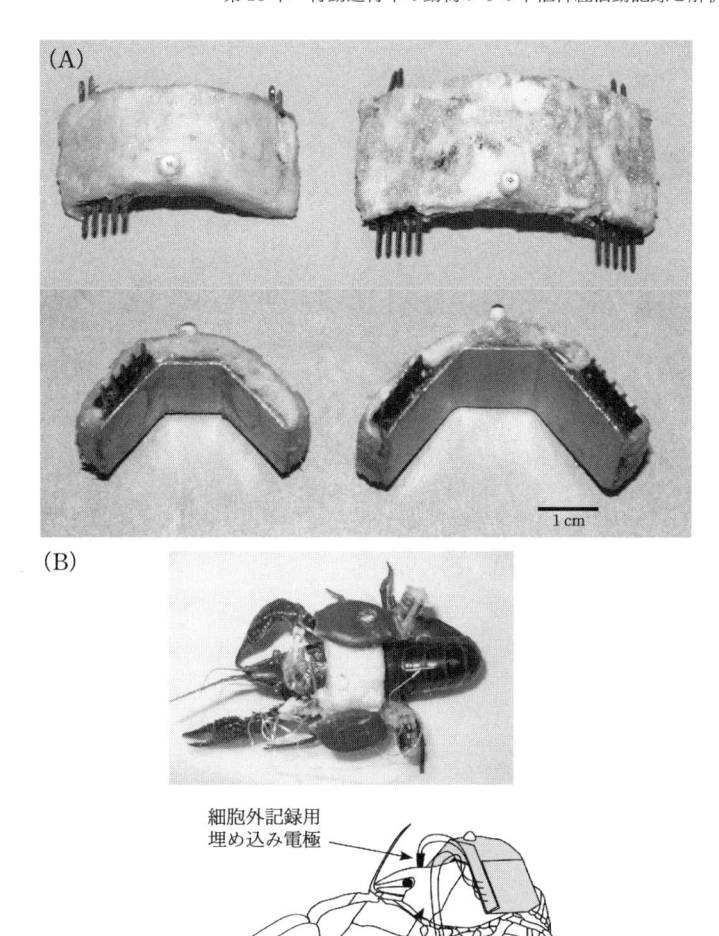

第23章　行動遂行中の動物からの中枢神経活動記録と解析　337

図23-6　アメリカザリガニ用に作成した2チャンネル(左)と4チャンネル(右)送信器の外観(A)。ザリガニの背側に装着しやすいように台形上に整形したアルミ板上に送信器の回路を構成し，硬質ポリウレタンでコーティングしている。今回は2チャンネル送信器を用いた。送信器はザリガニ背側に装着した(B・上)。左側の囲食道縦連合に細胞外記録用電極，第一歩脚長節に筋電図記録用電極を取り付けた(B・下)。

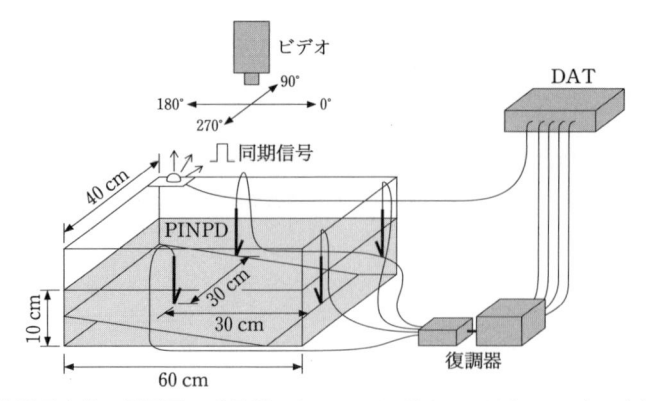

図 23-7 実験用水槽の概要図。受信器であるフォトダイオード(PINPD)は水槽内 30 cm 四方の各角に水槽の底から 10 cm の高さに設置してある。PINPD の受光面が完全に水没するまで水を満たす。上から動物の行動を撮影した。

C_1 ニューロン活動の修飾

　C_1 ニューロンは左右1対存在し，静止時では体が同側に傾いた時にのみ持続的に活動が上昇する(図23-8A)。一方，歩行運動中では，静止時に比べ活動は上昇し水平時でも活動がみられた。そこで，歩行運動中でのC_1ニューロンの活動と体の傾き，ここではザリガニの頭部の向きとの関係を比較した。その結果，静止時と同様に体が反対側に傾いた時に活動が減少し，同側に傾いた時には増加し，体の傾きに対して応答することが確認できた

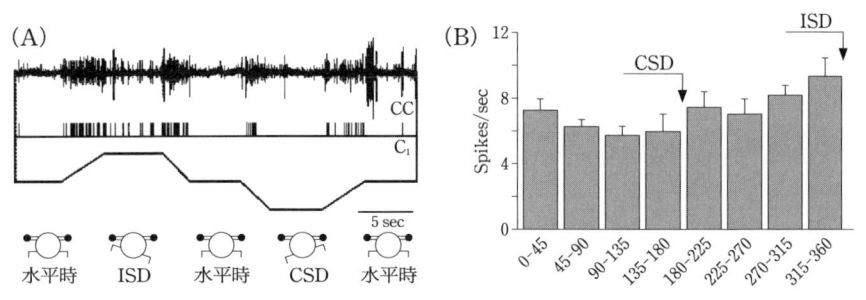

図 23-8 静止時(A)および歩行運動時(B)のC_1ニューロンの体の傾きに対する応答。囲食道縦連合(CC)から得られた細胞外記録よりC_1ニューロン(C_1)の活動のみを抽出し，比較した。(B)図の縦軸は活動電位の発火頻度，横軸は上よりみた時のザリガニ頭の方向を表わし(図 23-7 参照)，180°で体が反対側に，360°同側に傾く。CSD: 反対側傾斜，ISD: 同側傾斜

(図23-8B)。ザリガニの姿勢制御運動は歩行運動だけではなく，腹部伸展運動によっても修飾されることが知られている。そこで，歩行運動中における腹部伸展状態がC_1ニューロンの体の傾きに対する応答にどのような影響を与えるのかを解析した。図23-9AとBに解析に用いた行動の一例とその時のC_1ニューロンの発火頻度の変化を示す。腹部伸展時に比べ腹部屈曲時にはC_1ニューロンの発火頻度が大きく増加することがこの図からも明らかである。

さらに腹部伸展状態とC_1ニューロンの体の傾きに対する応答との関係を解析した。その結果，腹部伸展時ではC_1ニューロンの活動は一様に低く，

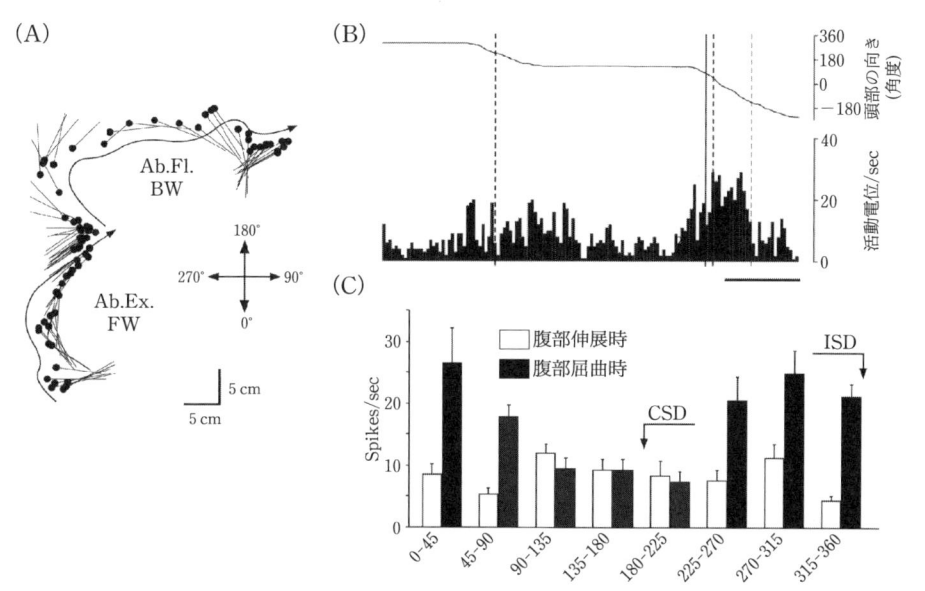

図23-9 腹部伸展運動とC_1ニューロンの体の傾きに対する応答。(A)解析に用いた行動の一例。ここでは腹部を伸展させた状態で前方に歩行し(Ab.Ex.FW)，その後，腹部を屈曲させた状態で後方に歩行した(Ab.Fl.BW)。(B)Aにおける頭部の向きとC_1ニューロンの活動。実線部でザリガニは腹部を屈曲させており，腹部屈曲時には伸展時に比べC_1ニューロンの発火頻度が大きく上昇することがわかる。(C)腹部伸展状態別にみたC_1ニューロンの発火頻度と頭部の向き。腹部伸展時には体の傾きに対してまったく応答しない。一方，腹部屈曲時には同側に傾いた時(CSD)では伸展時と同程度の活動であるが，反対側に傾いた時(ISD)に大きく活動が上昇し，体の傾きに対して明確に応答していることがわかる。

同側に体が傾いた時であっても，活動の増加がみられず体の傾きに対して応答していないことがわかった。一方，腹部屈曲時では体が反対側に傾いた時では腹部伸展時と同程度の活動を示すが，同側に傾いた時大きく増加し，体の傾きに対して明確に応答していることが確認できた。このようにザリガニ姿勢制御ではその鍵となる感覚情報を伝達する経路が行動状態に応じて修飾されており，これによって，その運動の行動状態に依存した修飾が実現されていると考えられる。

23-3　他の実験動物への適用

　光テレメータ装置を用いて，これまで困難であった自由行動下のザリガニからの神経活動の記録を可能にし，その行動状態に依存した運動修飾の神経機構の一端を明らかにすることが可能になった。行動遂行中の動物から記録する中枢神経活動は，単離標本や麻酔標本などから得られるデータと異なって，動物の行動と直接的に対応させて解析することが可能である。今回得られた結果は，これまでのように無麻酔全体標本ではあっても実験用にフレーム固定して，与えられた刺激に対する神経応答を記録するという「受動的」な実験で得られたデータからは予想できないものであった。このように，私たちが開発した光テレメータ装置は，行動生理学研究において動物の自発的な行動遂行中の運動制御あるいは感覚情報処理を「能動的」実験で解析するための非常に有用なツールになり得ると確信する。しかしながら，今回紹介した装置はザリガニに適用することを念頭において開発されており，他の実験動物へ適用については一切考慮していない。送信器の形状，使用したボタン電池，媒介となる光の波長や受信器であるPINフォトダイオードの数や配置などはザリガニを用いた実験を行なう上で選択されたものである。用いる実験動物やその行動に合わせてこれらを適宜変更することで容易に他の実験動物への適用できると考えられる。

おわりに

　今後に残されている課題としては，まず，さらなる小型軽量化が挙げられる。既に昆虫用には，飛翔や歩行などの自由行動を妨げない微小サイズのテレメーターが開発されている(Fisher et al., 1996; Ando et al., 2002)。水棲動物用の光テレメータも，市場規模が小さいため商品化には困難があろうが，技術的には製作可能な段階に既に到達していると判断される。もう1つの課題は，神経活動導出技術の開発，すなわち，自由行動中の動物脳に細胞内導出用のガラス管微小電極を刺入したり，細胞外導出用の金属製電極を微小駆動したりするための技術の開発である。in vivo Micro-ElectroMechanical Systems(MEMS)あるいはNano-ElectroMechanical Systems(NEMS)と呼ばれる技術分野が，おそらくこのような開発に最も近いところにいるであろう。しかし，低侵襲医療デバイス，リアルタイムin vivo計測などをめざすこれら技術についても，市場化が可能な程度の需要を見込めるかどうかは不明である。現時点では，行動生理学・神経生理学の研究者が共同研究という形でこれらの技術分野にアクセスし，いわばオーダーメード的にそれぞれの実験対象に適したテレメータ装置を開発依頼するという道が最も現実的であろう。

引用文献

Ando, N., Shimoyama, I. and Kanzaki, R. 2002. A dual-channel FM transmitter for acquisition of flight muscle activities from freely flying hawkmoth, *Agrius convolvuli*. J. Neurosci. Methods, 115: 181-187.

Davis, W.J. 1968. Lobster righting responses and their neuronal control. Proc. R. Soc. Lond. B, 170: 435-456.

Fisher, H., Kautz, H. and Kutsch, W. 1996. A radiotelemetric 2-channel unit for transmission of muscle potentials during free flight of the desert locust, *Schistocerca gregaria*. J. Neurosci. Methods, 64: 39-45.

Hale, G.M. and Querry, M.R. 1973. Optical constants of water in the 200-nm to 200-μm wavelength region. Appl. Opt., 12: 555-5563.

濱徳行・高畑雅一・土田義和．2005．無脊椎動物における非拘束条件下での生体信号の記録：光テレメトリーシステム．生物物理，45：211-215．

Kühn, A. 1914. Die reflektorische Erhaltung des Gleichgewichtes bei Krebsen. Verh. Dt.

Zool. Ges., 24: 262-277.
Schöne, H. 1954. Statocystenfunktion und Statische Lageorientierung bei Dekapoden Krebsen. Z. vergl. Physiol., 36: 241-260.
Sisak, M.M. and Lotimaer, J.S. 1998. Frequency choice for radio telemetry: the HF vs. VHF conundrum. Hydrobiologia, 371/372: 53-59.
Stasko, A. and Pincock, D.G. 1977. Review of underwater biotelemetry, with emphasis on ultrasonic techniques. J. Fish. Res. Bd. Can., 34: 1261-1285.
Takahata, M. and Hisada, M. 1982. Statocyst interneurons in the crayfish *Procambarus clarkii* Girard. I. Identification and response characteristics. J. Comp. Physiol. A, 149: 287-300.
Takahata, M., Komatsu, H. and Hisada, M. 1984. Positional orientation determined by the behavioural context in *Procambarus clarkii* Girard (Decapoda: Macrura). Behaviour, 88: 240-265.
Tsuchida, Y., Hama, N. and Takahata, M. 2004. An optical telemetry system for underwater recording of electromyogram and neuronal activity from non-tethered crayfish. J. Neurosci. Methods, 137: 103-109.
Winter, J.D. Ross, M.J. and Kuechle, V.B. 1984. Applications of radiotelemetry to studies on free-ranging aquatic animals. In "Biotelemetry VIII. Braunschweig: Döring-Druck" (eds. Kimmich, H.P. and Klewe, H.J.), Druckerei und Verlag. 391-395.
Yoshino, M., Takahata, M. and Hisada, M. 1980. Statocyst control of uropod movement in response to body rolling in crayfish. J. Comp. Physiol. A, 139: 243-250.

用 語 解 説

一酸化窒素
無色無臭の気体で，化学式は NO。生体内では一酸化窒素合成酵素によってアルギニンと酸素から合成され，血管拡張作用を示す。さまざまな器官で生理活性作用をもち，神経系では拡散性の神経伝達物質・修飾物質として働く。

遺伝子発現
遺伝情報に基づいてタンパク質が合成されることをいうが，RNA の合成を示す場合もあり，第 10 章では後者。

移動知
動くことで「脳」と「身体」と「環境」の動的な相互作用が生じ，それにより適応的行動能力が発現するという考え方を移動知 mobiligence と呼ぶ。

エピトープ
抗原決定基。抗体が結合する抗原側の構造。タンパク抗原の場合，アミノ酸の一次構造により決定されるものと分子内の複数箇所から構成されるものが知られている。

エンドサイトーシス-リサイクリング経路
膜タンパク質あるいは膜脂質が，ゴルジ体から細胞膜に輸送され，エンドサイトーシスによりエンドソームを経由して再びゴルジ体に到達する膜輸送経路。

エンドリデュプリケーション
細胞分裂をともなわない DNA 複製。細胞周期において M 期の細胞分裂過程を迂回し，S 期の DNA 複製過程が何度も繰り返される回路。

温度依存性分化
性決定・性分化が温度依存的に起きる現象。特に爬虫類のケースが有名。その受精卵は，孵卵温度で雄にでも雌にでもなれる。

核小体
細胞核のなかに存在する密度の高い領域のことで，一般に光学顕微鏡でみえる仁ともいわれる。核小体の分子メカニズムの多くは実は明らかにされていない。

環世界
ドイツの動物学者ヤーコブ・フォン・ユクスキュル(1864-1944)が提唱したドイツ語の「Umwelt」を日高敏隆氏が「環世界」と訳した。動物は環境のなかから自分にとって意味のあるものを抽出し，独自の世界を構築し，そのなかで生きている。それぞれの動物に特有な世界を環世界という。

関節軟骨
コラーゲンやプロテオグリカンからなる支持器官。多量の水分を保持している。数百 kg もの荷重に耐え，スムーズに動くことができる。

機械受容器
物理的変位を間接的，あるいは直接的に検出する感覚器のこと。機械的ひずみを受容する点で聴覚器官も機械受容器の一種である。

筋電図
筋繊維の活動電位または接合部電位を記録した波形図。動物行動の定量的解析の際の基礎データとなるのみならず中枢神経系内での運動ニューロン活動の指標ともなる。

グアニル酸シクラーゼ
GTP から cGMP を合成する反応を触媒する酵素。膜貫通領域を1つもつ膜結合型とヘムを含むヘテロ二量体の可溶性型の2種類に大別される。

クラスタリング
DNA マイクロアレイ解析で得られる遺伝子発現パターンの類似性で遺伝子をグループ分けすること。

蛍光エネルギー移動
ある蛍光分子の励起エネルギーが他の蛍光分子に移動する現象で，双方が数ナノメートル以内に近接する時に起きる。

蛍光相関分光法
蛍光測定法の1つ。特定の領域を出入りする蛍光分子の動きに由来する蛍光

強度のゆらぎを利用した測定方法。分子の大きさや数，分子間相互作用を測定する。

蛍光タンパク質
およそ 230 個のアミノ酸配列からなるタンパク質性の蛍光分子で，青から赤までさまざまなバリアントが開発されている。

血管拡張剤
心臓や体の血管を広げ，血流の抵抗を減らす薬剤で，高血圧や狭心症の治療に使用される。

ゲノム配列
細胞の染色体がもつ DNA の全塩基配列。DNA の一部でタンパク質へ翻訳される部分を遺伝子という。

ゲル
あらゆる溶媒に不溶の三次元網目構造をもつ高分子およびその膨潤体と定義される物質。身近な例ではゼリーや豆腐などがある。

弦音器官
弦状器官ともいう。関節の位置や運動を検出する自己受容器で，節足動物に特有にみられる。これが特殊化したものがジョンストン器官や鼓膜器官。

減数分裂
通常の細胞分裂(体細胞分裂)とは異なり，1 回の染色体複製の後，2 回の連続した分裂を行なうことで染色体数が半減する細胞分裂。

高強度ゲル
全重量の 90% 以上が水分であり，軟骨組織に匹敵する力学的強度をもつゲル。内部に相互独立である 2 つの高分子ネットワーク構造をもつ。

細胞体位置依存的組織化
感覚ニューロンの軸索終末が末梢での細胞体の所在に応じて組織化されていること。生理機能の違い，または刺激の位置情報を反映している。

散逸構造
エネルギーや物質が移動(散逸)する動的な過程で形成される規則構造。プリゴジンによって命名された。

神経ホルモン
ニューロンが血中に放出する情報分子で，その多くはペプチドである。脊椎動物では視床下部に産生ニューロンが多い。

ストレスファイバー
アクチンとミオシンを主構成要素とする収縮性の繊維構造。細胞内部に張力を与えることで細胞の形態を保ち，細胞運動の制御に寄与する。

生殖幹細胞
将来，卵・精子などの生殖細胞に分化し得る幹細胞。線虫ではZ2, Z3細胞を起源とする。

生殖細胞
生物体を構成する大多数の体細胞とは異なり，生殖のために特別に分化した細胞。卵や精子がこれに相当し，減数分裂を行なう。

生物発光エネルギー移動
ある化学発光分子の励起エネルギーが他の蛍光分子に移動する現象で，双方が数ナノメートル以内に近接する時に起きる。

線虫
RNA干渉，細胞系譜，アポトーシスの発見など，ノーベル生理医学賞の対象研究で用いられたモデル生物。

走査型プローブ顕微鏡
先端を尖らせた板バネ状の探針を用いて，試料の表面状態を観察する顕微鏡。試料表面を探針でなぞることにより試料の形状や物性を可視化する。

組織・器官サイズ制御
生物において組織・器官サイズを増加させるためには大きく分けて2つの方法がある。1つは細胞分裂をともなう細胞数の増加であり，もう1つは核DNA量の増大にともなう細胞サイズの巨大化である。どちらが主要因であるかは生物種や環境要因などで異なる。

超撥水
接触角が150°以上を示す撥水を，超撥水と呼ぶ習慣になっている。超撥水性は平らな表面では得られず，何らかの凹凸構造が必須である。

張力ホメオスタシス
繊維芽細胞は，外部から加わる伸縮刺激に応答して，細胞内に働く張力を一定に保つフィードバック機構をもつ。

定量リアルタイムPCR法
数分子のRNAの絶対量をPCR法を利用して定量する方法で，個々の細胞における遺伝子発現まで解析できる。

テレメータ
計測対象（たとえば脳の電気活動）と計測装置（オシロスコープ）を直接つなぐことなく信号を送受信する装置。生理学実験においては，実験動物の行動を妨げずに記録できる利点がある。

転写制御因子
特定のプロモーターあるいはエンハンサー配列に結合することにより，それらが制御している遺伝子の転写を調節するタンパク因子。

ナノポジションセンシング
全反射顕微鏡と4分割フォトダイオードを組み合せたシステムにより，トラップ微粒子の三次元位置をナノメートルオーダーの精度で測定する手法。

ネオテニー（幼形成熟）
体（体細胞）の成長・発達が遅滞した結果，幼生型のまま生殖すること。ヒトも祖先型霊長類のネオテニーといわれる。

ヒトサイトメガロウイルス
βヘルペスウイルス亜科に分類され，エンベロープをもつ2本鎖DNAウイルスである。幼年期までに大部分のヒトに感染し，終生にわたり不顕性感染する。免疫不全状態になると，再活性化し，日和見感染症を引き起こす。

表現型可塑性
同じ遺伝子型をもちながら，環境の変化に対してその適応度を最大にするために，自らの表現型を変化させること。

フェロモン
動物の体内でつくられ，体外に放出されて同種の他個体に働く。作用方式から，リリーサーフェロモンとプライマーフェロモンとに分けられる。リリーサーフェロモンを受容した個体は，直ちに特有な行動が解発releaseされる。

プライマーフェロモンを受容した個体は，代謝系・内分泌系で一連の生理的変化を起こし，その結果，動物の形態・行動などが変化する。

フォトンフォース
物体に光を照射した時，光が散乱，屈折，吸収されて運動量が変化することによって生じる力。

ブラウン運動
1827年，ロバート・ブラウンが，花粉が水の浸透圧で破裂し水中に流失し浮遊した微粒子を顕微鏡下で観察中に発見した現象として有名。1905年，アインシュタインにより，分子の熱運動が原因であることが説明された。

ブラウン-ラチェット機構
外部からの確率的なバイアスを加えることで，熱力学第二法則に抵触せずにブラウン運動を利用した一方向回転を実現する機構。

フラクタル構造
非整数次元と自己相似を特徴とする幾何学的構造。2と3の中間の次元を有する構造は，数学的に無限大の表面積となる。

フラクタル表面
大きな凹凸構造のなかに小さな凹凸構造があり，凹凸が入れ子になっている構造の表面である。大きな表面積を与えることが特徴。

プロテアソーム
真核生物にのみ存在して，ユビキチン化されたタンパク質の分解をATP依存的に実行する分子量約2.5 MDaの巨大複合型プロテアーゼ。

分子磁性体
開殻構造の分子間のスピン($S=1/2$)の磁気交換相互作用(J)に基づき，磁性を発現する分子集合体。

平衡胞
無脊椎動物において体の姿勢を保つための重力および回転加速度の受容器。おもに甲殻類(カニ，ザリガニなど)でよく発達している。ヒトを含む脊椎動物における内耳前庭器官に相当する

ボトムアップ方式
半導体プロセスを代表とする微細化技術(トップダウン方式)と対照的に分子・

原子を積み重ねて大きくする技術．

本能行動
遺伝的にプログラムされた個体の生存と種の存続のための動物行動であるが，遺伝子プログラムの実体は不明．

膜タンパク質
遺伝子から翻訳されてつくられるタンパク質の内，細胞膜を貫通したり会合したりしているもの．その遺伝子はゲノムの約3割を占める．

膜リン脂質非対称性
脂質二重層からなる生体膜の主要成分であるリン脂質分子が，その種類により二重層のどちらかの層に偏って存在している現象．

ユビキチン-プロテアソーム系
細胞内タンパク質代謝の主要経路を構成する．分解すべきタンパク質はユビキチン化された後，26Sプロテアソームにより分解される．

リン脂質トランスロケース
生体膜のリン脂質を，脂質二重層の片側の層から反対側の層へ転移させる酵素．酵素活性はATP依存的に発揮される．

レーザートラッピング
レーザー光を高開口数のレンズで集光した場合，フォトンフォースは集光ビームの焦点位置に向かって働くため，単一微粒子を三次元的に捕捉することができる．

ロドプシン
視覚の光センサーを司る目の膜タンパク質．細菌や植物の膜にも類似構造のタンパク質が発見されている．

DNA結合ドメイン
転写制御因子にはおもにαヘリックスからなるDNA結合ドメインがあり，それらの形状からいくつかの種類(モチーフ)に分類される．

DNAマイクロアレイ
表面を特殊加工した固相基盤の上に多数の遺伝子断片を高密度に固定化したもの．DNAチップとも称される．

HNF-6
おもに肝臓で発現する転写制御因子であり，細胞の発生や分化，増殖などの他，代謝に関連する多様な遺伝子の転写を調節する。

MPF
真核生物の細胞に普遍的に存在し，体細胞分裂・減数分裂にかかわらず，細胞分裂の進行を制御するタンパク質リン酸化酵素。

Ni(dmit)$_2$ 錯体
Niジチオレート錯体の一種。-1価の状態（[Ni(dmit)$_2$]$^-$）が安定であり，分子は開殻構造をとりS=1/2スピンをもつ。

NMR
磁場中におかれた核スピンにラジオ波を与え，原子団により異なる共鳴周波数から，分子構造を解析できる分光法である。タンパク質を構成する水素原子団の距離情報を収集すれば立体構造を解明することができる。

SH3 ドメイン
細胞内シグナル伝達タンパク質に数多くみられる50～60アミノ酸からなる機能モジュールであり，標的タンパク質のプロリンに富む領域を結合することにより，シグナル伝達を補助する。

索　引

【ア行】

アクチンケーブル　202
アクチン細胞骨格系　202
アクチン繊維　117
アクチンパッチ　202
アストロサイト　50
圧縮破断強度　64
アポトーシス　273
アホロートル　275
アミノリン脂質トランスロケース　195
網目構造　82
アメリカザリガニ　334
アモントン・クーロンの式　56
アルキルケテンダイマー　46
イオンポンプ　141
異時性　272
一酸化窒素　211,295
遺伝子改変生物　230
遺伝子重複　322
遺伝子発現　128
遺伝子発現パターン　131
遺伝子プログラム　260
移動知　287
ヴィーナス　99
運動制御　340
エストロゲン受容体　266
エゾアカガエル　279
エゾサンショウウオ　273
越冬幼生　275
エバネッセント場　20
エピトープ　90
エルゴステロール　201
塩基性ヘリックス-ループ-ヘリックス　156
塩基性ロイシンジッパー　156
円順列変異　101
エンドサイトーシス　198
エンドサイトーシス-リサイクリング経路　201
エンドソーム　198
エンドリデュプリケーション　248
エンハンサー　154
オクトパミン　303
オシレーション　299
オペラント学習　301
オリゴDNA　127
温度依存性決定　276
温度感受性変異　203

【カ行】

開殻構造　11
外骨格　311
階層構造　65
外有毛細胞　315
化学情報処理機構　289
化学発光　108
拡散時間　79,81
拡散性　296
拡散定数　74
学習　299
核小体　83
拡張剤　211
核内　82
核内有糸分裂　232
下垂体ホルモン遺伝子　263
カスパーゼ3　105
可塑的肉食形態　279

カタユウレイボヤ　130
活動電位　334
カテナン　5
下胚軸の伸長　248
カメレオン配列　157
可溶性グアニル酸シクラーゼ　296
ガラス管微小電極　328
感覚受容器　290
感覚情報処理　340
感覚繊毛　313
環状アデノシン 3′,5′—リン酸　210
環状グアノシン 3′,5′—リン酸　210
干渉効果　29
干渉縞間隔　29
含水粘弾性体　59
カンチレバー　116
記憶　299
気管　319
基質選択部位　219
気象衛星　263
キネシン　3
機能未知遺伝子　135
基本転写因子　153
逆転写　128
吸着寿命　59
強磁性　11
教示的　271
共焦点　75
狭心症　210
巨大脳　288
許容的　271
金属結合部位　219
筋電図　333
クチクラ　319
クラスタリング　132
グリア細胞　50
蛍光エネルギー移動　97
蛍光共鳴エネルギー移動　103
蛍光顕微鏡観察　204
蛍光(性)タンパク質　74,97

蛍光相関分光装置　75
蛍光相関分光法　73,74
蛍光相互相関分光法　74
蛍光標識　128
血圧の調節　215
血縁度　279
血管内皮弛緩因子　211
ゲノムサイズ　283
ゲノムと環境の相互作用　283
ゲノム配列　143
ケラタン硫酸　62
ゲル　55
ゲルの摩擦　56
ゲルの摩擦力　57
ゲル濾過クロマトグラフィー　169
弦音器官　312
喧嘩行動　292
原子間力顕微鏡　18
減数分裂　185,226
コアクチベーター　154
甲殻類　297
高感度　290
後期ゴルジ体　198
高強度ゲル　63
後口動物　307
高次行動制御　289
光子の運動量　18
甲状腺刺激ホルモン　275
甲状腺除去　273
甲状腺阻害剤　273
甲状腺ホルモン　273
好中球　165
行動変容　302
高度好塩菌　142
高分子鎖　59
高分子電解質ゲル　61
高分子ブラシ　66
コオロギ　292
鼓膜　311

索　引　353

鼓膜器官　311
コラーゲンゲル　118
昆虫(類)　288, 297, 307
コンドロイチン硫酸　62

【サ行】
サイクリン　253
サイクリン依存性キナーゼ　253
サイクリンB　226
最終性成熟　265
細胞運動　115
細胞外記録　336
細胞外導出　341
細胞核　83
細胞間接着構造　118
細胞系譜　184
細胞骨格　73
細胞サイズ制御　247
細胞質　82
細胞周期　186
細胞周期制御　251
細胞内 Ca^{2+}　267
細胞内小器官　73
細胞内張力　117
細胞内導出　341
細胞内微環境　73
細胞培養　48
細胞培養技術　51
細胞分裂　186
細胞膜　194
細胞膜表面　84
サクラマス　262
サケの回遊　259
雑種　232
散逸構造　35
産卵回遊　259, 269
三量体　150
視覚　335
ジガバチ　291
磁化率　11

磁気交換相互作用　11
糸球体　289
自己相関関数　77
自己相似　45
自己組織化　33
脂質環境　203
脂質二重層　193
視床下部神経分泌系　259
姿勢制御　334
磁性体　10
膝下器官　319
自発性音響放射　316
社会性昆虫　301
社会的経験　300
修飾　292
周波数弁別　322
樹状突起　312
出芽酵母　195
冗長性　283
上皮細胞　118
植物プロテアソーム　243
触角葉　289
ジョンストン器官　311
シロイヌナズナ　243
シロザケ　266
シングルネットワークゲル　63
神経回路網　327
神経細胞　50, 307
神経内分泌系　261, 269
神経ホルモン　261
人工分子モーター　3
伸張刺激　122
真の接触面積　57
心房性ナトリウム利尿因子　211
水素結合ネットワーク　17
水和・溶媒和エネルギー　17
ステロール類　201
ストレスファイバー　119
スピン　11
スピンラダー　14

すべり速度　58, 61
性決定遺伝子　276
精子　225
精子活性化ペプチド　213
生殖医療　190
生殖幹細胞　187
生殖細胞　183, 225
生殖腺刺激ホルモン　263, 275
性ステロイドホルモン　268
性染色体　277
生体アミン　303
成体型形質　273
生体分子モーター　3
性的二型　277
静電力　22
性特異的分化　188
性フェロモン　292
生物発光エネルギー移動　97
精母細胞　231
赤色蛍光色素　128
接触角　48
節足動物　297
ゼラチンゲル　66
セロトニン　304
繊維芽細胞　115
前口動物　307
染色体　124
線虫　183
全反射型光学系　84
全反射顕微鏡　18
走査型プローブ顕微鏡　116
創薬　151
遡上行動　265
疎水性・親水性相互作用　17
疎密波　307

【タ行】

対合複合体　234
体細胞　225
ダイニン　3

タイムラプス　74
多形回路　294
脱リン酸化酵素　124
多糖ゲル　61
ダブルネットワークゲル　63
多分化能　183
単一微粒子吸収分析法　19
単一分子検出　76
炭化水素　293
淡水適応ホルモン　265
弾性基盤　121
弾性率　116
タンパク質分解　189
単離標本　340
チェックポイント　233, 251
チャネル構造　148, 149
中心体　291
チューリング構造　36
聴覚　307
長期記憶　299
超撥水　46
超撥水表面　48
超撥油　48
超撥油表面　48
張力ホメオスタシス　122
対合複合体　234
低温感受性増殖　196
低摩擦ゲル　65
定量的競合法　277
定量リアルタイムPCR法　262
適応行動　289
適応度　272, 281
テレメータ　327
電荷移動錯体　11
電気泳動法　18
電子顕微鏡観察　204
転写因子　153
転写開始複合体　154
転写制御因子　153, 188
天敵　276

索引　355

電場勾配力　22
糖応答制御　247
闘争歌　293
導電性　11
トップダウン方式　33
ドメイン構造　124
トライコーム　250
トランスサイレチン　160
トリプトネットワークゲル　65

【ナ行】

内有毛細胞　315
ナノバイオサイエンス　260
ナノポジションセンシングシステム　18
ナノマシン　142
軟骨　62
軟体動物　298
二次伝達物質説　210
ニトログリセリン　210
ニューロン　327
濡れ　46
ネオテニー　272
ネットワーク解析　135
熱揺動　8
粘菌　52
粘菌変形体　52
粘性抵抗　23
脳神経系　287
ノコギリ歯型ポテンシャル　8

【ハ行】

バイオインフォマティクス　260
バイオセンサー　104
倍数化　248
胚発生　131
ハイブリダイゼーション　128
培養ディッシュ　50
破壊エネルギー　65
破壊ひずみ率　64

バクテリアセルロースゲル（BCゲル）　66
バクテリオロドプシン　142,150
バソトシン　261
発色団形成　99
パッチクランプ実験　328
撥油　46
ハニカム構造　39
バネ定数　21
ハロロドプシン　142
反強磁性　11
繁殖成功　272
反発系　60
光散乱　64
光センサー　141,151
光テレメータ装置　329
光バインディング効果　25
微小管　312
微小脳　288
被食者　281
非整数次元　45
ヒト・サイトメガロウイルス　90
非平衡開放系　34
表現型可塑性　271
表皮細胞サイズ　249
表面電荷　19
表面電気二重層　17
微粒子　17
ファンデルワールス力　17
フェロモン　290
フェロモン行動　291
フォークヘッド　155
フォトンフォース　18
フォトンフォース吸収分析法　25
フォトンフォース計測技術　19
フォールディング　143
不均一網目構造　65
付着細胞　312
ブラウン運動　17,76
ブラウン-ラチェット機構　8

フラクタル　45
フラクタル構造　45,46
フラクタル次元　47
フラボシトクロム$_{b558}$　166
フリップ　194
プレスチン　317
プロタミン　229
プロテアソーム　239
プロテインチップ　87
プロテオグリカンサブユニット　62
プロトンの能動輸送　7
プロモーター　154
プロラクチン　264
分子性導体　10
分子ものさし　73,80
分子ローター　13
平滑筋弛緩剤　211
平均吸着寿命　59
平衡胞　335
ヘテロクロニー　272
ヘテロダイマー　296
ベナール対流　37
ペプチドチップ　87
ヘモグロビン　274
ベーリング海　267
鞭毛モーター　4
包括適応度　279
棒状分子　74
歩脚自己受容器　335
ホスファチジルエタノールアミン　194
ホスファチジルコリン　193
ホスファチジルセリン　194
母川回帰　260
ホッピング現象　19
ポテンシャル　18
ポテンシャル計測技術　19
ボトムアップ方式　33
ホメオドメイン　155
ホヤ　128

ポリビニールアルコール　61
ボルツマン分布　19
ホルモン遺伝子の発現調節　265
本能行動　259
翻訳制御　228

【マ行】
マイクロアレイ　268
膜結合型グアニル酸シクラーゼ　213
膜タンパク質　141,188
膜電位固定実験　328
膜輸送　204
摩擦係数　56
摩擦係数の荷重依存性　57
摩擦の吸着・反発モデル　60
摩擦力　56
麻酔標本　340
マランゴニ対流　37
ミオシン　119
ミオシン調節軽鎖　120
見かけの接触面積　58
ミトコンドリアDNA　268
無脊椎動物　287
無麻酔全体標本　340

【ヤ行】
有桿体細胞　312
有性生殖　225
ユビキチン　187,240
ユビキチン・プロテアソームシステム　240
ユビキチンリガーゼE3酵素　244
ゆらぎ　76
幼形成熟　272
幼生型形質　273
幼生密度　279

【ラ行】
ライディッヒ細胞　273
卵　225

索　引　357

卵サイズ　281
卵数　282
卵成熟促進因子　226
卵母細胞　186, 188, 226
リゾフォスファチジン酸　121
流体力学的作用　25
緑色蛍光色素　128
緑色蛍光性タンパク質　80
リン酸化　120, 168
リン脂質　193
リン脂質の非対称性　194
リン脂質輸送体　194
レーザートラッピング　18
ロドプシン　141

【数字】
19S プロテアソーム　242
2-アクリルアミド-2-メチルプロパンスルホン酸ナトリウム　58
2 微粒子間の相互作用力　24
20S プロテアソーム　241
26S プロテアソーム　187, 241
3′-UTR 配列　186
4 分割フォトダイオード　19

【A】
AFM　18
ANF　211
Arabidopsis thaliana　244
ATP 合成酵素　6
atrial natriuretic factor　211

【B】
BC/Gelatin ダブルネットワークゲル　66
BRET　97
broad-headed morph　279

【C】
cameleon　108

cAMP　210
CBP　161
Cdc2　226
Cdc50　196
Cdc50 ファミリー　196
cDNA　127
cGMP　210
cGMP 依存性タンパク質キナーゼ　217
chameleon sequence　157
cis-trans 異性化　4
cRNA　128
CUT ドメイン　159
Cy3　128
Cy5　128
cyclic adenosine monophosphate　210
cyclic guanosine menophosphate　210

【D】
dewetting　39
Dmrt1　277
DN ゲル　63
DN-L　65
DNA スポッター　127
DNA チップ　127
DNA マイクロアレイ　127
DNA マイクロアレイスキャナー　129
Drs2　198
Drs2/Neo1 ファミリー　195

【E】
EDRF　211
EGFR　94
endothelial releasing factor　211
epidermal growth factor 受容体　94
EVO-DEVO-ECO　272

【F】

fail safe 機構　283
FCS　74
FCCS　74
FRAP　74
FRET　97, 103

【G】

GFP　80, 97, 197
GFP オリゴマー　81
GnRH　261
GnRH 遺伝子　263
GnRH 遺伝子発現　266
GnRH 受容体　264
GnRH ニューロン　267
GnRH mRNA　267
$gp91^{phox}$　166
GPCR　142, 143
GSI　268

【H】

HCMV　90
HNF-3β　160
HNF-6　159

【I】

iFRAP　74
instructive　271

【L】

LSM　75
LUMO　12

【M】

M 期促進因子　226
mAC　219
MATα2　156
MATa1　156
MCM1　156
membrane-bound guanylyl cyclase 213
mGC　213, 214
Mie-Debye 散乱理論　26
MPF　226

【N】

NADPH オキシダーゼ　165
NBD-リン脂質　198
Ni(dmit)$_2$ 錯体　11
nitric oxide　211
NMR　13, 175
NO　211, 295
NO 合成酵素　295
NO 電極法　298
NOS　295

【O】

Oct-1　159
ONECUT　159

【P】

$p22^{phox}$　166
$p40^{phox}$　166
$p47^{phox}$　166
P450arom　277
$p67^{phox}$　166
P 型 ATPase　195
PAAm　65
PAMPS ゲル　65
Pax-6　159
PB1 ドメイン　168
PC　193
p/CAF　161
PCR 法　136
PDM 変調　330
PE　194
pericam　101
permissive　271
PIM 変調　330
PKG　217

索　引　359

PNaAMPS　58, 61
POU 特異的ドメイン　159
Pre-MPF　226
proteasome　239
PS　194
PVA　61
PX ドメイン　166

【R】
RhoA　122
RNA 干渉　184
RNA ポリメラーゼ　154
ROCK　122
RPN　242
RPN10　245
RPT　242
rpt2 変異体　245
RPT2a　246
rpt2a 変異体　246
RPT2b　246
rpt2b 変異体　246
RT-PCR 法　277

【S】
SAP　213
SCAT3.1　105
Scatter Plot　130
second messenger theory　210
Self-assembled monolayer　34
sGC　216, 296

SH3 ドメイン　166
SMT　74
SN ゲル　63
somatotopic organization　322
sperm-activating peptide　213
SPOT 合成　88

【T】
TCNQ　11
TN ゲル　65
TPR ドメイン　168
TRPV 受容体　314
TTF　11
TTR　160

【U】
ubiquitin　240

【V】
van der Waals 力　24
Venus　99

【X】
X 線結晶構造解析　13, 169
X 線小角散乱　171, 178

【Z】
Zif268　158
zinc-finger　186
Zn フィンガー　155

編集委員(五十音順)

居城邦治(いじろ くにはる)
　北海道大学電子科学研究所　教授

鎌田このみ(かまだ このみ)
　北海道大学遺伝子病制御研究所　助教授

金城政孝(きんじょう まさたか)
　北海道大学電子科学研究所　助教授

鈴木利治(すずき としはる)
　北海道大学大学院薬学研究院　教授

高畑雅一(たかはた まさかず)
　北海道大学大学院理学研究院　教授

芳賀　永(はが ひさし)
　北海道大学大学院理学研究院　助教授

原島秀吉(はらしま ひでよし)
　北海道大学大学院薬学研究院　教授

執筆者一覧(五十音順)

青沼仁志(あおぬま ひとし)
　北海道大学電子科学研究所　助教授
　第21章執筆

安住　薫(あずみ かおる)
　北海道大学大学院薬学研究院・北海道大学創成科学共同研究機構　助手
　第10章執筆

池田　亮(いけだ りょう)
　北海道大学大学院先端生命科学研究院　助教授
　第18章執筆

稲垣冬彦(いながき ふゆひこ)
　北海道大学大学院薬学研究院　教授
　第13章執筆

居弥口大介(いやぐち だいすけ)
　北海道医療大学薬学部　助手
　第12章執筆

浦野明央(うらの あきひさ)
　北海道大学大学院理学研究院　教授
　第19章執筆

小椋賢治(おぐら けんじ)
　北海道大学大学院薬学研究院　助手
　第13章執筆

長田義仁(おさだ よしひと)
　北海道大学　副学長・大学院理学研究院　教授
　第5章執筆

角五　彰(かくご あきら)
　北海道大学大学院理学研究院　助手
　第5章執筆

鎌田このみ(かまだ このみ)
　北海道大学遺伝子病制御研究所　助教授
　第15章執筆

川原裕之（かわはら ひろゆき）
　北海道大学大学院薬学研究院　助教授
　第14章執筆

金城政孝（きんじょう まさたか）
　北海道大学電子科学研究所　助教授
　第6章執筆

龔　剣萍（グン チェンピン）
　北海道大学大学院理学研究院　教授
　第5章執筆

佐古香織（さこ かおり）
　北海道大学大学院先端生命科学研究院
　第18章執筆

笹木敬司（ささき けいじ）
　北海道大学電子科学研究所　教授
　第2章執筆

佐藤長緒（さとう たけお）
　北海道大学大学院先端生命科学研究院
　第18章執筆

嶋田益弥（しまだ ますみ）
　北海道大学大学院薬学研究院
　第14章執筆

下村政嗣（しもむら まさつぐ）
　北海道大学電子科学研究所　教授
　第3章執筆

鈴木範男（すずき のりお）
　北海道大学大学院理学研究院　教授
　第16章執筆

園田　裕（そのだ ゆたか）
　北海道大学大学院先端生命科学研究院
　第18章執筆

高畑雅一（たかはた まさかず）
　北海道大学大学院理学研究院　教授
　第23章執筆

田中　勲（たなか いさお）
　北海道大学大学院先端生命科学研究院
　教授
　第12章執筆

田中一馬（たなか かずま）
　北海道大学遺伝子病制御研究所　教授
　第15章執筆

辻井　薫（つじい かおる）
　北海道大学電子科学研究所　教授
　第4章執筆

土田義和（つちだ よしかず）
　北海道大学電子科学研究所　技術長
　第23章執筆

出村　誠（でむら まこと）
　北海道大学大学院先端生命科学研究院
　教授
　第11章執筆

永井健治（ながい たけはる）
　北海道大学電子科学研究所　教授
　第8章執筆

中村貴義（なかむら たかよし）
　北海道大学電子科学研究所　教授
　第1章執筆

西野浩史（にしの ひろし）
　北海道大学電子科学研究所　助手
　第22章執筆

芳賀　永(はが　ひさし)
　　北海道大学大学院理学研究院　助教授
　　第 9 章執筆

濱　徳行(はま　とくゆき)
　　北海道大学大学院理学研究院
　　第 23 章執筆

浜田淳一(はまだ　じゅんいち)
　　北海道大学遺伝子病制御研究所　助教授
　　第 7 章執筆

藤原英樹(ふじわら　ひでき)
　　北海道大学電子科学研究所　助手
　　第 2 章執筆

白　燦基(ペク　チャンギ)
　　北海道大学電子科学研究所
　　第 6 章執筆

室崎喬之(むろさき　たかゆき)
　　北海道大学大学院理学研究院
　　第 5 章執筆

守内哲也(もりうち　てつや)
　　北海道大学遺伝子病制御研究所　教授
　　第 7 章執筆

山口淳二(やまぐち　じゅんじ)
　　北海道大学大学院先端生命科学研究院
　　教授
　　第 18 章執筆

山崎直子(やまざき　なおこ)
　　北海道大学大学院先端生命科学研究院
　　第 18 章執筆

山下正兼(やました　まさかね)
　　北海道大学大学院先端生命科学研究院
　　教授
　　第 17 章執筆

山本隆晴(やまもと　たかはる)
　　北海道大学遺伝子病制御研究所　助手
　　第 15 章執筆

厳　虎(ヤン　フ)
　　北海道大学電子科学研究所
　　第 4 章執筆

淀川慎太郎(よどがわ　しんたろう)
　　北海道大学遺伝子病制御研究所
　　第 7 章執筆

若原正己(わかはら　まさみ)
　　北海道大学大学院先端生命科学研究院
　　助教授
　　第 20 章執筆

バイオとナノの融合Ⅰ——新生命科学の基礎
2007年3月30日　第1刷発行

　編　者　北海道大学COE
　　　　　研究成果編集委員会
　発行者　佐　伯　　浩

発行所　北海道大学出版会
札幌市北区北9条西8丁目 北海道大学構内（〒060-0809）
Tel. 011(747)2308・Fax. 011(736)8605・http://www.hup.gr.jp

アイワード　　　　© 2007　北海道大学COE研究成果編集委員会
ISBN978-4-8329-8177-5

書名	編著者	体裁・価格
バイオとナノの融合 I ―新生命科学の基礎―	北海道大学COE 研究成果編集委員会 編	A5・388頁 価格3600円
バイオとナノの融合 II ―新生命科学の応用―	北海道大学COE 研究成果編集委員会 編	A5・386頁 価格3600円
21世紀・新しい「いのち」像 ―現代科学・技術とのかかわり―	馬渡峻輔 木村 純 編著	四六・292頁 価格1800円
燃料電池の電極触媒	荒又明子 著	A5・240頁 価格4700円
生体高分子の低温カロリメトリー	G.M.ムレヴリシュヴィリ 著 上平 恒・初穂 訳	A5・216頁 価格4500円
生命現象と生化学 ―バイオの新しい考え方―	八木康一 石井信一 編著	四六・186頁 価格1600円
生体工学 ―医療への新たな展開―	北海道大学放送 教育委員会 編	A5・178頁 価格1800円
北大・未知への Ambition ―21世紀COEプログラム紹介―	北海道大学 編	B5・124頁 価格1800円
北大・未知への Ambition II ―21世紀COE・各種支援プログラム紹介―	北海道大学 編	B5・74頁 価格1600円

〈価格は消費税を含まず〉

―――― 北海道大学出版会 ――――